DE LA MANIÈRE

D'ÉTUDIER

LES MATHÉMATIQUES.

DE LA MANIÈRE

D'ÉTUDIER

LES MATHÉMATIQUES;

Ouvrage destiné à servir de guide aux jeunes gens, à ceux sur-tout qui veulent approfondir cette science, ou qui aspirent à être admis à l'Ecole Normale ou à l'Ecole Impériale Polytechnique.

Par P.-H. SUZANNE,

Docteur ès-sciences, Professeur de Mathématiques au Lycée Charlemagne, à Paris, ancien Professeur de Mathématiques transcendantes au Lycée de Marseille, et de Navigation aux Ecoles de Marine, Membre de la Société d'émulation du département du Var, de l'Académie de Lyon et de celle de Marseille.

PREMIÈRE PARTIE.

PRÉCEPTES GÉNÉRAUX ET ARITHMÉTIQUE.

SECONDE ÉDITION,
CONSIDÉRABLEMENT AUGMENTÉE.

PARIS,

F. BÉCHET, LIBRAIRE, QUAI DES AUGUSTINS, N°. 63.

M. DCCC. X.

AVIS.

Tout exemplaire doit être signé de l'Auteur, comme ci-dessous ; celui qui ne le sera pas, devra être regardé comme une contrefaçon et une usurpation de propriété, qui sera poursuivie conformément à la loi.

Suzanne

A

Monsieur FOURCROY,

CONSEILLER D'ÉTAT A VIE,

DIRECTEUR-GÉNÉRAL DE L'INSTRUCTION PUBLIQUE,

MEMBRE DE L'INSTITUT NATIONAL,

COMMANDANT DE LA LÉGION D'HONNEUR,

PROFESSEUR DE CHIMIE AU MUSÉUM D'HISTOIRE NATURELLE, A L'ÉCOLE POLYTECHNIQUE, A CELLE DE MÉDECINE, etc., etc.

MONSIEUR LE CONSEILLER D'ÉTAT,

C'est au savant illustré par de nombreux et utiles travaux, c'est au professeur aussi éloquent que profond, c'est à l'homme d'état occupé à donner à l'instruction publique la meilleure direction possible, que devoit naturellement s'adresser l'hommage d'un livre destiné à tracer aux jeunes gens, dans l'étude des Mathématiques, une route facile et sûre. A ces titres, l'intérêt dont vous m'honoriez depuis longtems en ajoutoit un nouveau qui, seul, m'eût imposé le devoir que je viens remplir aujourd'hui.

Daignez donc, Monsieur le Conseiller d'état, agréer ce foible tribut de ma reconnoissance et de la haute considération que mérite celui qui consacre sa vie à l'utilité et au bonheur de ses semblables.

J'ai l'honneur d'être avec respect,

Monsieur le Conseiller d'état,

Votre très-humble et très-obéissant serviteur,

Paris, le 1er. septembre 1806.

SUZANNE.

PLAN DE L'OUVRAGE.

LORSQUE les sciences sont parvenues à un haut degré de perfectionnement, que toutes les parties approfondies par les génies les plus vastes et les plus pénétrans, se sont enrichies d'un grand nombre de vérités qui en ont reculé au loin les limites, leur étude devient plus longue et plus pénible, et leurs progrès sont par conséquent plus lents et plus difficultueux. Alors la mémoire, obligée de retenir une immensité d'objets, réclame sans cesse les secours du raisonnement, et demande une méthode qui classe ces objets de la manière la plus propre à les fixer ou à les faire retrouver quand elle les a perdus de vue. Alors, il importe de diriger ses pas d'autant plus rapidement vers le but, que l'espace à parcourir est plus étendu, que les objets à observer sont plus multipliés, et que les recherches exigent plus de sagacité et plus de termes de comparaison.

De là, la nécessité d'une classification qui distribue toutes les vérités de la science, suivant la plus grande liaison possible ; de là aussi, le besoin d'une méthode qui nous fasse discerner les objets les plus importans, qui nous apprenne à les approfondir, à les développer, et à perfectionner l'instrument de nos recherches.

Tel est le double objet que j'ai osé me proposer relativement aux sciences mathématiques. Cet objet est grand et difficultueux ; et si je donne aujourd'hui mes vues à ce sujet, c'est d'abord pour réveiller l'attention sur un objet qui me semble avoir été trop négligé, et ensuite, pour tracer aux jeunes gens un plan d'étude propre à soulager leur mémoire et à rendre leurs succès plus prompts et plus certains, en exerçant de préférence leur faculté de raisonner.

Le moyen le plus sûr de simplifier l'étude de la science, étoit de réduire cette dernière à un petit nombre de principes fondamentaux, et d'exposer ceux-ci de manière à faire ressortir tous les développemens ou toutes les conséquences dont ils étoient susceptibles. La difficulté de conserver ses connoissances, et le besoin où l'on étoit de se procurer des termes de comparaison indispensables dans la recherche de la vérité, faisoient assez sentir combien il étoit nécessaire de renfermer dans des cadres peu étendus l'ensemble de toutes les vérités. La méditation des principes fondamentaux conduisoit ensuite naturellement à des notes propres à donner plus de développemens à la science. Il falloit enfin, pour embrasser l'ensemble de toutes les parties, former un tableau général de toutes les vérités disposées suivant l'ordre le plus propre à en faire sentir la liaison et à les graver profondément dans la mémoire.

Tels sont les objets sur lesquels j'ai tâché de donner aux jeunes gens des idées claires et justes. Mais ces préceptes généraux leur auroient été peu fructueux, si je ne les eusse rendus palpables par des applications aux diverses parties des Mathématiques, et, si le travail que je leur conseillois, je n'eusse commencé par le faire moi-même. Ces applications n'avoient pas seulement l'avantage de tracer aux commençans la route qu'ils pouvoient suivre, elles me fournissoient en même tems l'occasion d'essayer à remplir le premier objet, qui étoit d'offrir, des diverses parties de la science, une classification qui diminuât le travail de la mémoire, en augmentant la faculté de raisonner. L'arithmétique, l'algèbre, la géométrie et l'application de l'algèbre à la géométrie ont été l'objet de ces applications.

De là aussi, est née naturellement la division générale de notre travail. Nous avons donc commencé par développer les principes fondamentaux de chaque partie; ensuite nous avons présenté dans un précis l'esquisse de toutes les vérités qui forment les élémens de la science; nous avons approfondi, par des notes, les principes qui en étoient susceptibles; et nous avons offert, dans un tableau général, l'ensemble de toutes les vérités disposées le plus naturellement possible.

Enfin, le tout est terminé par l'examen des qualités qui constituent un bon traité de Mathématiques. C'est ici que je discute les avantages et les désavantages des diverses méthodes employées, et que je démontre la supériorité de celle qui se conforme à la génération des idées. Je recherche aussi quelles sont les causes de la clarté, de la rigueur, de la fécondité, de l'élégance; et, par les applications que j'en fais aux grands auteurs, je tâche de mettre les jeunes gens en état de sentir les beautés et les défauts des ouvrages qu'ils seront dans le cas de lire, et de ne porter jamais que des jugemens fondés sur des principes sûrs. Cette partie de mon travail m'a paru d'autant plus nécessaire et intéressante, qu'on n'a pas encore pensé à faire pour les Mathématiques ce qu'on a fait pour les lettres, c'est-à-dire, à recueillir les règles d'une théorie propre à faire apprécier avec justesse les qualités d'un ouvrage, et à servir de guide à ceux qui entrent dans cette carrière.

Le rapprochement que je fais ensuite des plus grands géomètres qui ont illustré le monde, et le caractère de chacun d'eux que j'essaie de tracer, devenoient nécessaires pour rendre plus sensibles les principes précédens, et pour exciter l'émulation des commençans par la vue des grands modèles.

De là, j'ai été conduit à esquisser le plan d'étude qui reste à suivre, lorsqu'on s'est déja pénétré des élémens de la science. J'ai donc parlé des ouvrages les plus propres à développer les talens qu'on avoit reçus de la nature, de l'ordre qu'il falloit suivre en les lisant, et de l'esprit dans lequel on devoit les méditer.

En comparant les diverses méthodes employées jusqu'à ce jour, et sur-tout les résultats que m'ont donnés plus de vingt ans d'expérience, je me suis convaincu qu'il n'y avoit pas de méthode plus propre à soulager la mémoire et à développer les facultés de l'esprit, que celle qui sait se conformer à la génération des idées.

Cette méthode, malgré sa grande ressemblance avec celle connue sous le nom de *Méthode des Inventeurs*, n'est pas tout-à-fait la même que cette dernière. Lorsque l'on veut s'assujettir à l'ordre suivant lequel les découvertes ont été faites, on est obligé d'avoir égard à toutes les lenteurs de l'esprit humain, à revenir souvent sur ce que l'on a fait pour le completter, et à préparer les matériaux des sciences longtems avant de les mettre en œuvre et d'en composer un tout régulier. Par une telle méthode, on fait, pour ainsi dire, l'histoire de l'esprit humain en même tems que celle de la science. On montre, il est vrai, l'origine réelle de nos connoissances et le motif de tout ; mais comme l'on est forcé à une extrême lenteur, et à séparer les unes des autres des vérités qui ont entre elles des rapports très-intimes ; il s'ensuit que la mémoire doit être fatiguée et l'esprit avoir beaucoup de peine à saisir l'enchaînement de toutes les parties.

Dans la méthode où l'on suit simplement la génération des idées, il suffit de disposer tous les matériaux de nos connoissances dans l'ordre qui leur convient, de leur donner la place qu'ils doivent occuper dans l'édifice de la science, et, en deux mots, d'unir toutes les vérités entre elles par un lien naturel et sensible, non de la manière dont elles se sont présentées réellement aux inventeurs, mais comme les disposeroit un esprit vaste et profond qui, les ayant toutes sous les yeux, voudroit réformer la science, la dégager de tout ce qui l'embarrasse, et la présenter sous l'aspect le plus clair, le plus simple et le plus satisfaisant.

Cette dernière méthode peut donc réunir tous les avantages de la méthode d'invention, sans avoir la lenteur et les embarras de cette dernière. Elle me paroît mériter ainsi la préférence sur la plupart des autres méthodes. Je sais bien qu'elle exige plus d'attention, un travail plus constant, et un esprit déja accoutumé à réfléchir ; mais ce n'est qu'à ces conditions que l'on peut apprendre la science, fortifier son jugement, développer la faculté de raisonner, et devenir capable de trouver la vérité.

Se borner à démontrer avec le plus de concision possible, les principes des Mathématiques, sacrifier à cet objet la liaison des idées, ne pas faire sentir le motif de chaque chose, obliger la mémoire de se charger de presque tous les détails des démonstrations, cacher le fil qui, en conduisant le raisonnement, auroit suppléé à la plus inconstante de nos facultés ; c'est se priver d'une grande partie des avantages que l'on pourroit retirer de cette étude, c'est fortifier dans les jeunes gens le penchant à l'irréflexion, ou au moins c'est ne pas chercher à le combattre.

Telles sont les considérations qui m'ont fait préférer la méthode de la génération des idées, considérations d'autant plus déterminantes qu'elles étoient une suite de l'expérience que j'avois faite moi-même dans mes premières études.

Cette expérience m'avoit convaincu que ce seroit épargner bien des efforts inutiles et décourageans à la plupart de ceux qui commencent l'étude des Mathématiques, que de leur donner les préceptes propres à les guider, et de leur exposer les principes de la science d'après une méthode qui leur fît sentir la raison de tout, et allégeât le fardeau de la mémoire, en fortifiant la faculté de raisonner.

Voilà le but que je me suis proposé. Je ne me flatterai jamais de l'avoir atteint, parce que les difficultés en sont grandes et nombreuses ; mais je serai satisfait, si j'ai facilité aux commençans l'étude des Mathématiques, si je leur ai montré dans quel esprit on doit faire cette étude, et si j'ai dirigé les regards des savans vers un objet qui, d'après l'opinion d'un grand géomètre (d'Alembert), mérite toute leur attention et n'est pas indigne de leurs recherches.

ORDRE A SUIVRE
DANS LA LECTURE DE L'OUVRAGE.

Les personnes qui ont l'habitude de la réflexion, peuvent commencer par les préceptes généraux sur la manière d'étudier les mathématiques ; les autres ne doivent lire d'abord que le paragraphe Ier. du chapitre IV, avec les chapitres VI et VII relatifs à *l'ordre du travail* et à *la distribution du tems*.

On étudiera ensuite la partie de l'arithmétique, imprimée en caractères plus gros, faisant marcher ensemble le développement des principes, le précis et le tableau général. On reprendra une seconde fois le tout, et l'on verra tout ce qui est en caractères plus petits, ainsi que les notes. Avant de passer à l'algèbre, ceux qui n'auront pas lu les préceptes généraux, tâcheront de se familiariser avec les maximes qui doivent servir à diriger leurs méditations; ils liront aussi les préceptes particuliers relatifs à l'étude de l'arithmétique.

Après cette préparation, on commencera l'algèbre, et l'on ne poussera d'abord cette étude que jusqu'à la résolution des équations du second degré inclusivement, en laissant toujours ce qui est imprimé en caractères plus petits.

Quand on sera bien familiarisé avec ces premiers principes d'algèbre, et avec les méthodes de calcul qui en résultent, on passera à l'étude de la géométrie à l'égard de laquelle on fera comme on a déja fait en arithmétique.

Cette étude terminée, il sera utile de revenir sur tous les préceptes généraux et particuliers, et de relire attentivement les précis, ainsi que les tableaux. Cela fait, on reprendra toute l'algèbre, et l'on s'occupera successivement de toutes les parties qu'elle renferme, méditant bien les principes, et s'exerçant beaucoup au calcul.

Quand on aura bien saisi l'esprit de la langue algébrique, et que l'on se sera bien familiarisé avec les méthodes et les procédés qui s'ensuivent, on passera à l'application de l'algèbre à la géométrie, et l'on étudiera la théorie des courbes, avec toute l'attention et l'intérêt que mérite un sujet aussi curieux qu'utile.

Après avoir longtems médité cette théorie, on reprendra les préceptes généraux, pour en venir à la dernière partie où je traite, avec une certaine étendue, *des qualités que doivent avoir les ouvrages de mathématiques*, et où j'achève de tracer le plan d'étude à suivre par les jeunes gens qui veulent pénétrer dans les profondeurs de la science.

Si, parmi mes lecteurs, il s'en trouvoit quelqu'un qui ne voulût savoir des mathématiques que la partie la plus élémentaire, la plus facile et la plus usuelle, il devroit ne prendre que les problêmes imprimés en plus gros caractères, laisser les notes complémentaires , s'arrêter en algèbre immédiatement après la résolution des équations du second degré, et terminer ses études mathématiques, ou tout de suite après la géométrie , ou après les courbes connues sous le nom de *sections coniques.*

DE LA MANIÈRE
D'ÉTUDIER
LES MATHÉMATIQUES.

PRÉCEPTES GÉNÉRAUX.

CHAPITRE PREMIER.

Nécessité de donner aux commençans des préceptes sur la manière d'étudier.

DANS l'étude des mathématiques, ce n'est point assez d'avoir un ouvrage où soient exposées avec ordre et clarté, les vérités de la science ; il faut encore savoir par quels moyens on fait disparoître l'obscurité d'une pensée, comment on distingue ce qui sert de base à une démonstration, de ce qui n'est destiné qu'à son développement, et comment on peut reconnoître l'importance des différens principes qui constituent la science; il faut de plus savoir discerner les choses que l'on doit confier à la mémoire, de celles qui doivent être l'objet de nos recherches, classer les premières avec méthode et les réduire au plus petit nombre possible ; il faut enfin savoir exercer progressivement ses forces, lire les grands auteurs, se pénétrer de leur esprit, et faire de l'ensemble de ses connoissances un tout bien ordonné, facile à comprendre et à retenir.

Or, la connoissance de ces moyens étant très-propre à faciliter les premiers pas que l'on fait dans les sciences, à éviter tout travail inutile, et à fortifier les facultés de l'esprit, il importe que les élémens soient accompagnés de préceptes pour guider les commençans dans la longue carrière qu'ils ont à parcourir.

Il est vrai qu'ordinairement des professeurs sont chargés de ce soin; mais tous ceux qui veulent étudier les sciences, ne sont pas toujours à portée d'être dirigés par des hommes instruits et expérimentés ; d'ailleurs, eussent-ils ce précieux avantage, ils retireroient encore quelque utilité de ces préceptes qui, alors, serviroient ou de supplément aux leçons orales qu'ils recevroient, ou à leur rappeler ce que leur mémoire auroit laissé échapper.

Il n'est aucun savant qui n'ait été obligé de se faire un plan d'étude propre à économiser le tems, à classer avec ordre et méthode les immenses matériaux de ses recherches, et à le conduire à son but par le chemin le plus court et le plus facile. Or, combien de peines inutiles et de tentatives infructueuses ne lui eût-on pas épargnées, si, dès les premiers pas qu'il a faits dans la carrière des sciences, on lui eût tracé la route qu'il devoit suivre ! combien il eût pu employer plus utilement à étendre ses connoissances un tems qui n'a été consacré qu'à les régulariser ! *Trouver une marche simple et facile qui, dans le moins de tems possible, nous fasse acquérir la plus grande somme de connoissances*, ne me paroît pas un problême assez facile à résoudre, pour qu'il n'ait pas occupé longtems celui qui en ignoroit la solution.

On ne m'opposera pas cet argument si souvent répété par les ennemis de tout perfectionnement, que *jusqu'à présent on n'a point manqué de bons géomètres, et par conséquent, que les méthodes connues sont suffisantes.*

Mais ce sophisme est ici de nul effet, puisque ces géomètres n'ont pu acquérir leurs grandes connoissances sans un plan de travail simple et régulier ; et qu'il s'agit ici bien moins d'imaginer de méthode nouvelle, que d'indiquer celle que ces savans ont dû suivre.

On ne m'opposera point encore que les jeunes gens ne sauroient s'assujétir à une marche qui demande une attention suivie, un travail long et constant; car autant vaudroit-il dire que, pour développer les facultés de l'esprit, on peut ne point captiver l'attention, on peut laisser l'imagination errer d'objets en objets, et ne point s'opposer à ce penchant qui fait fuir tout travail. C'est en luttant sans cesse contre l'inattention ordinaire au premier âge, c'est en cherchant à fixer l'attention de la jeunesse, c'est en dirigeant constamment vers un même but un esprit porté à voltiger, que l'on peut rendre les jeunes gens capables de raisonner, d'approfondir les sciences et d'arriver à la vérité par une marche toujours sûre.

Cette méthode, la seule propre à remplir le but que l'on doit se proposer dans l'étude des mathématiques, pourra toujours être employée avec succès, lorsqu'on l'appliquera à des jeunes gens familiarisés avec leur langue, et dont l'esprit cultivé sera capable d'attention.

Il est vrai que tous les jours on voit des jeunes gens commencer presque leur instruction par l'étude des mathématiques : aussi n'apprennent-ils guère que des mots et quelques opérations machinales que le vulgaire croit de la science ; aussi renoncent-ils bientôt à une étude qui ne leur offre que sécheresse et stérilité. N'écrivant point pour cette classe de lecteurs, je ne dois pas ici les faire entrer en considération.

J'entends tous les jours répéter que l'on ne doit pas attacher beaucoup d'importance au perfectionnement des méthodes, parce que l'homme de génie n'en a pas besoin, ou bien qu'il les trouve lui-même, et que l'homme vulgaire n'en restera pas moins dans le cercle étroit où la nature l'a renfermé. Mais ce raisonnement est vicieux sous presque tous les rapports.

D'abord il ne paroît pas vrai que l'homme de génie puisse s'affranchir de toute méthode. Nous pensons tous par les mêmes moyens, nous avons tous besoin de fixer notre attention, de la diriger avec ordre, d'exercer le jugement, de développer la faculté de raisonner, de fortifier la mémoire, et de multiplier les termes de comparaison ; il n'y a d'autre différence entre l'homme de génie et l'homme ordinaire, qu'en ce que le premier arrive plus promptement et plus facilement à ces résultats, en fait de nombreuses et utiles applications, tandis que le second marche d'un pas lent et pénible, et manque de force pour aller plus loin.

Mais le génie n'est pas toujours un garant qu'on ne se trompera pas dans ce premier développement de ses facultés, qu'on ne prendra pas un chemin trop long, et, qu'emporté par une imagination trop impétueuse, on ne passera pas à côté de la vérité sans la reconnoître. Qui osera nier que tel homme de génie n'eût parcouru une carrière bien plus brillante, s'il eût su diriger avec ordre et méthode un esprit trop impétueux à contenir; car, si la méthode peut alléger et étendre la mémoire, si elle multiplie les objets à comparer, si elle facilite ces comparaisons, si elle empêche d'errer loin du but, que ne doit-on pas attendre, lorsqu'à la facilité et à la promptitude de conception, on joindra une marche naturelle et sûre, et qu'aucun de ses moyens ne sera employé à pure perte ?

Quant aux hommes vulgaires, si la méthode n'est pas capable de les placer au premier rang, et de suppléer au manque de sagacité, elle donnera plus de développement à leurs facultés, elle leur fera acquérir plus de connoissances, les rendra plus utiles, leur fera parcourir une carrière plus longue, et les placera à un rang moins inférieur.

Or, si l'on observe que dans l'état de nos connoissances, ce qui importe le plus est de diriger les principes vers des applications usuelles, on sentira que, fournir aux hommes d'une intelligence ordinaire les moyens de se former et d'appliquer les sciences, c'est faire une chose très-utile à la société.

CHAPITRE II.

Objet que l'on doit se proposer dans l'étude des Mathématiques.

LES mathématiques peuvent être considérées sous un double point de vue ; d'abord, comme moyen de perfectionner l'entendement, et ensuite comme renfermant des théories dont l'application est utile ou nécessaire à presque tous les hommes.

Aucune science n'est plus propre que les mathématiques à fixer l'attention, à la diriger avec méthode, à fortifier le jugement, à développer la faculté de raisonner et à faire connoître le chemin de la vérité. C'est en déterminant exactement l'objet de leurs recherches, c'est en suivant la génération des idées, c'est en allant du connu à l'inconnu, du simple au composé, c'est en marchant toujours le flambeau de l'évidence à la main, que les mathématiques jouissent, à un degré éminent, du précieux avantage de réunir la clarté à l'exactitude. Accoutumé à cette marche lumineuse et sévère, l'esprit contractera l'heureuse habitude de fixer fortement son attention sur l'objet qu'il veut connoître, de mettre de l'ordre dans ses recherches, de tirer d'un principe toutes les vérités qui en découlent, de saisir dans un grand nombre d'idées le lien qui les unit entre elles, en un mot, de voir le vrai, de le sentir et de le trouver.

Si les autres études n'offrent pas les mêmes moyens pour développer la faculté de raisonner, c'est que leur objet n'est ni aussi simple, ni aussi susceptible d'une détermination rigoureuse; c'est qu'elles renferment beaucoup de principes sur lesquels on n'est point d'accord; c'est que l'imagination y produit souvent des illusions ou des fantômes qui cachent la vérité; c'est que la méthode que l'on y suit est souvent incertaine et peu naturelle.

Mais, pour retirer de l'étude des mathématiques le précieux avantage de former le jugement, d'étendre la faculté de raisonner, et de faire connoître la route qui conduit à la vérité, il ne faut point se contenter de démontrer les principes de la science, il faut en saisir l'esprit, voir l'enchaînement des idées, l'ordre de leur génération; il faut sentir le motif de tout, distinguer les vérités fondamentales de celles qui n'en sont que des conséquences éloignées; il faut se pénétrer de l'esprit de la science, plutôt que de vouloir retenir des détails fatigans et fugitifs; il faut enfin observer la marche de l'esprit humain dans la recherche de la vérité.

Démontrer les principes des mathématiques, exercer aux opérations du calcul, en faire l'application aux divers usages de la société, c'est faire une chose fort utile; mais se borner à cela, mais ne pas se proposer le perfectionnement de la faculté de raisonner, ne pas ramener la méthode mathématique à des principes généraux applicables aux autres études, mais ne pas observer la marche de l'esprit dans la recherche de la vérité , c'est se priver de l'un des plus grands avantages de la science , de celui qu'il importe le plus à l'homme d'obtenir, celui *de raisonner avec justesse et de savoir trouver la vérité.*

C'est donc vers ce but utile que doivent tendre tous nos efforts ; d'autant plus qu'en perfectionnant ainsi l'instrument de nos recherches , nous devenons plus capables de pénétrer dans les profondeurs de la science , et de faire une bonne application de la théorie aux besoins de la société.

S'il est une circonstance où il faille se contenter de démontrer et d'appliquer les vérités mathématiques, c'est celle où la personne qu'il s'agit d'instruire, seroit incapable de saisir une longue suite de raisonnemens ; alors il faudroit se borner à un très-petit nombre de propositions élémentaires et de méthodes pratiques qu'un long exercice pourroit graver dans la mémoire ; mais alors aussi ce ne seroit point apprendre la science , et les principes exposés ci-dessus ne sauroient avoir leur application.

CHAPITRE III.

Choix de l'auteur à étudier. Qualités nécessaires à un ouvrage élémentaire.

RIEN n'est plus important à celui qui commence l'étude des mathématiques , que le choix de l'auteur élémentaire qui doit guider ses premiers pas. Incapable de faire ce choix par soi-même, on doit recourir aux lumières d'autrui et consulter des hommes qui joignent à une grande instruction une expérience consommée.

Cependant, comme il est avantageux de s'accoutumer

de bonne heure à juger par soi-même, et de se mettre en état d'apprécier l'ouvrage que l'on a pris pour guide, nous allons jeter un coup-d'œil sur les qualités que doit avoir un ouvrage élémentaire. Ces qualités peuvent se réduire aux suivantes ; savoir, *la justesse*, *la clarté*, *la brièveté*, *la simplicité*, *la fécondité* et *l'élégance*.

La justesse consiste dans la parfaite conformité ou l'exacte liaison de nos pensées, soit avec un principe évident et incontestable, soit avec les notions premières de l'objet que l'on considère.

Pour bien comprendre cette définition, il est nécessaire de remonter à la cause de la liaison des idées.

Les objets extérieurs occasionnent sur nos sens des mouvemens ou impressions qui nous avertissent de la présence de ces objets. Ces impressions considérées comme transmises par les sens, ont été nommées *sensations* ; considérées comme servant à nous représenter les objets et à nous faire distinguer les uns des autres, elles ont pris le nom d'*idées* ou *images*.

La simultanéité des impressions donne lieu à celle des idées, lie celles-ci les unes aux autres, et nous fournit le moyen de comparer entre elles ces sensations. De cette comparaison on déduit entre les idées primitives des *rapports* ou *jugemens* ; mais ces rapports ou jugemens étant comparés entre eux, il en résulte de nouveaux rapports : cette comparaison a été nommée *raisonnement*, et, le nouveau jugement qui en est le résultat, a pris le nom de *conséquence*. Continuant à comparer ces conséquences entre elles, on en tire d'autres conséquences, et l'on a des idées *complexes*, dont les idées simples ou primitives sont, pour ainsi dire, les génératrices. Ainsi les idées complexes renferment implicitement toutes les idées complexes intermédiaires entre elles-mêmes et les idées d'où l'on est parti ; de sorte qu'on peut les regarder comme le dernier anneau d'une chaîne dont le premier est formé par les idées simples que l'on a comparées d'abord.

Le manque de justesse vient donc toujours de ce que l'on suppose entre deux idées une liaison qui n'existe pas. Pour se convaincre de son erreur, il suffiroit d'examiner toutes les conséquences qui dérivent de l'une de ces idées, et de voir si l'idée que l'on croyoit liée à la première se trouve au nombre de ces conséquences ; il faudroit, en deux mots, reformer la chaîne en commençant par le premier ou par le dernier chaînon, et reconnoître si l'idée à vérifier forme l'un des anneaux.

D'après cela, un ouvrage élémentaire sera doué de justesse, lorsqu'il régnera une liaison intime entre toutes les parties du plan général, ainsi qu'entre tous les détails qui composent l'ensemble ; lorsque les divisions naîtront naturellement du sujet, et que chacune conduira clairement aux suivantes ; lorsque l'objet de la science sera bien déterminé, que les notions premières en seront des conséquences immédiates ; que les démonstrations dériveront des notions premières ou de principes incontestables ; que les solutions seront tirées de la nature de la question et des vérités déja démontrées ; enfin, lorsque rien ne sera fondé sur des suppositions hasardées, sur des propositions non démontrées, et que les mots seront employés dans leur véritable acception.

La *clarté* demande que les idées soient distribuées dans un tel ordre, qu'elles découlent sans efforts les unes des autres, que les mots employés pour les rendre aient leur signification propre, et soient arrangés le plus simplement et le plus naturellement possible. Enfin, *liaison dans les idées, propriété dans les mots, simplicité dans les constructions ; telles sont les sources de la clarté.*

Ainsi, un ouvrage sera clair, lorsque l'objet sera bien déterminé, que les diverses ramifications seront distinctes, ne s'embarrasseront point les unes les autres, et naîtront sans effort de la nature même du sujet; lorsqu'il régnera entre toutes les idées une liaison sensible; que l'ensemble sera partagé en grandes masses bien saillantes; que les propositions à démontrer ou les problêmes à résoudre se feront distinguer aisément; que l'on ne franchira pas de grands intervalles; que l'on conduira l'esprit insensiblement et par une marche graduée, des vérités les plus simples aux vérités les plus relevées; lorsqu'enfin les mots auront leur vraie signification; que les phrases seront simples, peu longues et d'une construction naturelle et facile.

La brièveté a pour objet de ne donner à chaque chose que la juste étendue nécessaire à la clarté. Ce n'est donc pas, d'après le nombre des idées, ni celui des mots, que l'on doit en juger; c'est en examinant si tout ce que l'on dit est nécessaire, et si l'on ne pourroit rien en supprimer, sans nuire à la clarté ou à la rigueur. *Cela est plus court qui est mieux entendu et plutôt retenu.*

Pour atteindre à cette précieuse et rare qualité, il faut réduire la science au plus petit nombre de principes possibles; il faut que de ces vérités fondamentales se déduisent sans peine les vérités secondaires; il faut, dans les démonstrations et dans les solutions, montrer l'esprit de la science, partir des principes les plus voisins et les plus immédiats, rejeter des détails fatigans, faciles à trouver; il faut disposer les idées dans un tel ordre, qu'elles s'éclairent les unes les autres; il faut enfin employer les mots propres, les constructions claires et rapides, et sous-entendre tout ce qui peut être trouvé sans beaucoup d'efforts.

L'idée de simplicité emporte avec elle les idées de clarté, de brièveté et *de facilité.* Une chose est simple, si elle est peu composée; et, si elle est peu composée, elle est brième, claire et facile à comprendre. Au premier coup-d'œil, la simplicité paroît se confondre avec la brièveté; mais il y a entre elles cette différence, que la simplicité renferme nécessairement peu d'objets, tandis que la brièveté peut être composée d'un grand nombre; de sorte qu'on peut regarder la brièveté comme une qualité relative, et la simplicité comme une qualité absolue. *Il y a brièveté partout où il y a simplicité; mais il n'y a pas toujours simplicité là où règne la brièveté.*

Les élémens des sciences seroient parvenus à leur plus haut degré de perfection, s'ils pouvoient, dans leur ensemble comme dans leurs détails, avoir cette simplicité qui rend les choses faciles à comprendre et aisées à retenir.

Il y aura donc simplicité dans le plan d'un ouvrage, lorsque les objets seront tellement classés, qu'ils donneront lieu à un très-petit nombre de divisions, que ces divisions seront bien distinctes et unies entre elles par un lien naturel et facile; il y aura simplicité dans les notions, lorsque celles-ci découleront sans efforts du fond même du sujet; il y aura simplicité dans les solutions ou dans les démonstrations, lorsque ces solutions ou ces démonstrations seront déduites immédiatement des conditions de la question ou de la nature de la proposition, et que les raisonnemens à faire seront en petit nombre; il y aura simplicité dans le style, lorsque ce dernier sera clair, facile, naturel et sans prétention; enfin, *il y aura simplicité dans le tout, si l'esprit saisit avec facilité l'enchaînement de toutes les parties, sent le motif de chaque chose, distingue d'un coup-d'œil les vérités fondamentales, apperçoit les vérités secondaires que celles-*

ci renferment, et retient ce vaste ensemble aussi faci-lement qu'il l'a saisi. Tels sont les signes auxquels on peut reconnoître qu'un ouvrage élémentaire possède la simplicité au plus haut degré ; mais ce phénomène est encore à paroître.

Si la justesse, la clarté, la brièveté, sont des qualités indispensables à des élémens ; si la simplicité rehausse tant le mérite d'un ouvrage, la fécondité dans la méthode est d'une très-haute importance, parce qu'elle doit développer les germes de talens qui sont en nous, et qu'elle peut devenir la source de découvertes utiles aux progrès de la science.

La fécondité consiste à exposer les idées et les principes dans l'ordre de leur génération, de manière à faire connoître par quels moyens on arrive à la vérité, et à mettre ainsi sur la route des découvertes.

Pour obtenir cette importante qualité, il faut envisager la science sous le point de vue, le plus simple, le plus naturel et le plus étendu ; il faut que les premières notions soient claires, et en plus petit nombre possible ; que les vérités découlent sans peine de ces notions, et ensuite les unes des autres ; qu'à quelque distance que l'on se trouve du point de départ, on puisse toujours revenir aisément sur ses pas, et parcourir avec facilité les diverses ramifications de la science ; il faut sur-tout que l'on apperçoive sans cesse la marche qu'a suivie l'esprit pour former cette chaîne de vérités ; *il faut,* en un mot, *s'assujétir à la génération des idées.*

On peut même dire qu'en suivant cette marche, on obtiendra toujours la justesse et la clarté ; car alors les idées se trouveront liées à des principes incontestables, se déduiront naturellement les unes des autres, et se graveront plus profondément dans la mémoire.

Quand on observe que la fécondité consiste dans la facilité à déduire de nouveaux rapports, et à trouver de nouvelles vérités, on voit que cette qualité doit dépendre de la plus ou moins grande liaison dans les idées. Selon que cette liaison sera plus naturelle, et par conséquent plus intime, elle unira un plus grand nombre d'idées, et l'on sera plus assuré, en la suivant, d'arriver à des vérités inconnues. On parcourra même d'autant plus aisément cette chaîne, que l'on sera plus habitué à chercher le fil des idées, et à s'assujétir à l'ordre de leur génération.

Il est vrai que cette facilité à saisir la liaison des idées n'est pas le seul effet de la méthode. La nature nous a doué de plus ou de moins de perspicacité pour appercevoir, entre toutes les vérités d'une science, ces rapports qui lient celles-ci les unes aux autres ; mais, si la nature diminue les efforts de l'esprit, la méthode n'en est pas moins utile pour éviter qu'on ne s'égare, et développer, par un exercice bien entendu, la facilité dont nous sommes doués. Le génie peut bien ne pas s'assujétir à suivre péniblement et scrupuleusement la route tracée par la méthode ; impatient d'arriver, il peut bien franchir sans inconvéniens certains intervalles, mais il sera toujours obligé de plier sous les grands principes, dictés par la méthode, et qui dérivent de la nature même de nos facultés. Combien les sciences seroient plus avancées, si, dans les siècles qui nous ont précédés, les hommes de génie eussent étudié davantage la marche de l'esprit dans la recherche de la vérité, et que, loin d'errer d'objets en objets, souvent sans ordre et sans méthode, ils se fussent assujétis à la génération des idées !

Si le goût consiste dans un certain tact qui fait discerner ce qui convient le mieux à chaque chose, et peut produire le plus d'effet, cette qualité doit appartenir également aux sciences comme aux lettres. Il est, dans l'art de chercher ou de démontrer la vérité, un certain choix d'idées plus ou moins propre à faire naître l'évidence, et à donner du relief à des rapports inconnus. De là, naît l'ÉLÉGANCE *qui, comme l'indique le mot* ELIGERE, *consiste dans le choix judicieux des moyens simples et agréables de parvenir à la vérité.*

Pour obtenir cette qualité, il ne faut pas seulement du discernement et de la simplicité, dans les moyens, il faut aussi que les rapports qui en résultent, frappent par la surprise qu'ils occasionnent, c'est-à-dire, que l'élégance soit jointe à l'*esprit*. Celui-ci est bien moins le résultat de longues méditations, que de certains traits de lumière qui viennent tout-à-coup nous frapper et nous découvrir des rapports inattendus. C'est à l'homme de génie auquel appartient sur-tout d'avoir de telles inspirations. Je crois cependant que ces idées qu'un heureux hasard semble suggérer, seroient beaucoup moins rares, si l'on approfondissoit toutes les vérités connues, et que l'on cherchât à découvrir le véritable ordre de leur génération. Ce soupçon me paroît d'autant plus fondé, qu'il n'est aucune de ces idées qu'on ne puisse rattacher à d'autres idées connues.

Ainsi, le plan d'un ouvrage sera élégant, si les parties qui le composent sont en petit nombre et liées entre elles par un lien naturel, ingénieux et délicat. Il y aura élégance dans les solutions, lorsque les principes employés conduiront à des procédés simples, ingénieux et inattendus ; il y aura élégance dans les démonstrations, lorsque celles-ci seront déduites des vérités liées finement avec la proposition, et que les raisonnemens à faire pour arriver à la conséquence seront simples, ingénieux et peu connus.

A l'élégance est opposée la lourdeur. On tombe dans ce défaut, toutes les fois qu'on entre dans des détails superflus, que les moyens employés rendent la marche longue et pénible; que le style est embarrassé, surchargé de mots inutiles, de phrases mal construites et obscures; en un mot, que l'on manque de clarté, de rapidité, de simplicité et d'esprit.

Concluons donc de tout ce que nous venons de dire, que cet auteur mérite la préférence, qui s'est assujéti à l'ordre naturel des idées, qui a suivi un plan simple découlant de la nature du sujet, un plan dont les parties liées entre elles forment un tout facile à saisir ; qui a mis de la justesse dans ses expressions, de la clarté et de la rigueur dans ses preuves ; et qui, également ennemi des longues discussions et d'une concision rebutante, a su réunir la clarté à la brièveté. Il est bien vraisemblable qu'on ne trouvera pas aisément un auteur qui remplisse toutes ces conditions ; mais on s'arrêtera à celui qui a satisfait à un plus grand nombre. On remarquera pourtant que, parmi les qualités qui constituent un bon ouvrage élémentaire, il en est de fondamentales et qui doivent faire préférer celui qui les possède. Ainsi, avoir envisagé la science sous le point de vue le plus naturel, le plus fécond et le plus étendu ; avoir mis de la justesse et de l'exactitude dans ses démonstrations, supposent es qualités qu'il faut placer en première ligne. Viennent ensuite la clarté dans les détails, la juste étendue donnée à chaque chose, la propriété des expressions et l'application judicieuse des principes de la science.

Quelquefois les jeunes gens croient hâter leurs progrès, en travaillant en même tems d'après plusieurs ouvrages élémentaires. Cette méthode leur est extrêmement nuisible. Elle le seroit moins si chaque auteur s'assujétissoit au même plan, et partoit des mêmes principes; mais cela n'arrive presque jamais; et encore y auroit-il une perte de tems considérable, et un embarras dans les idées provenant des diverses manières de les classer. Celui qui commence une science a besoin de recueillir toute son attention, d'avoir le moins d'objets possible à considérer, de marcher pas à pas, et de n'avoir qu'une route à suivre, s'il ne veut point rencontrer plus d'obstacles et arriver bien plus tard au but qu'il se propose. Il comparera plus fructueusement les divers auteurs ensemble, lorsqu'il se sera bien pénétré des principes de la science, qu'il en aura saisi l'esprit, et qu'il aura acquis la facilité de penser et de comparer.

Dans le cas toutefois où, pressé par une curiosité ordinaire aux commençans, on voudroit suivre en même tems deux auteurs différens et éclaircir l'un par l'autre, il faudroit commencer par étudier celui dont le plan paroît le plus simple et le plus naturel; après s'en être bien pénétré et avoir marqué les endroits difficultueux, on passeroit à l'autre ouvrage, que l'on étudieroit de suite, ayant soin de rapporter au plan du premier toutes les parties du second, pour en faire un seul tout; on compareroit alors les diverses manières de présenter ou de démontrer les mêmes vérités, et l'on tâcheroit par cette comparaison d'éclaircir, ou de rectifier, ou d'étendre ce que chacun de ces ouvrages pourroit offrir d'obscur, ou de défectueux ou d'incomplet. Mais, je le répète, cette comparaison ne peut être bien faite que par un esprit formé ou sous la direction d'un professeur.

CHAPITRE IV.

Manière d'approfondir l'ouvrage élémentaire que l'on a choisi.

§ Ier.

Intelligence du texte.

UNE des principales causes du peu de succès des jeunes gens dans l'étude des mathématiques, est l'ignorance de leur langue. De là vient la peine qu'ils ont à entendre les idées de l'auteur, à débrouiller leurs propres pensées, et à raisonner avec justesse et précision. Nous ne pensons qu'avec le secours des mots, et les langues ne sont autre chose que des instrumens par le moyen desquels nous faisons passer nos idées en revue, nous les observons, nous les comparons et nous en faisons une bonne analyse. Que faut-il donc attendre de celui à qui cet instrument est presque entièrement inconnu, et qui n'a jamais appris à s'en servir? Rien de bien satisfaisant : il sera longtems à répéter des mots qu'il n'entendra point ; et, si la capacité dont il est doué, jointe aux efforts qu'il fait pour surmonter ces obstacles, ne commence à le familiariser avec sa propre langue, il verra bientôt s'écrouler l'édifice qu'il avoit élevé ; et de toute sa science, il ne lui restera que quelques mots conservés par sa mémoire.

Ainsi la connoissance de sa langue est une condition indispensable pour bien entendre le texte de l'auteur et pénétrer dans l'esprit de la science. Si vous voulez donc n'être point arrêté par ces premières difficultés les plus rebutantes de toutes, pesez bien tous les mots, fixez-en la signification de la manière la plus scrupuleuse, soit par le moyen d'un bon dictionnaire, soit en recourant aux lumières d'autrui ; tâchez ensuite de saisir le sens de chaque phrase, d'appercevoir la liaison que les phrases ont entre elles, et leur degré d'importance par rapport au tout ; marchez avec une sage lenteur, vous rendant compte à vous-même des idées de l'auteur, revenant sans cesse sur vos pas, suppléant aux idées intermédiaires qui manquent, et vous efforçant de faire de toutes les parties un ensemble bien lié et facile à saisir.

L'embarras où sont la plupart des jeunes gens pour discerner les idées principales de celles qui ne sont qu'accessoires ou moins importantes ; la difficulté même qu'ils éprouvent souvent à découvrir la proposition qu'on veut démontrer ou la question qu'on veut résoudre, les porte à s'attacher scrupuleusement au texte de l'auteur, et à en retenir jusqu'à l'arrangement des mots. Cette méthode est aussi dangereuse qu'elle est impraticable. Non-seulement elle empêche la réflexion et le jugement de s'exercer, mais elle finit par surcharger la mémoire d'une foule de mots et d'idées qui disparoissent bientôt, ne laissant plus qu'une sorte d'obscurité pire que les ténèbres les plus épaisses.

Pour éviter un aussi grave inconvénient, il faut bien discerner dans la lecture d'un ouvrage, et à chaque pas qu'on fait, quel est le but de l'auteur, quelle proposition il a voulu démontrer, ou quelle question il a voulu résoudre ; il faut démêler les idées qui servent de fondement à une démonstration ou à une solution, de celles qui n'en sont que des conséquences claires et faciles à retrouver ; il faut enfin s'arrêter aux idées fondamentales, et s'exercer à la recherche des autres. Quant aux mots et à leur arrangement pour rendre les idées, il faut que la connoissance de sa langue et l'habitude de la parler, épargnent à la mémoire la peine de se charger des propres expressions de l'auteur que l'on a pris pour guide.

§ II.

Formation de tableaux contenant les vérités dont dépendent les démonstrations et les solutions.

Ainsi, le premier travail à faire, sera la formation de tableaux en deux colonnes verticales; l'une contenant les diverses propositions à démontrer, ou les divers problèmes à résoudre, auxquels l'ouvrage peut être réduit; et l'autre renfermant les vérités sur lesquelles reposent les propositions ou les problêmes correspondans dans la première colonne.

Pour peu qu'on soit familiarisé avec sa propre langue, et exercé à réfléchir, on distinguera aisément, par la lecture attentive d'un morceau, quelle proposition l'auteur a voulu démontrer, ou quelle question il a eu l'intention de résoudre. Parmi les diverses idées qui entrent dans une démonstration ou dans une solution, les unes dérivent des autres par le raisonnement. Celles-ci seront donc les génératrices de celles-là et leur serviront de fondement. Il faudra donc commencer par détacher de l'ouvrage les idées fondamentales, ne prendre des autres que celles qu'on ne peut retrouver sans quelque effort d'esprit, et transporter les unes et les autres dans la seconde colonne du tableau, vis-à-vis les propositions auxquelles elles appartiennent. En disposant ces idées suivant l'ordre de leur génération, il ne restera plus, pour completter la démonstration, que de les lier entre elles et à la proposition principale, par des idées intermédiaires toujours faciles à retrouver, lorsqu'on a bien compris le texte de l'auteur.

On pourroit même ajouter une troisième colonne, dans laquelle on mettroit les solutions des questions qui se trouvent dans la première. Ces tableaux une fois formés, il sera nécessaire de se les rendre familiers, en s'exerçant à retrouver la démonstration de chaque proposition et de chaque solution, par la seule vue des vérités dont elles dépendent. Cet exercice habituera l'esprit à raisonner juste, lui fera discerner les idées fondamentales d'un raisonnement, de celles qui ne sont destinées qu'à les lier entre elles, développera insensiblement la sagacité des jeunes gens; et en mettant de la liaison entre les vérités de la science, il les gravera plus profondément dans la mémoire.

§ III.

Nécessité de distinguer les principes fondamentaux d'une science.

Si une proposition ou une solution est fondée sur un petit nombre d'idées fondamentales qu'il importe de distinguer, chaque partie de la science est aussi basée sur un certain nombre de vérités d'où dérivent les autres, et auxquelles il faut toujours recourir, lorsqu'on veut retrouver les idées ou les vérités subséquentes que la mémoire a laissé échapper.

L'étude des sciences deviendroit un dédale immense dont nous ne pourrions jamais sortir, si nous avions la folie de tout voir, de tout retenir. Il faut que nous nous contentions de reconnoître les points principaux, et d'acquérir cette sagacité qui, comme un nouveau fil, dirigera nos pas avec sûreté, et qui, dans la longue carrière que nous avons à parcourir, nous empêchera de nous égarer.

C'est donc vers le développement et la fécondation des germes de talens que la nature a mis en nous, que doivent se diriger tous nos efforts. Mais ce développement ne sauroit avoir lieu, si nous ne saisissons bien le véritable esprit de la science ; et cet esprit se trouve concentré dans les principes fondamentaux et dans quelques vérités secondaires qui en découlent.

Il devient donc aussi utile que nécessaire de bien connoître ces principes et ces vérités sur lesquels repose toute la science, de les mûrir, de se les approprier, et de bien s'en pénétrer en les développant avec ordre et clarté.

Or, le caractère distinctif des vérités principales d'une science, est de dépendre d'une manière assez immédiate de la nature du sujet, de donner lieu à un grand nombre de conséquences, et de devenir la source de beaucoup de vérités qui, à leur tour, en produisent de nouvelles, sans qu'on puisse jamais en assigner la limite.

Les idées simples et primitives sont les vrais fondemens de toute science. Evidentes par elles-mêmes à cause de leur simplicité, elles n'ont besoin, pour être entendues, que d'être exposées avec les mots qui leur conviennent. Elles nous marquent le point de départ, et il ne faut jamais les perdre de vue, si l'on veut bien lier ses connoissances, en demêler l'origine et en former un tout dont on puisse saisir aisément la relation des parties.

A mesure qu'on s'éloigne de ces notions primitives, les vérités deviennent toujours moins fondamentales. Mais elles n'en sont pas pour cela moins nécessaires, lorsque sur-tout elles servent de point de réunion à un grand nombre de conséquences. Ce sont ces points communs qui méritent toute notre attention, et c'est à les développer et à les lier naturellement que consiste la difficulté.

§ IV.

Développement des principes fondamentaux.

Mais quelle méthode faut-il suivre dans le développement de ces principes? Celle, sans doute, qui, éclairant sans cesse l'esprit, le conduit pas à pas, lui montre les difficultés, et les lui fait vaincre progressivement ; celle, en un mot, qu'ont suivie ou qu'ont pu suivre les inventeurs de la science. Cette marche, il est vrai, est un peu lente et exposée à des tâtonnemens, mais je crois qu'elle est la seule propre à bien faire sentir la raison de tout ce que l'on fait, et à donner à l'esprit de l'étendue et de la profondeur, en lui montrant la manière dont les idées naissent progressivement les unes des autres. Quelle autre méthode, en effet, pourroit mieux faire connoître la route qu'il faut tenir pour arriver à la vérité, que celle qui se présente naturellement dès qu'on veut faire des recherches, qui fait dépendre les vérités les unes des autres, et que tous les hommes ont été forcés de suivre? Malheureusement il n'est pas toujours possible d'appercevoir la vraie route d'invention, ou la génération des idées, parce que nous sommes encore bien éloignés d'avoir le fil qui lie toutes les vérités; et que, comme dit d'Alembert, nous ne connoissons, dans la grande énigme du monde, qu'un petit nombre de points épars çà et là, dont la relation nous est inconnue. Voilà, sans doute, pourquoi nous n'avons souvent pour guide dans nos recherches, qu'une sorte d'instinct ou de pressen-

timent, une certaine analogie qui nous force à des tâton—
nemens, et à des essais quelquefois infructueux.

Il n'en faut pas moins cependant faire nos efforts pour
établir entre le grand nombre de vérités qui composent
une science, une certaine liaison qui les fasse dépendre
les unes des autres le plus naturellement possible. Il en
résultera au moins cet avantage, qu'en s'efforçant continuellement de vaincre ces difficultés, on augmentera
les forces de l'esprit, et l'on pourra, dans bien des circonstances, voir son travail couronné du succès.

Dans ces derniers tems, on a beaucoup parlé de *synthèse*
et d'*analyse;* mots qui, d'après leur étymologie, signifient
l'un *composition*, et l'autre *décomposition*. Sans entrer
dans des discussions inutiles, au moins à notre objet,
nous dirons seulement, que de toutes les méthodes, la
plus propre à éclairer l'esprit, à soulager la mémoire
et à développer l'entendement, est celle qui sait se conformer à la génération des idées.

Pour sentir en quoi consiste cette méthode, il faut se
rappeler que les impressions faites sur nos organes par
les objets extérieurs, produisent dans notre ame des sensations ou perceptions qui sont les représentations de ces
objets, et qui forment nos idées les plus simples ; que
la simultanéité des impressions donne lieu à celle des
idées, lie celles-ci les unes aux autres, et procure à
notre ame le moyen de les comparer et de porter des
jugemens ; enfin, que la réflexion, qui n'est autre chose
qu'une attention continue qui revient souvent d'un objet
à un autre, forme, avec les idées simples, des idées
composées ou complexes. La liaison entre les idées peut
donc provenir de deux causes ; savoir, de leur simultanéité, ou de ce qu'elles entrent comme élémens dans
d'autres idées complexes. La première liaison pourroit

se nommer *accidentelle* ou *artificielle*, et la seconde *natu-relle* ou *absolue*.

La génération des idées provenant de leur liaison, il s'ensuit que la méthode dont il s'agit doit avoir pour objet, non-seulement de trouver cette liaison, mais encore d'en établir une la plus simple et la plus naturelle possible, et de disposer ensuite les idées dans l'ordre qu'elle prescrit. Ainsi, dans le cas où l'on auroit une question à résoudre, on chercheroit dans l'examen des conditions qu'elle donne, ce qu'il faudroit faire pour arriver à sa solution, et la question seroit ramenée à une autre dont les conditions plus simples approcheroient du but. On continueroit de même jusqu'à ce qu'enfin on fût parvenu à une vérité déja démontrée ou évidente par elle-même. Quand on ne pourra point reconnoître quelles sont les questions subordonnées à la proposée, il faudra recourir à l'analogie qui, par la ressemblance entre les questions, en suppose une dans les procédés, pour les résoudre.

S'il s'agissoit de démontrer ou de vérifier une proposition, la difficulté consisteroit à trouver une vérité ou idée complexe dont cette proposition fît partie, et ensuite à mettre à découvert cette identité. Or, pour reconnoître l'idée complexe de laquelle dépend la vérification de la première, il faut ou suivre la même marche que pour la solution d'une question, ou bien faire passer en revue les diverses vérités qui semblent avoir quelque trait de ressemblance avec la proposition à démontrer. Mais cette méthode de tâtonnement ne doit être employée qu'à l'extrémité.

Souvent, pour mettre plus de précision dans le discours, on commence par poser le principe ou l'idée complexe qui renferme la solution d'une question ou la démonstration d'une vérité, sans faire connoître comment on est parvenu à trouver ce principe. On peut bien, en procédant ainsi, se convaincre de la vérité de ce qu'on avance ; mais l'esprit n'est pas éclairé, et la route qu'on a suivie pour avoir cette solution ou cette démonstration lui est entièrement inconnue. Les sciences seroient assurément plus avancées, et leur esprit seroit bien mieux senti, si les hommes de génie des siècles passés ne nous avoient pas fait souvent un mystère des moyens qui les avoient conduits à leurs découvertes ; car alors les hommes à grands talens qui leur ont succédé n'auroient pas perdu un tems précieux à se tracer une route et à remplir les lacunes que laissoient les écrits de leurs prédécesseurs.

Si vous voulez donc convaincre l'esprit, en même tems que l'éclairer et lui servir de guide, liez les idées les unes aux autres, de manière qu'elles ne paroissent faire qu'un seul tout ; et liez-les d'une liaison naturelle, de telle sorte qu'on puisse passer aisément de l'une à l'autre par le secours de la réflexion, sans que la mémoire joue un trop grand rôle.

Des auteurs ont craint qu'en se conformant à la génération des idées, les vérités ne fussent trop fondues les unes dans les autres, et n'eussent pas assez de relief pour être discernées. Cet inconvénient n'est point la faute de la méthode, mais la faute de ceux qui l'ont mal employée ; car, pourquoi ne pas faire remarquer la vérité principale qui résulte de la liaison de plusieurs autres vérités ? pourquoi ne pas faire une récapitulation des principes qu'on a découverts en suivant la génération des idées ? pourquoi enfin ne pas dresser un tableau général des vérités qui servent de fondement à la science ? Ces moyens seroient bien propres, il me semble, à faire disparoître l'inconvénient qu'on redoute.

A ne considérer que la méthode généralement employée,

on seroit porté à conclure qu'on n'est pas encore bien pénétré des avantages de celle qui se conforme à la génération des idées. Cependant, pour sentir combien cette dernière méthode est préférable à toute autre, il suffiroit de jeter un coup-d'œil sur les causes de la fécondité dans les mathématiques. Or, cette précieuse qualité ne peut avoir d'autre source que la liaison des idées ; et la fécondité sera d'autant plus grande, que cette liaison sera plus simple, et qu'elle enchaînera un plus grand nombre de vérités.

Traiter la science en liant les idées les unes aux autres, le plus simplement et le plus naturellement possible ; ne rien avancer sans qu'on en voie le motif dans ce qui précède ; unir toutes les parties, toutes les vérités entre elles, de manière qu'elles paroissent découler les unes des autres, et former un seul tout, seroit contribuer plus qu'on ne pense au développement des progrès de nos connoissances. Je fais des vœux pour que les hommes de génie s'occupent de cet objet important ; ils y trouveront autant de lauriers à cueillir que dans les recherches épineuses auxquelles ils se livrent.

Ce que les principes précédens peuvent avoir encore de trop abstrait pour les commençans, nous l'éclaircirons par les applications que nous ferons bientôt, et par les développemens que nous leur donnerons dans la dernière partie de notre ouvrage. C'est là sur-tout que nous nous réservons de discuter les avantages et les désavantages des diverses méthodes, et de faire ressortir ceux qu'on retireroit en suivant, autant que possible, la génération des idées.

§ V.

Application de la théorie à des exemples.

Après le développement des principes fondamentaux de la science suivant la génération des idées, rien n'est plus propre à dissiper tout reste d'obscurité et à graver profondément ces principes dans la mémoire, que les fréquentes applications de la théorie à des exemples. Ces applications doivent d'abord être simples et presque uniquement destinées à l'éclaircissement des méthodes trouvées : viendront ensuite celles qui, ayant pour but d'approfondir et d'étendre certaines parties théoriques, ne peuvent avoir lieu qu'après avoir longtems médité les élémens. On ne doit voir dans les premières applications que des moyens de bien comprendre le texte de l'ouvrage qu'on étudie, et de faciliter le travail de la mémoire. Les commençans ne doivent donc pas chercher à retenir les détails de calcul, ou certains procédés particuliers qu'ils retrouveront aisément d'eux-mêmes, lorsqu'ils se seront bien pénétrés de l'esprit de la science ; mais une chose importante pour eux, c'est qu'ils se rendent raison des méthodes qu'ils emploient, c'est qu'ils reviennent sur les principes qui ont donné ces méthodes, et qu'ils observent attentivement la marche que l'on a suivie pour arriver à ces procédés.

§ VI.

Nécessité des précis.

Nous ne sommes obligés de classer nos idées avec tant de soin, et d'imaginer tant de moyens pour les retrouver, qu'à cause du peu d'étendue de notre esprit, et de la foiblesse de notre mémoire. Nous éprouvons même tant de peine à comparer nos idées, à porter des jugemens certains, à lier les vérités entre elles, à les retenir, à les retrouver lorsqu'une fois elles nous ont échappé, que nous sommes forcés de marcher à pas lents et mesurés dans l'étude des sciences, de n'embrasser que les objets principaux, de les disposer de manière à ne pas les perdre de vue, de ne confier à la mémoire que le moins de choses possible, et d'acquérir la faculté de retrouver par le raisonnement toutes celles qui embarrasseroient trop le système de nos connoissances. C'est donc à l'imperfection de nos facultés que nous devons la méthode, et celle-ci doit être d'autant plus parfaite, que notre intelligence est plus bornée. Voilà sans doute pourquoi l'homme de génie en a bien moins besoin que l'homme vulgaire ; voilà aussi la nécessité où nous sommes de renfermer dans des cadres très-étroits l'ensemble de nos connoissances ; voilà, en un mot, la nécessité des précis.

§ VII.

Manière de faire les précis.

Lorsqu'on remonte à leur origine et aux circonstances qui ont occasionné les précis, on entrevoit aisément la manière de les faire et l'étendue qu'ils doivent avoir. Destinés à donner une idée de l'ensemble de la science, à ménager les forces de l'esprit et à venir au secours de la fragilité de notre mémoire, ils doivent renfermer les idées primitives, les principes fondamentaux, les vérités dont on a tiré un grand nombre de conséquences ; ils doivent les disposer de manière que leur liaison puisse être aisément apperçue, et que la mémoire y trouve tous les termes de comparaison dont l'esprit a besoin pour remplir les lacunes, et rétablir, par le raisonnement , les idées intermédiaires qui manquent; ils doivent enfin conserver comme en dépôt la trace ou l'empreinte de toutes les choses nécessaires, utiles, intéressantes, que l'on ne pourroit confier à la mémoire , sans s'exposer au danger de les perdre.

Les précis doivent donc avoir plus ou moins d'étendue, et embrasser plus ou moins d'objets, suivant que l'on est doué de moins ou de plus de mémoire, de moins ou de plus de facilité à comparer ses idées, à retrouver les intermédiaires , et à sentir les rapports qui établissent leur dépendance. Il doivent donc varier selon les âges, selon les individus, selon les connoissances acquises, et devenir d'autant plus serrés que l'on s'éloigne du point de départ, et que l'esprit s'accroît en force et en vigueur. De là la nécessité où l'on est de faire soi-même les précis des ouvrages que l'on étudie , et de les mettre en juste proportion avec sa mémoire , ses connoissances et l'étendue de son esprit.

§ VIII.

Tableaux généraux qui présentent l'ensemble de toutes les vérités dans l'ordre le plus naturel.

Mais quelque soin que l'on prenne pour avoir sans cesse présentes toutes les vérités qui forment l'ensemble d'une science, nous les voyons souvent nous échapper avec une fugacité décourageante, et ne revenir à nous qu'après beaucoup d'efforts, pour nous fuir de nouveau. Il résulte de là que, dans nos recherches, nous manquons presque toujours de termes de comparaison et de points lumineux pour éclairer notre route et arriver au but que nous nous proposons.

Ce seroit donc faire une grande économie de tems et assurer le succès de nos travaux, que d'avoir un moyen propre à diminuer l'inconstance de la mémoire, ou à faire retrouver facilement les vérités dont on auroit besoin.

Or, il me semble que de tous les moyens que l'on puisse employer, l'un des plus simples, des plus sûrs et des plus pratiquables, seroit la formation de tableaux qui présenteroient l'ensemble des vérités ramifiées suivant l'ordre le plus naturel ou le plus aisé à saisir. En plaçant à côté de chaque proposition le renvoi aux articles de l'auteur, à ceux du précis et du développement auxquels cette proposition se rapporteroit, on feroit de toutes les parties un tout bien lié qui donneroit de la science une idée juste et précise, et qui, en soulageant la mémoire, la rendroit plus sûre et moins fragile.

C'est en recourant à l'art des classifications, que l'on a rendu possible l'étude des merveilles de la nature, et que, de cette immensité d'objets répandus sur la terre ou qui entrent dans sa composition, on a pu former des groupes distincts, des familles remarquables par des traits communs, et arriver enfin à la connoissance des individus. Pourquoi n'appliqueroit-on pas cette méthode aux sciences mathématiques? On a au moins ici l'avantage de mieux sentir la liaison des parties, et l'on ne craint pas autant d'établir des relations arbitraires que la nature désavoue.

CHAPITRE V.

Ouvrages que l'on doit étudier après les élémens. Manière de les étudier.

APRÈS avoir bien médité l'ouvrage élémentaire qui nous a servi de guide, et s'être fortement pénétré des vérités qu'il renferme, il faut passer aux ouvrages des grands maîtres, à ces ouvrages où la science est traitée avec autant d'esprit que de profondeur.

A ne consulter que l'ordre des connoissances et l'avantage qu'il y auroit d'acquérir celles-ci en suivant leur filiation, on devroit commencer par les ouvrages des anciens; mais un tel plan est bien vaste et bien long, pour que l'esprit, impatient d'arriver, puisse contenir sa curiosité et ne pas marcher vers le but avec trop de précipitation. On évitera donc cet inconvénient, en adoptant la marche opposée, et en commençant par les ouvrages qui présentent la science avec tous les perfectionnemens qu'elle a reçus. On pourra ensuite remonter à loisir jusqu'aux écrits des anciens géomètres, et observer alors l'enchaînement admirable de toutes les parties de cet édifice immense, l'un des plus beaux monumens de l'esprit humain.

Aux traités de la science, on doit faire succéder les ouvrages où l'on n'approfondit que quelque théorie ou des questions particulières, tels que les mémoires ou les dissertations.

Enfin, lorsque l'on connoîtra tout ce qui a été découvert

d'intéressant dans chaque partie, on s'attachera au perfectionnement de celle vers laquelle on se sent porté avec plus d'ardeur, à moins que l'on n'aime mieux se livrer à des applications utiles à la société.

Dans la méditation d'un ouvrage de science, on doit se proposer d'abord de bien en saisir l'esprit, d'en découvrir les défauts, d'en apprécier les bonnes qualités, et de completter enfin le système général de ses connoissances.

Pour remplir le premier objet, il faut faire le précis de tout l'ouvrage, et en développer en même tems les parties les plus importantes et les plus difficiles, d'après les principes exposés ci-dessus. Dans ce développement, on tâchera de rectifier ce qui n'est pas assez exact, et de simplifier ce qui est trop compliqué. Si cette rectification est trop difficile par rapport à l'état de ses connoissances, on se contentera d'exposer avec clarté les méthodes de l'auteur, et sur-tout de bien en faire ressortir l'esprit, en se conformant à la génération des idées et en se rapprochant de l'ordre d'invention. Si l'ouvrage ne contient rien de difficile à comprendre, on doit se borner à en faire le précis.

Lorsqu'il s'agira d'apprécier justement un ouvrage, on le fera par des notes où l'on examinera si le plan est simple, naturel et bien lié dans toutes ses parties, si les notions premières sont exactes, si les solutions et les démonstrations réunissent la rigueur et la clarté à la brièveté et à l'élégance, si l'on voit le motif de tout; enfin si la méthode est féconde, et s'il règne, dans l'ensemble et dans les détails, cette liaison qui diminue le travail de la mémoire et dévoile l'esprit de la science.

A ces notes destinées à bien faire sentir le mérite d'un ouvrage, et à montrer la source des défauts et des bonnes qualités d'un écrit, on pourroit en joindre d'autres qui auroient pour but d'essayer ses forces, de perfectionner certaines théories, ou de donner plus d'étendue à certains principes; mais ce genre de notes ne peut être entrepris que par des hommes d'un talent supérieur, ou lorsque l'esprit a acquis une certaine vigueur par un exercice long et bien dirigé.

Enfin, pour completter le système général de ses connoissances, et en former un tout dont les parties bien liées soient faciles à retenir, on rapportera au tableau général et synoptique de chaque branche de la science, toutes les théories et les principes contenus dans les ouvrages qui ont été le sujet de ses méditations.

Si l'on observe que, dans les recherches mathématiques, il ne suffit pas toujours d'avoir des vérités à comparer, et qu'il est souvent nécessaire de connoître les moyens ingénieux employés par les grands auteurs dans des circonstances analogues, on verra qu'il seroit très-utile de former une autre sorte de tableaux qui renfermeroient les méthodes les plus importantes, classées suivant la nature des problèmes. Ces tableaux, en nous retraçant la manière dont les géomètres ont surmonté les obstacles qui les arrêtoient, affermiroient nos pas chancelans, guideroient nos efforts, et nous apprendroient à imiter de si grands modèles; ils seroient comme une mémoire artificielle qui conserveroit fidèlement en dépôt toutes nos connoissances, et suppléeroit à la mémoire naturelle dont la foiblesse est un si grand obstacle aux succès de nos recherches.

La formation de cette sorte de tableaux, me paroît mériter toute l'attention de ceux qui s'occupent du perfectionnement des méthodes d'instruction.

Quand on observe que presque tous les hommes de génie

ont joint une mémoire très-étendue à une grande facilité de comparer et de saisir les rapports entre les choses comparées ; que les découvertes tiennent souvent à quelques vérités que l'esprit apperçoit en même tems , on sent de quelle importance seroient des tableaux qui, d'un coup-d'œil, offriroient l'ensemble de ce que l'on a trouvé de plus intéressant sur chaque sujet.

Ces tableaux pourroient être composés de quatre colonnes : dans la première seroient les énoncés des problêmes à résoudre ; dans la seconde on placeroit les formules ou les théorêmes provenans des solutions ; dans la troisième on feroit entrer les idées fondamentales de ces solutions ; et dans la quatrième , des observations claires et précises sur les usages que l'on pourroit faire des solutions ou des principes trouvés.

Ces mêmes tableaux , que l'on peut regarder comme l'esprit des précis, remplaceroient , dans la suite , ces derniers , lorsque, sur-tout, on auroit acquis assez de sagacité pour suppléer à ce qui manque , et trouver une solution et une démonstration d'après une simple idée fondamentale.

CHAPITRE VI.

Ordre dans le travail.

L'INTELLIGENCE du texte est la première chose qui doive occuper celui qui commence une science. Pour cela, il faut qu'il se rende compte à lui-même, et de vive voix, des idées de l'auteur, et qu'il les médite jusqu'à ce

qu'il sente leur liaison et leur harmonie avec le sujet.
En exhortant les jeunes gens à s'accoutumer à exprimer
leurs pensées à haute voix, comme s'ils avoient des audi-
teurs, c'est une chose, plus importante peut-être qu'ils
ne pensent, que je leur conseille. Cette habitude est une
des plus heureuses qu'ils puissent contracter. On n'analyse
jamais mieux ses pensées que lorsqu'on est obligé de faire
comme si on les communiquoit aux autres; et il est bien
rare qu'on ne se contente pas d'un à-peu-près, souvent très-obscur, lorsqu'on les concentre en soi-même et
qu'on ne fait que les entrevoir. Après avoir bien compris une suite de propositions formant une espèce de tout,
on reviendra sur ses pas, et l'on s'efforcera de bien
saisir la liaison de toutes les parties. Choisissant ensuite
les vérités fondamentales, on les exposera de vive voix,
suivant la méthode la plus naturelle possible; et, lorsqu'on sentira que les idées naissent facilement et sans
efforts les unes des autres, on prendra la plume pour
les écrire : on en lira aussi plusieurs fois la rédaction,
pour en corriger les défectuosités. De là on passera au
précis, à l'égard duquel on fera comme pour le développement des principes. On continuera de même pour
les autres parties de l'ouvrage, ayant toujours soin de
se rendre compte des rédactions, et de bien se familiariser avec les précis. Arrivé à la fin de l'ouvrage, il faudra
s'occuper de la formation des deux sortes de tableaux dont
il a déja été question. Mais pour les faire avec plus de
soin, on reviendra sur ses pas, et l'on trouvera dans
la méditation des vérités fondamentales, ainsi que dans
les précis, les moyens de les dresser convenablement.
Ces tableaux doivent être tenus sans cesse présens à l'esprit, et, par conséquent, être lus très-souvent. Les
problêmes à résoudre, qu'il sera utile de graduer le plus

possible, et de placer à la suite du travail général, contribueront à graver sans peine dans la mémoire les principales vérités et les méthodes les plus intéressantes de la science.

Lorsque, dans la suite, on aura ainsi approfondi un grand nombre d'ouvrages, il deviendra nécessaire de presser davantage sa marche, en serrant toujours plus ses précis, et en s'exerçant à y retrouver facilement, ainsi que dans les tableaux, toutes les idées intermédiaires qui manquent. Ce dernier exercice gravera ces vérités dans la mémoire, plus profondément et d'une manière plus utile et plus agréable que si on avoit voulu les retenir à force de lectures.

Nous devons ici prévenir les jeunes gens que rien ne nuit tant à leurs progrès, que les changemens fréquens qu'ils font à leur plan d'étude. Un plan un peu défectueux, mais suivi constamment, leur seroit moins nuisible que leur incertitude et leur variation. L'empressement qu'ils ont à acquérir des connoissances, occasionné par une curiosité impatiente ou par le desir immodéré de se distinguer bientôt, leur fait souvent embrasser plusieurs sciences à-la-fois. Je dois les avertir qu'une telle méthode n'est propre qu'à embarrasser leur esprit, à embrouiller leurs idées, et à leur faire manquer entièrement le but auquel ils visent.

CHAPITRE VII.

Distribution du tems.

S'il est, pour les jeunes gens, une heureuse habitude à prendre, c'est celle du travail. Elle seule peut les préserver de mille dangers, leur faire vaincre toute difficulté, et leur procurer des jouissances et des avantages inconnus à celui qui n'a pas cultivé les facultés de son esprit.

On ne sauroit fixer généralement le tems que chacun peut donner à l'étude. La longueur du travail dépend sur-tout du tempérament de l'individu. Cependant, un jeune homme d'une bonne constitution peut, après sept ou huit heures de sommeil, donner à l'étude tout le tems qui n'est pas employé à la digestion des alimens nécessaires à la conservation et à l'accroissement du corps. Ainsi, je ne crois pas que neuf ou dix heures de travail par jour soient au-dessus des forces d'un jeune homme bien constitué.

Le tems le plus propre à l'étude, est celui où l'estomac n'est plus occupé à transmettre aux diverses parties du corps la substance dont elles ont besoin : aussi le travail du matin est-il ordinairement le mieux fait et le moins pénible. Hors des cas extraordinaires, je doute qu'il soit avantageux de remplacer le travail du jour par celui de la nuit, et sur-tout si c'est aux dépens du sommeil nécessaire au corps.

De tous les genres de récréations, le plus propre aux gens d'étude, est la promenade ou tout autre exercice du corps. Une vie trop sédentaire finit par beaucoup nuire à leur santé ; et il importe d'en prévenir ainsi de bonne heure les inconvéniens et même les dangers. Un jour de chaque semaine, destiné principalement à quelque promenade champêtre, peut devenir nécessaire pour rendre aux organes fatigués ce ressort et cette vigueur qu'un travail continu leur avoit fait perdre. En général, dès qu'on s'apperçoit d'une lassitude de corps provenant d'une tension trop forte ou trop longue des organes, il faut en chercher tout de suite le remède dans le repos ou dans un exercice modéré.

Quant aux objets de travail, je pense que le matin est le tems le plus propre aux méditations profondes, et à mettre ses pensées par écrit. Le soir paroît mieux convenir à ce que l'étude renferme de moins difficultueux ou de plus matériel. Il pourra donc être employé utilement à repasser les précis et à se rendre compte des études du matin.

Comme il est plus pénible encore de conserver ses connoissances que de les acquérir, il importe de ne rien négliger pour remplir ce premier objet. C'est pourquoi, il sera très-avantageux de destiner un jour de chaque semaine à repasser les précis et à s'en rendre compte ; de consacrer ensuite les derniers jours de chaque mois à revoir les vérités principales de la partie qu'on a étudiée, et à en faire des applications : enfin, tous les six mois, on pourroit en destiner un à une revue générale, et tous les ans, y consacrer aussi environ deux mois.

Je ne saurois trop répéter aux jeunes gens, de se tenir en garde contre cette inconstance naturelle, qui les porte à faire sans cesse des changemens à leur plan d'étude ; et, sur-tout, contre une certaine inertie qui nous fait tendre continuellement au repos. Lorsque les difficultés

nous arrêtent, lorsque le découragement semble vouloir
'emparer de notre ame, lorsque l'exemple des autres
nous fait incliner vers l'oisiveté ; réunissons toutes les
forces de notre raison ; comparons le sort de l'homme
oisif et ignorant, à celui de l'homme studieux et instruit ;
pénétrons-nous du malheur de l'un ; contemplons les jouissances de l'autre ; et, que cette double image, sans cesse
présente à notre esprit, ranime notre ardeur, soutienne
notre courage, et nous fasse tendre fortement vers le
même objet.*

J'ose promettre aux jeunes gens constans et laborieux,
des succès qui feront un jour le bonheur de leur fa-
mille et le bien de leur patrie. Mais pour cela, il ne
faut point que les épines, qui semblent défendre l'accès
du sanctuaire des sciences, les rebutent et les empêchent
de continuer leur route. En suivant constamment le plan
d'étude que nous venons d'esquisser, et dont nous donnerons bientôt les développemens, ils verront leur esprit
s'étendre chaque jour davantage, les difficultés disparoître
insensiblement; et l'édifice de leurs connoissances, appuyé
sur des bases solides, s'élever à une hauteur qu'ils devront
presque autant à leur méthode et à leur constance, qu'aux
talens dont la nature les avoit doués.

DE LA MANIÈRE

D'ÉTUDIER

L'ARITHMÉTIQUE (1).

L'ARITHMÉTIQUE est de toutes les parties des mathématiques la plus simple, la plus usuelle et la plus fondamentale. Sans elle il n'y auroit point d'application à la pratique, et l'algèbre, ainsi que la géométrie, ne seroient guère que des abstractions plus ingénieuses qu'utiles. Si l'on considère sa marche et ses moyens, on admirera avec quelle simplicité et souvent avec quelle finesse et quelle élégance elle surmonte les difficultés et parvient à son but.

Quelques auteurs trouvant plus de facilité à démontrer par le langage algébrique certaines parties de l'arithmétique, ont dépouillé celle-ci de plusieurs théories importantes qui étoient de son domaine ; mais, s'il importe de conserver à chaque partie des mathématiques la physionomie qui lui est propre ; si par ce moyen on en connoît mieux les ressources et l'esprit, et si l'on voit plus clairement la raison des méthodes de perfectionnement, on conclura que ce changement ne sauroit être avantageux. D'ailleurs, après avoir employé les moyens arithmétiques à la démonstration de certaines vérités un peu compliquées, on peut ensuite revenir sur le même

---

(1) Les commençans ne doivent lire ces préceptes particuliers que lorsqu'ils reprendront pour la seconde fois l'étude de l'arithmétique.

sujet avec les secours que présente l'algèbre. Cette marche aura même l'avantage de mieux faire apprécier les ressources de cette dernière.

Cependant, comme l'indication des opérations arithmétiques est très-propre à dévoiler les relations que les nombres ont entr'eux, et à montrer la loi qui lie un résultat aux données de la question, on peut employer les signes indicateurs de l'algèbre, dans les problêmes d'arithmétique où le langage ordinaire donneroit des raisonnemens trop compliqués.

Il est encore un autre désavantage à passer rapidement sur l'arithmétique ; c'est que les jeunes gens arrivent à l'algèbre, n'étant pas encore assez exercés à la réflexion et aux raisonnemens par le langage ordinaire ; de sorte qu'ils ne voient dans la langue algébrique, qu'un pur mécanisme de calcul, sans soupçonner que ce mécanisme renferme des raisonnemens dont les règles invariables donnent des résultats infaillibles.

Après cette courte digression sur l'importance de l'arithmétique et sur l'avantage de laisser à celle-ci tout ce qui peut être de son ressort, passons à la manière dont il faut étudier cette partie intéressante des mathématiques.

Distinguer les idées fondamentales de l'arithmétique, ces idées dont dépendent toutes les autres et sur lesquelles reposent toutes les méthodes, est un des objets que l'on doit le moins perdre de vue. Parmi ces idées, on mettra au premier rang 1°. *la convention qui sert de base au système de notre numération ; 2°. la manière de déduire les méthodes de décomposition des nombres de celles de leur composition ; 3°. la nature du multiplicande, du multiplicateur et du produit, ainsi que la relation entre ces trois nombres, 4°. la nature du dénominateur, celle du numérateur et la relation entre la fraction et chacun de ses termes ; 5°. la nature des fractions décimales et leur relation avec le système de numération ; 6°. le principe d'après lequel un nombre premier par rapport à deux autres nombres, est premier relativement au produit de ces deux autres nombres ; 7°. l'égalité entre la somme des extrêmes et celle des moyens dans la proportion par différence, et entre le produit des extrêmes et celui des moyens dans la proportion par quotient ; 8°. l'analogie qui règne entre ces deux sortes de proportions, analogie telle que, dans la proportion par différence on emploie l'addition et la soustraction dans les mêmes circonstances que dans la proportion par quotient on multiplie et l'on divise ; 9°. le principe suivant lequel, quatre termes d'une progression par quotient, qui forment une proportion, correspondent dans une progression par différence à quatre termes formant une équidifférence ; 10°. le logarithme d'un produit égale la somme des logarithmes des facteurs de ce produit ; 11°. les accroissemens des logarithmes des nombres vont en diminuant, à mesure que les nombres augmentent.*

Ces vérités ou idées génératrices doivent être méditées avec une attention particulière ; il faut chercher à y ramener toutes les autres, et s'exercer à y retrouver celles-ci, quand on les a perdues de vue.

Pour bien s'en pénétrer, il ne suffit pas de comprendre le sens de l'ouvrage que l'on étudie, il faut encore s'approprier les idées de l'auteur, les mettre à sa portée et les placer sous son vrai point de vue. On atteindra ce but, si l'on détermine bien le sens des mots et les divers rapports que ces mots ont entr'eux ; si l'on s'exerce à se rendre compte de vive voix des pensées de l'auteur que l'on médite ; si l'on forme des tableaux des idées principales de chaque démonstration ; si, lorsque les idées commencent à être claires et les mots faciles, on développe par écrit les théories importantes, en suivant la filiation des idées, et en faisant pressentir ce qui suit dans ce qui précède ; si, après ce développement, on renferme dans un précis l'esprit de la science, en n'y faisant entrer que les idées fondamentales, et en supprimant tous les détails destinés à l'éclaircissement de ces dernières ; enfin, si l'on réduit à un tableau général toutes les vérités et toutes les méthodes, de manière à présenter un ensemble bien lié, composé de masses très-distinctes qui se partagent ensuite en diverses ramifications aisées à embrasser et à parcourir ; la méditation des préceptes généraux, et la grande habitude d'exprimer de vive voix et par écrit ses propres pensées ainsi que celles des autres, donneront aux développemens des principes, à leur précis et au tableau général, cette justesse, cette clarté et cette simplicité si précieuses dans les sciences et si propres à perfectionner notre entendement.

Dans le développement des théories de l'arithmétique, il faut s'attacher à rendre les raisonnemens indépendans des exemples auxquels on les applique. Or, on donnera à ses démonstrations toute la généralité possible, si l'on fonde ses raisonnemens sur la nature des nombres que l'on emploie, ou sur les fonctions qu'on leur donne, plutôt que sur le nombre des unités qu'ils renferment ; et l'on reconnoîtra que l'on a atteint ce but, si, en supprimant les nombres employés, la démonstration demeure complette.

L'arithmétique est susceptible de la même généralité que l'algèbre. Elle emploie, il est vrai, des nombres qui par leur nature ne peuvent représenter que telle ou telle quantité ; mais rien n'empêche de faire abstraction de la valeur particulière des nombres, pour ne considérer que les propriétés qu'ont ces nombres relativement aux fonctions qu'on leur attribue; d'ailleurs, si l'on veut ôter aux démonstrations arithmétiques tout signe de particularité, on peut ne point employer de nombre comme nous l'avons fait ci-après dans plus d'un endroit, et sur-tout dans la première édition de mon Arithmétique; l'on feroit même bien d'adopter cette manière de démontrer les vérités arithmétiques, si les raisonnemens ne devenoient pas souvent trop difficiles à saisir, lorsqu'ils ne sont plus éclairés par les nombres auxquels on les applique.

Dans l'étude de l'arithmétique, on remarquera que les démonstrations des vérités fondamentales ont un caractère particulier de simplicité et de clarté; qu'à mesure que l'on avance, ou que les vérités sont plus compliquées, les démonstrations perdent de leur physionomie primitive, et se rapprochent plus ou moins sensiblement de celles qu'emploie l'algèbre; c'est-à-dire, qu'en s'éloignant du point de départ, on est souvent forcé d'indiquer les opérations à faire sur les nombres, et même d'appeler à son secours certains principes auxquels l'algèbre a donné naissance; c'est même à cette cause qu'il faut attribuer la difficulté que l'on a de tracer la ligne de démarcation qui sépare l'arithmétique de l'algèbre; heureusement que cette difficulté n'a aucune influence sur les principes, et que sa résolution est plutôt un objet de curiosité que d'utilité.

Cette impossibilité à séparer nettement ce qui appartient à l'arithmétique de ce que l'algèbre réclame, est d'autant plus palpable, que le langage algébrique n'étant destiné qu'à suppléer aux défauts et aux imperfections du langage ordinaire, on peut regarder l'arithmétique et l'algèbre comme une seule et même science où l'on emploie la langue ordinaire, tant que cette langue est suffisante, et où l'on n'a recours à la langue algébrique que pour les cas où la langue ordinaire offre trop de complication et d'obscurité.

On doit donc conclure de là que *l'on peut employer des signes et des caractères algébriques en démontrant les propriétés des nombres, toutes les fois que la langue ordinaire ne donne ni assez de clarté, ni assez de précision ; mais que la langue ordinaire doit être préférée, tant que les objets sont simples et susceptibles d'être présentés avec netteté par le secours des mots.*

L'un des moyens les plus propres à se familiariser avec les principes et les méthodes, est l'application que l'on fait de ceux-ci à des questions numériques. Après avoir bien examiné, dans l'ouvrage que l'on a pris pour guide, la manière d'analyser une question, de la simplifier et de la réduire à la moindre difficulté possible ; après s'être exercé à résoudre des questions avec la solution sous les yeux, il faudra ne prendre ensuite que l'énoncé des questions, et comparer les solutions que l'on a trouvées, avec celles de l'auteur d'où l'on a tiré les questions. Dans toutes ces applications, on doit s'attacher plutôt à bien en saisir l'esprit, qu'à retenir des détails qui, en surchargeant trop la mémoire, la rendroient incapable de fournir au raisonnement les matériaux de nos pensées.

Pour former le tableau synoptique, on observera que l'arithmétique se divise en deux parties, l'une où il s'agit de composer et de décomposer les nombres, l'autre où l'on applique cette composition et cette décomposition à la détermination des inconnues qui entrent dans les égalités ou équations auxquelles une question donne toujours lieu ; la distinction des nombres en nombres entiers et en nombres fractionnaires donnera une sous-division pour chacune des deux divisions précédentes. Toutes les équations qui résultent de l'analyse d'une question pouvant être ramenées à deux différences égales ou à deux quotiens égaux, on les réduira à deux sortes de proportions, l'une par différence et l'autre par quotient : leur résolution consistera à dégager les inconnues des nombres avec lesquels celles-ci sont combinées. Des proportions naîtront naturellement les progressions dont la comparaison donnera les logarithmes ou la méthode de remplacer les multiplications par des additions, et les divisions par des soustractions.

Telles sont les idées générales d'après lesquelles on peut classer les divers objets dans le tableau synoptique ; mais la vue du tableau que nous avons mis à la suite de ces élémens, montrera plus clairement encore comment doit se faire cette classification.

Les principes exposés dans les préceptes généraux, et ceux que je viens de donner sur l'arithmétique en particulier, doivent suffire pour justifier le plan que j'ai adopté et faire connoître les motifs sur lesquels je me suis appuyé. Cependant, je dois encore quelques éclaircissemens sur certains changemens que j'ai fait subir à ces élémens. Quant aux objets dont j'ai traité et à la manière dont je les ai distribués, il suffira de lire le tableau général et synoptique placé à la fin de ce volume.

Dans la première édition, j'avois rejeté dans les notes complémentaires, plusieurs théories qui étoient liées naturellement avec les premiers principes, et je m'étois contenté d'indiquer les points auxquels on devoit rapporter ces théories. Cette transposition étoit motivée sur l'avantage de ne présenter d'abord aux commençans que les problèmes les plus fondamentaux et les plus faciles ;

mais, depuis j'ai pensé que l'on pouvoit réunir le double avantage de graduer les difficultés et de suivre la liaison des idées, en ne séparant rien de ce qui se trouve lié naturellement ensemble, et en se contentant de mettre en plus petits caractères les problêmes qui moins importans ou trop difficiles, doivent être réservés pour une seconde lecture.

Voulant enlever aux démonstrations arithmétiques toute apparence de particularité, et leur procurer toute la généralité possible, je les avois d'abord faites sans exemples, et ensuite, dans des notes explicatives, je les avois appliquées à des cas particuliers. Quoique cette méthode eut l'avantage de captiver fortement l'attention des jeunes gens, et de leur faire sentir que les principes sont fondés sur la nature des nombres plutôt que sur la grandeur de ceux-ci, elle pouvoit exiger des commençans de trop grands efforts d'esprit ; et d'ailleurs elle entrainoit dans quelques longueurs ; j'ai donc préféré de faire les démonstrations sur des exemples, fondant mes raisonnemens sur les fonctions que remplissent les nombres, et non sur le nombre des unités de ces derniers ; par ce moyen, je réunissois la généralité à la clarté et à la brièveté.

Les proportions étant de véritables équations, elles sont susceptibles d'opérations analogues à celles que l'on fait subir à ces dernières : j'ai donc dégagé les inconnues qui entroient dans les proportions, d'après les propriétés de celles-ci ; par là je montrois l'usage que l'on pouvoit faire de ces propriétés, et comment les anciens avoient pu résoudre, par le moyen des proportions, certaines questions où entroient plusieurs inconnues combinées avec des nombres d'une manière assez compliquée ; et, quoiqu'aujourd'hui on emploie ordinairement la méthode de résolution donnée par l'algèbre, il ne sera pas inutile de voir jusqu'où peuvent aller les ressources de l'arithmétique.

Enfin, dans les notes complémentaires, je n'ai pas hésité de me servir de tous les signes destinés à indiquer les opérations algébriques, et même de remplacer souvent les nombres par des lettres. Ce changement, en donnant aux démonstrations plus de clarté et de simplicité, fait sentir le besoin de perfectionner ce nouvel instrument, ou plutôt cette nouvelle manière de raisonner, et conduit naturellement à l'algèbre.

ÉLÉMENS

D'ARITHMÉTIQUE (1).

*** PROBLÊME I. (2)

Quelle a pu être l'origine de l'Arithmétique ; et quel est l'objet de cette science ?

SOLUTION. La nécessité de distinguer les diverses collections d'objets de même espèce, a conduit à la recherche d'expressions propres à représenter toutes ces collections. Pour arriver à cette détermination, on a imaginé des mots qui désignassent combien chaque collection renfermoit de parties égales ou individus que l'on a nommés *unités*. Ainsi, on est convenu de désigner par le mot *deux* la collection ou pluralité composée d'une unité plus une unité ; par le mot *trois*, celle composée de deux

---

(1) Les personnes qui n'ont encore aucune notion d'arithmétique, doivent ne lire d'abord que la partie imprimée en caractères plus forts, et réserver, pour une seconde lecture, celle que nous avons fait mettre n caractères plus petits.

(2) Le nombre des astérisques placés devant les problèmes, marque e degré d'importance de ceux-ci : trois astérisques indiquent le premier egré, et un astérisque le dernier. Quant aux problèmes qui n'en ont pas, on doit les regarder comme moins importans, mais cependant omme utiles.

unités, plus une unité ; par le mot *quatre*, celle qui renferme trois unités plus une unité, ainsi de suite. Ces expressions ou représentations de pluralités ou collections d'objets tous de même nature ont été appelées *nombres* ; de sorte que les *nombres peuvent être regardés comme des noms qui servent à distinguer les objets considérés comme composés de parties égales et distinctes.*

On a aussi désigné par les mots *grandeur*, *quantité* les objets considérés comme jouissant de la propriété de pouvoir être augmentés ou diminués. D'où l'on voit que les mots *grandeur*, *quantité* marquent en général la propriété qu'ont les choses de pouvoir être augmentées ou diminuées, tandis que le *nombre* spécifie le degré d'augmentation auquel une chose a pu parvenir par l'addition successive de l'unité.

D'après cela, les *nombres sont des expressions de quantités, ou bien des pluralités déterminées.*

Mais en comparant une quantité à une unité choisie arbitrairement, il arrive souvent que cette unité n'est pas contenue exactement dans la quantité, et qu'il y a un reste : alors, pour mesurer ce reste, on est obligé de prendre une nouvelle unité plus petite ; et comme il importe que la première unité puisse être transformée en unités inférieures, pour que toute la quantité puisse l'être, on a divisé cette unité primitive en un certain nombre de parties égales, et l'une de ces parties a servi de seconde unité. Le nombre de fois que celle-ci est contenue dans le reste de la quantité, a été nommé nombre *fractionnaire* ou simplement *fraction*, parce que l'on a été obligé de *rompre*, pour ainsi dire, ou de *briser* la première unité, afin d'en former une seconde, et de mesurer le reste de la quantité.

Les premiers besoins de la société ont donné lieu à

des questions dans lesquelles il falloit tantôt réunir plusieurs nombres ensemble, tantôt déterminer leur différence, tantôt répéter un nombre autant de fois qu'il y avoit d'unités dans un autre, tantôt enfin trouver combien de fois un nombre étoit contenu dans un autre nombre : on a donc commencé par ces simples combinaisons des nombres, et la science a dû pendant long-tems rester enfermée dans ces bornes étroites; mais, après avoir satisfait aux simples besoins de la société, on a sans doute considéré les nombres sous un point de vue plus général : alors on a examiné les différentes manières de les former, les lois de cette formation, et l'on s'est servi de ces lois pour remonter d'un tout aux élémens dont ce tout étoit composé; appliquant ensuite ces diverses combinaisons des nombres à toutes les questions qui pouvoient conduire à de nouveaux rapports, il en est résulté l'art de composer les nombres d'après des conditions données, et de les décomposer pour arriver à la connoissance des parties inconnues.

De là est née l'*Arithmétique dont l'objet est la composition et la décomposition des nombres.*

Or, composer un nombre, c'est l'augmenter; le décomposer, c'est le diminuer : de sorte que la composition et la décomposition des nombres se réduisent, la première à des additions et la seconde à des soustractions. Il reste donc à examiner combien on peut faire de sortes d'additions et de soustractions. Pour cela, j'observe qu'on peut ajouter successivement l'unité à elle-même, ou bien ajouter ensemble des nombres composés de plusieurs unités, soit que ces nombres diffèrent entre eux, ou qu'ils soient égaux; que l'on peut soustraire d'un nombre successivement l'unité ou un nombre renfermant plusieurs unités, et même faire plusieurs soustractions successives du même nombre, ce qui donne lieu à trois sortes d'additions et à autant de soustractions.

Celle de ces additions, par laquelle on a ajouté l'unité successivement à elle-même, on l'a nommée *Numération*, parce qu'elle se réduit à trouver des noms qui puissent désigner les diverses collections d'unités. Celle par laquelle on ajoute un nombre plusieurs fois à lui-même, on l'a nommée *Multiplication* : quant à l'opération par laquelle on retranche d'un nombre, une ou plusieurs unités, on l'a nommée *Soustraction*, et l'on a donné le nom de *Division* à la méthode par laquelle on retranche successivement un nombre plusieurs fois d'un autre nombre, parce que, dans cette opération, on divise le nombre donné en autant de parties égales que l'on a fait de soustractions.

Enfin, après avoir composé et décomposé des nombres tous connus, on peut combiner les diverses méthodes de composition pour lier entre eux, suivant des conditions données, des nombres, les uns connus, les autres inconnus, et employer les méthodes de décomposition à la recherche de ces derniers. Or, pour arriver à la connoissance des nombres inconnus, il faut que la relation que l'on établit entre les nombres, conduise à des *égalités* ou *équations*.

Ainsi, l'arithmétique se trouve divisée en deux parties ; la première qui traite en général de la composition et de la décomposition des nombres, et la seconde où il s'agit de la composition et de la décomposition ou résolution des équations numériques.

PREMIÈRE PARTIE.

DE LA COMPOSITION ET DE LA DÉCOMPOSITION DES NOMBRES EN GÉNÉRAL.

SECTION PREMIÈRE.

De la composition et de la décomposition des nombres entiers.

CHAPITRE PREMIER.

De la composition des nombres entiers.

✶✶✶ PROBLÊME II.

On demande une méthode par le moyen de laquelle on puisse facilement exprimer tous les nombres, quelque grands qu'ils soient.

SOLUTION. Les nombres n'étant que des pluralités qu'il s'agit de distinguer les unes des autres, on peut, pour les désigner, employer le secours des sons articulés, et par conséquent celui des mots ; mais les nombres par leur nature, n'ayant point de limites, on ne peut représenter chacun d'eux par un mot particulier; il faut donc ne choisir qu'un très-petit nombre de mots, et combiner ceux-ci d'une manière assez régulière et assez simple, pour que l'on puisse avoir facilement les expressions de tous les nombres.

D'après cela, désignons

l'unité.....par le mot... *un*
un plus un.............. *deux*
deux plus un........... *trois*
trois plus un........... *quatre*
quatre plus un.......... *cinq*
cinq plus un .... *six*
six plus un .... *sept*
sept plus un .... *huit*
huit plus un............ *neuf*
neuf plus un........... *dix*.

Nous pouvons maintenant, à la suite du mot *dix*, écrire successivement les mots précédens; ce qui nous donnera les expressions

dix-un   *dix-six*
dix-deux   *dix-sept*
dix-trois   *dix-huit*
dix-quatre   *dix-neuf*
dix-cinq   *dix-dix* ou *deux-dix*.

Ecrivant encore à la suite de *deux dix*, les mots primitifs, on auroit

deux dix-un   *deux dix-six*
deux dix-deux   *deux dix-sept*
deux dix-trois   *deux dix-huit*
deux dix-quatre   *deux dix-neuf*
deux dix-cinq   *deux dix-dix* ou *trois dix*.

Continuant de la même manière, on formeroit le tableau suivant :

trois dix-un	quatre dix-un	cinq dix-un	six dix-un
trois dix-deux	quatre dix-deux	cinq dix-deux	six dix-deux
trois dix-trois	quatre dix-trois	cinq dix-trois	six dix-trois
trois dix-quatre	quatre dix-quatre	cinq dix-quatre	six dix-quatre
trois dix-cinq	quatre dix-cinq	cinq dix-cinq	six dix-cinq
trois dix-six	quatre dix-six	cinq dix-six	six dix-six
trois dix-sept	quatre dix-sept	cinq dix-sept	six dix-sept
trois dix-huit	quatre dix-huit	cinq dix-huit	six dix-huit
trois dix-neuf	quatre dix-neuf	cinq dix-neuf	six dix-neuf
trois dix-dix	quatre dix-dix	cinq dix-dix	six dix-dix
ou	ou	ou	ou
quatre dix.	cinq-dix.	six dix.	sept dix.

sept dix-un	huit dix-un	neuf dix-un
sept dix-deux	huit dix-deux	neuf dix-deux
sept dix-trois	huit dix-trois	neuf dix-trois
sept dix-quatre	huit dix-quatre	neuf dix-quatre
sept dix-cinq	huit dix-cinq	neuf dix-cinq
sept dix-six	huit dix-six	neuf dix-six
sept dix-sept	huit dix-sept	neuf dix-sept
sept dix-huit	huit dix-huit	neuf dix-huit
sept dix-neuf	huit dix-neuf	neuf dix-neuf
sept dix-dix	huit dix-dix	neuf dix-dix
ou	ou	ou
huit dix	neuf-dix.	dix fois dix.

Mais pour nous conformer à l'usage, nous remplacerons les mots

dix–un . . . . par . . . . *onze*
dix–deux . . . . *douze*
dix–trois . . . . *treize*
dix–quatre . . . . *quatorze*
dix–cinq . . . . *quinze*
dix–six . . . . *seize*
deux–dix . . . . *vingt*
trois–dix . . . . *trente*
quatre–dix . . . . *quarante*
cinq–dix . . . . *cinquante*
six–dix . . . . *soixante*
sept–dix . . . . *soixante et dix*
huit–dix . . . . *quatre–vingt*
neuf–dix . . . . *quatre–vingt–dix.*

Si l'on observe que parvenu à *dix fois dix*, on a pris *dix* autant de fois que l'on avoit pris *un*, on verra que l'on peut considérer la pluralité *dix* comme une nouvelle unité composée de dix unités simples ou primitives, et qu'en formant successivement de nouvelles unités composées chacune des dix unités inférieures, on parviendra par une marche analogue aux expressions de tous les nombres.

C'est pourquoi nous remplacerons ici la pluralité *dix fois dix* par le mot *cent* que nous considérerons comme une nouvelle unité ; et écrivant successivement à la droite du mot *cent* les expressions précédentes, on aura

cent un　　*deux cent un*　*trois cent un*　. . *neuf cent un*
cent deux　*deux cent deux*　*trois cent deux* . . *neuf cent deux*
cent trois　*deux cent trois*　*trois cent trois* . . *neuf cent trois*

. . . . 　. . . . . 　. . . . . 　. . . . .
. . . . 　. . . . . 　. . . . . 　. . . . .

cent quatre– . . . . 　. . . . . 　. . . . .
vingt–dix– . . . . 　. . . . . 　. . . . .
neuf　　　　. . . . . 　. . . . . 　. . . . .

deux cents　　*trois cents*　·*quatre cents*　　　　*dix cents*

La nouvelle unité *dix cents*, nous l'exprimerons par le mot *mille*, et nous ferons pour *mille*, ce que nous avons fait pour *un*, pour *dix* et pour *cent*; mais, afin de ne pas trop multiplier les mots, nous n'en imaginerons de nouveaux que pour les unités composées de mille unités inférieures, et nous désignerons les unités intermédiaires, en mettant le mot *dix*, et ensuite le mot *cent* devant celui qui exprime l'unité immédiatement inférieure : ainsi, nous emploierons les mots.

Million, *Billion*, *Trillion*, *Quatrillion*, etc.

Pour désigner ces unités mille fois plus grandes ; et en mettant successivement les mots *dix* et *cent* devant ces mêmes mots, nous aurons tant pour les unités intermédiaires que pour les autres, les expressions suivantes :

mille	*dix mille*	*cent mille*
million	*dix millions*	*cent millions*
billion	*dix billions*	*cent billions*
trillion	*dix trillions*	*cent trillions.*

De sorte que si, à la droite de chacun des mots qui désignent une unité composée, on place toutes les expressions précédentes, on aura les noms de tous les nombres que l'on est dans le cas d'employer, même de ceux dont on n'aura jamais besoin.

REMARQUE. Quoique la méthode précédente soit fort simple, cependant les expressions trouvées sont encore trop longues pour être combinées avec facilité ; et cette longueur vient de ce que les mots sont composés de plusieurs lettres : il faudroit donc, pour procurer aux expressions des nombres cette brièveté si précieuse dans le calcul, remplacer les mots chacun par un seul caractère ou chiffre ; c'est pourquoi nous nous proposerons le problême suivant :

★★★ PROBLEME III.

Simplifier les expressions des nombres, en remplaçant les mots par des caractères particuliers, c'est-à-dire, écrire les nombres par le moyen des chiffres.

SOLUTION. J'observe d'abord que, parmi les mots employés pour exprimer les nombres, les uns tels que *un*, *dix*, *cent*, *mille*, *dix mille*, *cent mille*, *million*, *dix millions*, *cent millions*, etc., sont destinés à représenter les unités simples et composées qu'un nombre peut renfermer, tandis que les mots *un, deux, trois, quatre, cinq, six, sept, huit* et *neuf*, expriment combien de fois ces unités entrent dans le nombre : commençons donc par représenter ces mots primitifs respectivement par les chiffres 1, 2, 3, 4, 5, 6, 7, 8 et 9, de manière à avoir

un, deux, trois, quatre, cinq, six, sept, huit, neuf.
  1,   2,   3,   4,   5,   6,   7,   8,   9.

La difficulté est maintenant réduite à trouver un moyen simple de faire représenter à ces caractères ou *chiffres* les différentes sortes d'unités qui doivent entrer dans le nombre que l'on veut exprimer.

Or, le rang auquel on peut placer un chiffre de gauche à droite est un moyen aussi simple que sûr pour remplir ce but. Convenons donc que *le premier rang à droite sera destiné aux unités simples ; le second de droite à gauche, aux unités composées de dix unités simples, et que nous nommerons* UNITÉS DE DIXAINES *ou simplement* DIXAINES *; le troisième, aux unités composées de dix unités de dixaines, et que nous nommerons* CENTAINES *; le quatrième, aux unités de mille ; le cinquième,* *aux dixaines de mille ; le sixième aux centaines de mille, ainsi de suite ; et en général, qu'un chiffre placé à la gauche d'un autre exprimera des unités dix fois plus grandes que celles de cet autre chiffre.*

D'après cela, lorsqu'il s'agira d'écrire en chiffres un nombre exprimé par le moyen des mots, on commencera par observer quelles sont les différentes sortes d'unités qui doivent entrer dans ce nombre, et combien il y en a de chaque sorte ; on prendra ensuite les chiffres qui marquent le nombre de fois que l'on doit avoir chaque unité, et on les placera au rang destiné aux unités qu'on veut leur faire représenter : pour cela, il est nécessaire de retenir le nom des différentes sortes d'unités, et l'ordre suivant lequel ces unités se succèdent de droite à gauche et de gauche à droite.

Mais comme, après avoir écrit autant de chiffres que l'on a de sortes d'unités, il peut y avoir des rangs intermédiaires qui ne soient pas occupés, il faut remplir ces rangs vides par un caractère insignificatif qui conserve aux chiffres placés à sa gauche le rang que ces chiffres doivent avoir relativement aux unités qu'ils expriment. Ce caractère insignificatif, nous le nommerons *zéro*, et nous le représenterons par ce signe o.

Maintenant, proposons-nous d'écrire en chiffres le nombre HUIT BILLIONS, CINQUANTE-SIX MILLIONS, DEUX CENT TRENTE MILLE, QUATRE.

J'observe d'abord que les plus   8   o56   23o   oo4
hautes unités de ce nombre, sont
des billions, et qu'elles sont au nombre de huit ; je commence donc par écrire le chiffre 8. On a ensuite *cinquante-six millions*, c'est-à-dire cinq dixaines de millions, plus six millions ; mais entre les billions et les

dixaines de millions, tombent les centaines de millions; on mettra donc o à la droite de 8, pour occuper le rang des unités qui manquent; on écrira 5 à la droite de o, et 6 à la droite de 5. Passant aux mille, on verra que l'on a *deux centaines de mille* et *trois dixaines de mille*; On écrira donc 2 à la droite des 6 millions; 3 à la droite de 2, et o à la droite de 3, pour tenir lieu des unités de mille qui manquent. Enfin, n'ayant ni centaines, ni dixaines d'unités simples, on écrira deux zéro à la suite, et on terminera par le chiffre 4 qui exprime les unités simples. Après cette opération, on aura donc la suite des chiffres 8 o56 23o oo4 pour l'expression du nombre proposé.

Dans ce que nous venons de dire, nous avons traduit en chiffres un nombre déja exprimé par le moyen des mots; il ne nous reste donc plus qu'à résoudre le problême inverse.

✱✱✱ PROBLÊME IV.

Exprimer par le moyen des mots un nombre donné en chiffres.

SOLUTION. La difficulté se réduit évidemment ici à trouver un moyen simple et facile de reconnoître l'espèce des unités de chaque chiffre. Or, si l'on observe qu'à partir des unités de mille, on n'a imaginé de nouveaux noms que pour les unités successivement mille fois plus grandes, et que les unités intermédiaires sont désignées par les mots *dix* et *cent* que l'on place devant le mot qui exprime l'unité inférieure la plus voisine, on verra qu'il suffit de se rappeler que les mots *mille*, *million*, *billion*, *trillion*, etc., se trouvent placés de droite à gauche sur des chiffres qui sont aux 4ᵉ., 7ᵉ., 10ᵉ., 13ᵉ., etc. rangs.

De sorte que, pour connoître les unités intermédiaires, il suffira de placer successivement les mots *dix* et
cent devant les mots mille, million, billion, etc. Quant
au nombre des unités que l'on a de chaque espèce,
la forme des chiffres l'indiquera tout de suite.

Ainsi, *proposons-nous d'exprimer avec des mots ou
d'énoncer le nombre* 534708002416.

Pour voir sur quels chiffres je dois placer les mots
mille, *million*, *billion*, etc., je mets, en commençant
par la droite, un point ou tout autre signe sur le 4e.
chiffre qui exprime des mille, ensuite sur le 7e., sur le
10e., etc.; ou bien je partage de droite à gauche le
nombre en tranches de trois en trois chiffres par des lignes
verticales, comme il suit :

$$534 \mid 708 \mid 002 \mid 416.$$

J'appellerai *tranche des unités* la première à droite ;
tranche des mille la seconde ; *tranche des millions* la
troisième ; *tranche des billions* la quatrième, ainsi de suite.
D'après cela, le nombre proposé pourra être écrit ainsi :

534 *billions*, 708 *millions*, 2 *mille*, 416 *unités simples*,
expression qui, traduite par le moyen des mots, se changera en cette autre.

Cinq cent trente-quatre billions, *sept cent huit* millions,
deux mille, *quatre cent seize* unités, ou simplement *quatre
cent seize*.

Si l'on observe maintenant qu'en partageant un nombre
en tranches de trois en trois chiffres, on réduit le problême à n'avoir jamais qu'une tranche à écrire avec des
mots, on verra que lorsqu'il s'agit d'écrire en chiffres
un nombre énoncé ou exprimé avec des mots, on peut
réduire également la difficulté à n'avoir jamais qu'une

tranche à écrire, pourvu que l'on ait l'attention de remplacer par des zéro les chiffres qui manqueroient dans une tranche.

D'après cela, *si l'on proposoit de retrouver en chiffres le nombre* CINQ CENT TRENTE-QUATRE BILLIONS, SEPT CENT HUIT MILLIONS, DEUX MILLE, QUATRE CENT SEIZE ; on commenceroit par écrire les centaines, les dixaines et les unités de la tranche des billions, de cette manière 534 ; passant à la tranche des millions, on écriroit 708 à la droite de 534 ; arrivé à la tranche des mille, on verroit que n'ayant ni centaines, ni dixaines de mille, il faudroit remplacer par deux zéro ces deux espèces d'unités, et écrire 002 à la droite de 708 ; ce qui donneroit 534 708 002 ; enfin, on mettroit 416 à la droite de 002, pour la tranche des unités ; de sorte que l'on auroit finalement 534 708 002 416 pour l'expression en chiffres du nombre proposé.

Nous pourrons donc établir les deux règles suivantes :

1°. *Pour écrire en chiffres un nombre énoncé ou exprimé par le moyen des mots, il faut d'abord distinguer dans cet énoncé les diverses tranches dont le nombre est composé, écrire la plus haute tranche, comme si elle étoit seule, passer aux tranches suivantes et les écrire successivement, ayant l'attention de remplacer par des zéro toutes les unités intermédiaires qui manquent.*

2°. *Lorsqu'il s'agit d'énoncer un nombre écrit en chiffres, on commence par le diviser en tranches de trois en trois chiffres de droite à gauche ; on cherche ensuite le nom de chaque tranche, en se rappelant que la première à droite est celle des unités, la seconde celle des mille, la troisième celle des millions, la quatrième celle des billions, etc. Parvenu à la plus haute tranche, on énonce les diverses unités qu'elle renferme, et l'on nomme la*

*tranche ; on en fait de même pour chaque tranche con-
sécutive jusqu'à la tranche des unités dont on supprime
le nom.*

*** PROBLÊME V.

Additionner plusieurs nombres ensemble.

SOLUTION. Il peut arriver que l'on n'ait que deux
nombres à ajouter, ou que l'on en ait plusieurs. Examinons
ces deux cas, et supposons d'abord que les deux
nombres qu'il faut additionner ne soient composés chacun
que d'un seul chiffre : *qu'il s'agisse donc d'ajouter
l'un à l'autre les nombres* 8 et 5.

Puisque d'après les problêmes précédens nous savons
additionner l'unité à un nombre donné, tâchons de ramener
à cette dernière addition celle qu'on nous propose.
Or, il suffit pour cela de décomposer le nombre 5 en
ses unités simples, et d'ajouter successivement au nombre
8 autant de fois 1 qu'il y a d'unités dans 5 : on dira
donc 8 plus 1 égale 9 ; 9 plus 1 égale 10 ; 10 plus 1
égale 11 ; 11 plus 1 égale 12 ; et 12 plus 1 égale 13 :
de sorte que l'addition de 5 à 8 donne 13 pour résultat
que dorénavant nous nommerons *Somme.*

On opéreroit évidemment de la même manière, si l'un
des deux nombres avoit plus d'un chiffre.

Ainsi, *pour ajouter un nombre d'un seul chiffre à un
autre qui n'en a qu'un aussi, ou qui est composé de plusieurs chiffres, il faut ajouter successivement au plus grand
des deux nombres, autant d'unités qu'en renferme celui
qui n'a qu'un seul chiffre.*

Soient maintenant à ajouter les deux nombres 859 *et*
764 *composés chacun de plusieurs chiffres.*

Pour ramener ce cas au précédent, j'observe que les
nombres peuvent se décomposer en différentes unités,

qui, n'allant jamais au-delà de 9, sont nécessairement exprimées par un seul chiffre ; par conséquent l'addition de deux nombres peut être réduite à plusieurs additions partielles de nombres composés chacun d'un seul chiffre, c'est-à-dire, à l'addition de leurs unités simples, à celle de leurs dixaines, à celle de leurs centaines, ainsi de suite.

D'après cela, nous écrirons les deux nombres proposés 859 et 764 l'un au-dessous de l'autre, de manière que les unités simples soient placées sous les unités simples, les dixaines sous les dixaines, les centaines sous les centaines ; et l'opération sera réduite à ajouter 4 à 9, 6 à 5 et 7 à 8 ; mais pour rendre ces opérations plus expéditives ; il sera nécessaire d'avoir formé d'avance une table des sommes que donnent les nombres d'un seul chiffre ajoutés deux à deux, et d'avoir gravé ces sommes dans la mémoire. Dans l'exemple proposé, on commencera donc par souligner le dernier nombre écrit, et l'on placera au-dessous le résultat de chaque addition partielle. Pour avoir ces résultats, on dira 9 et 4 égalent 13 ; mais dans 13, il y a 3 unités et 1 dixaine ; on écrira donc 3 au-dessous de la colonne des unités ; et l'on fera l'addition des dixaines, en disant, 1 dixaine de retenue et 5 égalent 6, et 6 égalent 12 dixaines, c'est-à-dire 2 dixaines et 1 centaine ; j'écris donc 2 au-dessous des dixaines, et je porte 1 centaine à la colonne suivante, en disant : 1 centaine et 8 égalent 9 et 7 égalent 16 qui valent 6 centaines et 1 mille : j'écris donc les 6 centaines au 3e. rang, et je place 1 mille au 4e. ; ce qui donne pour somme le nombre 1623.

$$\begin{array}{r} 859 \\ \underline{764} \\ 1623 \end{array}$$

Examinons à présent le cas où l'on a plusieurs nombres à ajouter; et supposons que ces nombres soient 4538, 2375, 831 et 526.

D'après ce que nous avons dit ci-dessus, il est clair que l'addition totale peut se réduire à l'addition des unités, à celle des dixaines, à celle des centaines et à celle des mille que contiennent tous ces nombres ; on écrira donc ceux-ci les uns sous les autres, de manière que les unités de même grandeur, soient placées dans une même colonne verticale ; on soulignera le nombre inférieur, et commençant par la colonne des unités simples, on dira 8 et 5 égalent 13 ; 13 et 1 égalent 14 ; 14 et 6 égalent 20 ; et l'on écrira o sous la première colonne à droite.

$$\begin{array}{r} 4538 \\ 2375 \\ 831 \\ 526 \\ \hline 8270 \end{array}$$

Passant à la colonne des dixaines, on dira : 2 dixaines de la colonne précédente et 3 égalent 5 ; 5 et 7 égalent 12 ; 12 et 3 égalent 15 ; 15 et 2 égalent 17 ; on écrira donc 7 sous la colonne des dixaines, et l'on retiendra 1 centaine pour l'ajouter au premier chiffre de la troisième colonne ; additionnant donc les chiffres de cette colonne, on dira : 1 et 5 égalent 6 ; 6 et 3 égalent 9 ; 9 et 8 égalent 17 ; 17 et 5 égalent 22 ; j'écris donc 2 sous les centaines, et passant à la colonne des mille, je dis : 2 et 4 égalent 6 ; 6 et 2 égalent 8 que j'écris sous les mille : on a donc le nombre 8270 pour la somme des nombres donnés. De sorte que l'on peut établir la règle suivante :

Pour avoir la somme de plusieurs nombres donnés, écrivez ces nombres les uns sous les autres, de manière que les unités de même espèce soient placées sur une même colonne de haut en bas ; faites la somme des unités simples, celle des dixaines, celle des centaines, et en général les sommes des unités de chaque et même espèce ; et lorsqu'une somme donnera des unités de l'espèce supérieure, retenez ces unités pour les réunir à celles de la colonne immédiatement à gauche.

2

REMARQUE. Après avoir, dans l'addition, ajouté des nombres différens, on en a ajouté qui étoient tous égaux. Alors la somme trouvée contenoit un même nombre, autant de fois qu'on l'avoit écrit. Pour indiquer cette addition particulière, et faire connoître qu'une somme contenoit deux fois, trois fois, quatre fois, etc., un certain nombre, on a dit que cette somme étoit *double*, *triple*, *quadruple*, etc., et en général *multiple* de ce nombre ; de là les expressions *doubler*, *tripler*, *quadrupler*, et en général *multiplier* un nombre, pour signifier *trouver la somme de ce nombre écrit deux fois, trois fois, quatre fois, et en général un nombre quelconque de fois.*

Mais en faisant ces sortes d'additions par la méthode ordinaire, il étoit facile de prévoir que, dans le cas où l'on voudroit répéter un très-grand nombre de fois un nombre qui seroit lui-même très-grand, l'opération deviendroit presque impraticable par sa longueur ; il a donc fallu trouver une méthode plus simple ; et *l'on a donné le nom de multiplication à cette addition abrégée par laquelle on trouve un nombre qui en contient un autre, tel nombre de fois que l'on veut.*

Le nombre que l'on devoit répéter a pris le nom de *multiplicande*. Celui qui indiquoit combien de fois il auroit fallu écrire ce nombre pour l'ajouter, ou le nombre de fois que le multiplicande devoit entrer dans la somme, a été appelé *multiplicateur* ; tandis que la somme du multiplicande que l'on auroit écrit autant de fois que le multiplicateur contient l'unité, a été nommé *produit*. Le multiplicande et le multiplicateur ont reçu le nom commun de *facteurs* du produit.

Ainsi, *tout produit peut être considéré comme un tout,*

*dont le multiplicande exprime la grandeur des parties,
et le multiplicateur le nombre.*

*** PROBLÉME VI.

Multiplier un nombre par un autre.

SOLUTION. Pour aller du simple au composé , proposons-nous d'abord de *multiplier un nombre d'un seul chiffre par un autre qui n'en a qu'un aussi*, *par exemple,* 9 *par* 4.

Comme il s'agit ici de prendre 4 fois le nombre 9, il est visible qu'il n'y a qu'à écrire 4 fois 9 et à faire l'addition ; ce qui donnera 36 pour produit.

On trouveroit semblablement le produit de tous les nombres à un seul chiffre multipliés deux à deux ; et comme ces produits sont en petit nombre, il sera utile d'en former un tableau et même de le retenir, pour faire plus promptement les multiplications des nombres à plusieurs chiffres , multiplications que l'on peut ramener à celles des nombres à un seul chiffre.

Pour rendre cette table plus commode, nous disposerons tous les chiffres significatifs en deux colonnes, l'une horisontale , l'autre verticale , divisées en neuf cases ; à chacune des cases horisontales correspondra une nouvelle colonne verticale ; et à chaque case de la colonne verticale aboutira une colonne horisontale : par cet arrangement, on pourra placer chaque produit à la case intérieure correspondante aux deux cases horisontale et verticale qui contiennent les facteurs de ce produit.

Table de Multiplication.

1	2	3	4	5	6	7	8	9
2	4	6	8	10	12	14	16	18
3	6	9	12	15	18	21	24	27
4	8	12	16	20	24	28	32	36
5	10	15	20	25	30	35	40	45
6	12	18	24	30	36	42	48	54
7	14	21	28	35	42	49	56	63
8	16	24	32	40	48	56	64	72
9	18	27	36	45	54	63	72	81

C'est ainsi que, pour avoir le produit de 8 par 7, il faut, de la case horisontale où se trouve le facteur 8, descendre verticalement vis-à-vis la case 7 de la première colonne verticale, pour y trouver le produit 56 de 8 par 7.

Passons maintenant au cas où l'on auroit à *multiplier un nombre de plusieurs chiffres par un autre qui n'en auroit qu'un seul, par exemple, 8534 par 6.*

Puisqu'il s'agit ici de trouver un nombre qui renferme 6 fois le nombre 8534 ; il s'ensuit que la difficulté est réduite à prendre 6 fois toutes les parties du multiplicande, c'est-à-dire 6 fois ses unités, ses dixaines, ses centaines et ses mille ; ce qui ramène l'opération à une suite de multiplications partielles dont les facteurs n'ont qu'un seul chiffre.

Cela posé, j'écris le multiplicande 8534, et au-dessous le multiplicateur 6 ; je souligne et je dis, 6 fois 4 égale 24 ; j'écris 4 au-dessous de la ligne et je retiens les 2 dixaines pour les ajouter au produit des dixaines ; je continue donc en disant : 6 fois 3 dixaines

$$\begin{array}{r} 8534 \\ 6 \\ \hline 51204 \\ \hline \end{array}$$

égalent 18 dixaines, qui, augmentées des 2 que l'on
a retenues, donnent 20 dixaines ; j'écris donc o pour
les dixaines et je retiens 2 centaines ; je multiplie
ensuite les centaines par 6 en disant , 6 fois 5
centaines égalent 3o centaines, qui, augmentées des
2 précédentes , donneront 32 centaines ; j'écris donc
2 pour les centaines et je retiens les 3 unités de mille:
passant enfin aux mille du multiplicande, je dis 6 fois
8 mille égalent 48 mille , auxquelles ajoutant 3 , j'ai
51 mille ; j'écris donc 1 mille et j'avance 5 au rang
des dixaines de mille ; ce qui donne 51204 pour le
produit total.

Proposons-nous ensuite de multiplier un nombre de plu-
sieurs chiffres par un autre qui en a plusieurs aussi ,
par exemple, 283 par 547.

Puisque le nombre cherché doit conte-   283
nir 547 fois le multiplicande 283 , il le con-   547
tiendra 7 fois, plus 40 fois, plus 5oo fois :   ————
la difficulté est donc réduite à prendre d'a-   1981
bord 7 fois toutes les parties du multi-   11320
plicande 283 , ensuite 40 fois , et enfin 5oo   141500
fois.   ————
                                                   154801

Pour obtenir 7 fois 283, on dira : 7 fois 3 égalent
21 ; j'écris 1 et je retiens 2 dixaines ; 7 fois 8 dixaines
égalent 56 dixaines , auxquelles ajoutant les 2 de retenues , on a 58 dixaines ; j'écris 8 au second rang à
gauche et je retiens 5 centaines ; enfin 7 fois 2 centaines égalent 14 centaines, qui , augmentées des 5
précédentes, donnent 19 centaines que j'écris à la gauche
des 8 dixaines. De sorte que le premier produit partiel
obtenu 1981 , contient 7 fois le multiplicande 283.

Maintenant il faut prendre 40 fois 283 ; mais si,
pour ramener ce cas au précédent, on ne prenoit que

4 fois le multiplicande, on auroit un produit qui renfermeroit 10 fois moins qu'il ne faut ce multiplicande; on seroit donc obligé de rendre le produit trouvé 10 fois plus grand, en écrivant un zéro à sa droite. Multipliant donc 283 par 4, et écrivant un zéro à la droite du produit trouvé, on aura 11320, nombre qui contient 40 fois 283.

Semblablement, pour prendre 500 fois le multiplicande 283, on ne le prendra d'abord que 5 fois, et l'on rendra le résultat trouvé 100 fois plus grand, en écrivant deux zéro à sa droite : ce qui donnera 141500 pour troisième produit partiel. De sorte que la somme 154801 des trois produits partiels trouvés, contiendra 547 fois le nombre 283.

Il pourroit encore arriver que l'on eût des zéro à la fin de l'un des facteurs, et même à la fin de l'un et de l'autre ; par exemple, que le multiplicande fût 28300 et le multiplicateur 547, ou que ce dernier fût 5470.

Dans le premier cas, il est évident qu'après avoir multiplié 283 par 547, on auroit employé un multiplicande 100 fois trop petit, puisqu'au lieu d'exprimer 283 unités, il devoit représenter 283 centaines ; ce qui rendroit 100 fois trop petit le produit trouvé 154801 ; il faudroit donc, pour le rendre 100 fois plus grand, faire avancer tous ses chiffres de 2 rangs vers la gauche, en écrivant 2 zéro à sa droite, et l'on auroit 15480100 pour le vrai produit.

Si l'on avoit eu un zéro à la droite du multiplicateur, et que l'on eût fait l'opération sans y avoir égard, on auroit pris le multiplicande 10 fois moins qu'il ne falloit ; et le produit eût été 10 fois trop petit ; on l'auroit donc rectifié en le rendant 10 fois plus grand par le secours d'un zéro placé à sa droite : de sorte que l'on auroit trouvé 15480I000 pour le produit de 28300 par 5470.

On observera ici que *chaque chiffre du multiplicateur ne peut donner des chiffres appartenant aux unités inférieures à celles qu'il exprime lui-même :* ainsi le chiffre des dixaines ne peut donner moins que des dixaines, celui des centaines moins que des centaines, celui des mille moins que des mille, ainsi de suite.

Il peut arriver aussi que l'on ait une suite de zéro dans l'intérieur, soit du multiplicande, soit du multiplicateur, soit de l'un et de l'autre : proposons-nous donc finalement de multiplier 83004 *par* 70006.

Il s'agit ici de trouver un produit qui soit composé de 6 fois plus 7 dix mille fois le nombre 83004.

L'opération sera donc réduite à multiplier 83004 par 6 , ensuite par 70000 : la multiplication par 6 se fait comme nous l'avons vu ci-dessus ; et celle par 70000 se réduit à multiplier par 7, et à rendre ce produit partiel 10000 plus grand en écrivant 4 zéro à sa droite, ou seulement en plaçant le premier chiffre significatif au cinquième rang vers la gauche, c'est-à-dire au rang des dix mille, comme on le voit ici à côté.

$$\begin{array}{r} 83004 \\ 70006 \\ \hline 498024 \\ 581028 \\ \hline 5810778024 \end{array}$$

Nous pouvons donc, de tout ce qui précède, conclure la règle suivante.

Pour multiplier un nombre par un autre, on écrit le multiplicande et au-dessous le multiplicateur que l'on souligne ; on multiplie de droite à gauche successivement les diverses unités du multiplicande par le chiffre des unités simples du multiplicateur, et l'on écrit ce produit partiel au-dessous du multiplicateur. Si , en multipliant un chiffre du multiplicande, on avoit un produit de deux chiffres, on n'écriroit que le premier chiffre à droite et l'on retiendroit celui à gauche, pour l'ajouter au produit du chiffre suivant du multiplicande par le même chiffre du multiplicateur. On multiplie de même tous les chiffres du multiplicande successivement par tous les chiffres significatifs du multiplicateur, et l'on écrit à la droite de chaque produit partiel autant de zéro que le marque le rang qu'occupe le chiffre multiplicateur à la gauche de celui des unités simples. On peut aussi se dispenser d'écrire ces zéro, pourvu que le premier chiffre à droite de chaque produit partiel soit écrit au rang des unités qu'exprime le chiffre multiplicateur.

Additionnant enfin tous les produits partiels, leur somme sera le produit total.

S'il y avoit des zéro à la droite des facteurs, on les écriroit tous à la droite du produit.

REMARQUE. Puisque le produit de deux facteurs n'est que la somme de l'un écrit autant de fois qu'il y a d'unités dans l'autre, il est évident que ces trois nombres doivent être dans une dépendance réciproque les uns des autres : on peut donc se proposer les questions suivantes : *Quelles sont les variations d'un produit d'après celles qu'éprouvent les facteurs de ce produit ? Un produit éprouveroit-il quelque changement, si du multiplicande on en faisoit le multiplicateur, et que du multiplicateur on en fît le multiplicande ? Quelle relation existe-t-il entre le nombre des chiffres d'un produit et celui des chiffres des facteurs ?*

La solution de ces questions pouvant jeter le plus grand jour sur les méthodes de décomposition, il importe de s'en occuper d'abord.

*** PROBLÊME VII.

Quelles sont les variations d'un produit, d'après celles qu'éprouvent les facteurs de ce produit ?

SOLUTION. Les différentes variations que l'on peut faire subir aux facteurs d'un produit, se réduisent à rendre ces facteurs un certain nombre de fois plus grands ou plus petits, et à les augmenter ou à les diminuer d'un certain nombre d'unités.

Pour le premier cas, j'observe que le produit étant la somme du multiplicande pris autant de fois qu'il y a d'unités dans le multiplicateur, on peut considérer le produit comme un tout dont le multiplicande exprime la grandeur des parties, et le multiplicateur le nombre. Or, un tout est d'autant plus grand ou plus petit que ses parties sont plus grandes ou plus petites, et qu'il en contient un plus ou moins grand nombre.

Par conséquent, *un produit est d'autant plus grand ou plus petit, que son multiplicande est plus grand ou plus petit, son multiplicateur restant le même. Il est aussi d'autant plus grand ou plus petit, que son multiplicateur est plus grand ou plus petit, son multiplicande ne variant point.*

D'où l'on voit que, *si deux facteurs devenoient en même tems chacun un certain nombre de fois plus grands ou plus petits, le produit deviendroit un nombre de fois plus grand ou plus petit, exprimé par le produit du nombre de fois que le multiplicande est devenu plus grand ou plus petit, par le nombre de fois que le multiplicateur est aussi devenu plus grand ou plus petit.*

En effet, si l'on n'a d'abord égard qu'à la variation du multiplicande, le produit sera devenu autant de fois plus grand ou plus petit que le multiplicande l'est de-venu ; mais alors ce produit ayant été donné par un multiplicateur d'autant plus petit ou plus grand , que ce multiplicateur avoit été rendu plus grand ou plus petit , on sera obligé , pour rectifier le produit , de rendre celui-ci autant de fois plus grand ou plus petit, que le multiplicateur avoit été rendu lui-même plus grand ou plus petit.

Supposons maintenant que le multiplicande devienne autant de fois plus grand que l'on a rendu le multi-plicateur plus petit. Il est alors évident que , les parties étant devenues d'autant plus grandes , que l'on en a pris moins , le tout ne doit point varier.

Ainsi , *un produit reste constamment le même , lors-que l'on rend l'un de ses facteurs autant de fois plus grand ou plus petit , que l'on a rendu l'autre plus petit ou plus grand.*

Si un produit devenoit un certain nombre de fois plus grand ou plus petit et que l'un de ses facteurs éprouvât la même variation , il est visible que le changement éprouvé par le facteur étant suffisant pour produire la variation du produit, l'autre facteur n'auroit subi aucune altération. On en conclura donc que :

Si un produit et l'un des facteurs deviennent chacun un même nombre de fois plus grands ou plus petits , l'autre facteur n'éprouvera aucun changement.

Il suit encore de ce qui précède, que *dans le cas où un produit devient un certain nombre de fois plus grand ou plus petit , ce changement peut provenir de ce que l'un des facteurs est devenu ce nombre de fois plus grand ou plus petit ; ou bien , de ce que les deux facteurs sont devenus plus grands ou plus petits un nombre de fois tel , que le produit du nombre de fois relatif à l'un par le nombre de fois relatif à l'autre, soit égal au nombre de fois relatif au produit.*

Passons au cas où les facteurs seroient augmentés ou diminués d'un certain nombre d'unités. Il est d'abord évident que chaque unité que l'on ajouteroit au multiplicateur donneroit une fois de plus le multiplicande ; et que chaque unité ajoutée au multiplicande feroit entrer une fois de plus le multiplicateur dans le produit ; tandis que chaque unité retranchée du multiplicateur donneroit une fois de moins le multiplicande ; et qué chaque unité retranchée du multiplicande donneroit une fois de moins le multiplicateur.

D'après cela, *un produit contient autant de fois de plus le multiplicande ou le multiplicateur, que l'on a ajouté d'unités au multiplicateur ou au multiplicande ; et il contient autant de fois de moins le multiplicande ou le multiplicateur, que l'on a retranché d'unités du multiplicateur ou du multiplicande.*

** PROBLÈME VIII.

Un produit change-t-il, lorsque, du multiplicande, on en fait le multiplicateur, et du multiplicateur le multiplicande ?

SOLUTION. Un produit étant d'autant plus grand ou plus petit que l'un quelconque de ses facteurs, est plus grand ou plus petit ; il est évident que, si le multiplicateur d'un produit étoit l'unité, on pourroit échanger le multiplicande contre le multiplicateur, et le *produit de l'unité par le multiplicande seroit égal à celui du multiplicande par l'unité.*

Or, puisqu'il suffit, pour rendre un produit un certain nombre de fois plus grand, de multiplier soit le multiplicande soit le multiplicateur par ce nombre de fois, il s'ensuit que, si dans ces produits égaux, on multiplie par un même nombre l'unité qui est multiplicande dans l'un et multiplicateur dans l'autre, on aura encore deux produits égaux : d'où l'on voit qu'*un produit composé de deux facteurs ne varie point, quand on fait du multiplicande le multiplicateur, et du multiplicateur le multiplicande.*

Ainsi, 12 par 3 égale 3 par 12 : car, 12 par 1 égale 1 par 12; de sorte que si l'on multiplie par 3 le multiplicateur 1 du premier produit, et le multiplicande 1 du second, on aura encore deux produits égaux, parce que les deux produits précédens sont devenus chacun 3 fois plus grands.

PROBLÊME IX.

Trouver 1°. le nombre des chiffres d'un produit, d'après celui des chiffres des facteurs; 2°. le nombre des chiffres de l'un des facteurs, d'après le nombre des chiffres du produit et d'après celui des chiffres de l'autre facteur.

SOLUTION. Supposons d'abord que les deux facteurs renferment les chiffres les plus grands possibles, c'est-à-dire des 9; que le multiplicande en ait plusieurs, et le multiplicateur un seul. Dans ce cas, il est évident que le dernier chiffre à gauche du multiplicande multiplié par le 9 du multiplicateur, donnera pour produit 81 ; et, comme un chiffre multiplié par un autre ne peut donner plus de 8 unités supérieures, il s'ensuit que de la dernière multiplication il ne sauroit résulter plus de 89 ; d'où l'on voit que, dans le cas où tout tend à donner au produit le plus de chiffres possibles, on ne peut en avoir plus qu'il y en a dans les deux facteurs, lorsque du moins l'un de ceux-ci n'a qu'un seul chiffre.

$$
\begin{array}{r}
9999 \\
9 \\
\hline
89991 \\
\hline
9999 \\
999 \\
\hline
89991 \\
89991 \\
89991 \\
\hline
9989001 \\
1000 \\
100 \\
\hline
100000 \\
\hline
\end{array}
$$

Si l'un des facteurs étoit l'unité suivie de plusieurs zéro, et que le multiplicateur fût un chiffre quelconque, on n'auroit évidemment au produit, que le nombre des chiffres du facteur le plus grand.

Soient à-présent deux facteurs ayant chacun plusieurs chiffres les plus grands possibles, tels que 9999 et 999. En effectuant l'opé-

ration, on aura un produit composé d'un nombre de chiffres égal
à la somme de ceux renfermés dans les deux facteurs. Il est aisé
de voir qu'il en seroit de même, quelque grand que fût le nombre
des chiffres du multiplicande et du multiplicateur, puisque tous les
chiffres des produits partiels, à partir du second, reculent chacun
d'un rang vers la gauche, que l'avant-dernière colonne à gauche ne
peut avoir plus de deux chiffres, et que les dernières colonnes étant
composées chacune de 8 et de 9, l'avant-dernière ne peut donner
plus de 1 au dernier chiffre.

Dans le cas où les facteurs contiendroient les chiffres les plus
petits possibles, c'est-à-dire, seroient l'unité suivie de plusieurs zéro,
on n'auroit au produit que le nombre des chiffres moins un des
deux facteurs.

D'où l'on voit 1°. *que le nombre des chiffres d'un produit est
toujours égal au nombre des chiffres des deux facteurs, lorsque
l'un de ceux-ci n'a qu'un seul chiffre qui, multiplié par le chiffre
des plus hautes unités de l'autre facteur, donne un produit de
deux chiffres.*

2°. *Qu'un produit de deux facteurs a le nombre des chiffres
de ses facteurs, ou ce même nombre diminué de 1.*

Il résulte encore de là que *le nombre des chiffres de l'un des
facteurs est ou égal au nombre des chiffres du produit, moins
le nombre des chiffres de l'autre facteur plus un ; ou seulement
à cette différence.*

★ PROBLÊME X.

*Former un produit de trois, et même d'un plus grand
nombre de facteurs.*

SOLUTION. Soient 12, 15 et 17 les trois facteurs avec lesquels
on veut former un produit. Cette opération peut se faire de diverses manières. On peut d'abord multiplier 12 par 15, et le produit résultant, le multiplier par 17 ; ou bien multiplier 15 par 17
et ensuite 12 par ce produit. On pourroit même multiplier 15
par 12, et le produit le multiplier par 17, ainsi de suite. Pour
faire disparoître toute incertitude à ce sujet, il faudroit qu'il arrivât

pour ce cas, ce qui a lieu pour celui où l'on n'a que deux facteurs, c'est-à-dire que le produit fût constamment le même, dans
quelqu'ordre que l'on multipliât les facteurs.

Il faudroit donc arranger les facteurs trois à trois de toutes les
manières possibles, et voir si tous les produits qui résulteroient de
la multiplication de ces facteurs, ainsi arrangés, seroient tous égaux.
Pour ne laisser échapper aucun arrangement, commençons par mettre
successivement au premier rang à gauche chaque facteur, et arran-
geons les deux facteurs restans, de toutes les manières possibles ;
d'après cela, nous aurons les six arrangemens suivans :

$$12 \cdot 15 \cdot 17 \qquad 15 \cdot 12 \cdot 17 \qquad 17 \cdot 12 \cdot 15$$
$$12 \cdot 17 \cdot 15 \qquad 15 \cdot 17 \cdot 12 \qquad 17 \cdot 15 \cdot 12.$$

Or, si l'on considère comme multiplicande le premier facteur à
gauche dans chaque arrangement, et le produit des deux autres
facteurs, comme multiplicateur, on verra que les multiplicateurs,
dans les produits qui ont le même multiplicande, sont égaux, parce
qu'ils ont les deux mêmes facteurs (prob. VIII) : par conséquent,
les produits indiqués ci-dessus, qui ont le même multiplicande,
sont égaux entre eux. Il ne reste donc plus qu'à prouver que l'un
des deux premiers produits est égal à l'un des deux seconds, et
que l'un de ces deux-ci est égal à l'un des deux derniers.

Or, en comparant le produit 12 par 15, par 17, avec celui de
15 par 12, par 17, on voit tout de suite que, si l'on effectuoit la
multiplication de 12 par 15 et celle de 15 par 12, on auroit le
même produit, ce qui rendroit évidemment égaux les deux produits
de trois facteurs ; et l'on en concluroit l'égalité des quatre premiers
produits. On prouveroit, de la même manière, que le produit de
15 par 17, par 12, est égal à celui de 17 par 15, par 12. D'où
il résulte qu'*un produit composé de trois facteurs ne change pas
dans quelqu'ordre que l'on multiplie ces facteurs.*

*Examinons maintenant si la même invariabilité auroit lieu,
dans le cas où il y auroit quatre facteurs.* Joignons donc le nouveau facteur 19 aux trois précédens, et cherchons d'abord tous les
arrangemens possibles entre les quatre facteurs 12.15.17.19.

Opérant comme ci-dessus, on fixera successivement chaque facteur au premier rang à gauche, et l'on arrangera les trois autres

facteurs de toutes les manières possibles, par le procédé déja employé; ce qui donnera les vingt-quatre arrangemens suivans :

$$
\begin{array}{llll}
12.15.17\ 19 & 15.12.17.19 & 17.12.15.19 & 19.12.15.17 \\
12.15.19\ 17 & 15.12.19.17 & 17.12.19.15 & 19.12.17\ 15 \\
12.17.15.19 & 15.17.12.19 & 17.15.12.19 & 19.15.12.17 \\
12.17.19.15 & 15.17.19.12 & 17.15.19.12 & 19\ 15\ 17.12 \\
12.19.15.17 & 15.19.12.17 & 17.19.12\ 15 & 19.17.12.15 \\
12.19.17.15 & 15.19.17.12 & 17.19.15.12 & 19.17.15.12.
\end{array}
$$

Or, il est clair que, puisque les produits formés des trois mêmes facteurs sont égaux, tous les produits de quatre facteurs, respectivement les mêmes, et qui ont un même facteur pour multiplicande ou pour multiplicateur, doivent être tous égaux; par conséquent, non-seulement les produits qui composent une même colonne sont égaux entre eux, mais encore tous les produits : car, dans une colonne on trouve toujours un produit qui a pour dernier multiplicateur le même facteur qui se trouve multiplicande dans l'une des autres colonnes ; ce qui établit l'égalité entre les produits de toutes les colonnes.

Ainsi, ayant dans le premier produit 12.15.17.19, le facteur 12 pour multiplicande, on aura dans toutes les autres colonnes au moins un produit qui aura 12 pour dernier facteur ; et, comme les produits des trois mêmes facteurs sont égaux, il s'ensuit que, dans chaque colonne, il y aura un produit égal à celui 12.15.17.19 de la première.

Pour un semblable raisonnement, on prouveroit que, dans le cas où l'on auroit 5 facteurs, et, en général, un nombre quelconque de facteurs, tous les produits qui auroient le même facteur pour multiplicande, seroient égaux entre eux ; et, comme dans les autres produits qui auroient le même facteur en tête, il y en anroit toujours qui auroient pour dernier multiplicateur le même facteur qui étoit multiplicande dans le premier de tous les produits, il s'ensuit qu'il y auroit égalité entre ces mêmes produits.

De sorte qu'en général un produit reste le même dans quelque ordre qu'on multiplie ses facteurs, et en quelque nombre que soient ces derniers.

Remarque. Il peut arriver que les facteurs d'un produit soient tous égaux entre eux ; alors le produit doit être lié à ses facteurs par une loi plus simple que dans le cas où les facteurs sont différens ; et, comme pour arriver plus facilement aux méthodes de décomposition, il importe de connoître cette loi, nous allons la chercher.

Mais pour distinguer ces sortes de produits de ceux dont les facteurs sont différens, nous nommerons *Puissances* les produits formés de facteurs égaux ; et suivant que ces puissances proviendront de la multiplication de 2, de 3, de 4, de 5, etc., facteurs égaux, nous les nommerons *Puissances seconde* ou *carrée*, *troisième* ou *cubique*, *quatrième*, *cinquième*, etc.; et au facteur constant qui a produit ces puissances, nous donnerons le nom de *Racine seconde* ou *carrée*, *troisième* ou *cubique*, *quatrième*, *cinquième*, etc., suivant que ce facteur aura engendré une puissance seconde, ou troisième, ou quatrième, ou cinquième, etc. Nous nommerons encore *Formation des puissances* l'opération qui a fait trouver ces puissances.

De la Formation des puissances.

*** PROBLÊME XI.

Trouver le carré ou la seconde puissance d'un nombre, de 56, par exemple.

SOLUTION. Pour élever au carré le nombre 56, on multipliera d'abord 6 par 6, ce qui donnera 36 ou le carré des unités 6. Multipliant ensuite les 5 dixaines par 6, on aura 300 ou le produit des dixaines par les unités. Faisant après cela le produit de 6 par 50, on aura encore 300 ; et enfin, multipliant 50 par 50, on formera le carré de 50 qui est 2500. De sorte que le produit total 3136 ou le carré de 56 contiendra de la racine le carré des dixaines, plus deux fois le produit des dixaines par les unités, plus le carré des unités; et si l'on observe qu'un nombre, quelque grand qu'il soit, peut toujours être regardé comme composé d'unités et de dixaines, celles-ci pouvant être exprimées par un nombre quelconque de chiffres, on verra que l'on peut établir pour règle générale que

$$
\begin{array}{r}
56 \\
56 \\
\hline
36 \\
300 \\
300 \\
2500 \\
\hline
3136 \\
\hline
\end{array}
$$

Le carré d'un nombre composé de dixaines et d'unités renferme le carré des dixaines, plus le double produit des dixaines par les unités, plus le carré des unités.

Si l'on observe que le carré des dixaines de la racine d'un nombre ne peut donner moins que des centaines; et le double produit des dixaines par les unités, moins que des dixaines; on conclura encore que *dans le carré d'un nombre, le carré des dixaines de ce nombre ne peut donner aucune unité aux deux premiers chiffres à droite; et que le chiffre des unités du carré n'en peut recevoir aucune du double produit des dixaines par les unités de la racine.*

★★★ PROBLÈME XII.

On demande une méthode pour avoir la troisième puissance ou le cube d'un nombre, de 56, par exemple.

SOLUTION. Puisque le cube d'un nombre se forme en multipliant son carré par le nombre lui-même, il faudra ici multiplier les trois parties du carré de 56, par 56, c'est-à-dire, par 6 et ensuite par 5o. Pour mieux comprendre cette formation, nous nous contenterons d'indiquer les opérations à faire, en remplaçant les mots *multiplié par*, par ce signe $\times$ que nous écrirons entre les nombres à multiplier; d'après cela, nous commencerons par indiquer les trois produits qui composent le carré de 56, et qui sont $5o \times 5o$, $2 \times 5o \times 6$, 6×6. Donnant ensuite à ces produits le facteur 5o, nous aurons les produits partiels $5o \times 5o \times 5o$, $2 \times 5o \times 6 \times 5o$, et $6 \times 6 \times 5o$ dont la somme seroit le produit du carré de 56 par 5o. Faisant enfin entrer le facteur 6 dans les trois produits qui représentent le carré de 56, on aura $5o \times 5o \times 6$, $2 \times 5o \times 6 \times 6$ et $6 \times 6 \times 6$. De sorte que le cube de 56 sera composé des six produits suivans :

$$5o \times 5o \times 5o \qquad\qquad 5o \times 5o \times 6$$
$$2 \times 5o \times 6 \times 5o \qquad\qquad 2 \times 5o \times 6 \times 6$$
$$6 \times 6 \times 5o \qquad\qquad 6 \times 6 \times 6.$$

3

Or, en examinant ces produits, on voit que le premier est le cube de 5o, c'est-à-dire, des dixaines; que le second renferme deux fois le carré des dixaines par les unités, tandis que le quatrième contient une fois le même carré; ce qui fait trois fois le carré des dixaines par les unités, que le troisième est composé du carré des unités par les dixaines, et le cinquième de deux fois le carré des unités par les dixaines, ou de trois fois le carré des unités par les dixaines; enfin que le sixième produit est le cube des unités.

On en conclura donc que *le cube d'un nombre composé de dixaines et d'unités renferme de ce nombre* 1o. *le cube des dixaines,* 2o. *3 fois le carré des dixaines par les unités,* 3o. *3 fois le carré des unités par les dixaines;* 4o. *le cube des unités.*

Si l'on vouloit connoître dans quelles parties du cube se trouvent les divers produits partiels dont la somme a donné le cube lui-même, on observeroit 1o. que le cube des dixaines ne pouvant renfermer des unités au-dessous des mille, *les trois premiers chiffres à droite dans le cube proposé ne doivent pas faire partie du cube des dixaines;* 2o. que le triple carré des dixaines par les unités ne pouvant donner des unités au-dessous des centaines, ni le chiffre des dixaines du cube, ni celui des unités ne peuvent appartenir à ce second produit; 3o. que le triple des dixaines par le carré des unités ne pouvant donner des unités au-dessous des dixaines, le chiffre des unités du cube ne sauroit entrer dans ce dernier produit.

Quant au nombre des chiffres que peut avoir un cube, il faut se rappeler qu'un produit composé de deux facteurs ne peut avoir plus de chiffres qu'il n'y en a dans ses facteurs, ni moins qu'il n'y en a dans le nombre des chiffres des mêmes facteurs moins 1. Par conséquent, *le cube d'un nombre ne peut avoir plus du triple des chiffres de ce nombre, ni moins que ce triple diminué de 2.*

Remarque I. On pourroit, en suivant le procédé ci-dessus pour la formation des cubes, trouver les parties de la racine qui entrent dans les puissances 4e., 5e., 6e., etc. : mais les règles seroient de plus en plus compliquées; aussi ne les chercherons-nous pas, à moins que nous n'en ayons besoin. Nous nous contenterons d'observer que la 4e. puissance d'un nombre étant un produit qui renferme la racine

4 fois comme facteur, et que le produit du carré de la racine par ce même carré contenant aussi la racine 4 fois comme facteur, *on aura la 4me. puissance d'un nombre, en multipliant le carré de ce nombre par le carré lui-même, c'est-à-dire, en formant le carré du carré du nombre.*

Semblablement on verra que la 6me. puissance d'un nombre est le produit du cube de ce nombre par le cube même, ou plus simplement le carré du cube; que la 8me. puissance d'un nombre est le produit de la 4me. par la 4me., c'est-à-dire, le carré de la 4me. puissance, ou la 4me. puissance du carré du nombre, ou encore le carré du carré du carré du nombre; que la 9me. puissance d'un nombre est le cube de ce nombre élevé au cube; que la 12me. puissance est le cube du nombre élevé à sa 4me. puissance, ou le carré du cube par le carré de ce même cube, c'est-à-dire, le carré du carré du cube, ou le cube du carré du carré; ainsi de suite pour toutes les puissances dont le degré sera un nombre n'ayant d'autres facteurs que 2 et 3; puisque, dans tous ces cas, la racine sera le même nombre de fois facteur.

REMARQUE II. Il résulte de ce qui précède, que l'on peut élever un nombre à une puissance quelconque en multipliant ce nombre par lui-même autant de fois moins une, qu'il y a d'unités dans le degré de la puissance, ou bien en formant séparément les diverses parties de la racine qui entrent dans la puissance demandée, et en additionnant ces parties. Mais cette dernière méthode suppose que l'on sache trouver tout de suite les diverses puissances des nombres à un seul chiffre ; c'est pourquoi nous terminerons ce sujet par la table des puissances 2e. et 3e. seulement des neuf premiers nombres.

Puissances.

1re.	2e.	3e.
1.	1	1
2.	4. . . .	8
3.	9. . . .	27
4.	16. . . .	64
5.	25. . . .	125
6.	36. . . .	216
7.	49. . . .	343
8.	64. . . .	512
9.	81. . . .	729

REMARQUE III. En récapitulant les diverses manières dont on a formé les nombres, on voit que cette formation a eu lieu d'abord par l'addition successive de l'unité, ensuite par celle de plusieurs nombres différens, par celle de plusieurs nombres égaux, et enfin par la répétition de nombres obtenus par l'opération précédente, répétition qui peut aussi être indiquée par des nombres inégaux ou par des nombres égaux à ceux déja employés.

Nous pouvons donc conclure que *tout nombre est la somme d'un certain nombre d'unités, ou bien la somme de plusieurs autres nombres inégaux, ou encore la somme de plusieurs nombres égaux; ou enfin le produit d'un nombre quelconque de facteurs inégaux ou égaux, et souvent les uns égaux, les autres inégaux.*

Il ne doit donc y avoir des nombres qui ne proviennent de la multiplication d'aucun nombre, et qui, par conséquent, ne contiennent exactement d'autres nombres qu'eux-mêmes et l'unité : tels sont les nombres 2, 3, 5, 7, 11, 13, 17, 19, etc. Nous appellerons nombres *premiers* ou *simples*, ceux qui ne contiennent exactement qu'eux-mêmes et l'unité ; et nombres *multiples* ou *composés* ceux qui, provenant de la multiplication de deux ou de plusieurs nombres, contiennent exactement des nombres autres qu'eux-mêmes et l'unité.

On peut remarquer encore que les nombres 2, 4, 6, 8, 10, 12, etc., peuvent se décomposer chacun en deux parties égales ; savoir 2 en 1 plus 1 ; 4 en 2, plus 2 ; 6 en 3, plus 3 ; 8 en 4, plus 4 ; 10 en 5, plus 5 ; 12 en 6, plus 6, etc. Comme ces nombres se trouvent composés chacun de deux parties égales qui se balancent, pour ainsi dire, nous les nommerons nombres *pairs ;* et tous ceux qui ne peuvent pas se décomposer en deux nombres égaux, nous les appellerons nombres *impairs*, c'est-à-dire, *non-pairs.*

REMARQUE IV. Chaque opération par laquelle on a composé les nombres, a nécessairement sa correspondante dans leur décomposition ; ainsi les problêmes relatifs à la décomposition des nombres seront les suivans : 1°. *retrancher d'un nombre successivement l'unité ;* 2°. *étant donnée la somme de deux ou de plusieurs nombres, déterminer ces nombres ;* 3°. *connoissant le produit de deux ou plusieurs facteurs, trouver les facteurs eux-mêmes ;* 4°. *une certaine puissance étant donnée, en déterminer la racine.*

Ces questions, qui sont exactement inverses de celles relatives à la composition des nombres, pourroient être modifiées par certaines conditions ; ainsi dans la seconde, on pourroit supposer que l'on connoisse l'une des parties de la somme, et qu'il ne s'agisse que de trouver l'autre partie ; et, dans la troisième, que l'on donne l'un des facteurs du produit pour en déterminer l'autre. Ces conditions sont même nécessaires pour faire disparoître l'indétermination de la question qui, sans cela, donneroit lieu à plusieurs solutions.

CHAPITRE II.

De la décomposition des nombres entiers.

*** PROBLEME XIII.

Soustraire un nombre d'un autre ; ou bien, étant donnés la somme de deux nombres et l'un de ces nombres, déterminer l'autre nombre.

SOLUTION. *Supposons d'abord que le nombre à soustraire n'ait qu'un seul chiffre ; et qu'il s'agisse, par exemple, de retrancher 8 de 36.*

Puisque l'on sait par la numération ce que devient un nombre augmenté de 1, on saura aussi ce qu'il devient étant diminué de l'unité : par conséquent, l'opération par laquelle on soustrait 8 de 36 peut se réduire à autant de soustractions partielles, qu'il y a d'unités dans 8. On dira donc, 36 moins 1 égale 35 ; 35 moins 1 égale 34 ; 34 moins 1 égale 33 ; 33 moins 1 égale 32 ; 32 moins 1 égale 31 ; 31 moins 1 égale 30 ; 30 moins 1 égale 29 ; et 29 moins 1 égale 28 ; de sorte que 28 et 8 sont les deux parties de la somme 36.

36
1
35
1
34
1
33
1
32
1
31
1
30
1
29
1
28

Mais ces soustractions successives de l'unité étant trop longues, il sera utile d'écrire et de retenir tous les résultats que donneroit un nombre d'un seul chiffre soustrait d'un nombre composé soit d'un seul chiffre, soit de deux chiffres.

Proposons-nous ensuite de retrancher un nombre de plusieurs chiffres, d'un autre nombre qui en auroit aussi plusieurs ; par exemple, 8567 de 40032.

Pour procéder avec plus de régularité, on écrira le nombre à soustraire au-dessous de la somme, de manière que les chiffres qui expriment des unités de même espèce, se trouvent placés les uns au-dessous des autres.

$$
\begin{array}{ccccc}
 & & & 9 & \\
3 & 9 & 10 & 12 & \\
4 & 0 & 0 & 3 & 2 \\
 & 8 & 5 & 6 & 7 \\
\hline
3 & 1 & 4 & 6 & 5 \\
\end{array}
$$

Cela posé, j'observe que, puisque le nombre 40032 est la somme du nombre 8567 et du nombre inconnu ; et que, pour former cette somme, on a ajouté ensemble les unités, les dixaines, les centaines, les mille, etc., des deux nombres ; il s'ensuit que le chiffre des unités du nombre cherché doit être tel qu'ajouté au chiffre 7 du nombre 8567, il donne les unités de la somme ;

mais comme ici les unités de cette somme ne sont représentées que par 2 ; il faut que la somme des unités
des deux nombres ait donné au moins une unité de
dixaine au chiffre 3 ; je prendrai donc cette unité de
dixaine sur 3, laquelle réunie à 2 donne 12 ; je dirai
donc, 12 moins 7 égale 5 ; par conséquent le chiffre
des unités du nombre cherché est 5 que j'écrirai au-
dessous du chiffre 7.

Maintenant le chiffre des dixaines de la somme n'est
plus que 2. Raisonnant pour les dixaines de la somme
comme pour les unités, j'observe encore que la partie
connue de la somme renfermant 6 dixaines, tandis que
la somme n'en a que 2, il faut que l'addition des dixaines ait fourni au moins 1 centaine à la somme ; c'est
pourquoi nous dirons 10 dixaines plus 2 dixaines, ou
12 dixaines moins 6 dixaines égalent 6 dixaines que nous
écrirons à la colonne des dixaines ; mais il est à observer
ici que la somme ayant 0 de centaines et 0 de mille,
l'addition des centaines a dû donner au moins une unité
de mille ; et celle des mille au moins une dixaine de
mille ; nous pouvons donc prendre une dixaine de mille
sur le chiffre 4 et la répartir sur le chiffre des centaines et sur celui des mille, en prenant 10 centaines
pour le premier, et les 9 unités de mille qui restent
pour le second ; et en écrivant 10 sur le premier 0 à
droite, 9 sur le second et 3 au-dessus de 4.

Après avoir ainsi décomposé la somme, on observera
encore que, pour soustraire les 6 dixaines inférieures des
2 dixaines de la somme, il a fallu prendre sur les centaines une unité que l'addition des dixaines avoit donnée ;
de sorte que les 10 centaines écrites au-dessus du premier
0 à droite se trouvent réduites à 9 ; on peut donc écrire
9 au-dessus de 10 et 12 au-dessus de 3. Par cette

nouvelle décomposition, la somme pourra être regardée comme formée de 3 dixaines de mille, de 9 mille, de 9 centaines, de 12 dixaines et de 2 unités.

On continuera maintenant sans difficulté, et l'on dira 9 moins 5 égale 4 que l'on écrit à gauche du 6 ; 9 moins 8 égale 1, et 3 moins 0 égale 3 ; écrivant donc 1 au-dessous du 8 et 3 à la gauche de 1, on aura enfin 31465 pour l'autre partie de la somme proposée.

Puisque, pour trouver l'une des deux parties qui composent une somme, il faut retrancher de cette somme la partie connue ; il s'ensuit que la partie trouvée exprime la différence entre la somme et la partie donnée ; et par conséquent qu'elle se compose de tout ce qui n'est pas commun à cette somme et à l'autre partie : De sorte que *l'on pourroit ajouter un même nombre à la somme et à l'une de ses parties, sans altérer l'autre partie* ; parce que la différence entre deux nombres ne se compose que de ce qui n'est pas commun à ces nombres : par conséquent, toutes les fois que, dans l'opération précédente, le chiffre du nombre à soustraire exprimoit plus d'unités que le chiffre correspondant de la somme, on auroit pu ajouter à celle-ci le nombre d'unités, de dixaines, de centaines, etc., dont on avoit besoin, pourvu que l'on en eût ajouté le même nombre à la partie connue de la somme.

On auroit donc pu ajouter 10 à la somme, pour effectuer la première soustraction, et dire 10 et 2 égalent 12 ; 12 moins 7 égalent 5 ; mais ensuite, pour augmenter de 10 le nombre à soustraire, on auroit ajouté 1 au chiffre 6 des dixaines ; ce qui eût donné 7 à retrancher de 3 ; opérant ici pour les dixaines comme pour les unités, on ajouteroit 10 dixaines au chiffre 3, en disant 10 et 3 égalent 13 ; 13 moins 7 égalent 6 ; et l'on augmenteroit de 100 le nombre inférieur en ajoutant 1 au chiffre 5 des centaines : raisonnant et opérant de la même manière pour les unités supérieures, on continueroit en disant 10 moins 6 égale 4; 8 et 1 égalent 9; 10 moins 9 égale 1; enfin 1 d'ajouté, et 0 égalent 1; 4 moins 1 égale 3; ce qui donne le même résultat que ci-dessus.

Proposons-nous enfin de soustraire de l'unité accompagnée d'un certain nombre de zéro, un nombre composé de plusieurs chiffres, par exemple, 7382 de 10000.

Pour effectuer plus aisément cette soustraction, il suffit de décomposer le nombre 10000 en diverses parties, telles que l'on puisse en retrancher les parties correspondantes du nombre 7382.

$$\begin{array}{r} {}^{9\ 9\ 9\ 10} \\ 10000 \\ 7382 \\ \hline 2618 \end{array}$$

Or, si l'on commence par prendre 10, afin d'effectuer la première soustraction, il ne restera plus que 9 dixaines, 9 centaines et 9 mille; la décomposition sera donc faite en écrivant 10 au-dessus du premier zéro à droite, et 9 au-dessus des autres : on dira donc 10 moins 2 égale 8; 9 moins 8 égale 1; 9 moins 3 égale 6; et 9 moins 7 égale 2 : de sorte que le résultat final sera 2618.

Ce nombre complettant ce qui manque au nombre 7382, pour avoir l'unité immédiatement supérieure aux plus hautes unités de ce nombre, nous le nommerons *complément* du nombre 7382.

Nous pouvons maintenant, d'après ce qui précède, établir la règle suivante :

Pour trouver la partie inconnue d'une somme dont on connoît l'autre partie, c'est-à-dire, pour retrancher un nombre d'un autre; 1°. on écrit le premier nombre au-dessous du second, de manière que les chiffres qui expriment des unités de même espèce soient placés les uns sous les autres, dans une même colonne verticale; 2°. on retranche successivement les unités, les dixaines, les centaines, etc., du nombre à soustraire, des unités, des dixaines, des centaines, etc., de l'autre nombre. 3°. Si le nombre dont on soustrait avoit des chiffres exprimant moins d'unités que les chiffres correspondans dans l'autre nombre, on ajouteroit 10 au chiffre trop foible, et l'on diminueroit de 1 le chiffre immédiatement à gauche; ou bien, on ajouteroit cette unité au chiffre inférieur à gauche; et la somme de toutes ces différences partielles donneroit la différence totale, ou la partie inconnue de la somme proposée.

Si l'on veut trouver le complément d'un nombre, c'est-à-dire, ce qu'il faut ajouter à ce nombre pour avoir l'unité immédiatement supérieure aux plus hautes unités de ce nombre, on retranche de 10 le chiffre des unités simples de ce nombre, et de 9 tous les autres chiffres.

Pour bien connoître la manière dont la différence entre deux nombres dépend de ces mêmes nombres, il est nécessaire de déterminer les changemens qu'éprouve la différence, suivant les augmentations ou les diminutions que subissent les nombres. Nous nous proposerons donc le problème suivant :

*** PROBLÊME XIV.

Comment les variations de la différence entre deux nombres sont-elles liées à celles qu'éprouvent ces mêmes nombres ?

SOLUTION. La différence entre deux nombres est formée de ce qui n'est pas commun à ces nombres, par conséquent, cette différence ne changera pas, si l'on augmente ou si l'on diminue les deux nombres d'une même quantité.

Supposons ensuite que l'on augmente ou que l'on diminue d'un certain nombre d'unités le plus grand des deux nombres, alors celui-ci s'éloignera ou se rapprochera du plus petit nombre, d'autant d'unités qu'on lui en a ajoutées ou qu'on en a retranchées.

Mais si l'augmentation ou la diminution portoit sur le plus petit des deux nombres, il est clair que ce dernier se rapprocheroit ou s'éloigneroit de l'autre, du même nombre d'unités qu'il en a reçues ou qu'on lui en a ôtées ; ce qui diminueroit ou augmenteroit la différence de ce nombre d'unités : d'où nous conclurons,

1º. Que *la différence entre deux nombres ne varie point, quand on augmente ou que l'on diminue les deux nombres d'un même nombre d'unités.*

2º. Que *la différence entre deux nombres augmente d'autant d'unités que l'on en ajoute au plus grand de ces nombres, ou que l'on en retranche du plus petit.*

3º. Que *cette même différence diminue d'autant d'unités que l'on en retranche du plus grand des deux nombres, ou que l'on en ajoute au plus petit.*

REMARQUE. Puisque la loi qui lie la différence entre deux nombres à ces mêmes nombres, nous fournit le moyen de rectifier le résultat d'une soustraction, lorsqu'on aura fait subir des altérations aux termes de la différence ; nous pourrions peut-être ramener les soustractions par la méthode ordinaire, à d'autres soustractions plus simples, moyennant quelque rectification.

Or, l'opération par laquelle on retranche un nombre de l'unité, suivie d'autant de zéro que ce nombre a de chiffres, étant très-simple, il faudroit essayer d'y ramener les autres soustractions.

** PROBLÊME XV.

Simplifier la méthode de la soustraction, par le moyen des complémens des nombres.

SOLUTION. *Qu'il s'agisse de soustraire* 857 *de* 4762.

Pour introduire un complément dans cette soustraction, j'observe que je puis décomposer 4762 en deux parties, dont l'une soit l'un 6 suivie d'autant de zéro, que le nombre à soustraire renferme de chiffres, c'est-à-dire, en 1000 plus 3762 ; alors on soustraira 857 de la première partie, en prenant le complément de 857 ; ce complément 143 étant la différence entre 857 et 1000, on aura retranché 857 d'un nombre trop petit de 3762 ; il faudra donc augmenter de 3762 la différence 143, et l'on aura 3905 pour la différence demandée.

On auroit pu aussi ajouter le complément 143 du nombre à soustraire, au plus grand 4762 des deux nombres ; mais alors la somme résultante 4905 devroit être diminuée de 1000, c'est-à-dire, de l'unité suivie d'autant de zéro que le nombre à soustraire a de chiffres.

Proposons-nous encore de retrancher l'un de l'autre, deux nombres ayant chacun le même nombre de chiffres ; par exemple, 2567 de 7863.

Dans ce cas, on ne peut pas prendre une unité de mille sur le plus grand nombre, pour en retrancher le plus petit ; mais puisque l'on peut ajouter à ce plus grand nombre telle sorte d'unité que l'on veut, pourvu que l'on en diminue la différence, nous

$$\begin{array}{r} 7863 \\ 7433 \\ \hline 5296 \end{array}$$

supposerons que le nombre dont on doit soustraire soit augmenté de 10000, et devienne 17863, alors ce cas est ramené au précédent : c'est pourquoi on ajoutera à 7863 le complément 7433 de 2567, et diminuant la somme d'une unité de dix mille, on aura 5296 pour la différence demandée.

D'où l'on tirera la règle suivante :

Pour retrancher un nombre d'un autre, ajoutez à celui-ci le complément du nombre à retrancher, et diminuez la somme de l'unité immédiatement supérieure aux plus hautes unités du nombre à soustraire.

Proposons-nous enfin de soustraire plusieurs nombres de plusieurs autres, par exemple, 2418, 862 et 73, de 7839, 654 et 86.

On pourroit commencer par faire deux sommes, l'une de tous les nombres à retrancher, et l'autre de tous ceux dont on doit retrancher les premiers, et l'opération seroit réduite à une soustraction ordinaire ; mais, si l'on observe que l'on pourroit trouver la différence totale, en prenant successivement les différences entre les nombres à retrancher et les autres comparés deux à deux, on verra qu'il s'agiroit ici de prendre la différence entre 7839 et 2428, celle entre 654 et 862, celle entre 86 et 73, et d'ajouter ensemble ces trois différences. Or, ces différences partielles, on peut les trouver aisément par le moyen des complémens ; seulement on aura soin de rectifier la différence totale des erreurs produites par les trois complémens employés.

D'après cela, on écrira les trois nombres 7839, 654 et 86, les uns sous les autres, de manière que les unités de même espèce se trouvent dans une même colonne verticale. On écrira ensuite au-dessous les complémens des nombres à soustraire, c'est-à-dire, 7572, 138 et 27 : on fera ensuite la somme de ces six nombres, et on aura l'attention de diminuer cette somme de 100, de 1000 et de 10000, pour la rectification des erreurs produites par les trois complémens. Cela fait, on aura 5216 pour la différence demandée.

$$\begin{array}{r} 111 \\ 7839 \\ 654 \\ 86 \\ 7572 \\ 138 \\ 27 \\ \hline 5216 \end{array}$$

D'où l'on voit que, *pour retrancher la somme de plusieurs nombres, de la somme de plusieurs autres, il suffit d'ajouter les complémens des nombres à soustraire, aux autres nombres, et de retrancher de la somme totale, pour chaque complément employé, l'unité immédiatement supérieure aux plus hautes unités du nombre dont on a pris le complément.*

REMARQUE. Il ne suffit pas, dans les calculs arithmétiques, d'être assuré de la bonté de la méthode, il faut encore avoir la certitude de n'avoir pas commis d'erreur de calcul ; il est donc nécessaire de trouver quelque moyen de faire ces sortes de vérifications.

*** PROBLÈME XVI.

Trouver un moyen de vérifier les résultats donnés par l'addition et par la soustraction.

SOLUTION. Quant à la soustraction, il est évident que, le nombre obtenu par cette opération devant être l'une des parties de la somme donnée dont le nombre soustrait est l'autre partie, *on doit toujours retrouver la somme, en ajoutant la différence au nombre soustrait.*

Au sujet de l'addition, on peut remarquer que la somme de plusieurs nombres ayant été formée par l'addition successive de chaque colonne d'unités de même espèce, si l'on retranchoit successivement chacune de ces colonnes des sommes partielles qu'elles ont fournies à la somme totale, on devroit avoir zéro pour reste, dans la soustraction de la dernière colonne ; ce qui vérifieroit le résultat de l'addition.

La seule difficulté qui se présente ici, est de pouvoir discerner, dans la somme totale, la somme partielle donnée par chaque colonne. Or, pour cela, il suffit d'observer que la somme d'une colonne ne peut fournir des unités d'une espèce inférieure, tandis qu'elle peut en donner d'un ordre supérieur. Ainsi, on supposera d'abord que le chiffre placé dans la somme au-dessous de la première à gauche, forme, avec les chiffres des ordres supérieurs, la somme partielle de la première colonne à gauche. Dans le cas où cette somme partielle seroit trop grande, on connoîtroit cet excès en soustrayant de la somme partielle supposée la totalité de la colonne ; et le reste, ayant été donné par l'addition des colonnes inférieures, devroit être regardé

comme appartenant aux sommes partielles que ces colonnes ont fournies. On opéreroit de même pour toutes
les colonnes inférieures.

Pour éclaircir ce que nous venons de dire, *vérifions
si* 2144 *est la sommé des nombres* 237, 429, 936
et 542.

Puisque la somme trouvée doit seulement
contenir toutes les centaines, les dixaines et
les unités des nombres donnés, on doit avoir
zéro pour reste, après avoir retranché de
2144 toutes les centaines, les dixaines et les
unités de ces mêmes nombres.

237
429
936
542
————
2144
120

Je dirai donc : 2 et 4 égalent 6 ; 6 et 9
égalent 15 ; 15 et 5 égalent 20 ; 20 ôté de 21 donne 1 pour
reste ; de sorte que la somme totale est réduite à 144. Passant
aux dixaines, je dis : 3 et 2 égalent 5 ; 5 et 3 égalent
8 ; 8 et 4 égalent 12 ; 12 ôté de 14 donne 2 pour
reste que j'écris sous les dixaines ; alors la somme est
réduite à 24. Continuant, je dis : 7 et 9 égalent 16 ;
16 et 6 égalent 22 ; 22 et 2 égalent 24 ; 24 ôté de
24, il reste zéro. D'où je conclus que le résultat 2144
est la somme des nombres donnés.

On doit remarquer ici que les erreurs de calcul pouvant quelquefois être en sens contraire, et par conséquent
se détruire, toute vérification par le calcul ne peut être
regardée que comme une probabilité plus ou moins
forte ; mais qui, rigoureusement parlant, ne donne jamais
une certitude absolue, hors certains cas extrêmement
simples.

De ce qui précède, nous conclurons 1°. que, *pour
vérifier la différence entre deux nombres, il faut que
la différence trouvée étant ajoutée au nombre à soustraire, donne le nombre dont on a soustrait ;* 2°. que

la vérification de la somme de plusieurs nombres se fait, en soustrayant successivement de gauche à droite la totalité de chaque colonne, des unités de son espèce qui se trouvent dans la somme, la dernière soustraction devant donner zéro.

REMARQUE. Nous avons déja déterminé par la soustraction l'une des parties d'une somme dont l'autre partie étoit donnée. Nous pouvons maintenant supposer une somme composée d'un certain nombre de parties égales, et nous proposer 1°. de *trouver le nombre des parties de la somme, connoissant la grandeur de l'une d'elles;* 2°. *de déterminer la grandeur de l'une des parties, d'après la connoissance que l'on a de leur nombre.*

★★★ PROBLÊME XVII.

Une somme composée de parties égales étant donnée ainsi que l'une de ces parties, trouver le nombre des parties égales contenues dans la somme.

SOLUTION. Soient les nombres 857642 et 249 qui expriment le premier une somme et le second l'une des parties égales de cette somme. Il est évident que la partie 249 sera contenue dans 857642 autant de fois que l'on pourra la soustraire de ce dernier nombre ; mais une pareille opération seroit impraticable par sa longueur ; il faut donc chercher à diminuer autant que possible le nombre des soustractions à faire.

Or, si, au lieu de retrancher simplement 249, je rendois par la multiplication ce nombre le plus grand possible relativement à la somme donnée, il est évident que par une seule opération, j'aurois soustrait 249 autant de fois qu'il y a d'unités dans le nombre par lequel j'ai multiplié , puisqu'alors 249 seroit contenu ce nombre de fois dans la somme.

D'après cela, et pour que les multiplications deviennent plus faciles, je commence par écrire à la droite de 249 autant de zéro qu'il est possible sans dépasser la somme; ce que l'on fera en écrivant 249 au-dessous des trois premiers chiffres à gauche de la somme, et en plaçant à la droite de 249 autant de zéro qu'il reste de chiffres à droite dans la somme.

$$
\begin{array}{rr}
857642 & \\
249000 & 1000 \\
\hline
608642 & \\
249000 & 1000 \\
\hline
359642 & \\
249000 & 1000 \\
\hline
110642 & \\
24900 & 100 \\
\hline
85742 & \\
\text{etc.} &
\end{array}
$$

On aura donc à soustraire 249000 de 857642, et l'on trouvera 608642 pour reste; de sorte que la somme contient 1000 fois 249 avec un reste qui est 608642. Opérant sur ce reste comme sur la somme, on écrira 249 sous 608 , on mettra trois zéro à la droite de 249 , et soustrayant 249000 , on aura 359642 pour second reste; de sorte que 249 sera contenu alors 2000 fois dans la somme avec le reste 359642. On continuera de même , et après une troisième soustraction, on aura 110642 pour troisième reste.

Ici , je ne puis plus écrire 249 au-dessous des trois premiers chiffres à gauche du reste, parce que 249 étant plus grand que 110, j'aurois, après avoir écrit trois zéro à la droite de 249 , à retrancher un nombre plus grand d'un autre plus petit : c'est pourquoi je recule ce dernier nombre d'un rang vers la droite, et après avoir écrit deux zéro seulement à la suite de 249 , je soustrais 24900 du troisième reste ; après l'opération, j'ai 85742 pour quatrième reste , et alors le nombre 249 est contenu 3100 fois dans la somme.

En continuant de la même manière , il est aisé de voir que l'on trouveroit successivement le nombre de centaines, de dixaines et d'unités de fois, que la partie 249 est renfermée dans la somme 857642.

Mais cette opération, quoique beaucoup simplifiée, est encore trop longue ; il faudroit éviter de faire plusieurs soustractions pour les unités de même espèce : ainsi, dans l'exemple précédent, il seroit nécessaire de déterminer, par une seule opération, le nombre de mille fois que 249 est renfermé dans la somme.

Or, les trois soustractions eussent été réduites à une seule, si, au lieu d'écrire 249, on avoit écrit le triple de ce nombre ou 747 ; c'est-à-dire, si l'on avoit multiplié 249 par un nombre qui rapprochât le plus possible 249 de 857 ; ce qui auroit lieu, si l'on multiplioit 249 par le nombre de fois que ce nombre peut être contenu dans 857. Mais un nombre ne peut être renfermé dans un autre plus de fois, que ses plus hautes unités sont contenues dans les plus hautes unités de cet autre ; par conséquent, en cherchant ce nombre de fois, on aura le plus grand multiplicateur de 249 ; si ce multiplicateur étoit trop grand, on le diminueroit d'une unité jusqu'à ce que le produit de 249 par ce multiplicateur pût se retrancher de la partie de la somme au-dessous de laquelle on auroit placé 249.

D'après ces observations, reprenons l'opération précédente, et *tâchons de trouver combien de fois la somme 857642 contient la partie 249, en faisant le moins de soustractions possible.*

J'écris d'abord la somme 857642,
et à sa droite je place la partie 249
que je sépare du premier nombre par
une droite verticale ; je sousligne ensuite 249 pour écrire au-dessous le
nombre de fois que 249 est renfermé
dans la somme.

Cela fait, je prends à gauche dans
la somme assez de chiffres pour avoir
un nombre qui contienne 249 ; les
trois premiers suffisent. Je cherche ensuite un nombre,
qui, multipliant 249, rapproche celui-ci le plus possible
de 857 : ce multiplicateur ne peut surpasser le nombre
de fois que 857 contient 249, ou que 800 contient 200,
ou que 8 contient 2 : on a donc 4 ; mais 4 est trop
grand, parce que 57 ne contient pas 49 autant de
fois que 8 contient 2 : on prendra donc 3, et le produit 747 de 249 par 3 étant moindre que 857, on
écrira 747 au-dessous de ce dernier nombre, avec trois
zéro à la droite. Par cette opération, on verra que la
somme contient 3000 fois le nombre 249 : on écrira
donc au-dessous de 249, le chiffre 3 que l'on se rappellera être des mille ; on fera la soustraction, et l'on
aura 110642 pour premier reste sur lequel on opérera
comme sur la somme.

Il est ici nécessaire de prendre dans le premier reste
les quatre premiers chiffres à gauche, parce que 110
est moindre que 249 ; de sorte que ce dernier nombre
ne peut être multiplié que par un certain nombre de
centaines. Pour obtenir le chiffre multiplicateur de 249,
je vois que 1106 ne peut contenir 249 plus de fois que
11 contient 2, c'est-à-dire 5 fois ; mais il faut vérifier
5 : on multipliera donc, soit par la pensée, soit par
écrit, 249 par 5 ; et comme le produit 1245 est trop

grand, on essaiera 4 qui donne 996 : par conséquent 99600 est le plus grand nombre contenu dans le premier reste : on écrira donc 4 centaines à la droite du chiffre 3.

Après avoir soustrait 99600 du second reste, on a 11042 pour troisième reste ; et comme 1249 ne peut être soustrait de 110, je conclus qu'il faut prendre 1104, et que, par conséquent, on ne peut multiplier 249 que par un certain nombre de dixaines. Pour trouver ce nombre, je cherche encore combien de fois 11 contient 2 ; j'ai 5 qui est trop grand ; 249 multiplié par 4 donne 996 ; de sorte que 9960 est le plus grand nombre que l'on puisse retrancher du troisième reste ; je mets donc 4 à la droite du premier 4, je soustrais 9960 du troisième reste, et j'ai 1082 pour quatrième reste.

Enfin, opérant sur ce reste comme auparavant, on trouve que 4 fois 249 donne 996, qui est le plus grand nombre qui puisse être retranché du quatrième reste ; j'écris donc les 4 unités à la droite du second 4 ; et, comme le cinquième reste 86 ne peut plus contenir 249, je conclus que la somme 857642 contient 249, 3444 fois avec 86 de reste.

Le nombre 3444 indiquant combien de fois la somme proposée contient 249, nous le nommerons *quotient*, du latin *quoties* combien de fois.

Si l'on veut vérifier le résultat trouvé, il suffit d'observer que ce résultat ou quotient devant exprimer combien de fois la somme proposée contient la partie donnée, on doit retrouver cette somme en multipliant la partie par le quotient, pourvu que l'on ajoute au produit le reste de l'opération précédente.

On pourroit aussi faire cette vérification, en se proposant de déterminer la grandeur des parties de la somme, d'après la connoissance que l'on a de cette somme et du nombre des parties. Il faudroit alors que le nombre que l'on trouveroit pour la grandeur des parties, fût le même que celui que l'on a employé dans la première opération.

Voyons donc *comment on détermine la grandeur des parties d'une somme, quand on connoît la somme et le nombre de ses parties.*

*** PROBLÊME XVIII.

Une somme étant donnée et le nombre de ses parties, on demande la grandeur de celles-ci.

SOLUTION. Soit la somme 857642 composée de 249 parties égales ; si chaque partie ne renfermoit qu'une unité, il est visible qu'ayant 249 parties, la somme seroit exprimée par 249 ; de sorte que l'une des parties contiendra autant d'unités que le nombre 249 peut être soustrait de la somme proposée : par conséquent, la difficulté est réduite à trouver combien de fois 249 est renfermé dans 857642 ; opération qui est la même que celle qui a fait parvenir à la connoissance du nombre des parties de la somme, lorsque l'on avoit la somme et la grandeur des parties ; et comme dans cette détermination, on partage ou l'on divise la somme donnée en autant de parties égales, qu'il y a d'unités dans un autre nombre connu, *nous donnerons le nom de* DI-VISION *à l'opération par laquelle une somme étant donnée, on trouve soit le nombre de ses parties dont la grandeur est connue, soit la grandeur des parties, quand on connoît leur nombre.*

Nous nommerons *dividende* le nombre ou la somme à diviser ; *diviseur*, le nombre qui indique soit en combien de parties égales le dividende doit être divisé, soit la grandeur de l'une des parties de ce dividende ; et nous conserverons le nom de *quotient* au nombre qui désigne combien de fois le dividende contient le diviseur, ou qui exprime la grandeur des parties du dividende, le diviseur en exprimant le nombre.

Si ces dénominations ne s'accordent pas quelquefois avec la manière dont la question est posée, on peut au moins toujours considérer les termes de l'opération comme remplissant les fonctions qui leur ont fait donner les noms de *dividende*, de *diviseur* et de *quotient*.

Cela posé, nous pouvons, de l'opération faite dans le problême précédent, déduire la règle suivante :

Pour diviser un nombre par un autre, écrivez d'abord le dividende, et à sa droite, le diviseur que vous séparerez du premier par une ligne droite. Prenez ensuite, à partir de la gauche du dividende, autant de chiffres qu'il en faut pour que leur réunion forme un nombre qui puisse contenir le diviseur, et vous aurez un premier dividende partiel. Cherchez le nombre de fois que ce dividende partiel contient le diviseur ; et, pour le trouver plus aisément, contentez-vous de chercher combien de fois le chiffre des plus hautes unités du diviseur est contenu dans le premier chiffre à gauche du premier dividende, si ce dernier n'a que le nombre des chiffres du diviseur ; et dans les deux premiers chiffres du même dividende, si ce dividende renferme plus de chiffres que le diviseur.

Le premier chiffre du quotient étant ainsi trouvé, il est nécessaire de le vérifier. Pour cela, multipliez le diviseur par ce chiffre, soit par la pensée, soit par écrit.

Si le produit peut être retranché du premier dividende partiel, on mettra le chiffre au quotient ; sinon, on diminuera ce chiffre d'une unité, et l'on recommencera la vérification ; continuant de même jusqu'à ce que la soustraction du produit puisse avoir lieu. Cette soustraction donnera un reste à la droite duquel on placera le chiffre suivant du dividende total, et l'on aura un second dividende partiel sur lequel on opérera comme sur le premier. Le chiffre donné par cette seconde division partielle, on l'écrira à la droite du premier chiffre, et l'on continuera de même à former autant de dividendes partiels, qu'il reste de chiffres à descendre dans le dividende total; ce qui donnera autant de chiffres au quotient, que l'on a eu de dividendes partiels. Dans le cas où l'un de ces dividendes seroit plus petit que le diviseur, on écriroit zéro au quotient, et l'on passeroit au dividende suivant. Si, après avoir descendu tous les chiffres du dividende total, et avoir trouvé le chiffre des unités du quotient, on a encore un reste, ce sera une preuve que le dividende étoit la somme de ce reste et du produit du diviseur par le quotient trouvé. De sorte que l'on vérifiera ce dernier en le multipliant par le diviseur, et en ajoutant au produit le reste de la division; cette somme devra égaler le dividende.

REMARQUE. Il résulte des deux problèmes précédens, que la division fait connoître le nombre des parties d'un tout, lorsque ce tout et la grandeur des parties sont donnés, ou bien, la grandeur des parties d'un tout, quand on connoît ce tout et la grandeur de ses parties. Or, dans la multiplication, le produit n'est autre chose qu'un tout dont le multiplicande exprime la grandeur des parties, et le multiplicateur le nombre; par conséquent, *la division peut être définie une opération par* *laquelle, étant donnés un produit et l'un de ses facteurs, on détermine l'autre facteur.*

De sorte que l'on auroit pu trouver la manière de diviser un nombre par un autre, en remontant à la méthode de la multiplication : nous allons donc faire cette recherche d'autant plus utile, qu'elle montrera comment la composition des nombres conduit à leur décomposition.

✳✳✳ PROBLÊME XIX.

Un produit et l'un de ses facteurs étant donnés, trouver l'autre facteur.

SOLUTION. Soient les nombres 857642 et 249 ; si le plus grand des deux est le produit du plus petit 249 par un autre nombre entier, il doit être considéré comme la somme d'autant de produits partiels, que le facteur cherché renferme de chiffres. De sorte que, si nous connoissions ces produits partiels, la difficulté seroit réduite à trouver successivement pour chacun d'eux, le chiffre multiplicateur dont le nombre 249 est le multiplicande.

Commençons donc par chercher combien le nombre 857642 doit renfermer de produits partiels, et après nous tâcherons de reconnoître dans quelle partie de ce même nombre doivent être ces produits.

Or, le nombre 857642 est la somme d'autant de produits partiels que le nombre multiplicateur a de chiffres ; et comme le nombre des chiffres de l'un

$$
\begin{array}{r|l}
857642 & 249 \\
747 & \overline{3444} \\
\hline
1106 & \\
996 & \\
\hline
1104 & \\
996 & \\
\hline
\cdot\,1082 & \\
996 & \\
\hline
86 &
\end{array}
$$

des facteurs est égal à celui des chiffres du produit ,
moins le nombre des chiffres de l'autre facteur , ou à
cette différence plus 1 ; il s'ensuit que le facteur inconnu aura un nombre de chiffres exprimé par 6 moins 3 ,
ou par 6 moins 3 plus 1 (Prob. IX), c'est-à-dire par 3 ou
par 4. Voyons s'il est possible qu'il en ait 4 : dans ce cas ,
les plus hautes unités du multiplicateur seroient des mille ;
or, le multiplicande 249 étant multiplié par 1000 , donne
pour produit 249000, nombre qui est moindre que 857642 ;
par conséquent, le multiplicateur doit avoir 4 chiffres ,
et le produit renfermer 4 produits partiels.

Maintenant , pour reconnoître dans quelle partie du
produit total se trouve chaque produit partiel, j'observe
qu'un produit partiel ne peut avoir des unités moindres
que celles de son chiffre multiplicateur ; par conséquent
le produit du multiplicande 249 par les mille du multiplicateur n'a aucune unité inférieure aux mille, et ne
peut être renfermé que dans 857 : de sorte que la recherche du chiffre des mille du multiplicateur est réduite à trouver un chiffre , qui, multiplié par 249 ,
donne ou 857 ou le nombre inférieur le plus voisin.

Or, si , au lieu de ces nombres , nous n'avions que
ceux-ci, 800 et 200, la difficulté seroit ramenée à trouver
un nombre, qui, multiplié par 2, donnât 8 ou un nombre
au-dessous ; et comme un nombre est plus grand qu'un
autre , dès que son premier chiffre à gauche renferme
plus d'unités que le premier chiffre à gauche de cet
autre , en supposant que le premier nombre ait au moins
autant de chiffres que le second ; il s'ensuit qu'il suffit
de trouver un chiffre , qui, multiplié par 2, donne un
nombre au-dessous de 8 , pour que le produit de ce
chiffre par 249 donne un nombre inférieur à 857. Dans
le cas dont il s'agit, on n'aura que 3 au lieu de 4 ,

parce que 249 multiplié par 4 donne 996, nombre plus grand que 857 ; mais le produit de 249 par 3 étant 747, le chiffre 3 sera le chiffre des mille du multiplicateur, et le vrai produit partiel des mille sera 747. De sorte que l'excès de 857 sur 747, c'est-à-dire 110, exprimera le nombre des unités de mille que les produits inférieurs avoient donné au produit des mille, lors de l'addition des produits partiels : ainsi le reste 110 doit être regardé comme appartenant aux produits inférieurs. D'après cela, nous écrirons le chiffre 3 au-dessous du multiplicande 249, duquel nous le séparerons par une ligne droite.

Il s'agit maintenant de trouver dans le produit total le nombre le plus petit possible, dans lequel soit renfermé le produit du multiplicande 249 par le chiffre des centaines du multiplicateur. Or, ce produit ne peut avoir moins que des centaines ; nous le composerons donc des 110 mille qui restent et des 6 centaines du produit total ; ce qui donnera 1106 centaines. Opérant comme précédemment, nous chercherons d'abord le chiffre, qui, multiplié par 200, donne 1100, ou qui, multiplié par 2, donne 11 ou un nombre au-dessous de 11 ; ce chiffre est 5 ; on le vérifiera en multipliant à part 249 par 5 ; et comme le produit trouvé 1245 est plus grand que 1106, on diminuera 5 de 1 : multipliant donc 249 par 4, on aura 996, qui, soustrait de 1106, donnera encore pour reste 110 ; ce qui montre que les produits partiels inférieurs avoient augmenté de 110 centaines le produit partiel des centaines : on écrira donc 4 à la droite de 3.

Pour avoir les dixaines du multiplicateur, on formera semblablement le nombre le plus voisin en dessus du produit partiel des dixaines, en écrivant le chiffre 4 à la droite de 110. Cherchant encore le chiffre, qui, multiplié par 2, donne le nombre le plus près en dessous de 11, on aura de nouveau 5 qui sera trop grand ; on essaiera le chiffre 4 dont le produit par 249 donne 996, et qui, soustrait de 1104, donne 108 pour reste. On écrira donc le chiffre 4 à la droite de celui que l'on a déja.

Enfin, on descendra le chiffre 2 à la droite de 108, et 1082 sera le nombre le plus près en dessus du produit partiel des unités. Opérant comme précédemment, on cherchera le chiffre, qui, multiplié par 2, donne 10 ; mais ce chiffre qui est 5 ayant déja été reconnu trop grand pour un nombre même au-dessus de 1082, devra être diminué de 1 ; on multipliera donc 249 par 4, et l'on aura encore 996, qui, retranché de 1082, donnera 86. Ce reste indique 86 unités excédentes qui ont été ajoutées au produit de 249 par 3444 : de sorte que, si l'on diminue de 86, le nombre proposé 857642, on aura 857556, produit exact de 249 par 3444.

Si l'on observe la manière dont on a opéré, on verra qu'elle ne diffère pas de celle qui a fait trouver le quotient d'un nombre entier divisé par un autre nombre entier.

Au sujet des nombres qui ne sont pas des produits exacts de deux nombres entiers, on peut se demander, s'il n'y auroit pas des parties d'unités, qui, ajoutées au multiplicateur entier trouvé, donnassent le facteur complet que l'on cherche. Ici, par exemple, il s'agiroit d'ajouter au multiplicateur 3444, une quantité, qui, multipliée par 249, c'est-à-dire, qui prise 249 fois, donnât 86. Or cela arriveroit, si l'on pouvoit trouver un nombre 249 fois plus petit que 86.

Pour rendre cette recherche plus facile, supposons

qu'au lieu du reste 86 , on n'eût eu que 1 ; alors il auroit fallu avoir une quantité qui , prise 249 fois, donnât 1 , et qui , par conséquent , fût 249 fois plus petite que 1. Or, si l'on conçoit l'unité partagée en 249 parties égales , et que l'on prenne l'une de ces parties , on aura évidemment une quantité 249 fois plus petite que 1. Pour désigner cette portion d'unité , nous écrirons d'abord 1 , et au-dessous , le nombre 249 qui marque combien on a fait de divisions de l'unité , de la manière suivante $\frac{1}{249}$; expression que nous nommerons *un* 249me.

Il est maintenant aisé de voir que chaque unité de 86 donnant $\frac{1}{249}$, les 86 unités donneront $\frac{86}{249}$: de sorte que le second facteur exact du nombre 857642 est $3444\frac{86}{249}$.

Ainsi la nécessité de complétter le second facteur des produits qui ne sont pas des produits exacts de nombres entiers , auroit donné naissance aux fractions d'unité , si le besoin des mesures de diverses grandeurs et dépendantes les unes des autres , n'en avoit pas déja fait sentir l'utilité.

✷✷✷ PROBLÉME XX.

Quelles sont les variations qu'éprouve un quotient , d'après celles que l'on fait subir au dividende ou au diviseur, ou à l'un et à l'autre en même tems ?

SOLUTION. Puisque le dividende est un produit dont le diviseur et le quotient sont les facteurs , on peut considérer le premier comme un tout , dont le diviseur exprime la grandeur ou le nombre des parties , tandis que le quotient en exprime le nombre ou la grandeur. Or , plus un tout est grand ou petit, ses parties restant les mêmes, plus le nombre de ces parties doit être grand ou petit ; par conséquent, *plus un dividende est grand ou petit, son diviseur restant le même, plus le quotient doit être grand ou petit.*

Plus les parties d'un tout sont grandes ou petites, le tout ne variant point, moins ou plus il doit y avoir de parties dans ce tout ; de sorte que *plus un diviseur est grand ou petit, son dividende restant le même, moins ou plus doit être grand le quotient.*

Si maintenant un tout et ses parties deviennent le même nombre de fois plus grands ou plus petits, la grandeur des parties ne doit point varier ; ainsi *un quotient reste constamment le même, lorsque le dividende et le diviseur deviennent le même nombre de fois plus grands ou plus petits.*

D'où l'on voit qu'on peut *multiplier ou diviser par un même nombre un dividende et son diviseur, sans que le quotient éprouve aucun changement.*

Les mêmes raisonnemens seroient applicables au quotient, si l'on considéroit ce dernier comme exprimant la grandeur des parties du dividende, le diviseur en désignant le nombre : d'où il suit que les conséquences que nous venons de tirer sont générales.

Remarque I. Nous avons vérifié précédemment l'addition par la soustraction, et la soustraction par l'addition. Voyons donc si l'on peut vérifier la multiplication par la division, et la division par la multiplication. Or il est clair qu'en supposant inconnu l'un des nombres donnés, ou qu'en le cherchant par l'opération inverse de la première, on peut généralement conclure l'exactitude du calcul, si la valeur trouvée est la même que la valeur donnée par la question.

D'après cela, on peut, dans la multiplication, traiter l'un des facteurs comme inconnu, et le chercher en divisant par l'autre facteur, le produit trouvé. Si la division donne le facteur connu que l'on a considéré comme inconnu, on conclura que le produit étoit exact; autrement il faudroit supposer que les deux mêmes facteurs pussent donner des produits différens.

Quant à la vérification de la division, elle se présente naturellement; car le dividende étant la somme du produit du diviseur par le quotient, et du reste de la division, on n'aura qu'à faire cette somme: et, si elle est égale au dividende, on en conclura l'exactitude du quotient trouvé, puisque ce quotient remplira les conditions imposées par la question.

REMARQUE II. Dans la multiplication, nous avons formé des produits de deux et de plusieurs facteurs. Le problème inverse seroit, *étant donné un produit, determiner ses facteurs.* Le moyen de solution qui se présente le premier, est la division du nombre donné par chacun des nombres inférieurs ; mais on voit aussi d'abord que cette méthode deviendroit bien longue, si l'on ne pouvoit éviter les divisions inutiles. Il faudroit donc auparavant trouver un moyen de reconnoître dans quels cas un nombre est divisible par un autre nombre donné.

** PROBLÊME XXI.

Quelles conditions un nombre doit-il remplir pour être divisible par 2, par 3, par 4, par 5, par 6, par 7, par 8, par 9, par 10, par 11, par 12, par 13, etc.

SOLUTION. Comme il s'agit ici de trouver un moyen simple de reconnoître la divisibilité d'un nombre par un autre, il faudroit que cette divisibilité dépendît d'un nombre beaucoup moindre que le nombre proposé, par la décomposition de ce dernier en deux parties, dont l'une au moins fût un multiple du diviseur, et alors la vérification seroit réduite à celle de la partie restante.

Or, si l'on observe qu'un nombre composé de plusieurs chiffres est la somme d'un certain nombre de fois 1, d'un certain nombre de fois 10, d'un certain nombre de fois 100, ainsi de suite, on conclura que, si l'on divise successivement 1, 10, 100, 1000, 10000, etc., par le diviseur donné, on aura des restes dont les produits par les chiffres correspondans du nombre proposé étant ajoutés ensemble, exprimeront le reste total de la division du nombre primitif par le diviseur : de sorte que si la somme de tous ces restes partiels étoit divisible par ce diviseur, le nombre donné le seroit lui-même.

D'après cela, écrivons dans une première colonne les diverses unités dont un nombre peut être composé, c'est-à-dire, 1, 10, 100, 1000, etc.; divisons-les successivement par chaque diviseur, et écrivons les restes dans une deuxième colonne à droite; il en résultera le tableau suivant :

Dividendes.	Diviseurs.	Restes.	Dividendes.	Diviseurs.	Restes.
1	2.	1	1	8.	1
10	. . . . .	0	10	. . . . .	2
100	. . . . .	0	100	. . . . .	4
1000	. . . . .	0	1000	. . . . .	0
etc.		etc.	etc.		etc.
1	3.	1	1	9.	1
10	. . . . .	1	10	. . . . .	1
100	. . . . .	1	etc.		etc.
etc.		etc.	1	10.	1
1	4.	1	10	. . . . .	0
10	. . . . .	2	etc.		etc.
100	. . . . .	0	1	11.	1
etc.		etc.	10	. . . . .	10 ou *moi*
1	5.	1	100	. . . . .	1
10	. . . . .	0	etc.		etc.
etc.		etc.	1	12.	. 1
1	6.	1	10	. . . . .	10 ou *moin*
10	. . . . .	4 ou *moins* 2	100	. . . . .	4
100	. . . . .	4 ou *moins* 2	1000	. . . . .	4
etc.		etc.	etc.		etc.
1	7.	1	1	13.	1
10	. . . . .	3	10	. . . . .	10 ou *moi*
100	. . . . .	2	100	. . . . .	9 ou *moin*
1000	. . . . .	6 ou *moins* 1	1000	. . . . .	12 ou *mo*
10000	. . . . .	4 ou *moins* 3	10000	. . . . .	3
100000	. . . . .	5 ou *moins* 2	100000	. . . . .	4
1000000	. . . . .	1	1000000	. . . . .	1
etc.		etc.	etc.		etc.

En observant ce tableau, on remarquera que pour le diviseur 7, on a eu les restes 1, 3, 2, 6, 4, 5, tels que le 1er. et le 4e., le 2e. et le 5e., le 3e. et le 6e., donnent trois sommes égales chacune à 7; et que relativement au diviseur 13, la même chose a eu lieu entre le 1er. et le 4e. reste, entre le 2e. et le 5e., et enfin entre le 3e. et le 6e. : on remarquera aussi que les restes sont devenus *complémens* des restes précédens par rapport au diviseur, c'est-à-dire, qu'ils ont ce qui manquoit aux restes précédens pour égaler le diviseur, dès que l'un d'entre eux n'a différé de ce diviseur que de 1.

Quant à la loi de continuité des restes, il est évident que le dividende étant composé d'un multiple du diviseur et d'un reste, il suffira, pour avoir le dividende suivant, de multiplier le reste par 10 et de diviser. Ainsi, dès que l'un des restes précédens reparoîtra, on aura le même dividende, le même diviseur qu'auparavant, et par conséquent le même reste.

Si l'on vouloit simplifier les restes trouvés, on observeroit qu'ea mettant une unité de plus au quotient, dès que le reste surpasse la moitié du diviseur, on auroit le produit du diviseur par le quotient, plus grand que le dividende ; de sorte que ce dernier seroit égal au produit du diviseur par le quotient, moins le reste.

D'après cela, les restes donnés par le diviseur 7 seront 1, 3, 2, *moins* 1, *moins* 3 et *moins* 2 ; ceux donnés par 6 seront 1 et *moins* 2 ; ceux par 11, seront 1 et *moins* 1 ; ceux par 12, seront 1, *moins* 2 et 4 ; ceux par 13, seront 1, *moins* 3, *moins* 4, *moins* 1, 3, 4 et 1 ; ainsi de suite.

On conclura donc de la loi qui règne entre les restes de ces divisions, que *tout nombre est composé :* 1º. *d'un multiple de 2 et du chiffre de ses unités ;* 2º. *d'un multiple de* 3 *, et de la somme de ses chiffres ;* 3º. *d'un multiple de* 4 *, plus ses unités, plus le double de ses dixaines ;* 4º. *d'un multiple de* 5 *, plus ses unités ;* 5º. *d'un multiple de* 6 *, plus ses unités, moins le double de tous ses autres chiffres ;* 6º *d'un multiple de* 7 *, plus la somme de son* 1er.*, de son* 7e.*, de son* 14e *, etc., chiffre, plus le triple de la somme de son* 2e *, de son* 9e.*, etc., chiffre, plus le double de son* 3e *chiffre, de son* 10e.*, etc., moins son* 4e.*, son* 11e.*, moins le triple de son* 5e.*, de son* 12e.*, etc., moins le double de son* 6e *, de son* 13e.*, etc. ;* 7º. *d'un multiple de* 8 *, plus son premier chiffre, le double de son second et le quadruple de son troisième ;* 8º. *d'un multiple de* 9 *, plus la somme de tous ses chiffres ;* 9º. *d'un multiple de* 10 *, plus le chiffre des unités ;* 10º. *d'un multiple de* 11 *, plus la somme de tous ses chiffres de rang impair, moins celle des chiffres de rang pair, etc., etc.*

D'après cela, 1º. *un nombre est divisible par* 2 *, lorsque* le chiffre de ses unités est zéro ou pair, c'est-à-dire, o ou 2, ou 4, ou 6 ou 8.

2°. Il est divisible par 3, lorsque la somme de ses chiffres est un multiple de 3.

3°. Il est divisible par 4, si le chiffre de ses unités, ajouté au double de ses dixaines, donne un multiple de 4.

4°. Il est divisible par 5, lorsque le chiffre de ses unités est o ou 5.

5°. Un nombre est divisible par 6, dans le cas où le chiffre de ses unités, moins le double de tous ses autres chiffres donne o ou un multiple de 6.

6°. Pour reconnoître si un nombre est divisible par 7, il faut partager ce nombre de droite à gauche en tranches de trois chiffres chacune, multiplier ensuite par 1 le chiffre des moindres unités de chaque tranche, par 3, le second, par 2 le troisième, et faire deux sommes, l'une des produits donnés par les tranches de rang impair, et l'autre par celles de rang pair; si la différence entre ces deux sommes est zéro ou un multiple de 7, le nombre lui-même sera divisible par 7.

7°. Un nombre est multiple de 8, lorsque le chiffre de ses unités augmenté du double de ses dixaines et du quadruple de ses centaines donne un nombre divisible par 8.

8°. Tout nombre est divisible par 9, si la somme de ses chiffres est un multiple de 9.

9°. Un nombre est divisible par 10, lorsque le chiffre de ses unités est zéro.

10°. Un nombre est multiple de 11, dans le cas où la différence entre la somme des chiffres de rang impair et celle des chiffres de rang pair est zéro, ou un multiple de 11.

11°. Un nombre est divisible par 12, lorsque, le chiffre de ses unités étant augmenté du quadruple de tous les autres chiffres, hors le second, et diminué du double de ce second chiffre, on a pour résultat o ou un multiple de 12.

12°. Pour vérifier si un nombre est divisible par 13, il aut, en partant du second chiffre, partager ce nombre en tranches de trois chiffres chacune, multiplier de droite à gauche le premier chiffre de chaque tranche par 3, le second par 4, et le troisième par 1; ajouter ensemble les produits des tranches de rang pair, et ceux des tranches de rang impair, augmenter du chiffre des unités la première somme, et, si la différence entre les deux sommes est zéro ou un multiple de 13, le nombre proposé sera divisible par 13.

On trouveroit semblablement les conditions de divisibilité par les nombres au-dessus de 13.

Si maintenant on observe qu'un nombre, à plusieurs chiffres, peut être considéré comme la somme d'un certain nombre de dixaines et d'unités, ou d'un certain nombre de centaines, de dixaines et d'unités, ou d'un certain nombre de mille, de centaines, de dixaines et d'unités; et de plus, que les dixaines sont divisibles par 2, par 5 et par 10; que les centaines le sont par 4, tandis que les mille le sont par 8, on verra qu'*un nombre est divisible* 1°. *par* 2, *suivant que son premier chiffre est* 0, *ou* 2, *ou un multiple de* 2; 2°. *qu'il l'est par* 5, *selon qu'il est terminé à droite par un zéro ou par un* 5; 3°. *qu'il l'est par* 4, *lorsque ses deux chiffres à droite donnent un nombre multiple de* 4; 4°. *qu'il l'est par* 8, *si la tranche des unités est divisible par* 8.

Enfin, en examinant attentivement le tableau précédent et la loi des restes, on remarquera encore que 1000 divisé par 7, ou par 11, ou par 13, donne toujours *moins* 1 pour reste; de sorte qu'*un nombre est la somme d'un multiple de* 7, *ou de* 11, *ou de* 13, *plus la tranche des unités, moins le nombre des mille qu'il renferme.*

D'où il suit que, *si la différence entre la tranche des unités et le nombre formé par les chiffres restant à gauche est zéro, le nombre proposé sera divisible par* 7, *par* 11 *et par* 13; *et, si cette différence est un multiple de* 7, *de* 11 *ou de* 13, *le nombre lui-même pourra être divisé exactement par* 7, *ou par* 11, *ou par* 13.

Pour éclaircir par un exemple ce que nous venons de dire, *proposons-nous de vérifier si le nombre* 3951444 *seroit divisible par* 7.

D'après la règle ci-dessus, j'écris en une même colonne verticale de haut en bas tous les chiffres des tranches de rang impair, en prenant ces chiffres de droite à gauche ; et j'en fais de même pour les tranches de rang pair. Je multiplie ensuite les chiffres de chaque colonne successivement par 1, par 3, et par 2 ; j'additionne les produits résultans, et j'ai les sommes 40 et 19 dont la différence 21 indique que le nombre proposé est divisible par 7.

$$
\begin{array}{ll}
2 \times 1 \ldots 2 & \\
4 \times 3 \ldots 12 & \\
4 \times 2 \ldots 8 \qquad & 4 \times 1 \ldots 4 \\
9 \times 1 \ldots 9 \qquad & 1 \times 3 \ldots 3 \\
3 \times 3 \ldots 9 \qquad & 6 \times 2 \ldots 12 \\
\hline
40 & \qquad 19 \\
19 & \\
\hline
21 &
\end{array}
$$

Si l'on vouloit appliquer à la même vérification la règle commune à 11 et à 13, on retrancheroit d'abord la première tranche 442 des chiffres restans à gauche, c'est-à-dire, de 39614, et l'on auroit pour différence le nombre 39172, sur lequel on opéreroit de la même manière ; et comme la tranche des unités est ici plus grande que celle des mille, on retrancheroit au contraire celle-ci de l'autre, c'est-à dire, 39 de 172, et l'on auroit *moins* 133

$$
\begin{array}{r}
39\ 614\ .\ 442 \\
442 \\
\hline
39\ .\ 172 \\
39 \\
\hline
133 \\
\hline
\end{array}
$$

pour reste : de sorte que le nombre proposé seroit composé d'un multiple de 7 *moins* 133 : divisant donc 133 par 7, on auroit 19 pour quotient et 0 pour reste ; d'où l'on verroit encore que le nombre donné est divisible par 7.

On opéreroit d'une manière analogue pour reconnoître la divisibilité des nombres par les autres diviseurs.

REMARQUE. Si un nombre divisible par deux autres nombres étoit divisible par le produit de ces nombres, on auroit, d'après les règles précédentes, un moyen simple de vérifier la divisibilité des nombres, par 12, par 14, par 15, par 16, par 18, par 20, par 21, etc. Or un nombre qui seroit divisible par deux autres nombres, seroit le produit de l'un des diviseurs par un autre nombre quelconque : de sorte que si ce second facteur étoit un multiple de l'autre diviseur, le nombre lui-même auroit pour facteur le produit des deux diviseurs, et seroit par conséquent divisible par ce produit. La question est donc ramenée à *vérifier si un nombre qui divise le produit de deux autres nombres, diviseroit l'un de ces nombres.*

Or, il peut arriver que le nombre diviseur soit un nombre premier absolu, ou seulement qu'il soit premier par rapport à l'un des deux facteurs. Examinons successivement ces deux cas.

★★★ PROBLÉME XXII.

Un nombre premier qui divise le produit de deux facteurs, doit-il diviser l'un au moins de ces facteurs?

SOLUTION. Pour découvrir si la divisibilité du produit entraîne celle de l'un des facteurs, il est nécessaire de connoître la dépendance qu'il peut y avoir entre ce produit et son diviseur ; et nous connoîtrions cette dépendance, si nous savions comment l'un des facteurs du produit se compose du diviseur, de ce dernier.

Or, celui des deux facteurs qui est plus grand que le diviseur, peut être considéré comme un multiple de ce diviseur, plus le reste que l'on trouveroit en divisant ce facteur par le diviseur du produit proposé : de sorte que, remplaçant ce facteur par cette valeur qui le représente, on pourroit voir si la divisibilité de ce produit ne nécessite point celle de l'autre facteur restant.

Mais pour mieux fixer les idées, *proposons-nous de voir si la divisibilité par* 29 *du produit* 123×212, *ne dépendroit pas de celle de l'un des facteurs de ce produit par* 29.

D'après ce que nous venons de dire, nous diviserons 212 par 29 ; ce qui donnera 7 pour quotient et 9 pour reste : nous pourrons donc remplacer le facteur 212 par 29 × 7 plus 9 ; alors le produit 123×212 deviendra 123×29×7 plus 123×9 ; de sorte qu'il sera la somme de deux nombres dont l'un est multiple de 29 ; il faudra donc que l'autre soit aussi divisible par 29, car si cela n'étoit pas, on auroit, en effectuant la division par 29, un nombre entier égal à un autre nombre entier plus une fraction d'unité, ce qui seroit contradictoire.

$$
\begin{array}{c|c|c|c|c}
7 & 3 & 14 & 29 & \\
\hline
212 & 29 & 9 & 2 & 1 \\
9 & 2 & & & \\
& 1 & & &
\end{array}
$$

$$
\begin{array}{cc}
123\times29\times7 & 123\times9\times3 \\
123\times9 & 123\times2 \\
\hline
123\times212 & 123\times29
\end{array}
$$

Ainsi, la divisibilité du produit 123×212 dépend de celle du produit 9 × 123 dont l'un des facteurs 123 appartient au produit proposé, tandis que l'autre est le reste de la division du deuxième facteur 212 par le diviseur 29.

Ici, j'observe qu'il importe de laisser le facteur 123 sans l'altérer, et de ne transformer que le facteur 9, par la raison que, si c'étoit le facteur 123 qui fût divisible par 29, il seroit difficile de le reconnoître après qu'il auroit disparu.

Mais, le facteur 9 étant plus petit que 29, nous pouvons le faire servir de diviseur, et employer 29 pour dividende, de sorte que 29 sera la somme de 9×3 et de 2. Si nous multiplions donc par 123, cette somme et les parties qui la composent, nous aurons le produit 123×29 qui sera égal aux deux produits 123×9×3 et 123×2; d'où l'on voit que le produit 123×9 ne peut être divisible par 29 que dans le cas où le produit 123×2 le seroit. Par conséquent la divisibilité du produit 123×212 dépend de celle du produit 123×2.

En continuant de diviser le diviseur 29 par le nouveau facteur 2, il est visible que le nouveau produit duquel dépendra la divisibilité du produit primitif, sera toujours composé du facteur 123 et d'un autre facteur successivement plus petit ; car, ces facteurs qui résultent de la division de 29 par chacun des restes, doivent être toujours moindres que le diviseur de la division qui les donne ; de sorte que les diviseurs iront toujours en diminuant, et l'on finira par avoir 1 pour reste, parce que le diviseur 29 qui sert de dividende étant un nombre premier, on aura un reste, tant que le diviseur de la division ne sera pas l'unité. On finira donc par trouver que la divisibilité du produit 123×212 par 29 dépend de celle de 123×1 ou de 123 par 29. Ainsi, *dans le produit proposé, l'un des facteurs 123 doit être divisible par 29, dans le cas où le produit lui-même le seroit.*

Et comme les raisonnemens que nous venons de faire sont indépendans des nombres employés, puisqu'ils ne sont fondés que sur la condition que le produit est divisible par un nombre premier, on conclura généralement que *** *tout produit divisible par un nombre premier, a l'un de ses facteurs divisible par le même nombre.*

D'après cela, *toutes les fois qu'un nombre sera divisible suc-*

cessivement par deux nombres premiers, il le sera par le produit de ces mêmes nombres.

Car le nombre donné aura l'un des nombres premiers pour facteur ; et, comme d'après ce qui précède, l'autre diviseur premier doit diviser l'un des facteurs, et qu'il ne peut pas diviser le facteur premier, il faudra qu'il divise le second facteur.

Supposons maintenant que le diviseur d'un produit, au lieu d'être un nombre premier absolu, soit seulement premier par rapport à l'un des facteurs du produit.

Dans ce cas, on divisera par le diviseur celui des deux facteurs qui est premier à l'égard de ce diviseur, si toutefois le facteur est plus grand que le diviseur; autrement, il faudroit diviser le diviseur par le facteur; et, comme ces deux nombres n'ont aucun facteur commun que l'unité, on verroit, par des raisonnemens semblables aux précédens, que la divisibilité du nombre proposé dépend de celle de son second facteur. De sorte que l'on conclura que *** *tout nombre qui divise un produit, et qui est premier relativement à l'un des facteurs de ce produit, doit diviser l'autre facteur.*

Par conséquent, *** *un nombre divisible par deux autres nombres premiers entre eux, est toujours divisible par le produit de ces nombres.*

Appliquant maintenant ces principes à la divisibilité des nombres, on verra 1°. que *les nombres qui étant divisibles par 2, le sont encore par 3, ou par 7, ou par 11, ou par 13, etc., pourront être divisés par 6, ou par 14, ou par 22, ou par 26, etc.*

2°. Que *ceux qui, divisibles par 3, le sont aussi par 4, ou par 5, ou par 7, ou par 8, ou par 11, ou par 13, etc., sont des multiples de 12, ou de 15, ou de 21, ou de 24, ou de 33, ou de 39, etc.* Ainsi de suite.

Remarque. Les deux problêmes que nous venons de résoudre, nous ayant fourni les moyens de reconnoître la divisibilité des nombres par beaucoup de diviseurs, et par conséquent de déterminer les facteurs de ces nombres, nous allons reprendre le problème qui a nécessité ces recherches.

✶✶✶ PROBLÊME XXIII.

Un nombre entier étant donné, on demande tous les facteurs premiers dont ce nombre a pu être formé, et en même tems tous les diviseurs de ce même nombre ?

SOLUTION. On peut considérer d'abord le nombre proposé comme le produit de son plus petit diviseur premier par un autre nombre : considérant celui-ci à son tour comme le produit d'un autre diviseur premier le plus petit possible par un nouveau facteur, que l'on peut regarder de même comme provenant de la multiplication du moindre de ses diviseurs premiers par un autre facteur, et continuant toujours de même, on verra que la difficulté est ramenée à trouver pour un nombre entier quelconque son plus petit diviseur premier. Dès que l'on aura déterminé tous les facteurs premiers dont la multiplication a donné le nombre proposé, il suffira de multiplier ces facteurs simples, deux à deux, trois à trois, quatre à quatre, et, en général, de tirer de ces mêmes facteurs tous les produits possibles, pour obtenir tous les diviseurs composés du nombre primitif.

D'après ces observations générales, *proposons-nous de trouver tous les facteurs premiers qui ont donné le nombre* 180, *ainsi que tous les diviseurs de ce nombre.*

J'observe d'abord que 180 est divisible par 2 : effectuant la division, on a 90 pour quotient ; de sorte que 180 égale 2×90. Divisant 90 par 2, on trouve 45 au quotient, et par conséquent

$$
\begin{array}{r|r|l}
180 & 2 & \\
90 & 2 & 4 \\
45 & 3 & 6 . 12 \\
15 & 3 & 9 . 18 \; 36 \\
5 & 5 & 10 . 15 . 20 . 30 . 45 . 60 . 90 . 180 \\
1 & &
\end{array}
$$

90 égal à 2×45 et 180 égal à 2×2×45 ; mais 45 est divisible par 3 ; on aura donc 45 égal à 3×15, et 180 égal à 2×2×3×15. Or, 15 est aussi divisible par 3, ce qui donne 15 égal à 3×5, et enfin 180 égal à 2×2×3×3×5. La décomposition est ici terminée, parce que tous les facteurs étant premiers, aucun d'eux n'est plus décomposable.

Maintenant on peut se demander si les facteurs premiers que l'on vient de trouver sont les seuls qui puissent donner le nombre 180. Or, dans le cas où il en existât d'autres, on devroit pouvoir diviser 180 par chacun de ces nouveaux facteurs ; mais tout nombre premier qui divise un produit, doit diviser l'un au moins de ses facteurs ; il faudroit donc que chacun des nouveaux facteurs premiers divisât le produit formé par tous les facteurs de 180 hors un ; ce qui ne sauroit être, sans que le nouveau facteur premier fût lui-même facteur de ce produit ; et, comme cela n'a pas lieu, il s'ensuit que le nombre 180 ne peut avoir d'autres facteurs premiers que ceux déjà déterminés.

Il nous reste encore à *trouver tous les diviseurs composés qui appartiennent au nombre* 180.

Or, puisqu'un nombre est divisible par le produit de ses facteurs, je dis : 180 a pour facteurs 2 et 2, il est donc divisible par 2 fois 2 ou 4 ; 180 a pour facteurs 2, 4 et 3 ; il est donc divisible par 3 fois 2 et par 3 fois 4, c'est-à-dire, par 6 et par 12 ; 180 a aussi pour facteurs 3, 6, 12 et 3 ; il sera donc encore divisible par 3 fois 3, par 3 fois 6, et par 3 fois 12, ou par 9, par 18 et par 36. En continuant de la même manière, on verra que 180 aura pour diviseurs 5 fois 2 ou 10 ; 5 fois 3 ou 15 ; 5 fois 4 ou 20 ; 5 fois 6 ou 30 ; 5 fois 9 ou 45 ; 5 fois 12 ou 60 ; 5 fois 18 ou 90, et enfin 5 fois 36 ou 180. Tous ces diviseurs simples et composés, on les disposera comme on le voit dans le tableau ci-joint.

Pour la détermination des facteurs composés, on auroit pu observer que, la suppression de quelques facteurs d'un produit étant équivalente à la division par le produit des facteurs supprimés, le nombre donné 180 est divisible par tous les nombres résultans de la multiplication de ses facteurs premiers multipliés deux à deux, trois à trois, quatre à quatre et cinq à cinq. Ces diverses combinaisons donneront

2×2	2×2×3	2×2×3×3	2×2×3×3×5
2×3	2×2×5	2×2×3×5	
2×5	2×3×3	2×3×3×5	
3×3	2×3×5		
3×5	3×3×5		

de sorte qu'en effectuant les opérations indiquées, on trouvera les mêmes facteurs composés qu'auparavant.

Mais il peut arriver que le nombre dont on demande les facteurs simples ne puisse se décomposer et soit premier lui-même ; dans ce cas, il seroit nécessaire, pour éviter beaucoup d'essais infructueux, d'avoir un moyen de reconnoître si le nombre proposé est indécomposable en facteurs.

** PROBLÊME XXIV.

Un nombre étant donné, on demande de reconnoître s'il est nombre premier.

SOLUTION. Il est d'abord aisé de voir que tous les nombres pairs étant divisibles par 2, il faut nécessairement que les nombres premiers soient dans la classe des nombres impairs. Mais cette condition ne suffisant pas, puisqu'il existe beaucoup de nombres impairs qui sont des multiples ou d'eux-mêmes ou d'autres nombres, il faut recourir à d'autres moyens. Celui qui se présente le premier seroit d'employer les lois sur la divisibilité des nombres et par conséquent une suite de divisions ; mais alors on tomberoit dans la longueur des calculs que l'on veut éviter. Il faut donc chercher au moins à abréger le nombre des opérations à faire.

Pour cela, j'observe que la recherche des diviseurs d'un nombre se réduit à trouver les diviseurs des facteurs de ce dernier ; de sorte que, si un nombre étoit le produit de deux facteurs égaux, la détermination des diviseurs seroit ramenée à celle des nombres premiers qui diviseroient ce facteur égal ; et, comme ce même facteur égal seroit beaucoup plus petit que celui qu'on obtiendroit en divisant le nombre proposé par le diviseur premier le plus simple possible, il arriveroit que la détermination des diviseurs ainsi que la vérification si le nombre est premier, seroit beaucoup abrégée. Par exemple, 36 peut être regardé comme le produit de 6×6 ou de 2×18. Or, un nombre premier au-dessous de 6 qui ne diviseroit pas 6, ne diviseroit pas 36 : de sorte que la recherche des diviseurs simples de 36 seroit réduite à n'essayer que les nombres premiers inférieurs à 6 ; au lieu qu'en regardant 36 comme le produit de

2×18, il faudroit essayer tous les diviseurs premiers au-dessous de 18.

Or, rien ne nous empêche de considérer un nombre comme le produit de sa racine carrée multipliée par elle-même ; et alors on n'aura à essayer que les diviseurs premiers au-dessous de cette racine carrée, puisque ceux qui surpasseroient cette même racine ne pourroient diviser aucun des facteurs du produit, ni par conséquent ce produit. D'où il suit que *** *tout nombre qui n'a aucun diviseur premier au-dessous de sa racine carrée, ne peut en avoir au-dessus, et doit être nombre premier.*

Pour rendre cette vérité plus palpable, proposons-nous de reconnoître si 29 est un nombre premier. Nous pouvons considérer 29 comme le produit de la racine carrée de 29 par la même racine. Or, si après avoir essayé tous les diviseurs premiers au-dessous de la racine carrée de 29, il pouvoit en exister au-dessus, il arriveroit qu'en divisant 29 par un nombre au-dessus de la racine carrée de 29, on trouveroit un quotient, et par conséquent un facteur au-dessous de la racine carrée de 29, ce qui seroit contradictoire, puisqu'on a supposé qu'il n'existât plus de facteur moindre que cette même racine.

Ainsi tout concourt à prouver qu'*un nombre est premier, lorsqu'il n'a aucun diviseur 1er. au-dessous de sa racine carrée.*

Dans l'exemple cité, le plus grand carré contenu dans 29 est 25, et celui immédiatement au-dessus est 36, dont la racine carrée est 6, et comme tous les diviseurs premiers au-dessous de 6 sont 2, 3 et 5, et qu'aucun de ces diviseurs ne peut appartenir à 29, on doit conclure que ce nombre est premier.

REMARQUE. Dans la recherche que nous venons de faire de tous les facteurs d'un nombre, il est arrivé que ces facteurs étoient inégaux : dans le cas d'égalité, le problème est l'inverse de celui sur la formation des puissances, et sa résolution doit être une conséquence de la loi qui lie les puissances à leurs racines. Nous allons donc traiter ce cas particulier de la détermination des facteurs d'un nombre, nommant *extraction* de racine l'opération par laquelle on trouve le facteur égal qui, multiplié un certain nombre de fois par lui-même, a produit une puissance.

*** PROBLÊME XXV.

Un nombre entier étant donné, trouver les deux fac-teurs égaux qui l'ont produit, c'est-à-dire, sa racine carrée, s'il est un carré parfait, ou celle du plus grand carré qu'il contient, s'il ne l'est pas.

SOLUTION: D'après la table de multiplication, on a la racine carrée de tout nombre qui n'est pas composé de plus de deux chiffres : il faudroit donc tacher de ramener la recherche de la racine carrée d'un nombre de plus de deux chiffres à celle des nombres qui n'en ont que deux.

Or, l'extraction des racines étant l'opération inverse de la formation des puissances, il faut remonter à la formation des carrés, si l'on veut trouver la marche inverse qui doit conduire à la connoissance de la racine carrée d'un nombre. Mais, pour former le carré d'un nombre composé de dixaines et d'unités, on a ajouté le carré des dixaines de ce nombre au double produit des dixaines par les unités et au carré des unités. De sorte que, si dans un carré, on pouvoit discerner seulement le carré des dixaines de la racine et le double produit des dixaines par les unités, on auroit aisément les dixaines et les unités de la racine, au moins dans le cas où la racine ne devroit être que de deux chiffres; car alors le carré des dixaines ne sauroit avoir plus de deux chiffres, puisque ces dixaines n'en auroient qu'un, ce qui ramèneroit la difficulté à chercher dans la table la racine de ce carré.

Connoissant les dixaines de la racine et le double produit de ces dixaines par les unités, on doubleroit les dixaines pour avoir l'un des facteurs de ce produit, qui, divisé par le double des dixaines de la racine, donneroit au quotient les unités que l'on cherche. La difficulté consiste donc à pouvoir distinguer dans un carré le carré des dixaines de la racine, et le double produit des dixaines par les unités de cette racine.

Mais pour mieux fixer les idées, *proposons-nous d'extraire la racine carrée de 4587.*

Pour cela, j'observe d'abord que 100 qui est le plus petit nombre à trois chiffres, a pour racine 10, nombre à deux chiffres; par conséquent, la racine de 4587 sera composée de dixaines et d'unités; et le nombre 4587 sera la somme du carré des dixaines de la racine, du double produit des dixaines par les unités de la même racine, et du carré de ces unités.

Or, le carré des dixaines ne peut avoir moins que des centaines; ainsi, ni le chiffre 7 des unités, ni le chiffre 8 des dixaines ne doivent entrer dans le carré des dixaines de la racine; par consé-

$$\begin{array}{r|l} 4587 & 67 \\ 987 & \overline{} \\ 98 & 127 \end{array}$$

quent, ce carré ne doit être renfermé que dans 45. De sorte que 36 étant le plus grand carré contenu dans 45, sera le carré des dixaines de la racine : prenant donc la racine de 36 dans la table des puissances carrées, on aura 6 pour les dixaines de la racine totale, et 9 pour l'excédent de 45 sur le carré de 6. Le reste 987 doit donc renfermer encore le produit du double des dixaines par les unités, et le carré des unités.

Mais le produit du double des dixaines par les unités ne peut avoir moins que des dixaines; par conséquent le chiffre 7 des unités du nombre donné ne sauroit faire partie de ce produit. On peut donc considérer 98 comme le produit du double des dixaines de la racine par les unités; d'où il suit qu'en doublant les 6 dixaines trouvées à la racine, on aura un facteur de ce produit, et qu'en divisant ce dernier par le double des dixaines, on trouvera au quotient les unités de la racine. Doublant donc 6, on aura 12; et divisant 98 par 12, on aura 7 au quotient. Mais ce chiffre n'est pas seulement quotient, il est encore chiffre des unités de la racine, et, comme tel, il faut que son carré, ajouté au double produit des dixaines par lui-même, donne un nombre qui puisse être soustrait du reste 987. Or, pour faire cette vérification, il suffit d'écrire le chiffre 7 à côté de 12, double des dixaines, et de multiplier le nombre résultant 127 par le chiffre 7; effectuant la multiplication et ensuite la soustraction, on aura 98 pour reste final et 67 pour racine; ce qui montre que le nombre proposé n'étoit pas un carré parfait, mais qu'il étoit la somme du reste 98 et du carré de la racine trouvée 67.

La méthode que nous venons d'employer nous ayant donné pour la racine les chiffres les plus grands possible, il est évident que, dans le cas où le nombre proposé n'est pas un carré parfait, la vraie racine ne diffère pas de la racine trouvée d'une unité simple. Ainsi, dans l'exemple précédent, la racine exacte tombe entre 67 et 68, tandis que le nombre 4587 tombe entre le carré de 67 et celui de 68.

Pour vérifier s'il n'y a pas eu d'erreur de calcul, et si le nombre 67 est réellement la racine du plus grand carré contenu dans 4587, j'observe que le dernier reste 98 donné par l'opération, doit exprimer la différence entre le nombre proposé 4587 et le carré de la racine 67. Or, cette différence doit être moindre que celle entre le carré de 67 et celui de 68, puisque 4587 doit tomber entre ces deux derniers carrés : de sorte que si nous connoissions la différence qui règne en général entre deux carrés consécutifs, nous pourrions juger si le reste final de l'extraction de la racine est tel qu'il doit être, et par conséquent s'il s'est glissé quelque erreur de calcul dans l'opération.

Or, si l'on élève au carré un nombre augmenté de 1, et que l'on considère ce nombre comme la somme de deux parties dont la seconde soit 1 ; il est visible qu'en raisonnant comme pour le cas où un nombre renferme des dixaines et des unités, on aura pour carré, 1°. le carré du nombre immédiatement inférieur; 2°. le produit du double de ce nombre par 1 ; 3°. le carré de 1 ou 1 : d'où l'on conclura que *la différence entre les carrés de deux nombres consécutifs est toujours exprimée par le double du plus petit de ces nombres, plus l'unité.*

Par conséquent, *le reste final donné par l'extraction de la racine carrée d'un nombre, doit être plus petit que le double de la racine trouvée, augmenté de 1.*

Ainsi, dans l'exemple ci-dessus, on verra que si on augmente 67 de 1, et que l'on élève au carré le nombre 68 considéré comme formé de 67 et de 1, on aura pour ce carré

$$67 \times 67$$
$$2 \times 67$$
$$1$$

de sorte que 2×67 plus 1 ou 135, sera la différence entre le carré de 67 et celui de 68 ; et, comme le reste 98 est moindre ique 135 , je conclurai que ce reste convient à l'opération , et qu'il ne doit pas y avoir d'erreur de calcul.

Pour éclaircir tous les cas de l'extraction des racines carrées , ous allons prendre un nombre qui renferme plus de quatre chiffres.

* PROBLÊME XXVI.

Extraire la racine carrée d'un nombre composé de plus de quatre chiffres.

SOLUTION. Soit 45873g le nombre dont on se ropose de trouver la racine carrée exacte ou pprochée. J'observe, comme précédemment , que c nombre doit avoir une racine composée de ixaines et d'unités, et qu'il doit, **par conséquent**,

$$45.87.39 \mid 677$$
$$9\ 87$$
$$98\ 39 \mid 127$$
$$4\ 10 \mid 1347$$

tre la somme du carré des dixaines de la racine, du produit du ouble de ces dixaines par les unités de la même racine, et du arré de ces unités. Je conclus donc , comme ci-dessus, que 39 ne eut ici faire partie du carré des dixaines de la racine ; de sorte ue ce carré sera contenu dans 4587 : ainsi, pour avoir les dixaines e la racine , il faudra extraire la racine de 4587, comme nous avons déja fait. On aura donc 67 dixaines à cette racine, et 98 our reste ; et comme on a retranché du nombre donné toutes les arties du carré des dixaines 67, il s'ensuit que l'on a soustrait le arré de ces dixaines : par conséquent, le reste 9839 renferme en- ore le double des dixaines 67 par les unités de la racine, plus c carré de ces unités ; on procédera donc à la recherche des uni- és, comme dans le cas où la racine n'avoit que deux chiffres.

L'opération faite , on trouvera 677 pour la racine du plus grand arré renfermé dans 458739 , avec le reste 410. Ce reste étant moindre ne la racine , n'a pas besoin d'être vérifié par la règle précédente.

On raisonneroit et l'on opéreroit de même , si le nombre dont n demande la racine carrée avoit plus de 6 chiffres.

*** PROBLÊME XXVII.

Un nombre entier étant donné, on demande les trois facteurs égaux qui l'ont formé, c'est-à-dire, trouver la racine troisième ou cubique, dans le cas où il seroit une puissance parfaite, ou bien la racine du plus grand cube renfermé dans le nombre, si ce dernier n'est pas un cube complet.

SOLUTION. En raisonnant comme pour la racine carrée, nous verrons qu'il est nécessaire de remonter à la formation du cube. Or, nous savons déjà que, pour former le cube d'un nombre composé de dixaines et d'unités, il faut ajouter le cube des dixaines de ce nombre, au produit du triple carré de ses dixaines par ses unités, au produit du triple carré de ses unités par ses dixaines, et au cube de ses unités ; de sorte qu'il suffiroit de distinguer dans un cube les deux premières parties de ce dernier, c'est-à-dire, le cube des dixaines de la racine et le produit du triple carré des dixaines par les unités, pour avoir les dixaines et les unités de la racine.

Qu'il s'agisse donc d'*extraire la racine troisième ou cubique* de 9863.

Pour savoir d'abord si la racine cherchée aura des dixaines, j'observe que 10 a pour cube 1000, c'est-à-dire, le plus petit des nombres à quatre chiffres ; par conséquent, le nombre proposé aura des dixaines à sa racine : il sera

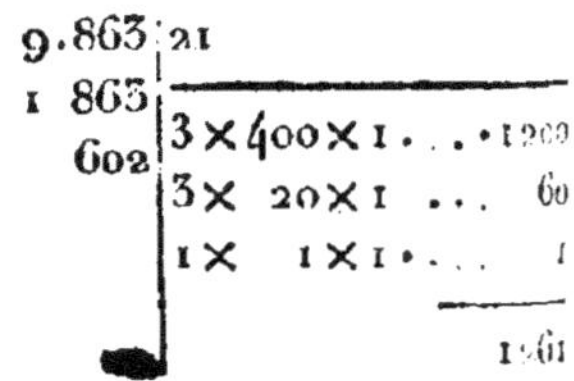

donc la somme du cube des dixaines de la racine, du triple carré de ces dixaines par les unités de la même racine, du triple carré des unités par les dixaines et du cube des unités.

Mais le cube des dixaines de la racine ne peut donner des unités inférieures aux mille ; par conséquent, les trois premiers chiffres 863 à droite ne peuvent entrer dans la formation de ce cube de dixaines ; ce cube sera donc renfermé dans 9 : il sera donc 8, et sa racine 2.

Soustrayant 8 de 9, on aura 1 pour reste; de sorte que 1863 sera la somme des trois autres parties du cube de la racine, ou au moins les contiendra. Mais le triple carré des dixaines par les unités ne peut donner moins que des centaines; par conséquent, 63 ne sauroit en faire partie : divisant donc 18 dixaines par 12 dixaines qui expriment le triple carré des dixaines de la racine, on aura 1 au quotient. Pour vérifier si ce chiffre peut entrer comme unité de la racine, il faut voir s'il remplit les conditions du chiffre des unités de toute racine cubique. On multipliera donc le triple carré des dixaines ou 1200 par 1; on triplera ensuite les dixaines de la racine, ce qui donnera 60; et multipliant 60 par le carré de 1, on aura 60; enfin on fera le cube de 1, qui est 1 : ajoutant ces trois nombres, on aura 1261, qui, soustrait de 1863 reste du nombre proposé, donnera 602 pour reste final : de sorte que la racine du plus grand cube renfermé dans 9863 est 21.

Nous observerons ici, comme pour la racine carrée, 1°. que la racine cubique exacte doit tomber entre 21 et 22; 2°. que le reste 602 doit exprimer la différence entre le nombre proposé 9863 et le cube de la racine trouvée, et doit par conséquent être plus petit que la différence entre le cube de la racine trouvée et celui de cette racine augmentée de 1.

De sorte que, si nous connoissions la différence entre deux cubes consécutifs, on pourroit juger si le reste de l'opération remplit les conditions nécessaires pour que le nombre trouvé soit la racine du plus grand cube renfermé dans le nombre donné, ce qui serviroit de vérification à l'extraction de la racine cubique.

Or, considérant le nombre 22 comme composé de 21 et de 1, et raisonnant pour ces deux parties du nombre, comme si la première partie exprimoit des dixaines, on trouveroit que le cube de 22 renferme 1°. le cube de 21; 2°. trois fois le carré de 21; 3°. trois fois 21; 4°. le cube de 1 ou 1 : de sorte que retranchant de cette expression le cube de 21, on auroit $3 \times 21 \times 21$, plus 3×21, plus 1, pour la différence entre le cube de 22 et celui de 21; et comme ce raisonnement est indépendant de cet exemple, on en conclura

1°. Que *la différence entre les cubes de deux nombres entiers consécutifs est exprimée par trois fois le carré du plus petit de ces nombres, plus 3 fois ce plus petit nombre, plus 1.*

2°. Que *le dernier reste donné par l'extraction de la racine cubique d'un nombre doit être plus petit que le triple carré de la racine trouvée, plus le triple de cette même racine, plus l'unité.*

Si le nombre dont on demande la racine troisième étoit composé de 6 chiffres, tel, par exemple, que le nombre 863427, on observeroit que 100, le plus petit des nombres à trois chiffres, étant élevé au cube, donne 1000000, c'est-à-dire, un nombre de 7 chiffres ; d'où l'on concluroit que les nombres composés de 6 chiffres ne peuvent en avoir que 2 à leur racine cubique. De sorte que l'on raisonneroit et l'on opéreroit dans ce cas comme dans l'exemple précédent, où l'on n'avoit que 4 chiffres.

Mais si le nombre proposé avoit plus de 6 chiffres, alors sa racine en auroit au moins 3, et l'on ramèneroit facilement ce cas au précédent, en considérant les dixaines de la racine comme exprimées par deux ou plusieurs chiffres, et en faisant les mêmes raisonnemens qu'auparavant.

✱✱ PROBLÊME XXVIII.

On demande une méthode simple pour avoir les racines 4ᵉ., 6ᵉ., 8ᵉ., 9ᵉ., 12ᵉ., *etc. d'un nombre.*

SOLUTION. 1°. Puisque l'on forme la puissance 4ᵉ. d'un nombre en élevant au carré le carré de ce nombre, il s'ensuit que, *pour avoir la racine 4ᵉ. d'un nombre, il faut extraire la racine carrée de la racine carrée de ce nombre.*

2°. La puissance 6ᵉ. d'un nombre étant la puissance carrée de la puissance 3ᵉ., ou la puissance 3ᵉ. de la puissance 2ᵉ., *on aura la racine 6ᵉ. d'un nombre, en extrayant la racine carrée de la racine 3ᵉ. de ce nombre, ou bien la racine 3ᵉ. de la racine carrée.*

3°. La puissance 8ᵉ. d'un nombre est le carré de la 4ᵉ. puissance, ou la 4ᵉ. puissance du carré ; par conséquent, *pour avoir la racine 8ᵉ. d'un nombre, on prendra la racine carrée de la racine 4ᵉ., ou la racine 4ᵉ. de la racine carrée, ou bien la racine carrée de la racine carrée de la racine carrée du nombre.*

4°. La puissance 9e. d'un nombre est le cube du cube de ce nombre; de sorte que, *pour trouver la racine 9e. d'un nombre, il suffit d'extraire la racine 3e. de la racine 3e. de ce nombre.*

5°. La puissance 12e. d'un nombre est le cube de la 4e. puissance de la racine, ou le cube du carré du carré de la racine ; par conséquent, *pour avoir la racine 12e. d'un nombre, on extraira la racine 3e. de la racine carrée de la racine carrée de ce nombre, ou bien la racine carrée de la racine carrée de la racine 3e. de ce même nombre.*

En raisonnant d'une manière semblable, on réduiroit la détermination des racines dont le degré n'a pour facteurs premiers que 2 et 3, à des extractions successives de racines carrées et de racines cubiques.

Remarque. Jusqu'à présent, nous avons supposé que l'on connût la puissance, ainsi que le degré de celle-ci, et nous nous sommes proposé de déterminer la racine ; mais il peut arriver qu'on ait besoin de savoir si un nombre donné seroit une certaine racine d'un autre nombre donné aussi. C'est pourquoi nous résoudrons le problème suivant.

★ PROBLÊME XXIX.

Une puissance dont on ignore le degré étant donnée, ainsi que la racine, on demande le degré de cette racine, c'est-à-dire, combien de fois le nombre considéré comme racine entre dans l'autre nombre considéré comme puissance.

Solution. Il est évident que le plus petit des deux nombres proposés seroit la racine carrée, si, multiplié une fois par lui-même, il reproduisoit l'autre nombre; que semblablement il seroit la racine 3e. ou 4e., ou 5e., etc., de ce dernier nombre, si, multiplié 2 ou 3, ou 4, etc. fois par lui-même, il reproduisoit ce même nombre.

Lorsque le plus grand des deux nombres n'est pas une puissance exacte du plus petit, on finit par trouver un résultat qui surpasse le plus grand nombre. Dans le premier cas, le nombre des multiplications faites, plus une, désigne le degré de la racine ; dans l'autre, le nombre donné tombe entre les deux dernières puissances trouvées, tandis que l'exposant cherché tombe entre les deux nombres entiers qui sont les exposans de ces mêmes puissances.

Si la puissance et la racine étoient exprimées chacune par l'unité suivie d'un certain nombre de zéro, il seroit aisé de reconnoître le degré de la puissance par le nombre de fois que les zéro de la racine seroient contenus dans ceux de la puissance ; parce que, toutes les fois qu'il s'agit d'élever à une certaine puissance l'unité suivie d'un ou de plusieurs zéro, on écrit ceux-ci à la droite de 1 autant de fois que l'indique le degré de la puissance.

Dans le cas où la puissance ni la racine ne seroient l'unité suivie d'un certain nombre de zéro, on doit pouvoir reconnoître au moins approximativement le nombre de fois que la racine est entrée comme facteur dans la puissance, d'après le nombre des chiffres qui composent cette racine et sa puissance.

Or, nous savons qu'une puissance ne peut renfermer plus de chiffres que le marque le produit du nombre des chiffres de la racine par le degré de la puissance, et qu'elle ne peut en avoir moins qu'il n'y a d'unités dans le produit du nombre des chiffres de la racine moins un, par le degré de la puissance, plus un.

Par conséquent, *si l'on divise le nombre des chiffres de la puissance par le nombre des chiffres de la racine, on aura le plus petit exposant de la puissance à laquelle puisse appartenir le nombre proposé; et, si après avoir diminué de 1 le nombre des chiffres de la puissance, on divise cette différence par le nombre des chiffres moins un de la racine, l'on aura le plus haut degré de la puissance à laquelle la racine ait pu être élevée.*

Après avoir ainsi déterminé le plus grand et le moindre degré possible de la puissance, on élevera la racine à la moindre de ces puissances, et, si l'on n'y retrouve pas le nombre donné, on continuera jusqu'à ce qu'on soit arrivé à la plus haute puissance, ou que l'on ait trouvé un nombre au-dessus du nombre proposé.

D'après cela, *qu'il s'agisse de trouver quelle puissance de* 87 *est le nombre* 5728961.

On divisera d'abord le nombre 8 qui exprime combien il y a

de chiffres dans la puissance proposée, par 2, nombre des chiffres de la racine 87, et l'on aura 4 pour quotient. On diminuera ensuite 8 de 1, et divisant 7 par 2 moins 1, c'est-à-dire, par le nombre des chiffres moins 1 de la racine, on trouvera 7 au quotient. De sorte qu'à ne juger que d'après le nombre des chiffres de la puissance et de la racine, le plus grand des deux nombres proposés ne peut être moins qu'une puissance 4e., ni plus qu'une puissance 7e. Pour le vérifier, on élevera 87 au carré, on multipliera ce carré par lui-même, et l'on aura pour 4e. puissance le nombre proposé.

Proposons-nous enfin de trouver quelle racine de 568279 peut être le nombre 17.

D'après les principes précédens, je divise le nombre des chiffres de la puissance par le nombre des chiffres de la racine, c'est-à-dire, 6 par 2, et le quotient 3 m'indique que 17 ne peut être moins que la racine 3me. du nombre proposé.

Je diminue ensuite 6 de 1, et divisant cette différence 5 par 2 moins 1, je trouve le quotient 5 pour le plus haut degré de la racine 17 ; de sorte que 17 ne peut être relativement au nombre 568279, une racine d'un degré plus élevé que le 5e.

On élevera donc 17 à la 3e. puissance ; et, le nombre 4913 étant moindre que le nombre proposé, indiquera que 17 doit être une racine d'un degré supérieur au 3e. D'après cela, on passera de la 3e. puissance de 17 à la 4e., et l'on trouvera 83521 nombre encore inférieur à 568279 ; mais en élevant 17 à la 5e. puissance, on aura 1419857, nombre supérieur au nombre proposé. D'où l'on conclura que *le nombre 568279 tombe entre la puissance 4e. et la puissance 5e. de 17.*

Remarque. La vérification des calculs numériques étant un objet très-important, il seroit fort utile d'avoir, pour vérifier les multiplications, les formations des puissances, les divisions et les extractions des racines, des moyens plus courts que ceux fournis par les opérations inverses de celles que l'on veut vérifier. Occupons-nous donc de ces moyens, avant de terminer ce qui regarde la composition et la décomposition des nombres entiers.

** PROBLÊME XXX.

*Trouver une méthode simple pour vérifier les multiplica-
tions, les formations des puissances, les divisions et les
extractions des racines des nombres.*

SOLUTION. La vérification d'un résultat nécessite d'abord certaines
opérations sur ce résultat, ainsi que sur les termes qui ont produit
ce dernier, et ensuite la comparaison des résultats donnés par ces
opérations, pour voir si l'on a rempli les conditions exigées.

D'après cela, si l'on divise par un même nombre les deux facteurs d'un produit, il peut arriver que chaque facteur soit divisible,
ou bien qu'il n'y en ait qu'un, ou enfin que l'on trouve un reste
aux deux divisions. Dans le premier et le second cas, le produit
doit être divisible par le diviseur employé, puisqu'un produit doit
devenir d'autant plus petit, que l'on a rendu plus petit l'un de
ses facteurs.

Dans le troisième cas, il est visible que les facteurs étant décomposés par la division, chacun en deux nombres, l'un multiple du
diviseur, et l'autre plus petit que ce dernier, on trouvera, par la
multiplication des facteurs ainsi décomposés, un produit formé d'un
multiple du diviseur et d'un reste; il faudra donc que le produit
à vérifier soit aussi composé d'un multiple du diviseur et du reste
déjà trouvé. D'où l'on voit que *le produit des restes donnés
par des facteurs étant divisé par un certain nombre, doit
donner le même reste que la division du produit total par
le même nombre :* autrement, ayant deux sommes égales composées
chacune d'un multiple du diviseur et d'un reste, et retranchant
de chacune d'elles le plus petit des deux restes, on trouveroit un
multiple du diviseur égal à un nombre qui ne seroit pas multiple
du même diviseur; ce qui seroit contradictoire et par conséquent
absurde.

Concluons donc que, *si l'on cherche les restes que donneroient la division du multiplicande et celle du multiplicateur par un même nombre, qu'on multiplie ces restes l'un
par l'autre, et que l'on cherche aussi le reste de ce produit*

ce dernier reste devra être le même que celui donné par le produit total.

De sorte que *l'égalité de ces restes, lorsqu'elle aura lieu, sera une forte présomption que le produit trouvé n'étoit affecté d'aucune erreur de calcul.*

D'après le principe que nous venons de poser, il suit clairement que *le carré, le cube, la quatrième puissance, etc. du reste, que l'on trouve en divisant une racine par un certain diviseur, étant encore divisé par ce même diviseur, doit donner le même reste, que la puissance carrée, ou cubique, ou 4e., divisée par le même diviseur.*

Quant à la division, on observera que, le dividende étant la somme du produit du diviseur par le quotient, et du reste de l'opération, *il faut que le reste que donneroit la division du dividende par un certain nombre, soit égal à celui que l'on trouveroit en divisant par le même nombre le produit du diviseur par le quotient, plus le reste de l'opération.* Car, si l'on supposoit que les deux restes ne fussent pas égaux, on trouveroit, après avoir soustrait le plus petit reste, des deux quantités, deux nombres dont l'un seulement seroit multiple du diviseur, et qui cependant devroient être égaux.

Dans l'extraction des racines, le nombre proposé comme puissance d'un degré donné, est toujours égal à la racine trouvée élevée à la puissance du même degré, plus le reste donné par l'opération. D'où l'on voit que, *si l'on divise par un certain diviseur le nombre considéré comme puissance d'un degré connu, on doit trouver le même reste qu'en divisant par le même nombre, la racine approchée élevée à sa puissance et augmentée du dernier reste de l'opération.*

Ainsi *l'égalité des restes étant une condition commune à la multiplication, à la formation des puissances, à la division et à l'extraction des racines, elle peut nous servir de vérification pour toutes ces opérations.*

Il ne nous manque plus maintenant que d'avoir un moyen simple et prompt de trouver les restes de la division d'un nombre par un autre. Or, la divisibilité des nombres nous ayant fait connoître la loi des restes pour certains diviseurs, nous pouvons faire usage de cette loi, en employant les diviseurs qui l'ont donnée.

Commençant par le diviseur 2, nous observerons que dans ce cas le reste ne dépend que du chiffre des unités; de sorte que tous les autres chiffres pourroient varier, sans que l'égalité des restes fût troublée. On ne doit donc pas employer le diviseur 2.

Quant au diviseur 3, on a toujours pour reste celui de la somme des chiffres qui composent le nombre donné divisé par 3 : d'où l'on voit que l'on pourroit transposer les chiffres d'un résultat d'un rang a un autre, mettre des zéro à la place des chiffres multiples de 3, augmenter d'un certain nombre d'unités un ou plusieurs chiffres et soustraire en même tems le même nombre d'unités, d'un ou de plusieurs chiffres, sans que les restes éprouvassent de changement. Ainsi le diviseur 3, quoiqu'insuffisant pour indiquer tous les cas d'erreur, peut néanmoins être employé, puisque l'altération d'un chiffre quelconque peut empêcher l'égalité des restes, et faire connoître par conséquent l'inexactitude du calcul.

Le reste de la division d'un nombre par 4 ne dépendant que des deux premiers chiffres à droite, on ne doit point employer ce diviseur : à plus forte raison, on rejettera le diviseur 5, puisque le reste ne dépend que du chiffre des unités.

La division par 6 donnant un reste qui dépend non-seulement de la somme des chiffres du nombre à diviser, mais encore du chiffre des unités de ce nombre, auroit un petit avantage sur la division par 3, puisque, dans ce dernier cas, on pourroit altérer le chiffre des unités en le remplaçant par des chiffres pairs ou impairs multiples de 3, tandis que dans le premier, on ne pourroit y mettre que des chiffres pairs.

La loi des restes, lorsque le diviseur est 7, étant beaucoup moins simple que les lois précédentes, et liant entre eux les chiffres de 6 en 6, doit être bien plus propre à indiquer les causes d'erreur dans le résultat d'une opération. En effet, pour que e x résultats différens donnassent le même reste, il faudroit que, si dans l'un il y avoit eu une transposition de chiffres, cette transposition eût eu lieu dans une tranche également de rang pair ou de rang impair; que, si l'on avoit augmenté ou diminué un chiffre d'un certain nombre d'unités, on eût, au contraire, diminué ou augmenté du même nombre d'unités un chiffre placé au même rang dans une tranche de rang pair ou impair, selon que le premier chiffre auroit appartenu à une tranche de rang impair ou pair; car alors la différence entre les deux sommes que l'on fait pour obtenir le reste (prob. XIV) étant la même, on auroit encore le même reste qu'auparavant.

Le diviseur 8 présente à-peu-près les mêmes causes d'erreur que le diviseur 4, puisque le reste ne dépend alors que des trois premiers chiffres.

Quant au diviseur 9, il est presque dans le même cas que le diviseur 3 ; néanmoins, lorsqu'on divise un nombre par 9, on ne peut remplacer les zéro que par 9, tandis que dans la division par 3, on peut, sans altérer le reste, remplacer dans le dividende, les chiffres 0, 3, 6 et 9 indifféremment l'un par l'autre. Ainsi, le diviseur 9 doit être préféré au diviseur 3.

La division par 10 est dans le même cas que la division par 5, et ne sauroit être employée. Mais les restes donnés par le diviseur 11 doivent être d'autant plus préférés, que la loi qui les lie est très-simple, et qu'elle est plus propre à faire connoître les erreurs de calcul, que celle relative aux diviseurs 3 et 9. En effet, pour ne pas changer le reste, en altérant le dividende, il faudroit ici que la différence entre la somme des chiffres de rang pair et celle des chiffres de rang impair restât la même, et par conséquent que, si l'on augmentoit ou l'on diminuoit un chiffre de rang pair d'un certain nombre d'unités, la même augmentation ou la même diminution portât sur un chiffre de rang impair ; ce qui doit être fort rare.

D'après toutes ces considérations, nous conclurons

1º. Que *les diviseurs 3, 9 11 et 7 peuvent être employés pour la vérification des opérations ;*

2º. Que *parmi ces diviseurs, on doit préférer 9 à 3, 11 à 9 et 7 à 11 ;*

3º. Que *les diviseurs 9 et 11 méritent sur-tout la préférence par la facilité que l'on a à trouver les restes.*

Pour éclaircir les règles que nous venons d'établir, nous allons les appliquer aux principales opérations faites précédemment.

PROBLÊME XXXI.

Appliquer le principe de l'égalité des restes dans la multiplication, dans la formation des puissances, dans la division, et dans l'extraction des racines, à la vérification de ces opérations.

SOLUTION. 1°. Supposons qu'on veuille vérifier le produit 154801 de 283 par 547 (problème VI). Si l'on emploie le diviseur 9, on fera successivement la somme des chiffres de chaque facteur et de ceux du produit; on rejettera les 9 que l'on trouvera, et l'on obtiendra pour les facteurs deux restes qui, multipliés l'un par l'autre, donneront un nombre lequel, diminué encore de 9 et de ses multiples, devra être égal au reste du produit total.

On dira donc 2 et 8 égalent 10; 10 moins 9 égalent 1; 1 et 3 égalent 4; de sorte que 4 sera le reste du multiplicande. Passant au multiplicateur, on dira 5 et 4 égalent 9; o de reste et 7 égalent 7, que j'écris au-dessous du reste du multiplicande, comme on le voit ici : ensuite je multiplie 4 par 7, ce qui donne 28; mais 28 égale 27 plus 1 ; par conséquent, 1 sera le reste que donne le produit du reste du multiplicande par celui du multiplicateur. J'écris donc ce reste 1 à la droite du reste 4 du multiplicande. Passant au produit 154801, je dis 1 et 8 égalent 9; 5 et 4 égalent 9; je rejette ces 9, et je ne prends plus que 1 qui exprime le reste du produit total, et que j'écris à la droite du reste 7 du multiplicateur. Le produit total ayant donné le même reste 1 que le produit des restes des deux facteurs, je conclus l'exactitude du produit.

Pour employer le diviseur 11, on cherchera les restes, en disant 3 et 2 égalent 5; 5 moins 8 ne se peut, il faut donc éviter cette soustraction. Pour cela, on remontera à la loi des restes, et l'on verra que l'on peut avoir le reste d'un nombre divisé par 11, en ajoutant les chiffres de ce nombre placés à des rangs impairs avec la somme des chiffres de rang pair multipliés par 10, et en divisant la somme trouvée par 11. D'après cela, nous ajouterons ici 2 et 3 à 80, et nous aurons 85 qui, divisé par 11, donne pour reste 8, que nous écrirons tel qu'on le voit ci-contre. Passant au multiplicateur, on a 7 et 5 égalent 12; 12 moins 4 égalent 8, que je mets au-dessous de 8. Multipliant 8 par 8, on a 64; mais 64 contient 55, multiple de 11, avec le reste 9, que je place à droite et à côté du premier 8 : enfin le produit 154801 donne 1 et 8 égalent 9; 9 et 5 égalent 14; 4 et 1 égalent 5; 14 moins 5 égalent 9; ce qui confirme l'exactitude du produit.

Si l'on veut faire usage du diviseur 7, on dira : 3 plus 3 fois 8 égalent 27, qui donne le multiple 21 et 6 pour reste; ensuite 6 et 2 fois 2 ou 4 égalent 10 ou 7 plus 3; de sorte que 3 est le reste du multiplicande 283 divisé par 7 : on écrira donc 3. Continuant de même pour le multiplicateur, on rejettera 7, et on dira 3 fois 4 égalent 12; 12 contient 7 avec 5 de reste; c'est pourquoi on dira 2 fois 5 ou 10 plus 5 de reste égalent 15 ou 14 plus 1; on aura donc 1 pour reste du multiplicateur, et l'on écrira 1 au-dessous du premier reste 3; on multipliera ensuite 3 par 1, et l'on trouvera 3 qui doit être le reste du produit à vé- rifier.

Pour déterminer le reste du produit divisé par 7, j'observe que le second chiffre de la 1re. tranche du produit 154801 étant 0, tandis que celui de la seconde tranche est 5, on ne pourroit pas soustraire de la somme des produits donnés par la 1re. tranche, la somme des produits provenant de la seconde; pour éviter cette dif- férence, on multipliera successivement de droite à gauche les chif- fres de la première tranche par 1, 3, 2, et ceux de la seconde par 6, 4, 5; on fera la somme de ces produits qui, diminués de tous les multiples de 7, donneront enfin le reste.

D'après cela, nous dirons 1 et 2 fois 8 ou 16 égalent 17, qui donne 14 et 3 de reste; 3 et 6 fois 4 ou 24 égalent 27, qui contient 21 avec 6 de reste; 6 et 4 fois 5 ou 20 égalent 26, qui donne 5 de reste; 5 et 1 fois 5 égalent 10 dont le reste est 3; ce qui confirme l'égalité des restes et l'exactitude du produit.

On auroit pu aussi avoir le reste en prenant le 7e. de 154801 par la division; ce que l'on auroit fait en disant : le 7e. de 15 est 2, avec 1 de reste, qui vaut 10 relativement à 4; 10 et 4 égalent 14, qui donne o de reste; le 7e. de 8 est 1, et reste 1 qui vaut 10; 10 et o égalent 10; le 7e. de 10 est 1, et reste 3; 3o plus un égalent 31; le 7e. de 31 est 4 pour 28, avec 3 de reste, comme nous l'avons déja trouvé.

2°. Qu'il s'agisse de vérifier si le nombre 175616 est le cube de 56.

Employant le diviseur 9, je chercherai le reste de la racine 56, en disant 5 et 6 égalent 11, c'est-à-dire, 9 plus 2; élevant au cube le reste 2 de la racine, on aura 8 pour le reste que l'on doit trouver en divisant le cube par 9. Mais au lieu de diviser ce cube, j'emploie la loi des restes, en disant 1 et 7 égalent 8; 8 et 5 égalent 13 ou 9 plus 4; 4 plus 6 égalent 10 ou 9 plus 1; 1 plus 1 égalent 2; 2 plus 6 égalent 8; par conséquent le cube a le même reste que le cube du reste de la racine divisé par 9; d'où je conclus l'exactitude du calcul à vérifier.

On suivroit la même marche, si l'on employoit le diviseur 11 ou le diviseur 7. Il n'y auroit de différence que dans la manière de déterminer les restes.

3°. *Soit à vérifier le quotient* 3444 *de* 857642 *divisé par* 249, *le reste étant* 86.

Il faut ici que le reste du dividende, divisé par 9, soit le même que celui trouvé en divisant par 9 le produit du diviseur par le quotient, plus le dernier reste de la division.

D'après cela, et en suivant la règle ordinaire, le diviseur 249 donne 6 pour reste, tandis que le quotient donne encore 6; multipliant 6 par 6, on a 36 multiple de 9. Mais le reste 86 donne 5 de reste; il faut donc que le dividende ait le même reste 5. On cherchera ce reste, et l'on trouvera également 5; d'où l'on conclura l'exactitude du quotient.

On feroit une application analogue, si l'on faisoit usage des restes donnés par les diviseurs 11 et 7.

4°. Enfin *proposons - nous de vérifier si* 21 *est la racine cubique du nombre* 9863 *diminué de* 602.

Il faut ici que le cube du reste de la racine divisé par 9 étant ajouté au dernier reste de l'extraction, et cette somme étant encore divisée par 9, on trouve le même reste qu'en divisant la puissance proposée par 9.

racine 3 | 8
— — — —
| 8 puissance

Ainsi on prendra le reste de la racine 21, ce reste est 3; ou élevera 3 au cube, et l'on aura 27 qui est multiple de 9 : on aura donc 0 pour reste; ensuite on prendra le reste de 602, et l'on trouvera 8; de sorte que le nombre proposé 9863 devra donner aussi 8 de reste, ce qui est en effet.

On opércroit semblablement, si on employoit les autres diviseurs.

REMARQUE. Dans ce qui précède, nous avons exposé les diverses méthodes pour composer et décomposer les nombres entiers. Nous avons vu que les moyens de composition se réduisoient à former les nombres avec l'unité, ou avec des nombres inégaux, ou bien avec des nombres tous égaux, ou encore avec des produits d'autres nombres; de là sont nées la numération, l'addition, la multiplication et la formation des puissances. Les méthodes de composition ont donné lieu à celles de décomposition, et ont produit la soustraction, la division, la recherche de tous les diviseurs, et l'extraction des racines des nombres entiers; mais les nombres fractionnaires étant susceptibles des mêmes combinaisons que ces derniers, nous allons chercher également les moyens de les composer et de les décomposer, et il ne nous restera plus enfin que d'appliquer les méthodes de composition et de décomposition à la détermination des inconnues dans les questions proposées.

SECTION SECONDE.

De la composition et de la décomposition des fractions.

CHAPITRE PREMIER.

De la composition des fractions.

*** PROBLÊME XXXII.

Trouver une méthode simple et facile pour exprimer les fractions de l'unité.

SOLUTION. Quand on veut représenter des fractions d'unité, il faut supposer cette unité partagée en un certain nombre de parties égales, pour prendre ensuite quelques-unes de ces parties. On a donc, dans toute expression de fraction, deux choses à faire connoître : savoir, la grandeur des parties de l'unité ou de la fraction, et le nombre que l'on a pris de ces parties.

Or, la grandeur des parties de l'unité dépendant de

nombre des divisions que l'on a faites de cette unité, c'est-à-dire du nombre des parties égales dont on suppose que l'unité soit composée, il suffira de faire entrer dans l'expression des fractions un nombre qui indique de combien de parties égales l'unité est composée ; et en ajoutant à ce nombre la terminaison *ième*, on aura un nom qui désignera commodément l'unité fractionnaire : il ne faudra plus ensuite qu'employer un autre nombre pour indiquer combien de parties égales de l'unité, ou combien d'unités fractionnaires on a fait entrer dans la fraction.

Le nombre qui désigne combien de parties égales on conçoit dans l'unité, et qui par là fait connoître la grandeur des parties qui entrent dans la fraction, nous le nommerons Dénominateur, *parce qu'il* DÉNOMME *ou désigne l'unité fractionnaire.*

Quant au nombre destiné à faire connoître combien de parties égales de l'unité on a fait entrer dans la fraction, nous l'appellerons Numérateur, *par la raison que c'est lui qui compte les parties de la fraction.*

Ainsi, *le dénominateur indique l'espèce des unités de la fraction, tandis que le numérateur en indique le nombre.*

Nous conviendrons de placer le dénominateur au-dessous du numérateur, dont nous le séparerons par une petite ligne droite ; et lorsqu'il s'agira d'énoncer une fraction, nous énoncerons d'abord le numérateur, ensuite le dénominateur auquel nous ajouterons la terminaison *ième*, hors les cas où ce dénominateur seroit 2 ou 3 ou 4 : alors au lieu de dire 2me., ou 3me., ou 4me., nous dirons *demi*, ou *tiers*, ou *quart*.

D'après cela, s'il falloit exprimer huit parties égales de l'unité composée elle-même de douze parties égales, on prendroit le nombre 12 pour dénominateur, le nombre 8 pour numérateur ; et, après avoir écrit 12 au-dessous de 8, avec une ligne intermédiaire, on auroit $\frac{8}{12}$ pour l'expression de la fraction demandée, que l'on énonce-roit en disant *huit douzièmes.*

En examinant la nature du dénominateur et celle du numérateur, on voit que le dénominateur exprimant le nombre des parties de l'unité, plus ce dénominateur est grand, plus l'unité renferme de parties, ou plus on a fait de divisions de l'unité ; et, par conséquent, plus les parties de l'unité et de la fraction sont petites. Par la même raison, plus le dénominateur est petit, moins de parties il y a dans l'unité, ou, moins on a fait de divisions de l'unité ; et, par conséquent, plus les parties de l'unité et de la fraction sont grandes.

Quant au numérateur, puisqu'il exprime le nombre des parties de l'unité contenues dans la fraction, il est évident que plus le numérateur est grand ou petit, plus ou moins il y a des parties de l'unité dans la fraction.

Il suit de là, que l'on aura toujours la même fraction de l'unité, si, prenant de cette unité des parties plus petites ou plus grandes, on en prend ce nombre de fois plus ou ce nombre de fois moins ; c'est-à-dire, si l'on multiplie ou si l'on divise le dénominateur et le numéra-teur par un même nombre. En effet, lorsqu'on mul-tiplie le dénominateur par un certain nombre, on rend les parties de la fraction ce nombre de fois plus pe-tites ; mais, en multipliant le numérateur par le même nombre, on prend d'autant plus de parties que l'on a rendu ces parties plus petites ; on compense donc par le nombre des parties ce que l'on perd du côté de la grandeur de ces mêmes parties. Au contraire, quand on divise le dénominateur par un certain nombre, on rend les parties de la fraction ce nombre de fois plus grandes : de sorte que, pour rétablir l'égalité, il faut faire entrer dans la fraction ce même nombre de fois moins de parties, en divisant le numérateur par le nombre qui a divisé le dénominateur ; dans ce cas, on compense par la grandeur des parties ce que l'on perd par leur nombre.

Pour éclaircir sur un exemple ce que nous venons de dire, soit la fraction $\frac{7}{12}$. Si l'on multiplie son dénominateur par 3, on aura $\frac{7}{36}$; alors l'unité ayant été divisée en 3 fois plus de parties, aura des parties 3 fois plus petites ; de sorte que cette seconde fraction renfermant des 36mes., sera trois fois plus petite que la première qui exprime des 12mes. ; mais, si l'on prenoit pour la fraction $\frac{7}{36}$ 3 fois plus de parties de l'unité, c'est-à-dire, 21 au lieu de 7, on auroit la fraction $\frac{21}{36}$, qui représente la même quantité que $\frac{7}{12}$, parce que, si elle contient des parties 3 fois plus petites, elle en renferme aussi 3 fois plus.

Nous conclurons donc de ce qui précède,

1°. *Qu'une fraction est d'autant plus grande ou plus petite, que son dénominateur est plus petit ou plus grand, son numérateur restant le même.*

2°. *Qu'une fraction est d'autant plus grande ou plus petite, que son numérateur est plus grand ou plus petit, son dénominateur ne variant point ;*

3°. *Qu'une fraction exprime toujours la même quantité, si l'on multiplie, ou si l'on divise ses deux termes par un même nombre.*

*** PROBLEME XXXIII.

Ajouter des entiers à des fractions, et des fractions à des fractions.

SOLUTION. 1°. Qu'il s'agisse d'ajouter 8 à $\frac{5}{9}$. On ne peut faire cette addition, si les 8 unités entières ne sont transformées en 9mes. Or, une unité entière renferme 9 neuvièmes; par conséquent les 8 unités donneront 8 fois 9 neuvièmes, ou 72 neuvièmes que l'on écrira ainsi $\frac{72}{9}$. On aura donc à ajouter $\frac{72}{9}$ à $\frac{5}{9}$; et comme il s'agit ici de faire la somme de toutes les parties que l'on a prises de l'unité, et que le nombre de ces parties est désigné par les numérateurs, il s'ensuit qu'il faudra faire la somme de ces derniers : ajoutant donc 72 à 5, on aura 77 neuvièmes, que l'on écrira ainsi $\frac{77}{9}$. D'où l'on voit que, *pour ajouter un nombre entier à une fraction, il faut multiplier les entiers par le dénominateur de la fraction, ajouter le produit au numérateur de celle-ci, et donner à la somme le dénominateur de la même fraction.*

2°. Proposons-nous d'ajouter ensemble les fractions $\frac{3}{4}$ $\frac{5}{6}$ $\frac{7}{8}$ et $\frac{9}{10}$. Il est d'abord évident que toutes les parties de la somme devant être de même grandeur, il faut que non-seulement les fractions à ajouter appartiennent à la même unité, mais encore que leurs dénominateurs soient les mêmes. Or, toutes ces fractions auroient un même dénominateur, si le dénominateur de chacune étoit le produit de tous leurs dénominateurs primitifs.

Ainsi, dans cet exemple, il faudroit que chaque fraction eût pour dénominateur le produit de 4 par 6, par 8, par 10. Mais si l'on donne au numérateur 3 de la première fraction, le dénominateur $4 \times 6 \times 8 \times 10$, c'est-à-dire, 1920, on aura multiplié son dénominateur primitif 4, par 6, par 8, par 10, c'est-à-dire, par le produit de tous les autres dénominateurs ; il faudra donc pour ne pas altérer la fraction, multiplier également le numérateur 3 de la même fraction par le produit des dénominateurs 6, 8 et 10 des autres fractions, ou par 480 ; de sorte que l'on aura $\frac{1440}{1920}$ pour la première fraction.

Raisonnant de la même manière pour toutes les autres fractions, on verra que l'on doit multiplier les deux termes de la fraction $\frac{5}{6}$ par 4, par 8 et par 10, c'est-à-dire, par 320 ; ceux de la fraction $\frac{7}{8}$ par 4, par 6 et par 10, ou par 240 ; et enfin ceux de la fraction $\frac{9}{10}$ par 4, par 6 et par 8, ou par 192. Après avoir effectué toutes ces opérations, les fractions à ajouter seront transformées en celles-ci :

$$\frac{1440}{1920} \quad \frac{1600}{1920} \quad \frac{1680}{1920} \quad \frac{1728}{1920}.$$

Maintenant que toutes ces fractions représentent des parties de même grandeur, c'est-à-dire, des 1920mes. de l'unité, il ne nous reste plus qu'à faire la somme de toutes les parties dont on a composé les fractions ; ce qui se réduit à additionner les numérateurs ; et, comme la somme exprime des parties de même grandeur que les fractions à ajouter, il s'ensuit que le dénominateur commun sera celui de la somme. On aura donc pour cette somme la fraction $\frac{6448}{1920}$.

On doit observer ici que le numérateur étant plus grand que le dénominateur, et celui-ci exprimant le nombre des parties de l'unité, autant de fois le dénominateur 1920 sera contenu dans le numérateur, autant de fois on aura pris toutes les parties de l'unité, et par conséquent, autant d'unités entières il y aura dans la fraction. Divisant donc 6448 par 1920, on trouvera pour quotient $3\frac{688}{1920}$.

Nous conclurons de ce que nous venons de dire,

1°. Que, *pour transformer des entiers en une fraction dont le dénominateur est donné, il faut multiplier ces entiers par ce dénominateur, et écrire le produit pour numérateur de la fraction qui aura pour dénominateur le dénominateur proposé ;*

2°. Que *l'on réduit plusieurs fractions au même dénominateur, en multipliant les deux termes de chacune par le produit des dénominateurs de toutes les autres.*

3°. Que *pour ajouter des entiers à des fractions, ou des fractions à d'autres fractions, on réduit au même dénominateur les entiers et les fractions, on fait la somme des numérateurs, et l'on donne à cette somme le dénominateur commun ;*

4°. Qu'*une fraction renferme l'unité entière, dès que son numérateur contient son dénominateur; et que, pour extraire les entiers qu'une fraction peut contenir, on divise le numérateur par le dénominateur ; ce qui donne au quotient les entiers renfermés dans la fraction, et un reste qui devient le nouveau numérateur de la fraction.*

Remarque. Nous venons de voir, dans l'exemple précédent, que la méthode employée pour réduire au même dénominateur les fractions à ajouter, nous a conduits à des fractions beaucoup plus compliquées que les premières : il faudroit donc chercher si les fractions trouvées par cette méthode ne seroient pas susceptibles de simplification, en conservant toujours le dénominateur commun, ou bien, s'il ne seroit pas possible d'avoir une méthode qui, excluant tous les facteurs inutiles, donnât aux fractions réduites le plus petit dénominateur.

** PROBLÉME XXXIV.

Trouver une méthode pour réduire plusieurs fractions au même dénominateur le plus petit possible.

SOLUTION. Les fractions cherchées, pour être égales aux fractions proposées, doivent avoir chacune les termes de celles qui leur correspondent multipliés par un même nombre : il faut donc que ce dénominateur commun soit divisible par le dénominateur de chaque fraction donnée ; de sorte que la difficulté est réduite à trouver un nombre qui soit divisible par chaque dénominateur primitif, et en même tems le plus petit possible. Or, cette condition seroit remplie, si, dans la recherche de ce nombre, on excluoit tous les facteurs inutiles à cette divisibilité.

Proposons-nous donc de réduire au plus petit dénominateur les fractions précédentes $\frac{3}{4}$, $\frac{5}{6}$, $\frac{7}{8}$ et $\frac{9}{10}$.

Puisque le dénominateur commun doit être divisible par 4, je commence par y faire entrer les facteurs premiers 2 et 2 dont le produit donne 4, et j'ai d'abord 2×2 ; mais 6 étant le produit de 2 par 3, et ayant déja le facteur 2, il suffira de joindre le facteur 3 aux facteurs trouvés, pour que le dénominateur soit divisible par 6 : on aura donc $2 \times 2 \times 3$. Par la même raison, le dénominateur 8 étant le produit de $2 \times 2 \times 2$, et ayant déja les deux premiers facteurs, il ne faudra plus qu'introduire encore une fois le facteur 2, pour que le produit résultant soit divisible par 8 : on aura donc $2 \times 2 \times 3 \times 2$. Enfin, le dénominateur demandé doit être divisible par 10, ou par le produit de 2×5 ; et, comme l'on a déja le facteur 2, il ne manquera plus que le facteur 5 ; on introduira donc ce facteur, et l'on aura le produit $2 \times 2 \times 2 \times 3 \times 5$, lequel étant divisible successivement par 4, par 6, par 8, par 10, et de plus, ne renfermant que les facteurs nécessaires à cette divisibilité, aura les conditions exigées pour être le plus petit dénominateur commun.

Quant au nombre dont il faut multiplier le numérateur de chaque fraction, il doit être évidemment le quotient du dénominateur commun divisé par le dénominateur primitif de cette fraction, puisque ce quotient est précisément le facteur par lequel on a multiplié le dénominateur primitif, et que, pour ne pas changer la valeur de la fraction, il faut que les deux termes de celle-ci soient multipliés par un même nombre.

Ainsi, en supprimant successivement dans le dénominateur commun $2\times2\times2\times3\times5$ les facteurs qui donnent les dénominateurs primitifs 4, 6, 8 et 10, on aura les nombres $2\times3\times5$, $2\times2\times5$, 3×5, $2\times2\times3$, par lesquels il faut multiplier respectivement les numérateurs des fractions proposées. Effectuant les opérations, on aura 120 pour le dénominateur commun, et 30, 20, 15, 12, pour les multiplicateurs respectifs des fractions données. On trouvera donc finalement les fractions $\frac{90}{120}$ $\frac{100}{120}$ $\frac{105}{120}$ $\frac{108}{120}$.

D'après cela, on conclura que, *pour réduire plusieurs fractions au plus petit dénominateur commun, il faut* 1°. *chercher tous les facteurs premiers des dénominateurs de ces fractions;* 2°. *prendre d'abord tous les facteurs premiers de l'un des dénominateurs, et tirer ensuite successivement des autres dénominateurs, les facteurs premiers qui ne sont pas communs aux dénominateurs précédens;* 3°. *multiplier le numérateur de chaque fraction par le dénominateur commun divisé par le dénominateur primitif de cette fraction.*

On auroit pu remarquer aussi que pour former le plus petit nombre divisible par 4, par 6, par 8 et par 10, il suffisoit que les facteurs premiers de ces nombres n'entrassent dans le nombre cherché que le nombre de fois nécessaire à la divisibilité. La difficulté auroit donc été ramenée à trouver le plus grand nombre de fois que chaque facteur premier entroit comme facteur dans les nombres donnés : ainsi, dans le cas dont il s'agit, les quatre nombres 4, 6, 8 et 10 se décomposent en ceux-ci 2×2, 2×3, $2\times2\times2$ et 2×5; d'après lesquels on voit que le facteur 2 ne peut entrer moins de 3 fois comme facteur dans le nombre demandé, parce qu'autrement ce nombre ne seroit pas divisible par 8. Quant aux facteurs 3 et 5, on ne doit les prendre qu'une seule fois. On composera donc le nombre cherché des facteurs 2, 2, 2, 3, 5 multipliés entre eux, ce qui donnera $2\times2\times2\times3\times5$. Ce nombre sera évidemment divisible par 4, puisqu'il renferme 2 fois le facteur 2; il sera divisible par 6, puisqu'il a les facteurs 2 et 3; il sera aussi divisible par 8, comme ayant 3 fois le facteur 2; il sera enfin divisible par 10, à cause des facteurs 2 et 5. De plus, il sera le nombre le plus petit divisible par les nombres donnés, puisqu'il ne renfermera les facteurs 2, 3 et 5, que le nombre de fois nécessaire à la divisibilité. On pourra donc tirer de là cette nouvelle règle fort simple que,

Pour avoir le plus petit nombre divisible par des nombres donnés, il faut 1°. chercher tous les diviseurs premiers de ce nombre ; 2°. déterminer le plus grand nombre de fois que chaque diviseur entre comme facteur dans l'un des nombres ; 3°. former, pour chaque diviseur premier, la plus haute puissance à laquelle ce diviseur est élevé dans les nombres donnés ; 4°. faire un produit de toutes les puissances des diviseurs, et ce produit sera le nombre demandé.

✳✳✳ PROBLÊME XXXV.

Multiplier une fraction par un nombre entier, ensuite un nombre entier par une fraction, et enfin une fraction par une fraction.

SOLUTION. 1°. Soit à multiplier $\frac{5}{12}$ par 3. La question se réduit ici à trouver un nombre qui contienne 3 fois la fraction $\frac{5}{12}$. Or, le nombre cherché contiendra 3 fois $\frac{5}{12}$, s'il est composé de 3 fois $\frac{5}{12}$, ou s'il est 3 fois plus grand que $\frac{5}{12}$. Mais, pour rendre une fraction 3 fois plus grande, il faut rendre son numérateur 3 fois plus grand, ou son dénominateur 3 fois plus petit : le produit de $\frac{5}{12}$ par 3, sera donc $\frac{15}{12}$ ou $\frac{5}{4}$; et, si l'on veut mettre à découvert les entiers que ce résultat renferme, on effectuera la division du numérateur par le dénominateur ; ce qui donnera pour produit $1\frac{3}{12}$ ou $1\frac{1}{4}$.

2°. *Que l'on propose de multiplier 12 par $\frac{5}{7}$.*

Puisque, dans la multiplication, on prend le multiplicande autant de fois que l'indique le multiplicateur, il s'ensuit que, dans cet exemple, on doit prendre $\frac{5}{7}$ de fois, c'est-à-dire, $\frac{5}{7}$ d'une fois le nombre 12 : or, prendre $\frac{5}{7}$ d'une fois une quantité, signifie qu'il faut prendre les $\frac{5}{7}$ de ce que l'on auroit en ne prenant qu'une fois cette quantité, ou les $\frac{5}{7}$ de la quantité même. Par conséquent, multiplier 12 par $\frac{5}{7}$ revient à prendre les $\frac{5}{7}$ de 12 ; on prendra $\frac{1}{7}$ de 12, en rendant 12 sept fois plus petit, c'est-à-dire, en lui faisant représenter des 7mes. ; c'est pourquoi on donnera à 12 le dénominateur 7, et l'on écrira $\frac{12}{7}$: il faudra ensuite prendre 5 fois $\frac{1}{7}$ de 12, en multipliant par 5 le numérateur de la fraction $\frac{12}{7}$, ce qui donnera pour produit $\frac{60}{7}$.

Ainsi, quand on dit qu'un nombre en contient un autre $\frac{5}{7}$ de fois, cela signifie que le premier nombre contient 5 fois la 7e. partie du second ; et, *** *en général, toutes les fois que le multiplicateur est une fraction, le produit contient du multiplicande une partie désignée par le dénominateur du multiplicateur, et la contient le nombre de fois exprimé par le numérateur du même multiplicateur.*

3°. Si maintenant on veut multiplier une fraction par une fraction, par exemple, $\frac{3}{4}$ par $\frac{7}{8}$, il est évident, d'après ce que nous venons de dire, qu'il faut ici prendre les $\frac{7}{8}$ de $\frac{3}{4}$; or, on aura $\frac{1}{8}$ de $\frac{3}{4}$, en multipliant le dénominateur 4 par 8, et l'on prendra 7 fois ce 8me., en multipliant par 7 le numérateur 3, ce qui donnera pour produit la fraction $\frac{21}{32}$.

Nous conclurons de ce qui précède,

1°. Que *pour multiplier une fraction par un nombre entier, il faut multiplier le numérateur de la fraction par ce nombre entier, et conserver au produit le même dénominateur,*

2°. Que *pour multiplier un nombre entier par une frac-*

tion, *il faut multiplier ce nombre par le numérateur,
et donner au produit le dénominateur de la fraction.*

3°. Que *pour multiplier une fraction par une fraction,
il faut multiplier ces fractions terme à terme, c'est-à-
dire, numérateur par numérateur et dénominateur par
dénominateur.*

AUTRE SOLUTION. Si l'on observe que *le produit contient le multiplicande, comme le multiplicateur contient
l'unité*, on verra que, si le multiplicateur ne renferme
que des parties de l'unité, le produit ne doit renfermer
que les mêmes parties du multiplicande, et en même
nombre que le multiplicateur en renferme de l'unité.

D'après cela, multiplier 12 par $\frac{5}{7}$ se réduit à trouver
un nombre qui contienne les $\frac{5}{7}$ du multiplicande 12 ;
et, multiplier $\frac{3}{4}$ par $\frac{7}{8}$, consiste à prendre les $\frac{7}{8}$ de $\frac{3}{4}$;
ce qui ramène la multiplication d'un nombre par une
fraction, à diviser ce nombre par le dénominateur de la
fraction, et à le multiplier par le numérateur. De sorte
que, dans le cas où l'on a à multiplier une fraction
par une autre, l'opération se réduit à multiplier numérateur par numérateur, et dénominateur par dénominateur.

★ PROBLÊME XXXVI.

*Quelles sont les variations d'un produit, relativement
à celles des facteurs, lorsque l'un au moins de ceux-ci
est une fraction ?*

SOLUTION. Puisque l'on trouve le produit d'une quantité par une fraction, en multipliant cette quantité par
le numérateur de celle-ci, et en la divisant par le dénominateur, il s'ensuit que, la quantité par laquelle
on multiplie, étant moindre que celle par laquelle on
divise, on doit avoir un produit d'autant plus petit que

le multiplicande, que le numérateur de la fraction multiplicateur est moindre que son dénominateur.

D'ailleurs, il est évident que, dans le cas où le multiplicateur seroit une fraction de l'unité, on ne prendroit que cette fraction du multiplicande, ce qui donneroit un produit inférieur au multiplicande. Or, d'après la manière dont on multiplie, il est visible que l'on peut échanger le multiplicande contre le multiplicateur ; de sorte que celui-ci peut toujours être une fraction, lorsque l'un des deux facteurs en est une.

Ainsi, *le produit de deux facteurs dont l'un au moins est une fraction, est toujours plus petit que le multiplicande, et il l'est d'autant plus, que le dénominateur de la fraction multiplicateur est plus grand que le numérateur.*

＊ PROBLÊME XXXVII.

Multiplier plusieurs fractions les unes par les autres.

SOLUTION. Soit à multiplier $\frac{3}{4}$, par $\frac{5}{7}$, par $\frac{8}{11}$, par $\frac{9}{13}$. On peut considérer la dernière fraction $\frac{9}{13}$ comme le multiplicateur d'un produit dont le multiplicande seroit lui-même le produit de $\frac{3}{4}$, par $\frac{5}{7}$, par $\frac{8}{11}$; mais dans ce dernier produit, on peut également regarder la fraction $\frac{8}{11}$ comme le multiplicateur d'un autre produit, dont le multiplicande seroit le produit de $\frac{3}{4}$ par $\frac{5}{7}$. On commencera donc par former ce dernier produit en multipliant 3 par 5, et 4 par 7 ; de sorte que l'on aura ensuite à multiplier $\frac{15}{28}$ par $\frac{8}{11}$, c'est à-dire, 15 par 8, et 28 par 11, et il restera à multiplier $\frac{120}{308}$ par $\frac{9}{13}$, ou 120 par 9, et 308 par 13 : on aura donc pour produit total la fraction $\frac{1080}{4004}$, dont le numérateur est le produit des numérateurs

des facteurs, et le dénominateur, le produit des dénominateurs des mêmes facteurs.

*Ainsi, pour avoir un produit dont les facteurs sont
des fractions, il faut, en quelque nombre que soient ces
facteurs, multiplier les numérateurs entre eux, comme
on multiplie des nombres entiers, et faire de même pour
les dénominateurs.*

D'où il suit 1°. que *le produit ne varie point dans
quelqu'ordre que l'on fasse les multiplications;* 2°. qu'il
*est d'autant plus inférieur au multiplicande, que l'on a
plus de fractions pour facteurs, et que les dénominateurs
de ces fractions sont plus grands par rapport à leurs
numérateurs.*

** PROBLÈME XXXVIII.

*Élever une fraction aux puissances 2e., 3e., 4e., et
en général à une puissance d'un degré quelconque.*

SOLUTION. Si dans le problème précédent, nous supposons égales
les fractions facteurs, nous obtiendrons au produit la 2e., ou la
3e., ou la 4e., etc. puissance, suivant que nous aurons deux ou
trois, ou quatre etc. fractions égales. Or, dans ce cas, le numérateur de la puissance sera la 2e., ou 3e., ou 4e., etc. puissance
du numérateur de la racine, et le dénominateur de la puissance
sera également la 2e., ou 3e., ou 4e., etc. puissance du dénominateur
de la racine. D'où l'on conclura 1°. que *pour élever une fraction
à une certaine puissance, il faut élever successivement ses
deux termes à cette puissance;* 2°. *qu'une puissance d'une
fraction est toujours moindre que la fraction elle-même,
et qu'elle l'est d'autant plus que le degré de la puissance est
plus élevé, et que le numérateur de la fraction racine est
plus petit relativement au dénominateur.*

CHAPITRE II.

De la décomposition des fractions.

** PROBLÊME XXXIX.

Soustraire une fraction d'un nombre entier, et ensuite une fraction d'une autre fraction.

SOLUTION. 1°. Soit à soustraire $\frac{8}{9}$ de 7. Comme la soustraction est une opération par laquelle, étant données une somme et l'une de ses parties, on trouve l'autre partie, et que la somme et ses deux parties doivent être de même espèce; il s'ensuit que pour soustraire $\frac{8}{9}$ de 7, il faut que 7 soit réduit en 9mes. : or, pour que 7 qui exprime des unités entières représente des 9mes., c'est-à-dire, des parties 9 fois plus petites, il faut qu'il en renferme 9 fois plus. On multipliera donc 7 par 9; et, donnant au produit le dénominateur 9, on aura $\frac{63}{9}$; et comme l'on demande ici combien le nombre 6 ou la fraction $\frac{63}{9}$ contient plus de parties de l'unité que la fraction $\frac{8}{9}$, on prendra la différence des numérateurs, à laquelle on donnera le dénominateur commun qui marque la grandeur ou l'espèce des parties qui entrent dans la différence demandée.

2°. Qu'il s'agisse de soustraire la fraction $\frac{7}{8}$ de la fraction $\frac{11}{12}$.

Par les mêmes raisons que ci-dessus, la soustraction ne peut s'effectuer sans que les deux fractions aient le même dénominateur. On les réduira donc au dénominateur commun, en multipliant les deux termes de la première par 12, et ceux de la seconde par 8; ce qui donnera $\frac{84}{96}$ à retrancher de $\frac{88}{96}$. Prenant donc la différence des numérateurs, et donnant à cette différence le dénominateur commun, on trouvera $\frac{4}{96}$.

De sorte que, *pour soustraire une fraction d'un nombre entier, ou une fraction d'une fraction, il faut tout réduire à un même dénominateur, prendre la différence des numérateurs, et donner à cette différence le dénominateur commun.*

*** PROBLÊME XL.

Une fraction qui est le produit d'un nombre entier par une fraction ou d'une fraction par une autre, et l'un des facteurs de ce produit étant donnés, on demande le facteur inconnu, ou, en d'autres termes : diviser une fraction par un nombre entier, ensuite un nombre entier par une fraction, et enfin une fraction par une fraction.

SOLUTION. 1°. Soit à diviser $\frac{5}{7}$ par 8. Dans ce cas, il faut trouver un nombre qui, pris 8 fois, donne $\frac{5}{7}$; il faut donc qu'il soit 8 fois plus petit que $\frac{5}{7}$: or, on rendra la fraction $\frac{5}{7}$ 8 fois plus petite, en multipliant son dénominateur 7 par 8, ce qui donnera pour produit la fraction $\frac{5}{56}$.

2°. Qu'il s'agisse de diviser 6 par $\frac{8}{9}$. Le dividende 6 doit être regardé comme le produit de la fraction $\frac{8}{9}$ par la fraction cherchée ; de sorte que, si cette fraction

étoit connue, et qu'on la multipliât par $\frac{8}{9}$, il en résulteroit une fraction qui vaudroit 6.

Or, puisqu'il s'agit ici de retrouver l'un des facteurs
du produit, il faut que l'on fasse sur ce dernier les
opérations inverses de celles par lesquelles on a déterminé ce même produit ; et, comme dans cette détermination, on a multiplié le numérateur 8 du multiplicande
par le numérateur du multiplicateur, il faut, pour avoir
ce dernier, diviser le produit 6 par le numérateur 8
du multiplicande, ce que l'on fera en prenant $\frac{1}{8}$ du
dividende 6 ; mais ensuite, lors de la formation du
produit, on a multiplié le dénominateur 9 du multiplicande par le dénominateur du multiplicateur, c'est-
à-dire, divisé le multiplicande par 9 ; par conséquent,
le dividende 6 devra être multiplié par 9.

De sorte que, pour diviser 6 par $\frac{8}{9}$, on aura pris 9
fois $\frac{1}{8}$ de 6, ou les $\frac{9}{8}$ de 6 ; ce qui donne $\frac{54}{8}$ pour le
facteur demandé.

On feroit le même raisonnement, si le dividende,
au lieu d'être un nombre entier, étoit une fraction.

Nous établirons donc la règle suivante :

1°. *Pour diviser une fraction par un nombre entier,
on multiplie le dénominateur de la fraction dividende,
par le nombre entier, ou bien, on divise le numérateur
par ce même nombre, si toutefois ce dernier peut diviser
le numérateur.*

2°. *Pour diviser un nombre entier ou une fraction par
une fraction, il faut renverser la fraction diviseur, c'est-
à-dire, mettre le numérateur pour dénominateur, et celui-
ci pour numérateur, et ensuite opérer comme dans la
multiplication.*

SECONDE SOLUTION. Supposons que l'on veuille di-
viser $\frac{5}{8}$ par $\frac{3}{4}$. Nous avons vu, dans la multiplication,

que le produit contenoit le multiplicande, comme le multiplicateur contient l'unité : de sorte qu'ici, considérant le dividende $\frac{5}{8}$ comme un produit dont le diviseur $\frac{3}{4}$ est le multiplicateur, tandis que le quotient cherché est le multiplicande, on peut dire que le dividende $\frac{5}{8}$ contient le quotient, comme le diviseur $\frac{3}{4}$ contient l'unité ; or, le diviseur renferme les $\frac{3}{4}$ de l'unité, par conséquent, le dividende $\frac{5}{8}$ renferme les $\frac{3}{4}$ du quotient.

Si, au lieu des $\frac{3}{4}$ du quotient, on n'avoit que $\frac{1}{4}$, il ne faudroit plus que multiplier ce quart par 4, pour obtenir le quotient. Or, en prenant $\frac{1}{3}$ de $\frac{5}{8}$, on n'aura plus que $\frac{1}{4}$ du quotient; de sorte qu'en prenant 4 fois $\frac{1}{3}$ de $\frac{5}{8}$, on aura le quotient lui-même.

On peut rendre ce raisonnement palpable en l'écrivant ainsi :

$$\frac{5}{8} \text{ égale } \frac{3}{4} \text{ quotient}$$

donc

$$\frac{1}{3} \text{ de } \frac{5}{8} \text{ égale } \frac{1}{4} \text{ quotient}$$

et

$$\frac{4}{3} \text{ de } \frac{5}{8} \text{ égale } \frac{4}{4} \text{ quotient.}$$

D'où l'on voit que *l'opération se réduit toujours à renverser la fraction diviseur et à multiplier le dividende par la fraction diviseur renversée.*

TROISIÈME SOLUTION (1). Si l'on observe que les nombres qui sont composés d'unités de même espèce se contiennent comme leurs nombres d'unités, et que d'après cela, 8 centaines contiennent 2 centaines, comme 8 dixaines contiennent 2 dixaines, comme 8 contient 2 ; il s'ensuit que, *deux fractions qui auroient le même dénominateur, se contiendroient comme leurs numérateurs ;* ce qui ramèneroit la division des fractions à celle de deux nombres entiers.

______

(1) Les commençans peuvent se borner d'abord à cette solution.

Cela posé, soit à diviser $\frac{5}{8}$ par $\frac{3}{4}$. Après la réduction au même dénominateur, on aura $\frac{20}{32}$ à diviser par $\frac{24}{32}$. Mais 20 32mes. contiennent 24 32mes., comme 20 contient 24 ; de sorte que la question est réduite à diviser 20 par 24. Ce quotient est (prob. XIX). $\frac{20}{24}$; et, comme pour avoir le numérateur 20, on a multiplié le numérateur 5 du dividende par le dénominateur 4 du diviseur, et que, pour obtenir le dénominateur 24 du quotient, on a multiplié le dénominateur 8 du dividende par le numérateur 3 du diviseur, il s'ensuit que *la division d'une fraction par une autre, revient à renverser la fraction diviseur, et à multiplier la fraction dividende par la fraction diviseur renversée.*

On prouveroit aussi que deux fractions qui ont même dénominateur, se contiennent comme leur numérateurs, parce que la suppression de leurs dénominateurs égaux revient à la multiplication du dividende et du diviseur par un même nombre.

De la manière dont on divise un nombre par une fraction, il résulte que, *dans ce cas, le quotient est plus grand que le dividende,* puisque, pour obtenir ce quotient, on multiplie le dividende par le dénominateur du diviseur, et qu'on ne le divise que par le numérateur.

On est conduit à la même conclusion, en observant que le dividende est la même fraction du quotient, que le diviseur l'est de l'unité.

* PROBLÊME XLI.

*Une fraction étant donnée, on demande toutes les frac-
tions facteurs dont elle est le produit.*

SOLUTION. Si les fractions facteurs étoient connues, on multiplieroit leurs numérateurs les uns par les autres; on en feroit de même
pour les dénominateurs, et les deux produits résultans donneroient
le numérateur et le dénominateur de là fraction proposée.

D'où l'on voit que, *pour connoître les fractions simples dont
une fraction est le produit, il faut, 1º. chercher tous les
facteurs premiers du numérateur et du dénominateur de la
fraction donnée ; 2º. former, avec les facteurs premiers du
numérateur et ceux du dénominateur, autant de fractions
qu'il y a de ces facteurs dans celui des termes qui en a le
plus ; 3º. remplacer par l'unité tous les facteurs qui manqueroient, dans le cas où les deux termes n'auroient pas
le même nombre de facteurs.*

Si les deux termes de l'une des fractions étoient des nombres
premiers, la fraction seroit indécomposable. Ces sortes de fractions,
nous les nommerons fractions *simples ;* et nous donnerons le nom
de fractions *composées* ou *multiples* à celles qui sont des produits
de fractions simples.

Il suit de là et de ce que nous avons dit sur les moyens de vérifier si un nombre est premier (prob. XXIV), *qu'une fraction est
simple toutes les fois que son numérateur et son dénominateur n'ont aucun diviseur premier au-dessous de leur racine
carrée respective.*

*** PROBLÈME XLII.

Une fraction étant donnée, on demande d'en extraire une racine d'un degré déterminé.

SOLUTION. L'extraction des racines étant l'inverse de la formation des puissances, il faut faire sur celles-ci l'opération inverse de celle qui a donné ces puissances. Or, pour élever une fraction à une puissance quelconque, on a élevé à cette puissance son numérateur et son dénominateur; donc, pour en obtenir la racine, il faudra extraire séparément celle du numérateur et celle du dénominateur de la puissance.

Mais la fraction donnée n'est pas toujours une puissance exacte d'une autre fraction, et, dans ce cas, le numérateur ni le dénominateur de la première ne seront des puissances complètes, ce qui empêchera d'avoir leur racine exacte : cependant, puisque l'on ne change pas la valeur d'une fraction en multipliant ses deux termes par un même nombre, on pourra toujours rendre l'un des termes puissance parfaite, en multipliant les deux termes de la fraction proposée par une certaine puissance du terme que l'on veut rendre puissance exacte. Quant à celui des termes qu'il faut préférer, on observera que, le dénominateur déterminant l'espèce des unités fractionnaires, il vaut mieux que, dans la fraction donnée, ce soit le dénominateur qui devienne puissance exacte.

C'est pourquoi, *lorsqu'il s'agit d'extraire d'une fraction une certaine racine, on multiplie d'abord le numérateur de la fraction donnée par le dénominateur élevé à une puissance d'un degré moindre d'une unité que celui de la racine; on extrait ensuite de ce produit par approximation la racine du degré demandé, d'après la méthode des nombres entiers; et enfin, à cette racine, on donne pour dénominateur le dénominateur primitif.*

La fraction ainsi trouvée sera la racine de la fraction proposée, à moins d'une unité fractionnaire exprimée par le dénominateur de cette dernière fraction.

Puisque les racines ne sont autre chose que des facteurs qui ont produit les puissances, il s'ensuit que *la racine d'une fraction surpasse d'autant plus sa puissance, qu'elle est d'un degré plus élevé, et que son numérateur est plus petit par rapport à son dénominateur.*

D'après ce qui précède, si l'on demandoit la racine cubique de la fraction $\frac{13}{17}$, on multiplieroit le numérateur 13 par le carré de 17, et extrayant la racine cubique du produit 3757, on auroit le nombre 15 auquel on donneroit le dénominateur 17, de sorte que la racine cubique de $\frac{13}{17}$ seroit $\frac{15}{17}$ ne différant pas de $\frac{1}{17}$ de la racine exacte.

REMARQUE. La brièveté et la simplicité des calculs exigent que les fractions soient exprimées par les plus petits nombres possibles ; et comme les fractions ne changent pas de valeur, quand on en divise les deux termes par un même nombre, il faut, avant de combiner les fractions entre elles, reconnoître quels sont les diviseurs communs aux deux termes de ces fractions, et diviser ces termes par leurs diviseurs communs, à moins que les opérations à faire n'exigent qu'on laisse les fractions telles qu'elles sont.

Ainsi, lorsqu'il s'agira de simplifier une fraction, on examinera si les deux termes remplissent les conditions pour être divisibles chacun par 2, par 3, par 4, par 5, par 6, par 7, etc., et après avoir reconnu par quel nombre sont divisibles les deux termes de la fraction, on effectuera la division.

Mais le moyen le plus prompt et le plus sûr de simplifier une fraction, seroit d'en diviser les deux termes par leur plus grand commun diviseur, car alors les quotiens résultans seroient les plus petits possibles.

Or, le plus grand diviseur commun à deux nombres, étant le produit de tous les facteurs communs à ces nombres, le moyen qui se présente d'abord seroit de déterminer par la méthode donnée ci-dessus (prob. XXIII) tous les facteurs communs aux deux nombres, et de multiplier entre eux tous ces facteurs; mais il vaudroit mieux trouver immédiatement ce produit, c'est-à-dire, le plus grand commun diviseur : nous nous proposerons donc le problème suivant.

✳✳✳ PROBLÊME XLIII.

Trouver une méthode pour déterminer le plus grand diviseur commun à deux nombres.

SOLUTION. Qu'il s'agisse de trouver le plus grand diviseur commun aux deux termes de la fraction $\frac{231}{819}$; ce plus grand commun diviseur ne sauroit être évidemment au-dessus du plus petit terme 231. Mais 231 sera lui-même ce plus grand diviseur, si l'autre terme 819 est divisible

$$
\begin{array}{c|c|c|c|c}
3 & 1 & 1 & 5 & \\
\hline
819 & 231 & 126 & 105 & 21 \\
\hline
126 & 105 & 21 & 0 &
\end{array}
$$

$$\frac{231}{819} \quad \frac{126}{231} \quad \frac{105}{126} \quad \frac{21}{105}$$

par 231. Effectuant donc la division, on aura 3 pour quotient et 126 pour reste ; de sorte que 231 ne sera point le plus grand diviseur commun.

Mais, si l'on observe que le dividende 819 est la somme du produit du diviseur 231 par le quotient 3, et du reste 126 ; et de plus, que le diviseur cherché doit diviser le dividende 819 et le diviseur 231, on verra que le plus grand commun diviseur divisant la somme 819 et le facteur 231, divisera le produit de 231 par le quotient 3, c'est-à-dire, l'une des parties de cette somme, et par conséquent le reste 126 qui est l'autre partie de la somme : de sorte que le plus grand commun diviseur entre 819 et 231 doit diviser le reste 126 de la division ; il sera donc le même que celui entre 231 et 126. Ainsi la recherche du plus grand commun diviseur de la fraction $\frac{231}{819}$ est réduite à trouver celui de la fraction $\frac{126}{231}$.

Semblablement, si nous formons avec les termes de la fraction $\frac{126}{231}$ une nouvelle fraction, comme nous avons formé $\frac{126}{231}$ avec la première, nous verrons que le plus grand diviseur commun de la fraction $\frac{126}{231}$ sera celui de la fraction $\frac{105}{126}$.

En continuant de former de nouvelles fractions par le moyen de la dernière trouvée, on finira par avoir une fraction dont le numérateur sera ou diviseur exact du dénominateur, ou l'unité. Car le numérateur de chaque fraction consécutive est le reste de la division du dénominateur de la fraction précédente par le numérateur de celle-ci. Or un reste est toujours plus petit que le diviseur ; donc les numérateurs iront en diminuant au moins d'une unité ; par conséquent on finira par avoir zéro pour reste. De sorte que l'on arrivera toujours à une fraction finale dont le numérateur divisera le dénominateur. Si ce numérateur étoit l'unité, on concluroit que les deux nombres n'ont pas de diviseur commun, parce que l'unité est diviseur de tous les nombres.

Cela posé, en continuant l'opération précédente, on divisera 231 par 126, et l'on aura 105 pour reste ; on divisera ensuite le premier reste 126 par le second 105, et l'on trouvera un troisième reste 21 ; on divisera encore le second reste 105 par le troisième 21 et la division s'effectuant sans reste, on conclura que le plus grand commun diviseur de la fraction $\frac{21}{105}$ est le numérateur 21 ; mais cette fraction a le même plus grand commun diviseur que toutes les fractions précédentes

$\frac{105}{126}$ $\frac{126}{231}$ et $\frac{231}{819}$; par conséquent 21 est le plus grand diviseur commun aux deux nombres 819 et 231.

Ainsi , *pour trouver le plus grand diviseur commun à deux nombres , il faut diviser le plus grand de ces nombres par le plus petit, celui-ci par le premier reste, ensuite le premier reste par le second, le second par le troisième, et continuer de même jusqu'à ce que la division ne donne plus de reste ; alors le dernier diviseur sera le plus grand diviseur commun aux deux nombres proposés.*

Remarque. Au sujet de la simplification des fractions, il semble qu'après avoir divisé les deux termes d'une fraction par le plus grand commun diviseur, on doit avoir les plus petits quotiens possibles, et par conséquent la fraction réduite à l'expression la plus simple : cependant, on peut se demander s'il n'existeroit pas quelque fraction plus simple que la fraction réduite par le plus grand commun diviseur, et qui fût aussi égale à la fraction donnée. C'est pourquoi nous nous proposerons le problème suivant.

** PROBLÊME XLIV.

Peut-il exister une fraction égale à une autre dont les termes soient premiers entre eux, et qui soit plus simple que cette dernière ? ou bien, une fraction est-elle réduite à sa plus simple expression, après que l'on a divisé ses deux termes par leur plus grand commun diviseur ?

Solution. Soit la fraction $\frac{12}{17}$ dont les termes sont premiers entre eux. Supposons qu'il existe une fraction qui lui soit égale , et dont les termes soient respectivement plus petits que les nombres 12 et 17. Comme ces termes nous sont inconnus , représentons-les par les lettres x et y : nous aurons alors la fraction $\dfrac{x}{y}$ que nous énoncerons en disant x *divisé par* y, laquelle sera égale à $\dfrac{12}{17}$. Si, pour exprimer plus commodément cette égalité; nous convenons de remplacer le mot *égale* par ce signe $=$ mis entre les deux quantités, nous aurons $\dfrac{12}{17} = \dfrac{x}{y}$.

Mais deux fractions égales réduites au même dénominateur doivent donner des numérateurs égaux ; c'est pourquoi nous aurons encore $12 \times y = 17 \times x$: d'où l'on conclura que le produit de 12 par y est divisible par 17 ; et comme 17 est un nombre premier relativement à 12, il faut (prob. XXII) que 17 divise le facteur y. Or, 17 ne peut diviser y sans être égal à y ou plus petit que y ; il ne peut lui être égal, puisqu'alors on auroit $x = 12$, ce qui est contraire à la supposition ; il faudroit donc que 17 fût moindre que y, d'où résulteroit encore une contradiction.

Ainsi, 1°. *une fraction dont les termes sont premiers entre eux n'est plus susceptible de réduction ou de simplification.*

2°. *Si deux fractions sont égales, et que l'une d'elles soit formée de termes premiers entre eux, les termes de l'autre seront respectivement les produits de ceux de la première par un diviseur commun.*

D'après cela, nous nommerons fractions *irréductibles* celles dont les termes n'ont plus de diviseur commun.

REMARQUE. Nous avons cherché précédemment le plus grand diviseur commun à deux nombres ; mais on peut avoir besoin de connoître celui qui existe entre plus de deux nombres : c'est pourquoi nous nous proposerons le problème qui suit.

* PROBLÊME XLV.

Trouver le plus grand diviseur commun à trois, à quatre, etc., nombres.

SOLUTION. Soient les nombres 63, 126 et 207 dont on veuille connoître le plus grand commun diviseur. Il est d'abord évident que chacun de ces trois nombres doit être regardé comme le produit de ce diviseur commun par un autre facteur non commun :

par conséquent, si l'on cherchoit le plus grand diviseur commun aux deux premiers nombres seulement, il faudroit que le diviseur commun aux trois nombres fût un facteur du troisième nombre, et du diviseur commun aux deux premiers ; puisqu'autrement, il ne diviseroit pas les trois nombres : de sorte que le plus grand diviseur commun au troisième nombre 207 , et au plus grand diviseur commun des deux nombres 63 et 126 , est le plus grand diviseur cherché.

Effectuant les opérations, on trouvera que le plus grand diviseur commun aux nombres 63 et 126, est 63 : cherchant ensuite le plus grand diviseur commun à 63 et à 207, on aura 9 ; ainsi le plus grand diviseur commun aux trois nombres 63, 126 et 207 est 9.

Dans le cas où l'on auroit quatre nombres, on verroit que le plus grand commun diviseur doit être tout à-la-fois facteur du 4e. nombre et du plus grand diviseur commun aux trois premiers nombres; de sorte qu'en cherchant encore le plus grand diviseur commun entre ce dernier diviseur et le 4e. nombre , on trouveroit le plus grand diviseur commun aux quatre nombres donnés.

On feroit un semblable raisonnement , si l'on avoit cinq , six , etc., nombres.

Il est encore évident que le plus grand commun diviseur à plusieurs nombres étant le produit de tous les facteurs communs à ces nombres, il suffit de chercher tous les nombres qui divisent le plus grand diviseur commun, pour connoître tous les diviseurs communs des nombres donnés.

Concluons donc 1°. que *pour avoir le plus grand diviseur commun à plusieurs nombres , il faut d'abord déterminer le plus grand diviseur commun à tous les nombres , excepté au dernier ; chercher ensuite le plus grand diviseur commun au diviseur trouvé et au dernier des nombres proposés ; ce plus grand diviseur commun sera celui que l'on demande.*

2°. Que *tous les diviseurs communs à plusieurs nombres , sont les diviseurs du plus grand diviseur commun à tous ces nombres.*

REMARQUE. La recherche du plus grand diviseur commun aux deux termes d'une fraction étant souvent une opération assez longue , il seroit utile d'avoir un moyen de reconnoître , d'après les fractions données, si la fraction résultante des diverses combinaisons de ces dernières seroit réductible ou irréductible. Nous allons donc nous occuper de cet objet.

★ PROBLÊME XLVI.

Dans quel cas, l'addition, la multiplication, la forma-tion des puissances, la soustraction, la division et l'ex-traction de racine des fractions, donnent—elles des frac-tions irréductibles pour résultats ?

SOLUTION. 1°. *Soit à additionner ensemble un nombre en-tier avec une fraction irréductible*, par exemple, 6 à $\frac{7}{9}$. On commencera par réduire les entiers en 9mes., ce qui donnera..... $\frac{6 \times 9}{9}$ et $\frac{7}{9}$. Or, si la somme de ces deux fractions étoit réduc-tible, il faudroit qu'il existât un diviseur commun à 9 et à 7 ; et comme, par hypothèse, les nombres de la fraction $\frac{7}{9}$ sont premiers entre eux, il s'ensuit que la somme sera irréductible; elle seroit susceptible de réduction, s'il y avoit un diviseur commun à 7 et à 9.

Ainsi 1°. *un nombre entier ajouté à une fraction irréduc-tible, donne toujours une somme fractionnaire irréductible; mais un nombre entier ajouté à une fraction qui n'est pas réduite à l'expression la plus simple donne une somme fractionnaire susceptible de réduction.*

2°. *Ajoutons ensemble les fractions irréductibles* $\frac{5}{7}$ *et* $\frac{8}{9}$; la réduction au même dénominateur donnera $\frac{5 \times 9}{7 \times 9}$ et $\frac{8 \times 7}{7 \times 9}$. Or si le dénominateur est divisible par un nombre premier, il faut que le facteur 7 ou le facteur 9 le soit également (prob. XXII). Supposons que la divisibilité ait lieu pour le facteur 9; mais, pour que la réduction puisse s'effectuer, il est nécessaire que la somme des numérateurs ait un diviseur commun à 9 ; par conséquent, le produit 5 × 9 seroit divisible par ce diviseur commun : de sorte, que le produit restant 8 × 7 devroit aussi être divisible ; et, comme il n'existe aucun diviseur commun à 8 et à 9, on conclura que le facteur 7 doit avoir un diviseur commun à 9, pour que la somme soit réductible : il en seroit de même du dénominateur 7 relativement au dénominateur 9.

Prenons maintenant les trois fractions irréductibles $\frac{3}{4}$ $\frac{5}{6}$ $\frac{2}{7}$. On aura, après leur réduction au même dénominateur, $\dfrac{3\times6\times7}{4\times6\times7}$ $\dfrac{4\times5\times7}{4\times6\times7}$ et $\dfrac{2\times4\times6}{4\times6\times7}$. Or, si le dénominateur commun étoit divisible par un certain nombre premier, il faudroit que l'un de ses facteurs le fût ; supposons que ce soit le facteur 4, mais alors les numérateurs des deux dernières fractions auroient le même diviseur ; de sorte que le numérateur $3\times6\times7$ devroit être divisible par ce diviseur : il faudroit donc que ce fût ou 3, ou 6, ou 7. Or, cette condition ne pourroit être remplie, si ces trois facteurs étoient premiers chacun par rapport à 4 ; c'est-à-dire, si la fraction $\frac{3}{4}$ étoit irréductible et qu'il n'y eût aucun diviseur commun entre 4 et chacun des autres dénominateurs 6 et 7 ; et, comme ce raisonnement peut s'appliquer à un nombre quelconque de fractions, on conclura

2°. *Que la somme d'un nombre quelconque de fractions est irréductible, lorsque les fractions à ajouter sont elles-mêmes irréductibles ; et que chaque dénominateur est premier par rapport à chacun des autres dénominateurs.*

Mais que la somme de deux ou de plusieurs fractions est susceptible de réduction, dès que l'une des fractions n'est plus irréductible, ou que les dénominateurs ne sont pas tous premiers les uns à l'égard des autres.

3°. *Multiplions un nombre entier par une fraction, ensuite une fraction par une autre, et enfin plusieurs fractions entre elles,* par exemple, soient $8\times\frac{7}{9}$, $\frac{5}{6}\times\frac{7}{11}$, $\cdots$ et $\frac{2}{3}\times\frac{5}{7}\times\frac{11}{13}$; on aura pour résultats indiqués $\dfrac{8\times7}{9}$, $\dfrac{5\times7}{6\times11}$ et $\dfrac{2\times5\times11}{3\times7\times13}$.

Or, si 9 avoit un diviseur premier, il faudroit que ce diviseur appartînt à 8 ou à 7. Si le facteur 6 avoit un diviseur premier, ce diviseur conviendroit à 5 ou à 7 ; et, si le facteur 3 étoit divisible par un nombre premier, l'un des facteurs 2, 5, ou 11 devroit se diviser par le même nombre. D'où l'on voit

3°. *Qu'un nombre entier multiplié par une fraction donne un produit irréductible, lorsque le dénominateur de la fraction est premier par rapport à ce nombre entier et par rapport au numérateur; mais que la réduction a lieu, si ces deux conditions ne sont point remplies;*

Qu'ensuite le produit de deux ou de plusieurs fractions est irréductible, lorsque chaque dénominateur est premier par rapport à chaque numérateur; et qu'il est susceptible de réduction dans le cas contraire.

4°. *Élevons une fraction successivement aux puissances* 2e., 3e., 4e., etc., et pour cela prenons la fraction $\frac{5}{7}$: nous aurons $\frac{5}{7} \times \frac{5}{7}$, $\frac{5}{7} \times \frac{5}{7} \times \frac{5}{7}$, $\frac{5}{7} \times \frac{5}{7} \times \frac{5}{7} \times \frac{5}{7}$, etc. ou $\frac{5 \times 5}{7 \times 7}$, $\frac{5 \times 5 \times 5}{7 \times 7 \times 7}$, $\frac{5 \times 5 \times 5 \times 5}{7 \times 7 \times 7 \times 7}$, etc.

Or, toutes ces fractions ne peuvent se simplifier, s'il n'existe pas de diviseur commun entre 7 et 5.

Ainsi 4°, *une fraction irréductible élevée à une puissance quelconque, donne toujours une fraction irréductible.*

5°. *Prenons la différence d'une fraction à un certain nombre entier, et ensuite à une autre fraction,* par exemple, celle de $\frac{7}{12}$ à 4, et celle de $\frac{3}{11}$ à $\frac{3}{5}$. Après la réduction au même dénominateur, on a pour le premier cas, $\frac{4 \times 12}{12}$ moins $\frac{7}{12}$; et pour le second, $\frac{4 \times 11}{5 \times 11}$ moins $\frac{3 \times 5}{5 \times 11}$.

Or, si le dénominateur 12 a un diviseur premier, il faut que le numérateur 7 l'ait aussi, car le produit 4 × 12 étant divisible par ce diviseur, il est nécessaire que le nombre 7 à soustraire de ce produit soit également divisible; autrement, en divisant la différence 4 × 12 moins 7 par ce même diviseur, on auroit un nombre entier moins une fraction, ce qui est absurde.

Quant au second exemple, on voit que si l'un des facteurs 5 du dénominateur étoit divisible par un nombre premier, il faudroit que le facteur 4 ou 11 fût divisible, puisque le produit à soustraire 3×5 le seroit.

Ainsi 5°. *la différence d'une fraction à un nombre entier n'est irréductible que dans le cas où le dénominateur de la fraction est premier tout-à-la-fois par rapport au nombre entier, et par rapport au numérateur de la fraction.*

Ensuite *la différence entre deux fractions est irréductible, lorsque les dénominateurs sont premiers entre eux, et que les fractions sont irréductibles.*

6°. *Divisons une fraction par un nombre entier, et une fraction par une autre,* par exemple, divisons $\frac{8}{9}$ par 7, et ensuite $\frac{8}{6}$ par $\frac{7}{8}$. Le premier cas donne $\dfrac{8}{9 \times 7}$, et le second $\dfrac{5 \times 8}{6 \times 7}$.

Or, pour que la fraction $\dfrac{8}{9 \times 7}$ soit réductible, il faut qu'il y ait un diviseur commun à 8 et à 9, ou bien à 8 et à 7, c'est-à-dire, que le numérateur du dividende ne soit point premier tout-à-la-fois par rapport à son dénominateur et au diviseur de la fraction.

Quant à la réduction de la fraction $\dfrac{5 \times 8}{6 \times 7}$, elle exige qu'il y ait un diviseur commun entre 6 et 5, ou 6 et 8, ou bien entre 7 et 5, ou 7 et 8.

Concluons donc 6°. que *le quotient d'une fraction par un nombre entier, n'est irréductible que dans le cas où le numérateur du dividende est premier par rapport à son dénominateur et au diviseur de la fraction; et que l'on ne peut simplifier le quotient d'une fraction par une autre, lorsque, les fractions étant irréductibles, les dénominateurs sont premiers entre eux, ainsi que les numérateurs.*

7°. Il est aisé de voir, d'après ce qui précède, qu'une fraction irréductible ne peut avoir que des fractions irréductibles pour facteurs ; car un seul de ses facteurs qui auroit des termes divisibles par un même nombre, introduiroit ce diviseur dans les termes du produit : il faut donc que tous les facteurs du dénominateur soient premiers par rapport à ceux du numérateur.

Donc 7°. *une fraction irréductible ne peut avoir pour facteurs que des fractions dont les dénominateurs soient tous premiers par rapport à leurs numérateurs.*

8°. Enfin, une fraction irréductible qui seroit une certaine puissance d'une autre fraction étant composée de termes premiers entre eux, ceux-ci ne doivent point se décomposer en facteurs, tels que ceux du numérateur aient des diviseurs communs aux facteurs du dénominateur; par conséquent, la fraction racine qui est l'unique facteur de la fraction puissance, doit être irréductible.

Concluons donc 8°. enfin, *qu'une puissance exprimée par une fraction irréductible, ne peut avoir pour racine qu'une fraction irréductible.*

REMARQUE. Il résulte de ce qui précède, qu'une fraction dont les termes sont premiers entre eux, n'est plus susceptible de simplification, à moins qu'on n'altère sa valeur : il est cependant des cas où les fractions sont exprimées par des termes si grands, que les opérations qu'on leur fait subir deviennent extrêmement longues ; et alors il seroit bien utile de pouvoir simplifier leurs expressions, même aux dépens de l'exactitude. Cherchons donc ce moyen de simplification.

✱✱ PROBLÈME XLVII.

Une fraction irréductible étant donnée, on demande de la simplifier en en trouvant des valeurs plus ou moins approchées.

SOLUTION. Soit $\frac{238}{4657}$ la fraction irréductible que l'on veut simplifier. Il est d'abord évident que, si l'on divise les deux termes de cette fraction par le numérateur, on aura 1 pour numérateur de la fraction résultante, et le nouveau dénominateur sera un nombre entier accompagné d'une fraction : de sorte qu'en négligeant cette fraction, on auroit un dénominateur trop petit, et par conséquent une fraction trop grande, mais beaucoup plus simple que la proposée.

Effectuant donc cette opération, on aura 19 pour quotient et 135 pour reste; de sorte qu'en ne négligeant rien, la fraction $\frac{238}{4657}$ prendroit la forme $\cfrac{1}{19\frac{135}{238}}$.

Si l'on veut simplifier cette expression; et que l'on ne prenne pour dénominateur que la partie entière du quotient, on aura $\frac{1}{19}$, fraction plus grande que la proposée.

Mais on peut opérer sur la fraction $\frac{135}{238}$; comme sur la

$$
\begin{array}{cccccccc}
 & 19 & 1 & 1 & 3 & 4 & 1 & 1 \\
\hline
4657 & 238 & 135 & 103 & 32 & 7 & 4 & 3 \\
2277 & 103 & 32 & 7 & 4 & 3 & 1 & 0 \\
135 & & & & & & &
\end{array}
$$

$$\frac{238}{4657}=\cfrac{1}{19\,\dfrac{135}{238}}$$

$$=\cfrac{1}{19+\cfrac{1}{1+\cfrac{103}{135}}}$$

$$=\cfrac{1}{19+\cfrac{1}{1+\cfrac{1}{1+\cfrac{32}{103}}}}$$

$$=\cfrac{1}{19+\cfrac{1}{1+\cfrac{1}{1+\cfrac{1}{3+\cfrac{7}{32}}}}}$$

$$=\cfrac{1}{19+\cfrac{1}{1+\cfrac{1}{1+\cfrac{1}{3+\cfrac{1}{4+\cfrac{4}{7}}}}}}$$

$$=\cfrac{1}{19+\cfrac{1}{1+\cfrac{1}{1+\cfrac{1}{3+\cfrac{1}{4+\cfrac{1}{1+\cfrac{3}{4}}}}}}}$$

$$=\cfrac{1}{19+\cfrac{1}{1+\cfrac{1}{1+\cfrac{1}{3+\cfrac{1}{4+\cfrac{1}{1+\cfrac{1}{1+\cfrac{1}{3}}}}}}}}$$

$$\cfrac{1}{19}=\frac{1}{19}$$

$$\cfrac{1}{19+\cfrac{1}{1}}=\frac{1}{20}$$

$$\cfrac{1}{19+\cfrac{1}{1+\cfrac{1}{1}}}=\frac{2}{39}$$

$$\cfrac{1}{19+\cfrac{1}{1+\cfrac{1}{1+\cfrac{1}{3}}}}=\frac{7}{137}$$

$$\cfrac{1}{19+\cfrac{1}{1+\cfrac{1}{1+\cfrac{1}{3+\cfrac{1}{4}}}}}=\frac{30}{587}$$

$$\cfrac{1}{19+\cfrac{1}{1+\cfrac{1}{1+\cfrac{1}{3+\cfrac{1}{4+\cfrac{1}{1}}}}}}=\frac{37}{724}$$

$$\cfrac{1}{19+\cfrac{1}{1+\cfrac{1}{1+\cfrac{1}{3+\cfrac{1}{4+\cfrac{1}{1+\cfrac{1}{1}}}}}}}=\frac{67}{1311}$$

première : divisant donc les deux termes par 135, on aura.......

$$\frac{135}{238} = \cfrac{1}{1\frac{103}{135}};$$

de sorte que substituant cette expression de $\frac{135}{238}$ dans celle trouvée ci-dessus, on aura

$$\frac{238}{4657} = \cfrac{1}{19\cfrac{1}{1\frac{103}{135}}}.$$

Or, si l'on néglige $\frac{103}{135}$, le dénominateur 1 sera trop petit, l'expression $\frac{1}{1}$ sera trop grande, le dénominateur $19\frac{1}{1}$ trop grand, et la fraction $\cfrac{1}{19\frac{1}{1}}$ ou $\frac{1}{20}$ trop petite : d'où l'on voit que la fraction $\frac{238}{4657}$ est plus petite que $\frac{1}{19}$ et plus grande que $\frac{1}{20}$, c'est-à-dire, qu'elle tombe entre $\frac{1}{19}$ et $\frac{1}{20}$: ainsi ces deux fractions servent de limites à la fraction proposée, et diffèrent par conséquent entre elles, plus que cette même fraction proposée ne diffère de l'une d'elles.

Or, $\frac{1}{19}$ moins $\frac{1}{20}$ donne $\cfrac{1}{19 \times 20}$ ou $\frac{1}{380}$; donc la différence entre la fraction $\frac{238}{4657}$ et l'une des fractions limites sera moindre que $\frac{1}{380}$.

Tâchons maintenant de trouver des limites plus voisines de la proposée que les fractions $\frac{1}{19}$ *et* $\frac{1}{20}$. Pour cela, j'observe que, si nous traitons la fraction $\frac{103}{135}$ qui entre dans l'expression de la proposée comme nous avons traité celle-ci, nous aurons......

$$\frac{103}{135} = \cfrac{1}{1\frac{32}{103}};$$

et par conséquent

$$\frac{238}{4657} = \cfrac{1}{19\cfrac{1}{1\cfrac{1}{1\frac{32}{103}}}}.$$

De sorte que, si l'on néglige la fraction $\frac{32}{103}$, le dénominateur 1 sera trop petit, l'expression $\frac{1}{1}$ trop grande, le dénominateur $1\frac{1}{1}$ trop grand, la fraction $\cfrac{1}{1\frac{1}{1}}$ trop petite, le dénominateur $19\frac{1}{1\frac{1}{1}}$ trop petit, et par conséquent l'expression $\cfrac{1}{19\frac{1}{1\frac{1}{1}}}$ sera trop grande. Effectuant les opérations indiquées, en commençant par la droite, on trouvera $\frac{2}{39}$, valeur au-dessus de la proposée.

En continuant d'opérer sur la fraction $\frac{32}{103}$ comme sur la fraction $\frac{103}{135}$, nous trouverons

$$\frac{238}{4657} = \cfrac{1}{19\cfrac{1}{1\cfrac{1}{1\cfrac{7}{32}}}}.$$

Or, si l'on observe que les dénominateurs, à partir du premier à gauche, sont alternativement trop petits et trop grands, et donnent par conséquent des fractions successivement plus grandes et plus petites que la proposée, on conclura que, *suivant que l'on s'arrête à un dénominateur de rang impair ou pair, on trouve une valeur plus grande ou plus petite que 'a proposée.*

D'après cela, si l'on continue à développer la dernière fraction à droite, jusqu'à ce que l'on arrive à une fraction dont le numérateur soit 1, et que l'on prénne successivement des portions du développement dans 'lesquelles entre une fraction de plus, on aura des valeurs alternativement plus grandes et plus petites que la proposée.

Voyons maintenant dans quel ordre ces limites se rapprochent de la fraction donnée. Pour cela, on continuera le développement, et, après avoir négligé à chaque opération la dernière fraction à droite, on obtiendra de nouvelles expressions qui, réunies aux précédentes, donneront

$$\frac{1}{19}\qquad \cfrac{1}{19\cfrac{1}{1}}\qquad \cfrac{1}{19\cfrac{1}{1\cfrac{1}{2}}}\qquad \cfrac{1}{19\cfrac{1}{1\cfrac{1}{1\cfrac{1}{3}}}}\qquad \cfrac{1}{19\cfrac{1}{1\cfrac{1}{1\cfrac{1}{3\cfrac{3}{4}}}}}\qquad \cfrac{1}{19\cfrac{1}{1\cfrac{1}{1\cfrac{1}{3\cfrac{1}{4\cfrac{1}{1}}}}}}\qquad \cfrac{1}{19\cfrac{1}{1\cfrac{1}{1\cfrac{1}{3\cfrac{1}{+\cfrac{1}{1}}}}}}$$

ou

$$\frac{1}{19}\qquad \frac{1}{20}\qquad \frac{2}{39}\qquad \frac{7}{137}\qquad \frac{30}{587}\qquad \frac{37}{724}\qquad \frac{67}{1311}$$

Pour faire cette comparaison plus facilement, j'observe que deux de ces fractions qui ne différeroient que par le dernier dénominateur, seroient telles, que celle qui auroit le dernier dénominateur plus grand, donneroit des dénominateurs alternativement plus grands et plus petits que ceux de l'autre fraction; par conséquent, si le nombre des dénominateurs étoit impair, le dénominateur total de la première seroit plus grand que celui de la seconde, ce qui rendroit la première fraction plus petite; et, si le nombre des dénominateurs étoit pair, le dénominateur seroit plus petit et la fraction plus grande.

D'après cela, si l'on compare la 1re. fraction à la 3e., on verra d'abord que le dénominateur 19 de la 1re. étant plus petit que celui de la 3e., *la première fraction sera plus grande que la troisième*, de sorte que $\frac{2}{39}$ est une valeur plus approchée de $\frac{438}{4637}$ que $\frac{1}{19}$.

Quant aux fractions 3e. et 5e., on voit que le dernier dénominateur 1 de la 3me. est plus petit que le dénominateur $1\dfrac{1}{3\frac{1}{4}}$ considéré comme dernier dénominateur de la 5e. ; et, comme la 3e. a 3 dénominateurs, je conclus que le dénominateur total de la 3e. est plus petit que celui de la 5e. ; par conséquent, *la troisième fraction est plus éloignée de la proposée que la cinquième.*

Si nous passons à la comparaison de la 5e. et de la 7e., nous verrons que le dénominateur 4 de la 5e. est plus petit que $4\dfrac{1}{1\frac{1}{4}}$ regardé comme dernier dénominateur de la 7e. Or, la 5e. fraction a un nombre impair de dénominateurs ; par conséquent, son dénominateur total sera plus petit que celui de la 7e. ; donc *la cinquième fraction est plus grande que la septième, et celle-ci est plus voisine de la proposée.*

Mais, si l'on observe que chaque fraction a un nombre pair ou impair de dénominateurs, suivant qu'elle est à un rang pair ou impair, on conclura que, *si une fraction de rang impair a son dernier dénominateur plus petit que celui correspondant, dans une autre fraction placée à un rang impair, le dénominateur total de la première sera moindre que celui de la seconde, et la première fraction sera plus grande que la seconde.*

Au contraire, si une fraction de rang pair a son dernier dénominateur plus petit que celui d'une autre fraction de rang pair, son dénominateur total sera plus grand que celui de l'autre, et elle-même sera plus petite que l'autre fraction.

Ainsi, dans le développement de la fraction $\frac{438}{4637}$ *les fractions de rang impair vont en diminuant.*

Comparons maintenant entre elles les fractions de rang pair.

9

Or, d'après la manière dont nous avons obtenu le développement, il est clair que ces fractions ont toutes, dans leurs dénominateurs une partie commune, et que ces dénominateurs vont en augmentant ; par conséquent, chaque fraction précédente aura un dernier dénominateur plus petit, et un dénominateur total plus grand ou plus petit, suivant que le nombre de ses dénominateurs sera pair ou impair ; et, comme toutes les fractions ont un nombre pair ou impair de dénominateurs, selon qu'elles sont à des rangs pairs ou impairs, on conclura que *toutes les fractions de rang pair vont en augmentant, tandis que celles de rang impair vont en diminuant, en se rapprochant toujours plus de la proposée.*

Mais les fractions de rang impair sont toutes plus grandes que la proposée, et celles de rang pair plus petites ; par conséquent, *les fractions partielles provenant du développement d'une fraction proposée, se rapprochent toujours plus de cette dernière dont elles donnent des valeurs d'autant plus exactes, qu'elles sont moins simples.*

On pourra donc, en ayant égard à leur degré d'approximation, les disposer comme il suit :

$$\frac{1}{19} \quad \frac{2}{39} \quad \frac{30}{587} \quad \frac{67}{1311} \quad \frac{238}{4657} \quad \frac{37}{724} \quad \frac{7}{137} \quad \frac{1}{20}.$$

Si l'on vouloit avoir une idée du degré d'approximation de l'une des fractions limites, on prendroit la différence entre cette fraction et la fraction voisine qui forme l'autre limite : cette différence seroit plus grande que celle entre la proposée et la fraction limite dont on veut estimer l'approximation.

La fraction proposée $\frac{238}{4657}$ *étant irréductible, il nous reste à savoir si les fractions partielles qui en donnent des valeurs plus ou moins approchées, seroient aussi irréductibles, et, par conséquent, les plus simples possibles.* Pour cela, remontons à la manière dont ces fractions ont été formées. Or, lorsque l'on a fait repasser les valeurs approchées de la proposée sous la forme de fractions ordinaires, on n'a jamais eu qu'un nombre entier à ajouter à une fraction irréductible, et à renverser la somme ; et comme une pareille somme donne toujours une fraction irréductible qui reste telle après le renversement, (prob. XLVI) il s'ensuit que toutes les fractions ci-dessus limites de la proposée sont réduites à l'expression la plus simple.

Les divers développemens de la fraction proposée n'étant autre chose que des fractions qui se continuent toujours de la même manière, nous les nommerons *fractions continues*. De sorte que les *fractions* CONTINUES *pourront être définies des fractions qui ont pour dénominateurs un nombre entier accompagné d'une fraction dont le dénominateur est encore un nombre entier suivi d'une fraction qui a aussi pour dénominateur un nombre entier, et une fraction dont le dénominateur continue à se former comme celui des fractions précédentes.*

En revenant sur les opérations que nous avons faites, et les vérités que nous avons trouvées, nous conclurons

1°. Que, *pour développer une fraction irréductible en fraction continue, il faut opérer d'abord comme dans la recherche du plus grand commun diviseur; prendre ensuite l'unité pour numérateur, et, pour dénominateur, le premier quotient suivi d'une fraction ayant encore l'unité pour numérateur, et pour dénominateur le second quotient accompagné aussi d'une fraction dont le numérateur soit* 1, *et le dénominateur le troisième quotient suivi d'une nouvelle fraction formée de la même manière; continuant ainsi jusqu'à ce que l'on ait employé tous les quotiens trouvés par l'opération de la recherche du plus grand commun diviseur.*

2°. Que, *pour avoir les diverses limites de la proposée, il faut extraire de la fraction continue totale plusieurs fractions partielles, en s'arrêtant d'abord au premier dénominateur, ensuite au second, au troisième, au quatrième, enfin à l'avant-dernier, et en réduisant sous la forme de fractions ordinaires ces fractions continues partielles ; ce que l'on fait en effectuant les opérations indiquées, de droite à gauche, et de bas en haut.*

3°. Que *les fractions partielles limites de la proposée étant écrites de gauche à droite à mesure qu'on les forme, seront telles que les fractions de rang impair seront toutes plus grandes que la proposée, et d'autant plus voisines de celle-ci qu'elles seront plus avancées vers la droite, ou qu'elles seront moins simples, tandis que les fractions de rang pair sont toutes plus petites que la fraction principale, et d'autant plus rapprochées de cette dernière, qu'elles sont moins simples ou plus reculées vers la droite.*

4°. Enfin que, *les fractions limites déduites du développement d'une fraction irréductible, en fraction continue sont exprimées par les plus petits termes possibles.*

REMARQUE. Après avoir composé et décomposé les fractions, après les avoir simplifiées par le moyen de leurs diviseurs communs ou de leurs limites, il ne nous reste plus qu'à examiner les usages que l'on en peut faire pour le perfectionnement des méthodes employées dans les combinaisons des nombres entiers.

Or, nous avons déja vu que les fractions servoient à completter les quotiens ; voyons donc si elles pourroient servir à completter les racines , ou au moins à les avoir d'une manière approchée.

* PROBLÊME XLVII.

Vérifier si l'on peut completter par des fractions les racines des nombres qui ne sont pas des puissances parfaites; et dans le cas où cela ne seroit pas possible, employer les fractions à obtenir au moins des racines très-approchées.

SOLUTION. 1°. Pour qu'une fraction ajoutée à la partie entière de la racine pût rendre celle-ci exacte , il faudroit que cette somme élevée à la puissance indiquée par le degré de la racine donnât le nombre entier dont on a extrait cette racine. Or, nous avons vu (prob. XLVI) qu'un nombre entier , joint à une fraction irréductible donnoit toujours pour somme une fraction irréductible ; nous avons vu aussi (prob. XLVI) qu'une fraction irréductible élevée à une puissance quelconque, ne pouvoit produire qu'une fraction également irréductible; par conséquent, *on ne peut trouver de fraction qui puisse completter la racine d'un nombre qui n'est pas puissance parfaite.*

D'où il faut conclure que la racine d'une puissance imparfaite n'est divisible ou mesurable ni par l'unité entière, ni par une unité fractionnaire; nous la nommerons donc grandeur ou quantité *incommensurable*.

2°. Au sujet de l'approximation, j'observe que par les méthodes expliquées précédemment, on trouve toujours les racines à moins d'une unité de leur moindre espèce ; de sorte que si la racine exprimoit des demi, ou des tiers, ou des quarts, etc., ce seroit à moins d'un demi, ou d'un tiers, ou d'un quart, etc., que l'on auroit la racine. Ainsi la difficulté est ramenée à faire représenter à la racine des demi, ou des tiers, ou des quarts, etc.

Or, une racine qui exprimeroit des demi, ou des tiers, ou des quarts, etc., c'est-à-dire, qui auroit pour dénominateur 2, ou 3, ou 4, etc., donneroit une puissance dont le dénominateur seroit 2, ou 3, ou 4, etc., élevé à cette puissance : il faudroit donc que le nombre dont on demande la racine représentât non des unités entières, mais des unités fractionnaires désignées par le dénominateur de la racine élevé à la puissance du degré de cette racine ; et pour cela, on feroit exprimer au nombre proposé d'autant plus d'unités que ces unités doivent être plus petites, en multipliant ce nombre par le dénominateur de la racine élevée à la puissance du degré de cette racine.

D'après cela, supposons que l'on veuille avoir la racine carrée de 837 à moins de $\frac{1}{12}$; je vois que la racine exprimant des douzièmes, donneroit un carré composé de 144mes.; il faut donc que le nombre dont on extraira la racine carrée représente des 144mes., au lieu d'unités entières : par conséquent, il faut qu'il renferme 144 fois plus d'unités, puisque l'on veut que ces unités soient 144 fois plus petites. On multipliera donc 837 par 144; et du produit résultant 120528, on extraira la racine carrée qui, en exprimant des 12mes., sera exacte à moins d'un douzième.

Si l'on eût demandé la racine troisième à moins d'un douzième, on auroit élevé 12 au cube, multiplié 837 par ce cube, et la racine qui auroit représenté des douzièmes eût été approchée à moins d'un douzième.

Il en seroit de même pour toutes les autres racines, et pour les divers degrés d'approximation que l'on voudroit obtenir.

3°. En se rappelant la manière de raisonner et d'opérer lorsqu'il s'agit d'avoir les divers chiffres d'une racine, on voit que le reste de l'opération, quand on a trouvé le chiffre des unités simples, peut encore être regardé comme le double produit de la partie trouvée de la racine par la fraction qui doit accompagner cette partie, plus le carré de cette même fraction ; de sorte qu'en continuant d'opérer comme pour la recherche du chiffre des unités, on détermineroit la fraction qui doit faire approcher de la vraie racine.

Pour appliquer ce principe, proposons-nous donc de trouver par approximation la racine carrée de 4587, dont nous avons déja déterminé (prob. XXV) la partie entière qui est 67, le reste donné par l'opération étant 98.

Ce reste 98 est un nombre un peu plus grand que le double produit de 67 par la fraction qui doit accompagner 67 ; par conséquent, si l'on divise 98 par le double de 67, c'est-à-dire, par 134, le quotient $\frac{98}{134}$ ou $\frac{49}{67}$ sera un peu trop grand : de sorte qu'en prenant $67\frac{49}{67}$, on auroit une racine plus grande que la véritable. Pour en avoir une plus petite, on pourroit diminuer la fraction $\frac{49}{67}$ d'une unité de son espèce, et prendre $\frac{48}{67}$; on feroit alors le double produit de 67 par $\frac{48}{67}$, on ajouteroit à ce produit le carré de $\frac{48}{67}$, et l'on auroit 96 plus le carré de $\frac{48}{67}$; résultat qui, pouvant être soustrait de 98, indiqueroit que la fraction $\frac{48}{67}$ n'est pas trop grande ; de sorte que l'on verroit que la racine carrée de 4587 tombe entre $67\frac{49}{67}$ et $67\frac{48}{67}$.

Mais on pourroit ici faire usage des fractions continues en cherchant les limites de la fraction $\frac{49}{67}$; et, en prenant successivement les diverses limites au-dessous de cette fraction, on se procureroit plusieurs valeurs approchées de la racine. Soumettant donc la fraction $\frac{49}{67}$ aux diverses opérations qui doivent en donner les limites (prob. XLVII), on trouvera

$$1 \qquad \frac{3}{4} \qquad \frac{11}{15} \qquad \frac{49}{67} \qquad \frac{19}{26} \qquad \frac{8}{11}, \qquad \frac{2}{3}.$$

On prendra ensuite la fraction $\frac{19}{26}$ la plus voisine en dessous de $\frac{49}{67}$; et la vérifiant comme partie de la racine, on aura 97 plus une fraction à retrancher du reste 98 ; ce qui prouve que la fraction $\frac{19}{26}$ donne une valeur plus approchée que la fraction $\frac{48}{67}$. Ainsi, la racine carrée de 4587 tombe entre $67\frac{19}{67}$ et $67\frac{19}{26}$.

Il est évident, d'après cela, que les fractions $\frac{8}{11}$ et $\frac{2}{3}$ étant plus petites que la fraction $\frac{19}{26}$, donneroient encore des valeurs approchées moindres que la vraie racine, mais qui seroient moins approximatives que $67\frac{19}{26}$: on ne les prendroit donc que dans le cas où l'on auroit besoin d'une racine fort simple.

Ces raisonnemens sont exactement applicables à l'approximation des racines troisièmes, quatrièmes, et, en général, d'un degré quelconque.

REMARQUE. Après avoir partagé l'unité en un certain nombre de parties égales, et avoir formé avec quelques-unes de ces parties une fraction de cette unité, on peut choisir pour unité la fraction elle-même, la partager en un certain nombre de parties égales, et faire, avec quelques-unes de ces parties, une fraction de fraction. Ainsi que l'on conçoive la fraction $\frac{3}{5}$ partagée en 7 parties égales, et que l'on prenne 4 de ces parties, on aura une fraction de fraction que l'on indiquera en disant $\frac{4}{7}$ de $\frac{3}{5}$.

Semblablement, si l'on concevoit cette fraction de fraction partagée en 9 parties égales, et que l'on en demandât 8, on auroit une fraction de fraction de fraction exprimée par $\frac{8}{9}$ de $\frac{4}{7}$ de $\frac{3}{5}$: ainsi de suite, si l'on vouloit avoir une fraction de fraction de fraction de fraction.

** PROBLÉME XLVIII.

Réduire en fraction de l'unité principale, une fraction de fraction, ensuite une fraction de fraction de fraction, et, en général, une fraction d'une suite quelconque de fractions de fractions.

SOLUTION. 1°. Soit la fraction de fraction $\frac{4}{7}$ de $\frac{3}{5}$. Cette expression signifie qu'il faut prendre 4 fois $\frac{1}{7}$ de $\frac{3}{5}$: or on prendra $\frac{1}{7}$ de $\frac{3}{5}$, en rendant la fraction $\frac{3}{5}$ 7 fois plus petite, c'est-à-dire, en multipliant par 7 son dénominateur 5 ; ce qui donnera $\frac{3}{35}$, et l'on aura 4 fois ce 7me. en rendant le numérateur 3, 4 fois plus grand : on verra donc que $\frac{4}{7}$ de $\frac{3}{5}$ sont la même chose que $\frac{12}{35}$ de l'unité.

2°. Qu'il s'agisse de réduire aussi en fraction de l'u_nité, la fraction de fraction de fraction $\frac{8}{9}$ de $\frac{4}{7}$ de $\frac{3}{5}$. Il est évident que l'on peut remplacer $\frac{4}{7}$ de $\frac{3}{5}$ par la simple fraction $\frac{12}{35}$; et alors on aura $\frac{8}{9}$ de $\frac{12}{35}$, fraction de fraction qui indique que l'on doit prendre 8 fois $\frac{1}{9}$ de $\frac{12}{35}$: on aura donc à multiplier le dénominateur 35 par le dénomina_teur 9, et le numérateur 12 par le numérateur 8 : de sorte que si l'on observe que l'on peut toujours réduire à une fraction de fraction les fractions d'un nombre quel_conque de fractions de fraction, on conclura que

Pour réduire en fraction de l'unité les fractions de fractions de fractions de fraction, il suffit de multiplier numérateurs par numérateurs, et dénominateurs par dénominateurs.

REMARQUE. D'après le systême de numération adopté, ou la manière d'écrire les nombres par des chiffres, on voit que ces derniers expriment des unités successivement dix fois plus grandes, à mesure qu'ils avancent d'un rang plus à gauche, et, par conséquent, des unités de dix en dix fois plus petites, à mesure qu'ils reculent d'un rang vers la droite. Donc, un chiffre placé à la droite de celui des unités simples, représentera des unités dix fois moindres, c'est-à-dire des dixièmes d'unité ; celui placé à la droite du chiffre des dixièmes, exprimera des dixièmes de dixième, ou des centièmes d'unité ; celui placé à la droite des centièmes représentera des dixièmes de centième ou des millièmes d'unité, ainsi de suite.

La numération adoptée nous fournit donc un moyen d'écrire comme les nombres entiers, c'est-à-dire, sans dénominateurs, les fractions de l'unité qui ont pour dé_nominateur le chiffre 1 suivi d'un ou de plusieurs zéros.

Ces sortes de fractions seront donc plus faciles à combiner, et l'on aura bien simplifié les calculs, si l'on trouve un moyen de ramener à cette forme les fractions ordinaires. Examinons donc, de plus près, cette nouvelle espèce de fractions, afin de découvrir comment on opère sur elles, et ensuite, comment on y transforme les autres sortes de fractions.

Avant tout, *nommons* FRACTIONS DÉCIMALES *ou simplement* DÉCIMALES, *ces fractions qui n'expriment que des parties sousdécuples de l'unité principale ou primitive,* et occupons-nous ensuite des moyens de reconnoître les propriétés qui les caractérisent ; mais pour cela, il faudroit faire servir les propriétés des fractions ordinaires, propriétés qui doivent leur être communes, puisqu'elles appartiennent à toute sorte de fractions.

✶✶✶ PROBLÊME XLIX.

Étant données des fractions décimales écrites sous la forme de fractions ordinaires, on demande de les écrire sous la forme d'un nombre entier, en indiquant seulement leurs dénominateurs.

SOLUTION. Pour commencer par le cas le plus simple, ne prenons d'abord que des fractions décimales ayant chacune un seul chiffre au numérateur. Soient donc les fractions $\frac{7}{10}$, $\frac{4}{100}$, $\frac{6}{1000}$, à écrire sous la forme de nombre entier.

Puisque, d'après le principe fondamental de la numération, tout chiffre placé à la droite d'un autre, exprime des unités dix fois plus petites que celles de cet autre, il s'en suit que le chiffre 7 représenteroit des dixièmes, s'il étoit écrit à la droite du rang destiné au chiffre des unités simples ; et comme dans ce cas, nous n'avons point d'unités simples, nous écrirons un zéro pour en tenir lieu, et à la droite de ce zéro, le chiffre 7 que nous séparerons du zéro par une virgule, afin de bien distinguer la partie entière d'un nombre de la partie fractionnaire ; nous aurons donc d'abord 0,7. Par la même raison, le chiffre 4 exprimant des centièmes d'unité, c'est-à-dire, des unités dix fois moindres que les dixièmes, devra être écrit à la droite du chiffre 7 ; et, le chiffre 6 qui représente des millièmes ou des unités 10 fois plus petites que les centièmes, aura sa place à la droite du chiffre 4 ; de sorte que les trois fractions décimales $\frac{7}{10}$, $\frac{4}{100}$, $\frac{6}{1000}$ pourront être mises sous cette forme 0,746. Et, si l'on remarque que chaque chiffre se trouve placé à la droite de la virgule à un rang désigné par le nombre des zéro du dénominateur de la fraction dont il est numérateur, on en conclura que

Pour écrire sous la forme de nombre entier des fractions décimales qui n'ont chacune qu'un seul chiffre pour numérateur, il faut mettre un zéro pour tenir lieu des unités entières, ensuite une virgule à la droite du zéro, et enfin, placer chaque chiffre numérateur des fractions décimales à la droite de la virgule, à un rang indiqué par le nombre des zéro que renferme son dénominateur.

Supposons maintenant que l'on ait une fraction décimale dont le numérateur soit de plusieurs chiffres, telle que $\frac{348}{1000}$. Pour ramener ce cas au précédent, décomposons cette fraction en autant de fractions partielles que le numérateur a de chiffres, et nous aurons..... $\frac{300}{1000}$ $\frac{40}{1000}$ $\frac{8}{1000}$. Supprimant ensuite les zéro communs aux deux termes de chaque fraction, il viendra......

$\frac{3}{15}$ $\frac{4}{100}$ $\frac{8}{1000}$, fractions qui, d'après la règle précédente, s'écrivent ainsi, 0,348.

Or, en comparant cette expression avec la proposée $\frac{348}{1000}$, on voit que l'on n'a fait qu'écrire le numérateur 348 de la fraction proposée, et que l'on a indiqué le dénominateur, en avançant la virgule vers la gauche d'un nombre de rangs égal au nombre des zéro que renferme le dénominateur de la fraction décimale.

Si l'on avoit proposé d'écrire sans dénominateur la fraction décimale $\frac{5789}{100}$, on l'auroit décomposée en $\frac{5000}{100}$, $\frac{700}{100}$, $\frac{80}{100}$, $\frac{9}{100}$; et, supprimant les zéro communs, on auroit eu $\frac{50}{1}$, $\frac{7}{1}$, $\frac{8}{10}$, $\frac{9}{100}$, ou 57,89.

D'où l'on voit que, *pour écrire une fraction décimale sous la forme d'un nombre entier, il faut écrire le numérateur de cette fraction, et avancer la virgule vers la gauche, d'autant de rangs que le dénominateur de la fraction décimale renferme de zéro.*

** PROBLÊME L.

Une fraction décimale étant donnée sous la forme d'un nombre entier, on demande de la faire passer sous la forme de fraction ordinaire.

SOLUTION. Soit la fraction décimale 8,0749 que l'on veuille écrire sous la forme d'une fraction ordinaire. Puisque, d'après le système de numération, tout chiffre placé à la droite d'un autre, exprime des unités dix fois moindres, il s'ensuit que le chiffre 7, placé à deux rangs plus à droite, par rapport au chiffre 8 des unités simples, représentera des centièmes d'unité, et pourra être écrit

ainsi $\frac{7}{100}$; que le chiffre suivant 4 exprimera des millièmes ; le chiffre 9 des dix-millièmes ; de sorte que l'expression donnée 8,0749 se transformera ainsi.........
$8 \frac{7}{100} \frac{4}{1000} \frac{9}{10000}$.

Mais, on peut, pour rendre cette expression plus simple, réduire tout en unités de la plus petite espèce,
c'est-à-dire, en dix-millièmes ; ce qui donnera

$$\frac{80000}{10000} \frac{700}{10000} \frac{40}{10000} \frac{9}{10000}, \quad \text{ou} \quad \frac{80749}{10000} ;$$

de sorte que, si l'on compare entre elles les deux expressions 8,0749 et $\frac{80749}{10000}$, on en conclura que

*Pour écrire sous la forme de fraction ordinaire, une
fraction décimale donnée, il faut écrire le nombre sans
avoir égard à la virgule, et donner à ce nombre, pour
dénominateur, l'unité suivie d'autant de zéro qu'il y a
de rangs occupés à la droite de la virgule.*

Si l'on observe qu'énoncer une fraction décimale écrite
sous la forme d'un nombre entier, se réduit à énoncer
le numérateur et le dénominateur de la fraction décimale, on verra que la difficulté est ramenée à transformer en fraction ordinaire la fraction décimale ; et,
par conséquent, que ce problême ne diffère pas de celui
que nous venons de résoudre. On peut donc traduire la
règle précédente en celle-ci.

*Pour énoncer une fraction décimale, il faut énoncer
comme un nombre entier, sans égard pour la virgule,
le nombre qui représente cette fraction ; et ensuite faire
connoître l'espèce des unités décimales, en énonçant le
dénominateur qui est toujours l'unité suivie d'autant de
zéro qu'il y a de chiffres à la droite de la virgule.*

⋆⋆⋆ PROBLÊME LI.

Additionner des fractions décimales écrites sans leurs dénominateurs.

SOLUTION. Pour ajouter des fractions les unes aux autres, il faut d'abord les réduire au même dénominateur.

Or, les fractions décimales qu'il s'agit d'ajouter, auroient les mêmes dénominateurs, si elles avoient chacune le même nombre de rangs occupés à la droite de la virgule ; elles en auront donc toutes le même nombre , si l'on écrit des zéro à la droite des décimales qui ont moins de rangs occupés à la droite de la virgule ; et , comme le nombre écrit est le numérateur de la fraction décimale , il s'ensuit que l'on aura, par cette opération , fait entrer autant de zéro à la droite du numérateur, qu'à celle du dénominateur ; et les fractions n'auront pas changé de valeur.

On additionnera ensuite les numérateurs , c'est-à-dire , les nombres donnés, comme s'ils étoient des nombres entiers ; et , à cette somme, on donnera le dénominateur commun , en avançant la virgule vers la gauche, d'autant de rangs qu'elle étoit avancée dans les nombres ajoutés.

Qu'il s'agisse , par exemple , d'additionner les fractions décimales 8,37 , 9,236 et 14,7.

J'observe que ces fractions décimales seroient réduites au même dénominateur, si elles avoient chacune 3 rangs d'occupés à la droite de la virgule. J'écrirai donc un zéro à la droite de la première fraction , et deux à la droite de la troisième ; ce qui donnera 8,370, 9,236 ,

14,700. Or, il est évident qu'en mettant un zéro à la droite de 8,37, on a des millièmes au lieu de centièmes; mais on en a 8370, c'est-à-dire, 10 fois plus qu'on n'avoit de centièmes. La fraction décimale n'a donc pas changé de valeur : il en est de même de la troisième. L'opération est, par conséquent, ramenée à ajouter les numérateurs 8370, 9236, 14700, et à avancer dans la somme la virgule de 3 rangs vers la gauche, afin que cette somme ait le même dénominateur que les fractions ajoutées.

*** PROBLÊME LII.

Multiplier une fraction décimale par une autre.

SOLUTION. Puisque les nombres donnés, abstraction faite de la virgule, sont les numérateurs des fractions décimales, on les multipliera l'un par l'autre. Mais le dénominateur de chaque fraction est l'unité suivie d'un nombre de zéro égal aux rangs dont la virgule est avancée vers la gauche dans chacun d'eux ; de sorte que le produit des dénominateurs sera l'unité suivie d'autant de zéro qu'il y a de rangs occupés à la droite de la virgule dans les deux facteurs. On désignera donc le dénominateur du produit, en avançant dans ce produit la virgule vers la gauche, d'autant de rangs qu'elle est avancée dans le multiplicande et dans le multiplicateur.

Soit à multiplier 7,635 *par* 3,27. J'observe que le multiplicande est ici une fraction qui a pour numérateur 7635, et pour dénominateur 1000, tandis que le multiplicateur a 327 pour numérateur, et 100 pour dénominateur. D'après la multiplication des fractions, on multipliera donc 7635 par 327, c'est-à-dire, les nombres donnés l'un par l'autre, en faisant abstraction de la virgule ; et, au produit, on donnera pour dénominateur 1000 multiplié par 100 ou 100000, c'est-à-dire, que dans le produit, on avancera la virgule vers la gauche de cinq rangs, ou bien d'autant de rangs qu'il y en a d'occupés à la droite de la virgule dans les deux facteurs.

Ainsi, *pour multiplier une fraction décimale par un nombre entier, ou une fraction décimale par une autre, on doit multiplier les deux facteurs, sans faire attention à la virgule, et, dans le produit, avancer la virgule vers la gauche d'autant de rangs, qu'il y en a d'occupés à la droite de la virgule dans les deux facteurs.*

Il suit de cette règle, que, *si l'on avoit à former un produit de plusieurs fractions décimales, il faudroit multiplier celles-ci comme on multiplie des facteurs entiers, et avancer dans le produit la virgule vers la gauche, d'autant de rangs qu'il y en a d'occupés à la droite de la virgule, dans tous les facteurs.*

Remarque. Dans la multiplication des fractions décimales, il peut arriver que les facteurs aient beaucoup de rangs occupés à la droite de la virgule, ce qui donneroit au produit, des unités décimales d'un ordre très-inférieur ; et, comme rarement on a besoin d'avoir au résultat un si grand nombre de décimales, il seroit bien utile d'avoir une méthode abrégée pour obtenir les produits à moins d'une unité décimale d'un ordre donné.

*** PROBLÊME LIII.

Multiplier une fraction décimale par une autre, de manière que le produit trouvé ne diffère pas du véritable d'une unité décimale d'un ordre donné.

SOLUTION. Proposons-nous de multiplier 3,4567 par 8,793 , et d'obtenir un produit qui ne diffère pas du véritable d'un centième. Nous pourrons donc ne pas multiplier les chiffres du multiplicande dont le produit par ceux du multiplicateur ne sauroit fournir aucune unité de centième.

Or, en prenant le cas le plus défavorable, c'est-à-dire, celui où tous les chiffres que l'on négligeroit au multiplicande seroient des 9, ceux du multiplicateur l'étant aussi, il est évident que, si l'on eût effectué toutes les multiplications, on auroit eu 8 unités de plus à ajouter au dernier chiffre que l'on conserve, plus 9 unités de tous les ordres inférieurs jusqu'au dernier chiffre à droite qui seroit 1.

En effet, supposons que le multiplicande soit 0,4786999 et que l'on veuille négliger les chiffres au-dessous des dix-millièmes : en multipliant seulement 0,4786 par 9 , on aura 4,3074 , tandis qu'en ne négligeant rien , on trouvera 4,3082991 ; de sorte que, si l'on prend la différence entre ces deux produits, on trouvera que l'erreur commise est 0,0008991.

On conclura donc que le MAXIMUM *d'erreur pour chaque produit partiel est 8 unités du dernier chiffre que l'on conserve au multiplicande, plus 9 unités de chaque ordre inférieur.*

D'où l'on voit qu'en prenant cette erreur dix fois, elle ne donneroit aucune unité au chiffre plus avancé de deux rangs vers la gauche que celui auquel on s'est arrêté au multiplicande.

Ainsi, dans le cas où l'on s'arrêteroit aux dix-millièmes , le *maximum* d'erreur de chaque produit partiel seroit 0,0008999 , etc., et dix produits partiels qui donneroient la même erreur en occasionneroient une au produit total exprimée seulement par 0,008999, etc.

De là nous conclurons que *toutes les fois que l'on n'aura pas plus de 10 et même de 12 chiffres au multiplicateur, on ne pourra avoir une unité d'erreur sur le chiffre plus avancé de deux rangs vers la gauche par rapport à celui auquel on s'est arrêté dans le multiplicande.*

D'après cela, voulant ici avoir le produit de 3,4567 par 8,793, à moins d'un centième, on pourra ne pas multiplier les chiffres qui donneroient moins que des dix millièmes, puisque, n'ayant que quatre chiffres au multiplicateur, nous n'avons point à craindre l'erreur d'une unité pour le chiffre supérieur de deux rangs à celui des dix millièmes, c'est-à-dire, celui d'un centième.

Ainsi, commençant à multiplier par les 8 unités du multiplicateur, je vois qu'il faut prendre tous les chiffres du multiplicande, parce que, des dix millièmes par des unités donnent des dix millièmes. Mais le produit des dix millièmes du multiplicande par les 7 dixièmes du multiplicateur ayant 5 décimales, je néglige de multiplier le chiffre 7 des dix millièmes, et je ne commence qu'au chiffre 6.

Semblablement, lorsque je multiplierai par le chiffre 9 placé au second rang à la droite des unités, je ne commencerai la multiplication que sur le chiffre 5, dont le rang à droite de la virgule ajouté à celui du chiffre multiplicateur 9, est égal à 4. Passant ensuite au chiffre 3 situé au 3e. rang par rapport à la virgule, on commencera la multiplication au chiffre 4, le 1er. après la virgule dans le multiplicande ; ainsi de suite, si l'on avoit plus de chiffres au multiplicateur.

On peut donc établir pour règle, *qu'en multipliant par chaque chiffre du multiplicateur, il faut commencer par celui du multiplicande, placé à un rang qui, ajouté au rang du chiffre multiplicateur, donne un nombre de décimales supérieur de deux rangs à celui des unités de l'espèce à laquelle on veut s'arrêter dans le résultat, et négliger tous les chiffres du multiplicande qui sont à droite.*

D'après cette règle, *on placera sous le multiplicande le chiffre des unités du multiplicateur, deux rangs à droite de celui du chiffre à l'espèce duquel on veut s'arrêter; on écrira de droite à gauche les autres chiffres du multiplicateur, en les prenant de gauche à droite ; et, à chaque multiplication, on négligera dans le multiplicande les chiffres placés à la droite du chiffre multiplicateur.*

$$
\begin{array}{r}
3,4567 \\
3978 \\
\hline
27,6536 \\
2,4192 \\
3105 \\
102 \\
\hline
30,3935 \\
\hline
\end{array}
$$

L'opération faite, on supprimera, dans le produit, les deux derniers chiffres à droite, ayant l'attention cependant, pour diminuer l'erreur, d'augmenter de 1 le dernier chiffre conservé, si les deux chiffres supprimés surpassent la moitié de l'unité la plus petite qui reste au produit.

Appliquant cette règle à l'exemple proposé, et faisant l'opération telle qu'on la voit ici, on trouvera au produit 30,3935 ; et, en supprimant les deux derniers chiffres 35, on aura à moins d'un centième le produit de 3,4567 par 8,793.

** PROBLÊME LIV.

Elever une fraction décimale à une puissance d'un degré donné.

SOLUTION. Les décimales étant des fractions dont on n'écrit que le numérateur, et dont le dénominateur est désigné par le nombre des rangs dont on a avancé la virgule vers la gauche, doivent être assujéties aux mêmes règles que les fractions ordinaires.

Or, pour élever celles-ci à une puissance quelconque, il faut en élever les deux termes à cette puissance. De plus, quand on veut avoir une certaine puissance de l'unité suivie de zéro, il suffit d'écrire à la suite de l'unité autant de fois les zéro de la racine, que le marque le degré de la puissance.

Ainsi, *pour élever à une puissance d'un degré donné, une fraction décimale ecrite sous la forme de nombre entier, il faut opérer d'abord comme si la virgule n'y étoit pas ;*

et avancer ensuite cette virgule vers la gauche d'un nombre de rangs indiqué par le nombre des décimales de la racine multiplié par le degré de la puissance.

On seroit parvenu à la même règle, en partant du principe que le produit d'un nombre quelconque de fractions décimales renferme autant de décimales qu'il y en a dans tous ses facteurs; d'où l'on voit que *les facteurs étant égaux, on aura à la puissance le nombre des décimales de la racine multiplié par le degré de la puissance.*

De la Décomposition des Fractions décimales.

*** PROBLÊME LV.

Soustraire une fraction décimale d'une autre.

SOLUTION. On réduira les deux fractions décimales au même dénominateur, en écrivant à la droite de celle qui a le moins de rangs occupés à la droite de la virgule, assez de zéro, pour que cette virgule soit avancée vers la gauche d'un même nombre de rangs dans les deux fractions. Ensuite, on prendra la différence des numérateurs, c'est-à-dire, des nombres donnés, comme s'ils n'étoient que des nombres entiers ; et, à cette différence, on donnera le dénominateur commun, en avançant la virgule vers la gauche, d'autant de rangs qu'elle étoit avancée dans l'un des nombres donnés.

Cette règle pourroit encore se réduire de la manière dont on a additionné deux fractions décimales.

*** PROBLÊME LVI.

Diviser une fraction décimale par un nombre entier, ensuite un nombre entier par une fraction décimale, et enfin une fraction décimale par une autre.

** SOLUTION. En se rappelant la manière dont on opéreroit, si, au lieu de fractions décimales, on avoit des fractions ordinaires, et en écrivant les premières avec leurs dénominateurs, on verra les opérations à faire pour obtenir les divers résultats demandés.

Mais, pour éclaircir ce procédé, *proposons-nous d'abord de diviser* 18,59 *par* 14. J'observe qu'il s'agit ici de diviser la fraction $\frac{1859}{100}$ par 14; ou bien, de diviser 1859 par 14, suivant les règles ordinaires, et ensuite par 100, en avançant la virgule dans le quotient, de deux rangs vers la gauche.

S'il falloit diviser 423 *par* 2,84, l'opération consisteroit à multiplier 423 par la fraction diviseur $\frac{284}{100}$ renversée ; ou bien à multiplier 423 par 100, et à diviser par 284 le produit 42300. D'où l'on voit que *pour diviser un nombre entier par une fraction décimale, on écrit à la droite du dividende, autant de zéro qu'il y a de décimales au diviseur, et l'on fait la division comme pour les nombres entiers.*

Enfin *qu'il s'agisse de diviser* 85,97 *par* 27,548. J'observe qu'en écrivant ces nombres sous la forme de fractions ordinaires, on aura $\frac{8597}{100}$ à diviser par $\frac{27548}{1000}$, ou bien 8597 par $\frac{27548}{10}$, en multipliant par 100 le dividende et le diviseur, ce qui ne doit pas changer le quotient. L'opération sera donc ramenée à multiplier 8597 par $\frac{10}{27548}$; c'est-à-dire, à completter par un zéro les décimales du dividende, de cette manière, 85,970, et à diviser sans égard pour la virgule.

S'il avoit fallu diviser une fraction décimale par une autre qui auroit eu moins de décimales que la fraction dividende, par exemple, 96,7432 par 35,83 ; l'opération eût été réduite à diviser $\frac{967432}{10000}$ par $\frac{3583}{100}$, ou $\frac{967432}{100}$ par 3583, ou bien 967432 par 3583, et ensuite le quotient par 100 ; *ce qui revient à diviser les nombres donnés comme s'ils étoient entiers, et à avancer la virgule, dans le quotient, d'un nombre de rangs vers la gauche égal à l'excès du nombre des décimales du dividende sur celui des décimales du diviseur.*

*** **AUTRE SOLUTION.** Puisque les nombres qui expriment des unités de même espèce se contiennent comme les nombres de leurs unités, il s'ensuit qu'en réduisant au même dénominateur le dividende et le diviseur, on n'aura plus qu'à diviser un nombre entier par un autre. Or, cette réduction se fait toujours en complettant par des zéro écrits à la droite, celui des deux nombres qui a le moins de décimales; de sorte que nous pourrons établir la règle suivante.

Pour diviser une fraction décimale par un nombre entier, ou un nombre entier par une fraction décimale, ou une fraction décimale par une autre, on complettera par des zéro celui des deux nombres qui a le moins de décimales, et l'on fera la division comme si la virgule n'y étoit pas; ayant soin cependant, pour simplifier, de supprimer les zéro communs qui se trouveroient à la droite du dividende et à celle du diviseur.

* PROBLEME LVII.

Etant donnés deux nombres qui renferment beaucoup de décimales, on demande de les diviser l'un par l'autre, de manière que le quotient ne diffère pas d'une unité décimale déterminée, par exemple, d'un centième.

SOLUTION. Soit le nombre 3o,3947631, à diviser par 3,4567, de manière que le quotient ne puisse pas avoir une erreur d'un centième.

Pour simplifier l'opération, commençons par supprimer les trois derniers chiffres 631 du dividende ; et, comme alors les moindres unités seront des dix millièmes, nous négligerons, en multipliant le diviseur par le quotient, les unités inférieures aux dix millièmes, ce qui reviendra à n'employer que 3,456 pour second diviseur, 3,45 pour troisième, 3,4 pour quatrième, et 3 seulement pour cinquième.

$$\begin{array}{r|l} 3o,3947 & 3,4567 \\ 2,7411 & \overline{} \\ 3219 & 8,7934 \\ 114 & \\ 12 & \\ 0 & \end{array}$$

Effectuons donc ces opérations, et voyons si le quotient sera affecté de moins ou de plus d'un centième d'erreur.

Le premier dividende partiel sera le dividende total diminué de 0,0000631. Divisant 3o par 3, on aura 8 au quotient ; multipliant tout le diviseur par 8, et soustrayant le produit, on aura un premier reste 2,7411 ; continuant à diviser les 27 dixièmes de ce reste par les 3 unités du diviseur, on aura 7 dixièmes au quotient ; et comme le second dividende ne renferme pas des unités au-dessous des dix millièmes, il faudra, dans la multiplication du diviseur par les 7 dixièmes du quotient, ne pas descendre au-dessous des dix millièmes, ce que l'on fera en ne multipliant pas le chiffre 7 des dix millièmes du diviseur. On multipliera donc 3,456 par 0,7, et retranchant le produit du premier reste, on trouvera o,3219 pour second reste ; opérant sur celui-ci comme sur le précédent, on obtiendra o,o9 au quotient. Ici il faudra, pour n'avoir que des dix millièmes au produit, multiplier seulement 3,45 par 0,09, et après la soustraction, on aura o,o114 pour troisième reste ; poursuivant la division, on trouvera o,oo3 au quotient ; et, après avoir multiplié 3,4 par 0,003, et retranché le produit du 3me. reste, on arrivera à un 4me. reste 0,0012 qui donnera 0,0004 pour quotient : multipliant enfin 3 par 0,0004, et retranchant le produit du dernier reste, il viendra zéro. De sorte que le quotient trouvé sera 8,7934.

Il nous reste maintenant à voir jusqu'à quel point les chiffres omis dans le dividende et dans le diviseur ont pu influer sur le quotient.

Il est clair d'abord que chaque unité retranchée du dividende, donne un quotient trop petit de cette unité divisée par le diviseur. Ainsi, les 0,0000631 retranchés du dividende, rendront le quotient trop petit de $\dfrac{0,0000631}{3,4567}$ ou de $\dfrac{631}{3,4567000}$, ou à-peu-près de 0,0000182.

Mais lorsque l'on a multiplié 3,456 par 0,7, on a négligé de multiplier 0,0007 par 0,7 ; ce qui a dû donner un produit partiel trop petit de 0,00049, et par conséquent le reste 0,3219 trop grand de 0,09049.

Semblablement, la multiplication de 3,45 par 0,09 a donné un produit trop petit de 0,0067 × 0,09, ou de 0,000603, et le reste 0,0114 trop grand de ce même nombre. Ensuite, en ne multipliant que 3,4 par 0,003, le produit résultant a été trop petit de 0,0567 × 0,003, ou de 0,0001701 ; par conséquent, le reste 0,0012 s'est trouvé trop grand de 0,0001701. Enfin, en multipliant 3 par 0,0004, on a eu un produit trop petit de 0,4567 × 0,0004, et un reste trop grand de 0,00018268.

Additionnant donc toutes ces unités que l'on a ajoutées de trop aux divers dividendes partiels, on trouvera que l'erreur totale dont les dividendes ont été affectés est exprimée par 0,00144578 ; mais comme on avoit diminué de 0,0000631 ces mêmes dividendes, il s'ensuit que l'erreur en plus a été réduite à... 0,00138268. Par conséquent, le quotient est trop grand d'une quantité moindre que.....

$$\begin{aligned}
&0,00049\\
&0,000603\\
&0,0001701\\
&0,00018268\\
\hline
&0,00144578\\
&0,0000631\\
\hline
&0,00138268
\end{aligned}$$

$\dfrac{0,0014}{3,4567}$, ou $\dfrac{14}{34567}$, ou à-peu-près 0,00044 : retranchant donc 0,00044 du quotient trouvé 8,7934, on aura retranché une quantité trop grande, ce qui donnera un quotient trop petit, exprimé par 8,79296. Ainsi le vrai quotient tombe entre 8,7934 et 8,79296.

Si pour mieux connoître les causes d'erreur, on examine atten-tivement le tableau précédent, on verra d'abord que l'erreur en plus qui affecte les dividendes partiels, doit diminuer à mesure que les derniers chiffres à droite retranchés du dividende sont plus grands ; ensuite, que cette erreur diminue lorsque les chiffres du diviseur sont plus petits , et qu'il en est de même par rapport à ceux du quotient.

D'où nous conclurons que, *dans la division des décimales, on peut abréger l'opération, en supprimant un certain nombre de chiffres décimaux à la droite du dividende et du divi-seur, dans le cas sur tout où les chiffres retranchés du divi-dende sont fort grands, relativement aux chiffres du diviseur.*

✳✳✳ PROBLÊME LVIII.

Extraire d'une fraction décimale la racine 2ᵉ., *ou* 3ᵉ., *ou* 4ᵉ., *ou, en général, la racine d'un degré quelconque.*

SOLUTION. Il faut ici suivre évidemment la même marche que pour l'extraction des racines des fractions. On commencera donc par rendre le dénominateur puissance parfaite du degré donné. Or, le dénominateur d'une fraction décimale étant toujours l'unité suivie d'un nombre quelconque de zéro, et la puissance de l'unité suivie d'un ou de plusieurs zéro étant toujours 1, ayant à sa droite autant de zéro qu'il y en a dans les facteurs égaux qui forment la puis-sance ; il s'ensuit que *l'unité suivie d'un nombre quelconque de zéro, étant élevée à une certaine puissance, donnera* 1 *accompagné d'un nombre de zéro égal au produit du nombre des zéro de la racine par le degré de la puissance.*

Ainsi, les carrés de 10, de 100, de 1000, etc., auront le double des zéro de leurs racines, et seront 100, 10000, 1000000 ; leurs cubes auront le triple des zéro de la racine et seront 1000, 1000000, 1000000000, etc. ; les quatrièmes puissances auront quatre fois autant de zéro que les racines, ainsi de suite ; et, comme dans les fractions décimales, les zéro du dénominateur sont désignés par le nombre des rang occupés à la droite de la virgule, on en con-clura qu'*une fraction décimale ne peut avoir pour dénominateur un carré, ou un cube, ou une quatrième, ou, en général, une puissance quelconque, si le nombre de ses décimales n'est multiple de 2, ou de 3, ou de 4, ou, en général, du degré de la puissance.*

De sorte que, *pour extraire une certaine racine d'une fraction décimale, on écrira à la droite de cette fraction assez de zero pour que le nombre des rangs occupés à la droite de la virgule soit un multiple du degré de la racine; on extraiera ensuite cette racine, en faisant abstraction de la virgule, et enfin, dans cette racine, on placera la virgule à un rang vers la gauche, indiqué par le nombre des décimales de la puissance divisé par le degré de la racine.*

D'après cela, si l'on demandoit la racine troisième de 6,4324, on commenceroit par mettre deux zéro à la droite de ce nombre, ce qui donneroit 6,432400; on extraieroit ensuite la racine troisième de 6,432400; et enfin, dans le résultat 185, on placeroit la virgule vers la gauche à un rang désigné par $\frac{6}{3}$, c'est-à-dire, par 2: de sorte que la racine troisième de 6,4324 seroit exprimée à moins d'un centième, par 1,85.

REMARQUE 1. En divisant un nombre entier par un autre, on a remarqué que le quotient trouvé en nombre entier ne différoit pas du véritable d'une unité simple : d'où l'on voit que, si ce quotient exprimoit des 10mes., ou des 100$^{\text{m.s}}$., ou des 1000mes., ou etc. de l'unité, le quotient ne différeroit pas du vrai quotient, d'un 10me., ou d'un 100me., ou d'un 1000me., etc.

Or, si le quotient représentoit des 10mes., ou des 100me., ou des 1000mes., etc., il donneroit, étant multiplié par le diviseur qui est un nombre entier, des 10mes., ou des 100mes., ou des 1000mes., etc., au produit, c'est-à-dire, au dividende. De là nous conclurons que, pour avoir des 10mes., ou des 100mes., ou des 1000mes. etc. au quotient, le diviseur étant un nombre entier, il faut en avoir au dividende.

Or, pour que le dividende qui représente des unités entières, exprime des 10mes., ou des 100mes., ou des

1000mes., etc., il faut qu'il en renferme 10, ou 100, ou 1000, etc. fois plus.

Ainsi, *pour avoir un quotient à moins de $\frac{1}{10}$, ou de $\frac{1}{100}$, ou de $\frac{1}{1000}$, etc., on multipliera le dividende par 10, ou par 100, ou par 1000, etc., et, au quotient, on avancera la virgule vers la gauche de 1, ou de 2, ou de 3, ou etc. rangs.*

REMARQUE II. Les fractions étant les quotiens de leurs numérateurs par leurs dénominateurs, il s'ensuit que l'on peut toujours les exprimer en décimales, sinon exactement, au moins par approximation. Cette transformation est d'autant plus utile, que la forme que peuvent prendre les décimales simplifie beaucoup les calculs.

Examinons donc comment une fraction ordinaire se transforme en décimales ; dans quels cas cette transformation se fait exactement ; et, pour les cas où la transformation n'est pas exacte, tâchons de découvrir la loi qui lie la fraction avec son expression en décimales, afin d'obtenir plus aisément ces valeurs approchées.

** PROBLÊME LIX.

Étant donnée une fraction ordinaire, on demande de la transformer en fraction décimale.

SOLUTION. Puisque les fractions sont des quotiens dont les numérateurs sont les dividendes et les dénominateurs les diviseurs, on n'aura qu'à multiplier leurs numérateurs par 10, ou par 100, ou par 1000, etc., et à diviser ces produits par les dénominateurs, pour avoir aux quotiens des 10mes., ou des 100mes., ou des 1000mes.

qui exprimeront exactement ou approximativement les fractions données.

On peut être conduit à la même règle, en observant que la multiplication du numérateur d'une fraction par 10, ou par 100, ou par 1000, etc. rendant la fraction 10, ou 100, ou 1000 etc. fois trop grande, le quotient que l'on trouvera, en divisant par le dénominateur le produit du numérateur, sera 10, ou 100, ou 1000, etc. fois trop grand ; c'est pourquoi on le rectifiera, en lui faisant représenter des dixièmes, ou des centièmes, ou des millièmes, etc., c'est-à-dire, en avançant dans le quotient la virgule vers la gauche de 1, ou de 2, ou de 3 rangs, et, en général, d'autant de rangs que l'on a mis de zéro à la droite du numérateur ; ce qui donnera en décimales une valeur qui ne différera pas de $\frac{1}{10}$, ou de $\frac{1}{100}$, ou de $\frac{1}{1000}$, etc. de la fraction donnée, suivant que l'on aura écrit à la droite du numérateur 1, ou 2, ou 3, etc. zéro.

D'après cela, pour transformer en décimales, en millièmes, par exemple, la fraction $\frac{6}{7}$, j'observe qu'en multipliant le numérateur par 1000, j'aurai $\frac{6000}{7}$. Effectuant la division par 7, il viendra au quotient 857 ; mais ayant multiplié la fraction par 1000, il faudra que le nombre 857, qui doit la représenter, soit divisé par 1000 ; et c'est ce que l'on fera en avançant la virgule de 3 rangs vers la gauche, de cette manière, 0,857. De sorte que la fraction $\frac{6}{7}$ aura pour valeur approchée, à moins de $\frac{1}{1000}$, la fraction décimale 0,857 ; c'est-à-dire, que la fraction $\frac{6}{7}$ tombera entre 0,857 et 0,858.

** PROBLÊME LX.

Dans quel cas, une fraction ordinaire peut-elle se transformer exactement en fraction décimale ?

SOLUTION. Nous venons de voir que, pour transformer une fraction ordinaire en décimales, il faut mettre des zéro à la droite du numérateur, et diviser par le dénominateur. Or, en écrivant des zéro à la droite du numérateur, on multiplie ce dernier par 10, ou par 100, ou par 1000, etc. ; de sorte que l'on a un dividende dont un facteur est le numérateur de la fraction primitive, et l'autre facteur est 10, ou 100, ou 1000, etc. Or, pour que le diviseur divisât exactement le dividende, il faudroit qu'il divisât l'un au moins des facteurs de ce dividende; et, comme il est premier par rapport au facteur qui est le numérateur de la fraction donnée, il faudra qu'il divise le facteur 10, ou 100, ou 1000, etc. Mais 10 n'a pour diviseurs premiers que 2 et 5 ; les nombres 100, 1000, 10000, etc., n'étant que des puissances de 10, n'auront pour facteurs que des puissances de 2 et de 5 ; par conséquent,

. *Une fraction ordinaire ne peut être exprimée exactement en décimales, que dans le cas où son dénominateur est une puissance de 2 ou de 5, ou bien le produit d'une puissance de 2 par une puissance de 5.*

Dans le cas où le dénominateur ne rempliroit pas ces conditions, la division ne pourroit être continuée à l'infini. Mais, si l'on observe que les restes d'une division doivent être toujours plus petits que le diviseur, qui est ici le dénominateur de la fraction, on verra que ces restes ne peuvent aller à l'infini, puisque ce dénominateur leur sert de limite : par conséquent, si les divisions se continuent à l'infini, il arrivera nécessairement que les restes déjà trouvés, reparoîtront; autrement on ne pourroit continuer les divisions.

Or, dès que l'un des restes déjà trouvés reparoîtra, on devra obtenir au quotient le même chiffre que la première fois, puisque le dividende et le diviseur seront les mêmes que la première fois que l'on a eu ce reste : donc le reste suivant devra être le même que celui déja obtenu, puisque rien n'a changé, excepté l'espèce des unités du chiffre du dividende partiel; mais ce changement n'en produira que sur l'espèce des unités du chiffre du quotient, et non sur le nombre de ces unités.

Ainsi, *lorsque, dans la réduction d'une fraction ordinaire en décimales, l'un des restes déja obtenus reparoît; tous les restes successifs reparoissent dans le même ordre; et l'on a au quotient une suite de chiffres, les mêmes que les précédens, et disposés entre eux de la même manière : de sorte qu'alors les quotiens sont des fractions décimales que nous nommerons périodiques.*

★★ PROBLÉME LXI.

Trouver un moyen simple et facile de transformer une fraction ordinaire en fraction décimale périodique.

SOLUTION. Pour simplifier cette transformation, il faudroit connoître la loi d'après laquelle se forment les fractions périodiques. Or, le moyen le plus simple et le plus naturel est de développer quelques fractions ordinaires en décimales, et d'observer les circonstances de ce développement propres à conduire à la simplification demandée.

Mais au lieu de transformer plusieurs unités fractionnaires, il sera plus simple de n'en prendre qu'une de chaque sorte, et même de ne prendre d'abord que celles dont le dénominateur est un nombre premier, parce qu'il sera aisé de passer de ces dernières à celles qui sont désignées par des nombres multiples.

Ainsi, commençons par développer en décimales les fractions $\frac{1}{7}$, $\frac{1}{11}$, $\frac{1}{13}$ et $\frac{1}{17}$.

Après avoir fait le calcul tel qu'on le voit ici à côté, on trouvera

$\frac{1}{3} = 0,3333$, etc.

$\frac{1}{7} = 0,142857\ 142857$, etc.

$\frac{1}{11} = 0,0909$, etc.

$\frac{1}{13} = 0,076923\ 076923$, etc.

$\frac{1}{17} = 0,05882352.94117647\ 058$
etc.

Or, si l'on observe dans ce calcul la loi que suivent les restes et celle qui lie entre eux les chiffres d'un même quotient, on verra

1°. Que dans toutes ces divisions par des nombres premiers, on est toujours parvenu à avoir 1 pour reste, et ensuite le premier dividende ; ce qui a fait recommencer la période au premier chiffre décimal ; 2°. qu'à l'exception des divisions par 3 et par 11, où l'on n'a pas eu plus de deux restes différens, dans toutes les autres, on est arrivé à un reste qui n'étoit inférieur au diviseur que de 1 ; et que, dès cet instant, tous les restes y compris ce dernier, étant ajoutés successivement chacun aux restes précédens à partir du premier, on retrouvoit toujours le diviseur pour somme, tandis que les chiffres trouvés au quotient étant ajoutés chacun

```
10 |3
 1 |‾0,333  etc.

10 |7
30 |‾0,142857  1 etc.
20
 60
  40
  50
   10

10  |11
100 |‾0,0909 etc.
 10

10  |13
100 |‾0,076.923   076923 etc.
 90
 120
  30
  40
   10

10  |17
100 |‾0,05882352.94117647
150
 140
  40
  60
   90
   50
    160
     70
      20
       30
       130
        110
         80
         120
          10
```

successivement aux précédens à partir de la gauche, donnoient toujours 9.

De sorte que, *si cette loi étoit générale* (comme tout porte à le croire, et comme nous tâcherons de le prouver ensuite), *il faudroit, pour réduire en décimales une unité fractionnaire dont le dénominateur seroit un nombre premier, ne pousser la division que jusqu'au reste inférieur d'une unité au diviseur, et completter le quotient, en y mettant des chiffres qui fussent chacun successivement les complémens à 9 des chiffres déja trouvés, à commencer par celui des dixièmes inclusivement.*

Les chiffres d'une période étant deux à deux complémens à 9, il s'ensuit que *la somme de tous les chiffres de la période est un multiple de 9*, et par conséquent, que *la période est divisible elle-même par 9*.

On peut encore remarquer ici que le dividende qui donne les dixièmes étant 10, on aura 0 pour les dixièmes, si le diviseur est un nombre de deux chiffres. Dans le cas où le diviseur seroit composé de trois chiffres, on ne pourroit effectuer ni la division de 10, ni celle de 100, ce qui donneroit 0 pour les dixièmes, et 0 pour les centièmes. En général, *dans la réduction en fractions périodiques décimales, les unités fractionnaires dont le dénominateur est un nombre premier, excepté 2 et 5, on trouve autant de rangs occupés par zéro à la droite de la virgule, qu'il y a de chiffres moins un dans le diviseur.*

Passons maintenant aux expressions décimales des unités fractionnaires dont le dénominateur est 2 ou 5, ou des nombres multiples de ceux-ci : cherchons donc à transformer en décimales les unités fractionnaires suivantes :

$$\frac{1}{2}, \ \frac{1}{4}, \ \frac{1}{5}, \ \frac{1}{6}, \ \frac{1}{8}, \ \frac{1}{9}, \ \frac{1}{12}, \ \frac{1}{14}, \ \frac{1}{15}, \ \frac{1}{16} \ \text{et} \ \frac{1}{18}.$$

Quant à celles de ces fractions dont les dénominateurs sont 2 ou 5, ou des puissances de 2, on les exprimera exactement ; et l'on trouvera

$$\frac{1}{2} = 0{,}5 ; \quad \frac{1}{4} = 0{,}25 ; \quad \frac{1}{5} = 0{,}2 ; \quad \frac{1}{8} = 0{,}125 ; \quad \frac{1}{16} = 0{,}0625 ;$$

mais pour les autres, on observera que $\frac{1}{6} = \frac{1}{2} \times \frac{1}{3}$; que $\frac{1}{9} = \frac{1}{3} \times \frac{1}{3}$;

que $\frac{1}{12} = \frac{1}{4} \times \frac{1}{3}$; que $\frac{1}{14} = \frac{1}{2} \times \frac{1}{7}$; que $\frac{1}{15} = \frac{1}{3} \times \frac{1}{5}$; et que $\frac{1}{18} = \frac{1}{2} \times \frac{1}{9}$.

De sorte que, pour faire ces transformations, il n'y a qu'à prendre les expressions trouvées ci-dessus et les multiplier de manière que les premières décimales à gauche ne soient point altérées.

Ainsi, l'on aura la valeur de $\frac{1}{6}$ en multipliant 0,5 par 0,33333, etc, et pour le faire plus commodément, on multipliera 0,5 par les chiffres du multiplicateur 0,33333, etc. en prenant ces derniers de gauche à droite, comme on le voit ici, et l'on aura $\frac{1}{6} = 0{,}16666$, etc.

Pour $\frac{1}{9}$ on prendra $\frac{1}{7}$ de 0,33333, etc., ce qui donnera $\frac{1}{9} = 0{,}11111$, etc.

A l'égard de $\frac{1}{12}$, on peut, ou prendre $\frac{1}{4}$ 0,3333, etc, ou multiplier 0,25 par 0,3333, etc., et l'on aura $\frac{1}{12} = 0{,}08333$, etc.

Pour $\frac{1}{14}$, on multipliera 0,5 par 0,142857, etc., et l'on trouvera $\frac{1}{14} = 0{,}07142857$, etc.

Semblablement, en multipliant 0,2 par 0,333, etc., et ensuite 0,5 par 0,1111, etc., on obtiendra $\frac{1}{15} = 0{,}0666$, etc., et........ $\frac{1}{18} = 0{,}05555$, etc.

Ainsi de suite pour les autres unités fractionnaires.

Si l'on examine attentivement la manière dont ces résultats se sont formés, on verra 1°. qu'en multipliant 0,5 par 0,3333, ensuite, 0,5 par 0,142857, etc., et en général, que toutes les fois que l'on a multiplié une fraction décimale ne renfermant que des dixièmes par une fraction périodique, la période n'a commencé qu'aux centièmes, par la raison que tous les produits reculent d'un rang plus à droite, la colonne des dixièmes n'a qu'un seul chiffre, tandis que toutes les autres colonnes ont chacune deux chiffres.

2°. Qu'en multipliant 0,25 par 0,3333, etc.,

$$
\begin{array}{l}
0,5 \\
0,3333 \text{ etc.} \\
\hline
0,15 \\
15 \\
15 \\
15 \\
15 \\
\text{etc.} \\
\hline
0,16666 \text{ etc.}
\end{array}
$$

$$
\begin{array}{l}
0,25 \\
0,33333 \text{ etc.} \\
\hline
0,075 \\
75 \\
75 \\
75 \\
75 \\
\text{etc.} \\
\hline
0,083333 \text{ etc.}
\end{array}
$$

$$
\begin{array}{l}
0,5 \\
0,142857 \text{ etc.} \\
0,05 \\
20 \\
10 \\
40 \\
25 \\
35 \\
5 \\
20 \\
\text{etc.} \\
\hline
0,07142857 \text{ etc.}
\end{array}
$$

c'est-à-dire, une fraction décimale qui a deux chiffres par une fraction décimale périodique, tous les chiffres du second produit partiel ont reculé de deux rangs vers la droite, et ceux des autres produits ont reculé chacun d'un rang, ce qui a laissé le chiffre des dixièmes, et celui des centièmes seuls, tandis que, dans les autres colonnes, il y a toujours deux chiffres ; de sorte que la régularité ne doit commencer qu'au troisième chiffre inclusivement.

Et comme le nombre des décimales du multiplicande recule toujours le second produit partiel, de ce nombre de rangs vers la droite, il s'ensuit en général, qu'*en multipliant une fraction décimale finie, par une fraction décimale périodique, il y aura à la droite de la virgule autant de chiffres n'appartenant pas à la période, que la fraction décimale finie avoit de rangs occupés à la droite de la virgule.*

D'où l'on voit que, *lorsque l'on divise une fraction décimale périodique par des puissances de 2 ou de 5, ou par le produit de puissances de 2 par des puissances de 5, il y a à la droite de la virgule autant de chiffres n'appartenant point à la période, qu'il y a d'unités dans les degrés des puissances de 2 ou de 5 par lesquelles on a divisé.*

Sachant exprimer en décimales périodiques les unités fractionnaires, on auroit l'expression des fractions, en multipliant par les numérateurs de celles-ci les valeurs en décimales des unités fractionnaires qui appartiennent à ces fractions.

★ ★ PROBLÊME LXII.

Une fraction décimale périodique étant donnée, trouver la fraction ordinaire d'où elle dérive.

Solution. Il peut arriver que la période soit d'un, ou de deux ou de trois, et en général de plusieurs chiffres. Il peut arriver aussi que la période commence immédiatement après la virgule, ou seulement plusieurs rangs après. Parcourons ces divers cas.

1°. Soit une période d'un seul chiffre, par exemple, 0,777, etc. Cette période peut être regardée comme le produit de 7 par 0,11111 etc.

Or, nous avons trouvé ci-dessus que $0,11111$, etc. $= \frac{1}{9}$; par conséquent $0,777$, etc. $= \frac{7}{9}$.

2°. Soit une période de deux chiffres, telle que celle-ci, $0,4848$, etc. Cette période est le produit de 48 par $0,0101$, etc. Or, nous avons vu précédemment que $\frac{1}{11} = 0,090909$, etc. ; par conséquent, $\frac{1}{99} = 0,010101$, etc. ; de sorte que la fraction périodique............ $0,4848$, etc. $= \frac{48}{99} = \frac{16}{33}$.

3°. Prenons une période décimale de trois chiffres, par exemple, $0,547547$, etc. Cette période est le produit de 547 par $0,001001$, etc. Or, puisque l'on a trouvé $\frac{1}{9} = 0,1111$, etc., et $\frac{1}{99} = 0,010101$, etc. vérifions si l'on auroit $\frac{1}{999} = 0,001001$, etc. Réduisant donc en décimale par la division, la fraction $\frac{1}{999}$, on trouvera au quotient $0,001001$, etc. ; d'où l'on voit que la fraction périodique...... . $0,547547 = \frac{547}{999}$.

Enfin, si l'on observe que $\frac{1}{9999} = 0,00010001$, etc. ; que...... $\frac{1}{99999} = 0,0000100001$, etc. ; et, qu'en général, l'unité fractionnaire dont le dénominateur n'est composé que de 9, est exprimée par une fraction décimale dont la période est 1 précédée d'autant de zéro qu'il y a de 9 moins un dans le dénominateur, on conclura que, *pour trouver la fraction ordinaire qui a pu donner une fraction décimale toute périodique, il faut prendre la période pour numérateur, et lui donner pour dénominateur autant de 9 écrits les uns à la suite des autres, qu'il y a de chiffres dans la période. Dans le cas où la fraction auroit un diviseur commun à ses deux termes, on la simplifieroit.*

4°. Supposons une fraction décimale dont la période ne commence pas aux dixièmes, telle que celle-ci $0,3781981g$, etc. On ramènera ce cas au précédent, en reculant la virgule vers la droite de manière que la partie décimale ne renferme que des chiffres de la période, ce qui donnera $37,8198198$, etc., que l'on exprimera ainsi $37\frac{819}{999}$, d'après la règle précédente. Mais ce résultat est 100 fois trop grand, puisque, dans le nombre proposé, nous avons reculé la virgule de deux rangs vers la droite : il faut donc le rectifier en écrivant... $\frac{37}{100}\frac{819}{999}$; et, comme les deux termes de cette seconde fraction sont divisibles par 9, on effectuera la division, et l'on aura $\frac{37}{100}$ et $\frac{91}{11100}$; additionnant ces fractions, on trouvera $\frac{4182}{11100}$.

De sorte que la fraction décimale $0,3781981g$, etc., a pour valeur exacte la fraction $\frac{4182}{11100}$.

Si l'on cherchoit pour les fractions continues les limites de cette fraction, on trouveroit les valeurs approchées suivantes :

$$\frac{1}{2} \qquad \frac{2}{5} \qquad \frac{14}{37} \qquad \frac{59}{156} \qquad \frac{2099}{5550} \qquad \frac{330}{879} \qquad \frac{45}{119} \qquad \frac{3}{8} \qquad \frac{1}{3} \,,$$

Les quatre premières étant toutes plus grandes, et les quatre dernières plus petites que la fraction $\frac{2099}{5550}$.

Remarque. Les fractions décimales nous ayant fourni une méthode simple de trouver les quotiens par approximation, nous allons les appliquer encore à la recherche des racines approchées des puissances imparfaites.

*** PROBLÊME LXIII.

Extraire à moins d'un dixième, ou d'un centième, ou d'un millième, etc., les racines 2e*.,* 3e*., etc., d'un nombre entier donné.*

Solution. Nous avons vu (prob. XXV) que la racine trouvée par la méthode ordinaire, n'étoit jamais au-dessous de la racine exacte, de la moindre unité qu'elle renferme : par conséquent, on aura la racine à moins de $\frac{1}{10}$, ou de $\frac{1}{100}$, ou de $\frac{1}{1000}$, etc., si le dernier chiffre de la racine trouvée exprime des dixièmes, ou des centièmes, ou des millièmes, etc.; la difficulté est donc réduite à préparer la puissance de manière que la racine représente des dixièmes, ou des centièmes, ou des millièmes, etc. ; et pour cela, il faudra, comme nous l'avons vu (prob. LIV), écrire à la droite de la puissance, un nombre de zéro égal au nombre des décimales que l'on veut à la racine, multiplié par le degré de cette racine. D'où l'on conclura que, *pour extraire d'un nombre entier une certaine racine qui ne diffère pas de la racine exacte, d'un* 10me*., ou d'un* 100me*., ou d'un* 1000me*, etc., on écrira d'abord à la droite du nombre entier donné, un nombre de zéro égal au rang de la décimale demandée, multiplié par le degré de la racine ; ensuite on extraiera la racine* *comme celle d'un nombre entier, et dans cette racine on avancera la virgule vers la gauche d'un nombre de rangs indiqué par le quotient du nombre des zéro écrits à la droite de la puissance divisé par le degré de la racine : de sorte que la racine ainsi trouvée, sera une limite en moins, ne différant pas de la vraie racine d'une unité décimale de sa plus petite espèce ; et, si l'on augmente d'une unité le dernier chiffre à droite, on aura une limite en plus, dont la différence à la racine exacte sera plus petite que l'unité de la moindre espèce trouvée.*

Mais l'extraction des racines devenant très-longue, lorsque la puissance a beaucoup de chiffres, il importeroit d'avoir une méthode d'approximation plus courte que celle de l'extraction des racines avec plusieurs décimales.

** PROBLÊME LXIV.

Ayant trouvé par les décimales deux limites entre lesquelles tombe la racine exacte d'un nombre entier, on demande une méthode abrégée pour avoir d'autres limites plus rapprochées.

Solution. Afin de rendre cette recherche plus facile, proposons-nous de trouver en plus et en moins des valeurs approchées de la racine carrée de 2 ; et, pour cela, commençons par déterminer de cette racine, deux limites qui ne diffèrent entre elles que d'un dix millième. On écrira donc huit zéro à la droite de 2, et après avoir extrait la racine carrée de 200000000, on trouvera 14142 pour la racine de ce nombre à moins d'une unité, et pour reste 3836. De sorte que la racine carrée de 200000000 a pour limites 14142 et 14143, puisque le reste 3836 est plus petit que le double de la racine 14142 plus 1. Par conséquent, la racine carrée de 2 doit tomber entre 1,4142 et 1,4143

Mais il peut arriver que cette racine soit à égale distance de ses deux limites, ou bien qu'elle soit plus rapprochée de l'une que de l'autre. Or, nous avons déjà reconnu (prob. XXV) de quelle grandeur devoit être le reste de la puissance pour que la racine ne pût être augmentée de l'unité; ou bien, quel devoit être l'accroissement de la puissance pour que la racine augmentât de 1 : de sorte que si nous savions quel doit être l'accroissement de la puissance pour $\frac{1}{2}$ d'accroissement de la racine, nous pourrions juger, d'après le reste de l'opération, si la racine peut être augmentée de $\frac{1}{2}$.

Supposons donc la racine trouvée 14142 augmentée de $\frac{1}{2}$; en élevant au carré cette racine ainsi augmentée, on aura un carré composé du carré de 14142, plus le double de 14142 multiplié par $\frac{1}{2}$, ou 14142, plus le carré de $\frac{1}{2}$ ou $\frac{1}{4}$. Par conséquent, la racine carrée 14142 ne peut être augmentée de $\frac{1}{2}$, si, après avoir retranché de 200000000 le carré de 14142, on a un reste moindre que 14142 plus $\frac{1}{4}$; et, comme le reste 3836 est plus petit que la racine 14142, on doit conclure que 14142 $\frac{1}{2}$ est une limite au-dessus de la racine exacte.

Ainsi, *la racine carrée de 2 tombe entre* 1,4142 *et* 1,41425.

Semblablement, on peut chercher quel accroissement prendroit la puissance, si la racine n'augmentoit que de $\frac{1}{4}$. Dans ce cas, si la racine étoit 14142 plus $\frac{1}{4}$, et que l'on élevât cette racine au carré, on auroit le carré de 14142, plus 2 fois 14142 multiplié par $\frac{1}{4}$, ou 14142 par $\frac{1}{2}$, plus le carré de $\frac{1}{4}$ ou $\frac{1}{16}$; par conséquent, après que l'on a retranché du nombre donné le carré de la racine trouvée 14142, on doit avoir au reste $\frac{1}{2} \times 14142$ plus $\frac{1}{16}$, c'est-à-dire, 7071 plus $\frac{1}{16}$; et comme nous n'avons pour reste que 3836, nous conclurons que 14142 $\frac{1}{4}$ est une nouvelle limite au-dessus de la racine.

Ainsi *la racine carrée de 2 tombe entre* 1,4142 *et* 1,414225.

Si l'on ajoutoit $\frac{1}{8}$ à la racine trouvée 14142, on verroit que l'accroissement du carré doit être de $\frac{1}{4} \times 14142$ plus $\frac{1}{64}$, c'est-à-dire, 3535,5 plus $\frac{1}{64}$, pour que la racine puisse être augmentée de $\frac{1}{8}$. Or, le reste 3836 est plus grand que l'accroissement nécessaire à $\frac{1}{8}$; par conséquent, la racine 1,4142 $\frac{1}{8}$ ou 1,4142125 est trop petite.

De sorte que *la racine de 2 tombe entre* 1,4142125 *et* 1,414225.

En continuant à raisonner et à opérer de la même manière, on trouveroit encore des limites plus voisines les unes des autres.

Nous pourrons donc conclure de ce qui précède, et de ce que nous avons dit (prob. XXV).

Qu'une racine carrée trouvée peut être augmentée de 1, ou de $\frac{1}{2}$, ou de $\frac{1}{4}$, ou de $\frac{1}{4}$, lorsque le dernier reste égale ou surpasse le double de cette racine plus 1, ou cette racine plus $\frac{1}{4}$, ou la moitié de cette racine plus $\frac{1}{16}$, ou le quart de la racine trouvée plus $\frac{1}{4}$; et, en général, qu'une racine carrée trouvée peut être augmentée d'un certain nombre, toutes les fois que le dernier reste égale ou surpasse le double de la racine multipliée par le nombre ajouté plus le carré de ce même nombre.

Si l'on fait une semblable recherche pour les racines cubiques, et que l'on raisonne comme on l'a fait, lorsque l'on a voulu connoître les parties de la racine qui entroient dans la composition du cube, on verra *qu'une racine cubique trouvée peut être augmentée d'un certain nombre, toutes les fois que le reste de l'opération égale ou surpasse le triple carré de la racine trouvée, multipliée par le nombre ajouté, plus le triple carré de ce nombre multiplié par la racine trouvée, plus le cube du même nombre.*

Ce principe servira à rapprocher les unes des autres les limites des racines troisièmes, comme le précédent nous a servi à trouver des limites toujours plus approchées des racines carrées.

Les fractions continues donnant les limites des fractions, on pourroit chercher celles des fractions décimales qui limitent déjà la racine exacte, et l'on auroit des limites plus rapprochées. Pour trouver la manière d'appliquer aux méthodes d'approximation les propriétés des fractions continues, nous résoudrons le problème suivant.

** PROBLÊME LXV.

Connoissant en décimales deux limites d'une racine, on demande de trouver d'autres limites plus voisines par le moyen des fractions continues.

Solution. Proposons-nous de trouver des limites de la racine carrée de 2 plus rapprochées entre elles que ne le sont les limites 1,4142 et 1,4143 déterminées précédemment.

En ne prenant d'abord que les fractions de 0,4142 et 0,4143, on voit que, si l'on connoissoit en plus et en moins les limites de ces deux fractions, il faudroit ne prendre des limites de la première que celles qui sont tout à-la-fois plus grandes que la fraction 0,4142 et plus petites que 0,4143, tandis que de la seconde, on ne prendroit que celles qui sont plus petites que 0,4143, et plus grandes que 0,4142. Développons donc en fractions continues les fractions décimales données, et tâchons de remplir, avec les fractions partielles, les conditions prescrites. Après l'opération on trouvera

$$0{,}4142 = \cfrac{1}{2 - \cfrac{1}{2 - \cfrac{1}{2 - \cfrac{1}{2 - \cfrac{1}{1 - \cfrac{1}{1 - \cfrac{1}{29}}}}}}}, \qquad \text{et } 0{,}4143 = \cfrac{1}{2 - \cfrac{1}{2 - \cfrac{1}{2 - \cfrac{1}{1 - \cfrac{1}{1 - \cfrac{1}{3 - \cfrac{1}{1 - \cfrac{1}{2 - \cfrac{1}{3}}}}}}}}}.$$

Or, les fractions partielles étant plus grandes ou plus petites que la fraction développée, suivant que l'on s'arrête en descendant à un dénominateur de rang impair ou de rang pair (prob. XLVII), et ne devant prendre de la première que les valeurs plus grandes, et de la seconde que les valeurs plus petites ; il s'ensuit que, pour la fraction 0,4142, on ne choisira que celles dont le dernier dénominateur en descendant sera à un rang impair, tandis que de la seconde fraction 0,4143, on ne prendra que les fractions partielles dont le dernier dénominateur se trouve à un rang pair ; la première donnera donc

$$\frac{1}{2}\,;\qquad \cfrac{1}{2+\cfrac{1}{2+\cfrac{1}{2}}}\,;\qquad \cfrac{1}{2+\cfrac{1}{2+\cfrac{1}{2+\cfrac{1}{2}}}}\,;\qquad \cfrac{1}{2+\cfrac{1}{2+\cfrac{1}{2+\cfrac{1}{2+\cfrac{1}{1+\cfrac{1}{1}}}}}}\,;\qquad (A)$$

et la seconde

$$\cfrac{1}{2+\cfrac{1}{2}}\,;\qquad \cfrac{1}{2+\cfrac{1}{2+\cfrac{1}{2+\cfrac{1}{2}}}}\,;\qquad \cfrac{1}{2+\cfrac{1}{2+\cfrac{1}{2+\cfrac{1}{1+\cfrac{1}{1}}}}}\,;\qquad \cfrac{1}{2+\cfrac{1}{2+\cfrac{1}{2+\cfrac{1}{1+\cfrac{1}{1+\cfrac{1}{3+\cfrac{1}{1}}}}}}}\,.\qquad (B)$$

Mais, outre la condition que nous venons de remplir, il faut encore que les premières limites soient toutes moindres que 0,4143 ou

$$\cfrac{1}{2+\cfrac{1}{2+\cfrac{1}{2+\cfrac{1}{2+\cfrac{1}{1+\cfrac{1}{1+\cfrac{1}{13+\cfrac{1}{1+\cfrac{1}{2+\cfrac{1}{3}}}}}}}}}}\,,$$

et que les secondes se trouvent toutes plus grandes que 0,4142, ou

$$\cfrac{1}{2+\cfrac{1}{2+\cfrac{1}{2+\cfrac{1}{2+\cfrac{1}{2+\cfrac{1}{1+\cfrac{1}{1+\cfrac{1}{29}}}}}}}}\,.$$

Pour faire cette comparaison avec plus de facilité, rappelons-nous *que de deux fractions continues dont les premiers dénominateurs sont les mêmes, la plus grande est toujours celle dont le dénominateur qui suit les dénominateurs communs est plus petit* (prob. XLVII) : par conséquent, les deux premières fractions de la ligne (A) sont plus grandes que 0,4143, et doivent être rejetées; semblablement les deux premières fractions de la ligne (B) sont plus petites que 0,4142 et doivent être exclues; mais les deux dernières de la ligne (A) sont moindres que 0,4143, et les deux dernières de la ligne (B) sont plus grandes que 0,4142, par conséquent, les quatre fractions partielles suivantes

$$\cfrac{1}{2+\cfrac{1}{2+\cfrac{1}{2+\cfrac{1}{2}}}}\,,\qquad \cfrac{1}{2+\cfrac{1}{2+\cfrac{1}{2+\cfrac{1}{2+\cfrac{1}{1+\cfrac{1}{1}}}}}}\,,\qquad \cfrac{1}{2+\cfrac{1}{2+\cfrac{1}{2+\cfrac{1}{1+\cfrac{1}{1}}}}}\,,\qquad \cfrac{1}{2+\cfrac{1}{2+\cfrac{1}{2+\cfrac{1}{1+\cfrac{1}{1+\cfrac{1}{3+\cfrac{1}{1}}}}}}}\,,$$

seront des limites qui tomberont entre 0,4142 et 0,4143 : les deux premières appartenant à la limite générale 0,4142 doivent être écrites d'autant plus près de cette limite, qu'elles en sont plus voisines ; il doit en être de même par rapport à l'autre limite 0,4143. Réduisant donc ces limites en fractions ordinaires, y ajoutant l'unité que nous avons retranchée d'abord, et les écrivant dans l'ordre qui leur convient, on aura pour limites

$$1,4142 \; ; \quad 1\,\frac{70}{169} \; ; \quad 1\,\frac{29}{70} \; ; \quad 1\,\frac{29}{70} \; ; \quad 1\,\frac{423}{1021} \; ; \quad 1,4143.$$

Mais il nous reste encore à savoir entre quelles limites tombe la racine exacte.

Pour vérifier si la seconde fraction $1\,\frac{70}{169}$ est une limite en plus ou en moins, voyons si, en ne prenant d'abord que 1 pour racine, on pourroit augmenter celle-ci de $\frac{70}{169}$, sans avoir une racine trop grande. Or, si cette augmentation peut avoir lieu, il faut que le reste que l'on obtient en retranchant de 2 le carré de 1, soit moindre que le double de 1 par $\frac{70}{169}$ plus le carré de $\frac{70}{169}$, c'est-à-dire, que $\frac{140}{169}$ plus $\frac{70}{169} \times \frac{70}{169}$; et, comme le reste 1 est plus grand que cette quantité, j'en conclus que $1\,\frac{70}{169}$ est une quantité plus grande que la racine de 2 ; par conséquent, celle-ci tombe entre $1,4142$ et $1\,\frac{70}{169}$. En réduisant cette dernière fraction en décimales, on aura les deux limites 1,4142 et 1,41420118.

Si l'on préféroit la simplicité à l'exactitude, on prendroit $1\,\frac{29}{70}$ pour la limite en plus.

On opéreroit d'une manière semblable, si l'on avoit à rapprocher deux limites d'une racine du troisième degré.

En résumant ce que nous venons de dire, nous tirerons la règle suivante :

Lorsque l'on a trouvé une racine à moins d'une unité décimale connue, et que l'on veut avoir des limites de cette racine, il faut d'abord augmenter la valeur décimale trouvée d'une unité de la moindre espèce ; développer ensuite ces deux fractions décimales en fractions continues ; prendre enfin du développement de la première fraction, toute la partie qui renferme les dénominateurs communs au développement de la seconde fraction, plus encore la fraction qui suit le dernier dénominateur commun ; alors, toutes les fractions partielles tirées de cette partie du développement, dans lesquelles on n'aura fait entrer qu'un nombre impair de dénominateurs, seront autant de limites de la racine, intermédiaires aux deux limites décimales données.

Pour reconnoître finalement les deux limites entre lesquelles tombe la racine, on examinera pour chaque nouvelle limite trouvée, si l'accroissement de cette limite est trop grand ou trop petit, d'après la relation entre le dernier reste de l'extraction de la racine et la racine elle-même.

REMARQUE. Nous n'avons considéré jusqu'à présent les nombres que d'une manière abstraite, et cela devoit être, puisqu'il ne s'agissoit d'abord que d'en connoître les propriétés ; mais quand on a voulu appliquer aux besoins de la société les combinaisons des nombres, on a déterminé la nature des unités, et les nombres sont devenus concrets. C'est ainsi qu'en France on avoit nommé *toise* l'unité de longueur; *livre*, l'unité de poids; *livre tournois*, l'unité de monnoie; *jour*, l'unité de tems; *muid*, l'unité de capacité, etc. Comme on avoit besoin d'unités plus petites, on avoit formé des unités fractionnaires des premières; mais, au lieu de les désigner et de les écrire en employant des dénominateurs, on trouva plus commode ou du moins plus à la portée du peuple de remplacer les dénominateurs par des noms particuliers. C'est ainsi que les 6mes. de la toise furent nommés *pieds*; que les 12mes. du pied furent nommés *pouces*; que les 12mes. du pouce reçurent le nom de *lignes*; que les *sous* furent les 20mes. de la livre tournois; que les deniers furent les 12mes. du sou; ainsi de suite. De là sont nés *les nombres que l'on nomme vulgairement nombres* COMPLEXES, *parce qu'ils embrassent des unités de divers noms, mais toutes dépendantes de l'unité principale dont elles ne sont que des sous-divisions ou des fractions.*

Cette nouvelle forme que l'on donne aux nombres, doit apporter quelques changemens dans la manière de composer et de décomposer ces derniers. Nous allons donc voir comment on opère sur les nombres complexes; mais il importe, avant tout, de présenter un tableau des principales unités en usage, et de faire connoître la manière de désigner ces unités.

SECTION TROISIÈME.

De la composition et de la décomposition des nombres complexes.

CHAPITRE PREMIER.

De la composition des nombres complexes.

TABLEAU des principales mesures anciennes.

NOMS DES MESURES.	SIGNES abréviatifs pour désigner ces mesures.	RAPPORT DES MESURES à l'unité primitive.	RAPPORT de chaque mesure à la suivante.
MESURES DE LONGUEURS.			
Lieue ordinaire...	li.	$2280^t, 33$	....
Perche ordinaire de Paris.......	perch.	3	18^t.
Toise...........	t.	1	6^{pi}.
Pied...........	pi.	$\frac{1}{6}$	12^{l^m}.
Pouce.........	po.	$\frac{1}{72}$	12^{l}.
Ligne.........	lig.	$\frac{1}{864}$	....
Aune.........	au.	$\frac{25}{41}$ ou $\frac{3}{5}$ envir.	$3^{pi}.7^{po}.10^{l}.\frac{5}{6}$

Suite du Tableau des principales mesures anciennes.

NOMS DES MESURES.	SIGNES abréviatifs pour désigner ces mesures.	RAPPORT DES MESURES à l'unité primitive.	RAPPORT de chaque mesure à la suivante.
MESURES POUR LES POIDS.			
Quintal.........	ql.	$100\ \text{℔}$	$100\ \text{℔}$.
Livre...........	℔	1	2^{m}.
Marc..........	m.	$\frac{1}{2}$	8^{on}.
Once..........	℥ *ou* on.	$\frac{1}{16}$	$8^{grós}$.
Gros..........	ℨ *ou* Gr.	$\frac{1}{128}$	3^{den}.
Denier.........	℈ *ou* den.	$\frac{1}{384}$	24^{gr}.
Grain..........	gr.	$\frac{1}{9216}$	....
MESURES POUR LES LIQUIDES.			
Muid (*de vin*)....	muid.	288 pint.	36^{velt}.
Velte...........	velt.	8	8^{pint}.
Pinte..........	pint.	1	2^{chop}.
Chopine........	chop.	$\frac{1}{2}$	
MESURES POUR LES GRAINS.			
Muid (*de blé*)...	muid.	144 bois.	12^{set}.
Sétier..........	sét.	12	12^{bois}.
Boisseau........	bois.	1	16^{lit}.
Litron..........	lit.	$\frac{1}{16}$	....

Suite du Tableau des principales mesures anciennes.

NOMS DES MESURES.	SIGNES abréviatifs pour désigner ces mesures.	RAPPORT DES MESURES à l'unité primitive.	RAPPORT de chaque mesure à la suivante.
MESURES POUR LES SURFACES.			
Arpent.	arp.	900 t. c.	$100^{perch.\ c.}$
Perche carrée. . . .	perch. c.	9	$9^{t.\ c.}$
Toise carrée.	t. c.	1	$36^{pi.\ c.}$
Pied carré.	pi. c.	$\frac{1}{36}$	$144^{po.\ c.}$
Pouce carré.	po. c.	$\frac{1}{5184}$	. . . .
MESURES POUR LES VOLUMES.			
Corde (*eaux et for.*)	cord.	$\frac{14}{27}$ t. c.	$2^{\ voies}$
Voie (*de bois*). . .	voie	$\frac{7}{27}$	$\frac{7}{17}$ t. c.
Toise cube.	t. cub.	1	$216^{pi.\ cub.}$
Pied cube.	pi. cub.	$\frac{1}{216}$	$1728^{po.\ cub.}$
Pouce cube.	po. cub.	$\frac{1}{373248}$	. . . .
MESURES POUR LES MONNOIES.			
Livre tournois. . . .	℔ ou l.	1^{l}	$20^{s.}$
Sou. . . . . . . :	s.	$\frac{1}{20}$	$12^{d.}$
Denier.	d.	$\frac{1}{240}$	. . . .

Suite du Tableau des principales mesures anciennes.

NOMS DES MESURES.	SIGNES abréviatifs pour désigner ces mesures.	RAPPORT DES MESURES à l'unité primitive.	RAPPORT de chaque mesure à la suivante.
MESURES POUR LE TEMS.			
Année commune.	an. com.	365 j.	365 j.
Année bissextile..	an. biss.	366	366.
Jour...............	j.	1	24^h.
Heure.............	h.	$\frac{1}{24}$	60′
Minute...........	′ ou m.	$\frac{1}{1440}$	60″
Seconde.........	″ ou s.	$\frac{1}{86400}$	60‴
Tierce...........	‴ ou t.	....	....

★★ PROBLÊME LXVI.

Additionner ensemble plusieurs nombres complexes.

Solution. L'addition des nombres complexes doit évidemment se faire d'après les mêmes principes que celle des nombres entiers. La seule différence est qu'au lieu de porter à la colonne immédiatement à gauche autant d'unités que l'on a de fois 10 unités de la colonne précédente, il faut avoir égard aux différentes divisions et sous-divisions de l'unité principale, et ne porter une unité à la colonne suivante, que lorsque l'on a de la colonne précédente un nombre d'unités exprimé par le nombre d'unités inférieures nécessaire pour former une unité supérieure. «

Soit donc *proposé d'additionner les nombres* ....

$$\begin{array}{ccc} 12^{tt} & 8^{s} & 7^{d} \\ 8 & 9 & 3 \\ 6 & 4 & 8 \\ \hline 27^{tt} & 2^{s} & 6^{d} \\ \hline 1 & 20 & 12 \\ \hline \end{array}$$

Après les avoir écrits comme on le voit ici, on commencera par les moindres unités, et l'on dira : 7 et 3 font 10, et 8 font 18; mais 18 deniers contiennent 1ˢ 6ᵈ; on écrira donc 6ᵈ, et l'on retiendra 1ˢ pour la colonne suivante. On continuera en disant : 1 et 8 font 9, et 9 font 18, et 4 font 22. Or, 22ˢ renferment 1ᵗᵗ 2ˢ; on écrira donc 2ˢ, et l'on dira : 1ᵗᵗ de retenue et 2 font 3, et 8 font 11, et 6 font 17; j'écris 7 et je retiens 1, qui, ajouté à 1, donne 2 : la somme sera donc 27ᵗᵗ 2ˢ 6ᵈ.

La vérification de la somme peut se faire de la même manière que pour les nombres entiers, en disant : 1 ôté de 2, reste 1; 2 et 8 font 10, et 6 font 16; 16 ôté de 17, reste 1 : cette unité doit être transformée en sous. On pourra donc écrire 2 à la gauche de 2ˢ; on continuera en disant : 8 et 9 font 17, 17 et 4 font 21; 21 ôté de 22 donne 1ˢ ou 12ᵈ, que j'écris au-dessous de 6ᵈ. Continuant, je dis : 7 et 3 font 10, 10 et 8 font 18; 18 ôté de 18 donne 0 : d'où je conclus l'exactitude de la somme 27ᵗᵗ 2ˢ 6ᵈ.

** PROBLEME LXVII.

Multiplier un nombre complexe par un autre nombre complexe.

SOLUTION. Dans ce cas, il s'agit de multiplier le multiplicande par un nombre entier, ensuite par une fraction de l'unité principale, par une fraction de l'unité du deuxième ordre, par une fraction de l'unité du troisième ordre, etc. Or, si l'on observe que les produits augmentent et diminuent comme leurs facteurs, on verra qu'en décomposant les unités inférieures du multiplicateur en parties sous-multiples ou *aliquotes* soit de l'unité principale, soit les unes des autres, on peut arriver aux produits du multiplicande par les unités inférieures du multiplicateur, d'après la connoissance des produits précédens.

$$
\begin{array}{llll}
6^{tt} & 5^{s} & 7^{d}. & \tfrac{2}{3} \\
5^{t} & 4^{pi} & 5^{po} & \tfrac{1}{5}
\end{array}
$$

$$
\begin{array}{l}
30^{tt} \\
\left\{
\begin{array}{llll}
5^{s}\dots 1 & 5^{s} & & \\
r\dots\varnothing & \S & &
\end{array}
\right. \\
\left\{
\begin{array}{llll}
6^{d}\dots 0 & 2 & 6^{t} & \\
1\dots 0 & 0 & 5 & \\
\tfrac{1}{3}\dots 0 & 0 & 1 & \tfrac{2}{3} \\
\tfrac{1}{3}\dots 0 & 0 & 1 & \tfrac{2}{3}
\end{array}
\right. \\
\left\{
\begin{array}{llll}
3^{pi}\dots 3 & 2 & 9 & \tfrac{5}{6} \\
1\dots 1 & 0 & 11 & \tfrac{5}{18}
\end{array}
\right. \\
\left\{
\begin{array}{llll}
4^{po}\dots 0 & 6 & 11 & \tfrac{41}{54} \\
1\dots 0 & 1 & 8 & \tfrac{203}{216} \\
\tfrac{1}{5}\dots 0 & 0 & 4 & \tfrac{203}{1080}.
\end{array}
\right.
\end{array}
$$

$$\text{Produit } 36^{tt}\ 1^{s}\ 0^{d}\ \tfrac{179}{540}.$$

Cela posé, *soit à multiplier* $6^{tt}\ 5^{s}\ 7^{d}\ \tfrac{2}{3}$ *par* $5^{t}\ 4^{pi}\ 5^{po}\ \tfrac{1}{5}$.

La question se réduit à prendre le multiplicande 5 fois, plus $\tfrac{4}{6}$ de fois, plus $\tfrac{5}{12}$ de $\tfrac{1}{6}$ ou $\tfrac{5}{72}$ de fois, plus $\tfrac{1}{5}$ de $\tfrac{1}{6}$ ou $\tfrac{1}{360}$ de fois.

Je commence par opérer comme si le multiplicateur n'étoit que 5^{t}, et je dis : 5 fois 6^{tt} font 30^{tt}, que j'écris. Mais 5^{s} sont $\tfrac{1}{4}$ de la livre, et 1^{tt}, multipliée par 5 donneroit 5^{tt} ; je prendrai donc $\frac{1}{4}$ de 5^{tt}, ce qui donnera 1^{tt} 5^{s}. Si l'on avoit le produit de 1^{s} ou de 12^{d}, on décomposeroit 7^{d} en 6 et 1 ; pour 6^{d} on auroit $\frac{1}{2}$ du produit de 1^{s} et pour 1^{d}, $\frac{1}{6}$ du produit de 6^{d}. On cherchera donc le produit de 1^{s}, en prenant $\frac{1}{5}$ du produit de 5^{s}, ce qui donnera 5^{s}. Ce produit, qui n'est destiné qu'à faire trouver les produits suivans, a été appelé improprement *faux produit*, et ne doit point entrer dans l'addition totale ; c'est pourquoi on barrera les chiffres. Continuant d'opérer de la même manière, on multipliera tout le multiplicande par 5^{t}.

Il restera enfin à multiplier par 4^{pi} 5^{po} $\frac{1}{5}$. Pour cela, on décomposera les 4^{pi} en 3 et en 1 ; on prendra pour 3^{pi} la moitié du multiplicande, et pour 1^{pi} le tiers du produit donné par 3^{pi}. Venant ensuite aux 5^{pi}, on les décomposera en 4 et en 1 ; on prendra pour 4 le tiers du produit donné par 1^{pi} ; et pour 1^{po} on prendra le quart du produit donné par 4^{po}. Enfin, il ne faudra plus qu'avoir $\frac{1}{5}$ du produit donné par un 1^{po}. Ajoutant alors tous les produits partiels trouvés, il viendra au résultat .... 36^{tt} 1^{s} 0^{d} $\frac{179}{540}$.

On observera seulement, que l'addition des fractions peut s'abréger en ajoutant celles-ci deux à deux, et en en retranchant les entiers ; on réduira aussi les fractions au même dénominateur, en multipliant les deux termes de chacune par le facteur non commun à leurs dénominateurs.

On peut aussi faire l'addition de la totalité des fractions, en réduisant celles-ci au plus petit dénominateur par la méthode donnée (prob. XXXIV).

** PROBLÉME LXVIII.

Soustraire un nombre complexe d'un autre.

SOLUTION. La soustraction d'un nombre complexe d'un autre nombre complexe, doit être fondée sur les mêmes principes que celle des nombres entiers incomplexes ; la seule différence, c'est que dans ceux-ci, les unités sont sous-multiples des unités supérieures suivant une même loi qui est 10, tandis que dans ceux-là la loi de composition des unités les unes à l'égard des autres, n'est pas constante.

Soit à retrancher 7^t 5^{pi} 8^{po} 9^{li}, *de* 12^t 4^{pi} 7^{po} 5^{li}.

J'écris d'abord les nombres tels qu'on les voit ici. Commençant ensuite l'opération par la droite, et 9 ne pouvant être soustrait de 5, je décompose les 7 pouces en 6 et en 1 ; celui-ci, je le réduis en lignes, et l'ajoutant aux 5

12^t	4^{pi}	7^{po}	5^{li}
7	5	8	9
4^t	4^{pi}	10^{po}	8^{li}
12^t	4^{pi}	7^{po}	5^{li}

lignes qui sont à côté, je dis : 9 ôté de 17, reste 8 lignes, que je pose au-dessous des lignes ; ensuite, comme on ne peut ôter 8 de 6, je prends 1 pied ou 12 pouces qui, réunis aux 6, donnent 18 : je dis donc, 8 ôté de 18, reste 10, que j'écris. En continuant de la même manière, on aura pour différence 4^t 4^{pi} 10^{po} 8^{li}.

On auroit pu encore opérer d'après le principe, que la différence entre deux nombres ne change pas, quand on ajoute une même quantité à ces deux nombres. Alors on eût commencé par ajouter 1 pouce ou 12 lignes à 5, afin d'effectuer la première soustraction ; et, au lieu de diminuer 7 pouces de 1 , on eût augmenté de 1 le chiffre 8 du nombre à soustraire : on auroit donc dit , 5 et 12 font 17 ; 9 ôté de 17, reste 8 ; 1 d'ajouté et 8 font 9 ; 9 ôté de 7, ne se peut ; ajoutant 1 pied ou 12 pouces à 7 pouces, on a 19 ; on dira donc, 9 ôté de 19, donne 10 , que j'écris : 1 d'ajouté, et 5 font 6 ; 6 ôté de 4 ne se peut ; j'ajoute une toise ou 6 pieds à 4 pieds , ce qui donne 10 pieds ; je dis donc, 6 ôté de 10 , reste 4 que j'écris ; et enfin , 7 et 1 d'ajoutés, font 8 ; 8 ôté de 12 , reste 4. Le résultat sera donc comme précédemment, de $4^l\ 4^{pi}\ 10^{po}\ 8^{li}$.

On vérifiera la différence en l'ajoutant au nombre soustrait, et l'on trouvera le nombre dont on a soustrait, s'il n'y a pas eu erreur de calcul.

** PROBLÊME LXIX.

Diviser un nombre complexe par un nombre incomplexe, par exemple , $154^{tt}\ 8^s\ 5^d\ \frac{2}{3}$ par 24.

SOLUTION. On divisera d'abord 154^{tt} par 24 ; ce qui donnera des livres au quotient. Le reste de cette première division, on le réduira en sous, en le multipliant par 20 ; on ajoutera à ce produit les 8 sous qui sont au dividende total , et l'on aura un dividende partiel qui, exprimant des sous , en donnera au quotient. Le reste provenant de cette seconde

$$
\begin{array}{r|l}
154^{tt}\ 8^s\ 5^d\ \frac{2}{3} & 24 \\
10 & \\
20^s & \overline{\quad} \\
\hline
208^s & 6^{tt}\ 8^s\ 8^d\ \frac{17}{72}. \\
16 & \\
12^d & \\
\hline
197^d & \\
5 & \\
3 & \\
\hline
\frac{17}{3} & \\
\end{array}
$$

division, on le réduira en deniers, en le multipliant par
12, et réunissant à ce produit les 5 den. du dividende
total, on aura un troisième dividende partiel qui donnera des deniers au quotient. Enfin, en réduisant en
tiers le dernier reste, et ajoutant au produit les deux
tiers qui sont au dividende total, on aura un quatrième
quotient qui sera une fraction de denier. Effectuant l'opération, comme nous venons de l'indiquer, on trouvera
pour quotient 6^{tt} 8^s 8^d $\frac{17}{72}$.

** PROBLÊME LXX.

*Diviser un nombre complexe par un autre nombre com-
plexe de même espèce.*

SOLUTION. Puisque les nombres composés d'unités de
même espèce, se contiennent comme si leurs unités
étoient abstraites, il s'ensuit qu'en réduisant le dividende et le diviseur, chacun en unités inférieures de
même espèce, il ne faudra plus que diviser le nombre
des unités du dividende par le nombre des unités du diviseur ; ce qui réduit la division à celle de deux nombres
abstraits.

Cela posé, *soit à diviser* 234^{tt} 5^s 9^d $\frac{3}{5}$, *par* 36^{tt} 2^s 5^d $\frac{2}{3}$.

Pour pouvoir réduire le dividende et le diviseur en
unités inférieures de même espèce, il faut que les fractions $\frac{3}{5}$ et $\frac{2}{3}$ aient un même dénominateur ; on les y
réduira donc, et l'on aura à diviser 234^{tt} 5^s 9^d $\frac{9}{15}$ par
36 2^s 5^d $\frac{10}{15}$.

La difficulté est maintenant ramenée à réduire le dividende et le diviseur en 15mes. de denier, et à diviser

le nombre des 15mes. que contiendra le dividende par le nombre des 15mes. que renfermera le diviseur.

Pour effectuer cette réduction, on multipliera 234^tt par 20^s, on ajoutera 5^s au produit; on multipliera ce produit de sous par 12^d, on y ajoutera 9^d; on multipliera enfin le nombre des deniers par 15. et ajoutant 9 au produit, on aura le nombre des 15mes. de denier que renferme le dividende : après avoir fait le calcul, on aura 843444 15mes. de denier. Faisant un semblable calcul pour le diviseur, on trouvera que celui-ci contient 130045 15mes. de denier. Divisant donc 843444 par 130045, on aura pour quotient $6 \frac{63174}{130045}$, ou par approximation 6,48578.

On doit observer ici que le diviseur étant de même espèce que le dividende ou produit, est nécessairement multiplicande, et par conséquent, que le quotient est multiplicateur, c'est-à-dire nombre abstrait.

** PROBLÊME LXXI.

Diviser un nombre complexe par un autre qui n'est pas de même espèce.

Solution. Le dividende étant un produit dont le diviseur et le quotient sont les facteurs, et, de plus, le multiplicande étant toujours de même espèce que le produit; il s'ensuit que, dans le cas où le diviseur n'est pas de même espèce que le dividende, ce diviseur fait la fonction de multiplicateur, et que le quotient devenant multiplicande, doit être de même espèce que le dividende. Cette division doit donc être ramenée à celle d'un nombre complexe par un nombre abstrait; il faut donc que le diviseur soit réduit à un nombre entier accompagné d'une fraction, ou à une seule fraction. Alors, on aura à diviser un nombre complexe par une fraction ; ce que l'on fera en multipliant le dividende par le dénominateur de la fraction diviseur, et en divisant ce produit par le numérateur de la même fraction.

Qu'il s'agisse donc de *diviser* 320^{tt} 3^s 7^d, *par* 12^t 4^{pi} 5^{po} 2^{li} $\frac{3}{4}$.

La difficulté consiste ici à représenter 4^{pi} 5^{po} 2^{li} $\frac{3}{4}$ par une fraction de toise. Or, pour cela il faudroit savoir combien l'unité de toise contient de quarts de ligne ; ce qui donneroit le dénominateur de la fraction, et ensuite combien on a de quarts de ligne dans 4^{pi} 5^{po} 2^{li} $\frac{3}{4}$, pour avoir le numérateur de la même fraction. Effectuant ces opérations, on trouvera que la toise vaut 3456 quarts de ligne, et que 4^{pi} 5^{po} 2^{li} $\frac{3}{4}$ en contiennent 2555 ; par conséquent le diviseur 12^t 4^{pi} 5^{po} 2^{li} $\frac{3}{4}$ sera exprimé par 12^t $\frac{2555}{3456}$ ou $\frac{44027}{3456}$ toise.

Ainsi, pour obtenir le quotient qui doit renfermer des livres, des sous et des deniers, on multipliera le dividende 320^{tt} 3^s 7^d, par 3456, et le produit résultant, on le divisera par 44027.

Après avoir effectué toutes ces opérations, on trouvera pour quotient 25^{tt} 2^s 7^d $\frac{42571}{44027}$.

REMARQUE. La méthode d'exprimer par des noms particuliers les diverses subdivisions de l'unité principale, laisse les nombres sous des formes ni assez simples, ni assez commodes pour le calcul. Mais puisque les nombres complexes sont des nombres entiers accompagnés de fractions d'unité, et des fractions de fractions, on peut toujours les ramener à des nombres entiers suivis d'une seule fraction d'unité, et, par conséquent à des nombres entiers accompagnés de fractions décimales. Sous cette dernière forme, le calcul deviendra plus facile, sur-tout lorsqu'il s'agira de multiplier ou de diviser des nombres complexes. Nous nous proposerons donc le problême suivant.

** PROBLÊME LXXII.

Un nombre complexe étant donné, on demande de le transformer en nombre entier accompagné de décimales.

SOLUTION. Puisque les unités inférieures à l'unité principale dans les nombres complexes, dépendent les unes des autres, on peut les réduire toutes en unités de la plus petite espèce, et alors, si on transformoit l'unité principale en unités de cette moindre espèce, on sauroit en combien de parties égales l'unité principale est divisée, et de plus, combien on a pris de ces parties ; on auroit donc le dénominateur et le numérateur d'une fraction qui appartiendroit à l'unité de la plus haute espèce, et qui, réduite en décimales, rempliroit le but que l'on se propose.

Soit donc *le nombre complexe* 4^{tt} 5^{s} 3^{d} $\frac{3}{4}$, *à trans- former en décimales.*

D'après ce que nous venons de dire, nous commencerons par réduire 5^{s} 3^{d} $\frac{3}{4}$ en quarts de denier ; nous chercherons ensuite combien 1 livre contient de quarts de denier, et nous aurons le numérateur et le dénominateur d'une fraction de livre. Effectuant les opérations, nous trouverons que 5^{s} 3^{d} $\frac{3}{4}$ renferment 255·quarts de denier, tandis que la·livre en contient 960 ; de sorte que 5^{s} 3^{d} $\frac{3}{4}$ seront exprimés par $\frac{255}{960}$ de livre.

Réduisant cette fraction en décimales, et poussant l'approximation jusqu'à moins d'un dix millième, on trouvera $\frac{255}{960} = 0,2656$. Ainsi le nombre complexe $4^{tt}\ 6^s\ 5^d\ \frac{3}{4}$ prendra la forme suivante $4^{tt},2656$.

Il nous reste maintenant à résoudre le problème inverse, c'est-à-dire, à trouver une règle pour faire repasser sous la forme de nombre complexe une fraction soit ordinaire, soit décimale, dont l'unité principale est déterminée.

✶✶ PROBLÊME LXXIII.

Une fraction appartenant à une unité déterminée, on demande de la transformer en nombre complexe, c'est-à-dire, en unités inférieures dépendantes de l'unité principale.

SOLUTION. Pour transformer la fraction proposée en unités immédiatement inférieures à l'unité principale, il faudroit savoir combien l'unité fractionnaire vaut d'unités immédiatement inférieures à cette unité principale. Or, cette détermination est facile, puisqu'on sait de combien d'unités inférieures l'unité principale est composée. Connoissant la valeur de l'unité principale en unités inférieures, on aura l'expression cherchée d'une unité fractionnaire quelconque de la même unité principale ; de sorte que, prenant cette valeur autant de fois que l'indique le numérateur de la fraction donnée, on aura l'expression de cette dernière en nombre complexe. D'où l'on conclura que, *pour transformer une fraction en unités inférieures à son unité, il faut multiplier son numérateur par le nombre de ces unités inférieures que l'unité*

*principale renferme, et diviser le produit par le déno-
minateur.*

Ainsi, qu'il s'agisse de *réduire en sous et en deniers
la fraction* $\frac{4}{7}$ *de livre.*

J'observe que 1 livre valant 20 sous, on aura pour $\frac{1}{7}$ de livre, $\frac{1}{7}$ de 20 sous, ou $\frac{20}{7}$ d'un sou ; par conséquent, $\frac{4}{7}$ liv. vaudront 4 fois $\frac{20}{7}$ s., ou $\frac{80}{7}$ s.; divisant 80 par 7, on aura 11^s et $\frac{3}{7}$ s. Raisonnant ensuite pour $\frac{3}{7}$ d'un sou, comme pour la fraction $\frac{4}{7}$ de livre, on dira, puisque 1 sou vaut 12 deniers, $\frac{1}{7}$ d'un sou vaudra $\frac{1}{7}$ de 12 deniers, ou $\frac{12}{7}$ d'un denier ; par conséquent $\frac{3}{7}$ s. valent 3 fois $\frac{12}{7}$ den., ou $\frac{36}{7}$ den., ou $5^d \frac{1}{7}$.

De sorte de $\frac{4}{7}$ liv. vaudront $11^s\ 5^d\ \frac{1}{7}$.

D'après cela, si l'on avoit la fraction décimale 0,37 de livre à réduire en sous et en deniers, on observeroit que cette fraction ayant 37 pour numérateur, et 100 pour dénominateur, il n'y auroit qu'à multiplier 37 par 20, ce qui donneroit 740^s, et diviser ensuite ce produit par 100 ; d'où il résulteroit $7,40^s$, ou 7^s et $0,4^s$ qu'on réduiroit en deniers, en multipliant par 12 et en divisant le produit par 10 ; de sorte que $0,4^s$ donne-roient $4,8^d$: ainsi la fraction $0,37^{\#}$ auroit pour valeur $7^s\ 4^d,\ 8$.

De là nous conclurons que, *pour réduire en nombre
complexe une fraction décimale qui appartient à une unité
déterminée, il faut multiplier cette fraction par le nombre d'unités immédiatement inférieures que l'unité principale renferme, et la partie entière de ce produit donnera les unités immédiatement inférieures qu'exprime la
fraction ; si le produit renferme encore une fraction décimale, on continuera à multiplier celle-ci par le nombre
d'unités du second ordre que renferme l'unité du premier*

ordre ; et la partie entière du produit donnera les unités du deuxième ordre contenues dans la fraction : ainsi de suite.

REMARQUE. La transformation des nombres complexes en décimales a dû faire sentir combien il eût été plus simple et plus commode d'assujettir les divisions et sous-divisions de l'unité principale à une loi uniforme, et sur-tout à celle du système de la numération ; car alors les nombres complexes se seroient trouvés nécessairement écrits sous la forme de nombres entiers accompagnés de décimales, sans qu'on fût obligé de les soumettre à une transformation.

Ce sont ces avantages, ainsi que l'utilité de faire disparoître l'infinie variété qui existoit dans les divisions et sous-divisions des unités de mesure en France, qui ont fait proposer le nouveau système aujourd'hui adopté dans toutes les parties de l'Empire. Sans entrer ici dans des détails sur les moyens que l'on a pris pour déterminer les diverses unités fondamentales, détails que l'on trouve dans beaucoup d'ouvrages très-connus, nous nous contenterons de donner une idée de ce nouveau système, par le tableau suivant.

TABLEAU des nouvelles mesures.

NOMS DES MESURES.	RAPPORT DES MESURES à l'unité primitive.	VALEURS des nouvelles mesures en anciennes.
MESURES DE LONGUEURS.		
Myria-mètre............	10000 mèt.	$5130^{t},74$
Kilo-mètre..........	1000	$513,07$
Hecto-mètre........	100	$51,307$
Déca-mètre..........	10	$5,131$
Mètre (1)...........	1	$\{\ 3^{pi}0^{po}11^{li},296$ ou $3^{vi},07844$
Déci-mètre..........	$\frac{1}{10}$	$3^{po},6941$
Centi-mètre.........	$\frac{1}{100}$	$4^{li},4329$
Milli-mètre.........	$\frac{1}{1000}$	$0^{li},4433$

(.) Le *mètre*, ou l'unité simple des mesures nouvelles de longueur, est la dix millionième partie du quart du méridien terrestre qui passe par l'Observatoire de Paris.

Suite du Tableau des nouvelles mesures.

NOMS DES MESURES.	RAPPORT DES MESURES à l'unité primitive.	VALEURS des nouvelles mesures en anciennes.
MESURES POUR LES POIDS.		
Myria-gramme.....	10000 gram.	20^{liv} ,4288
Kilo-gramme.......	1000	2^{liv} ,0429
Hecto-gramme.....	100	3^{onc} ,2686
Déca-gramme......	10	2^{gros} ,6149
Gramme (1)........	1	18^{grains} ,82718
Déci-gramme......	$\frac{1}{10}$	1^{grain} ,88271
Centi-gramme......	$\frac{1}{100}$	0^{gr} ,18827
Milli-gramme......	$\frac{1}{1000}$	0^{gr} ,01883

(1) Le *gramme* est le poids d'un centimètre cube d'eau distillée, le thermomètre étant à la glace fondante. Le centimètre cube est équivalent en capacité à une mesure qui auroit la forme d'un dé à jouer, dont tous les côtés seroient d'un centimètre de longueur.

Suite du Tableau des nouvelles mesures.

NOMS DES MESURES.	RAPPORT DES MESURES à l'unité primitive.	VALEURS des nouvelles mesures en anciennes.
MESURES DE CAPACITÉ POUR LES LIQUIDES.		
Kilo–litre..........	1000 litres	1073^{pint},74
Hecto–litre........	100	107 ,374
Déca–litre.........	10	10 ,7374
Litre (1)..........	1	1 ,0737
Déci–litre.........	$\frac{1}{10}$	0 ,1074
Centi-litre........	$\frac{1}{100}$	0 ,0107
MESURES POUR LES SURFACES AGRAIRES.		
Hectare...........	10000 m. ca.	$94768^{pi.car.}$,2
Are...............	100	947 ,682
Centi-are (2).....	1	9 ,4768

(1) Le *litre* est une capacité équivalente à celle d'un décimètre cube.

(2) Le *centiare* ou le mètre carré, doit être regardé comme une surface ayant la forme d'un carré dont chaque côté auroit un mètre de longueur.

Suite du Tableau des nouvelles mesures.

NOMS DES MESURES.	RAPPORT DES MESURES à l'unité primitive.	VALEURS des nouvelles mesures en anciennes.
MESURES POUR LES SOLIDES ou les VOLUMES.		
Mètre cube (1) nommé *Stère*, quand on mesure le bois de chauffage.	1	$29,1739^{p.c.}$ envir.
MESURES POUR LES MONNOIES.		
Franc............	1	$1^{lt}\frac{1}{80}$ ou $1^{lt},0125$
Décime..........	0,1	$2^{s},025$
Centime.........	0,01	$2^{d},43$

$$80^{fr} = 81^{lt}\,;\ 100^{fr} = 101^{lt}\tfrac{1}{4}.$$

(1) Le *mètre cube* qui sert d'unité dans toutes les mesures de capacité, n'est autre chose qu'un corps terminé par 6 carrés égaux, n'ayant aucune inclinaison entre eux, et dont les côtés sont tous d'un mètre de long ; sa forme est celle d'un dé à jouer.

MESURES DES LONGUEURS.

MESURES anciennes.	VALEURS des mesures anciennes en mètres.
Lieue terrestre	4444,4
Lieue marine..	5555,6
Toise........	1,94904
Pied	0,32484
Pouce.	0,02707
Ligne.	0,002256
Aune de Paris.	1,18845

MESURES DES SURFACES

MESURES anciennes.	VALEURS des mesures anciennes en mètres carrés.
Toise carrée..	$3,798744^{m}$
Pied carré....	0,105521
Pouce carré...	0,0007328
Ligne carrée..	0,00000508
Lieue carrée..	1975,309
Arp. de Paris..	3418,87

MESURES POUR LES POIDS.

MESURES anciennes.	VALEURS des mesures anciennes en kilogrammes.
Quintal......	$48,951^{kil.\ gr.}$
Livre........	0,48951
Once........	0,03059
Gros.	0,003824
Denier	0,001275
Grain........	0,0000531

MESURES DES VOLUMES.

MESURES anciennes.	VALEURS des mesures anciennes en mètres cubes.
Toise cube...	$7,40389^{m.\ cub.}$
Pied cube....	0,0342773
Pouce cube...	0,000019836
Ligne cube...	0,0000000114
Corde de bois.	3,8391
Solive.	0,10283

MESURES DE CAPACITÉ.

MESURES anciennes.	VALEURS des mesures anciennes en litres.
Pinte de Paris.	$0,9313^{lit.}$
Muid........	268,22
Setier........	156,10
Boisseau.....	13,008
Litron.......	0,813

MESURES DES MONNOIES.

MONNOIES anciennes.	VALEURS des monnoies anciennes en francs.
Livre (tournois)	0,987654320 ou $\frac{80}{81}$ fr.
Sou..........	0,049382716
Denier.	0,004115226
Louis........	23,70370368

REMARQUE. Dans la première partie de l'arithmétique, nous avons appris à composer et à décomposer les nombres; ce qui nous a fait découvrir les principales propriétés de ces derniers, c'est-à-dire, les diverses lois suivant lesquelles les nombres dépendoient les uns des autres. Il est aisé de voir que toutes les opérations relatives à la composition et à la décomposition des nombres avoient sur-tout pour objet de trouver un résultat formé avec des nombres connus, suivant des conditions prescrites, les plus simples possibles. On a dû remarquer aussi que les conditions imposées se réduisoient toujours à des additions, ou à des multiplications, ou à des formations de puissances, ou à des soustractions, ou à des divisions, ou enfin à des extractions de racines.

Mais on peut établir ces relations ou ces conditions entre des nombres connus et des nombres inconnus; on peut réunir et combiner entre elles les relations simples d'une manière plus ou moins compliquée. Dans tous ces cas, on doit arriver à des équations qui lient entre eux tous les nombres combinés, connus et inconnus; et, l'objet que l'on se propose, doit être alors de faire subir à ces équations une suite d'opérations ou de transformations, telles que chaque inconnue soit exprimée par des nombres tous connus.

Pour réduire la simplification des équations, et par conséquent la détermination des inconnues au plus petit nombre de règles possible, il importe d'abord de ramener toutes les équations numériques à quelques formes assez simples pour être décomposées facilement. Nous passerons ensuite aux moyens de transformer ces équations de manière qu'il en résulte la connoissance des inconnues.

13

SECONDE PARTIE.

DES ÉQUATIONS NUMÉRIQUES.

SECTION PREMIÈRE.

De la formation et des propriétés des équations numériques ou proportions.

** PROBLÊME LXXIV.

Trouver les formes les plus simples auxquelles on puisse réduire les équations numériques.

SOLUTION. Les équations doivent être les expressions de quantités égales, et renfermer des nombres, les uns connus, les autres inconnus, combinés entre eux, d'après des conditions prescrites. Or, ces conditions ne peuvent être autre chose que des combinaisons plus ou moins simples d'additions, de multiplications, de formations de puissances, de soustractions, de divisions et d'extractions de racines.

Mais dans tous ces cas, on pourra réduire aisément les deux expressions qui forment l'équation, à deux sommes ou à deux différences égales, à deux produits ou à deux quotiens égaux, puisque l'on a la liberté de faire à l'une des parties ou à l'un des *membres* de l'équation, telle augmentation et telle diminution que l'on voudra, pourvu qu'on la fasse également à l'autre membre. On peut même réduire à deux seulement ces quatre formes d'équations, c'est-à-dire, à deux différences égales et à deux quotiens égaux.

Car, si de deux sommes égales, on retranche deux parties appartenant chacune à l'une des sommes, il en résultera des différences égales; et, si l'on divise deux produits égaux par le produit de deux de leurs facteurs, on trouvera deux quotiens égaux. Ainsi, par exemple, si de 8 *plus* 6 $=$ 11 *plus* 3, on retranche de part et d'autre 6 et 3, on aura 8 *moins* 3 $=$ 11 *moins* 6 ; et si les deux produits égaux 12 $\times$ 4 $=$ 16 $\times$ 3, on les divise chacun par 12 et par 16, on trouvera $\frac{4}{16} = \frac{3}{12}$. De sorte que *toutes les formes d'équations peuvent être ramenées à deux différences égales, ou à deux quotiens égaux.*

La première de ces équations, nous la nommerons *équidifférence*, et la seconde *équiquotient*.

Si, pour simplifier, nous remplaçons le mot *plus* par ce signe $+$, et le mot *moins* par celui-ci $-$, l'égalité des deux sommes précédentes sera exprimée par...... 8 $+$ 6 $=$ 11 $+$ 3, et celle des différences par........ 8 $-$ 3 $=$ 11 $-$ 6.

En considérant les termes de cette équidifférence les uns par rapport aux autres, on verra que 8 surpasse 3 comme 11 surpasse 6, ou que 8 est à l'égard de

3, ce que 11 est à l'égard de 6; il y a donc une sorte de symétrie ou de proportion entre ces quatre nombres.

Si j'examine également les quatre termes de l'équation $\frac{4}{16} = \frac{3}{12}$, j'observe encore que 16 contient 4, comme 12 contient 3, ou que 4 est à 16 ce que 3 est à 12; il y a donc encore ici entre les nombres 4, 16, 3, 12, une sorte de symétrie ou de proportion, mais différente de la première.

Pour faire connoître ce nouveau point de vue sous lequel peuvent être considérés les quatre termes d'une équidifférence et ceux d'un équiquotient, nous nommerons ces équations, savoir, la première, *proportion par différence*, et la seconde, *proportion par quotient*, nous les écrirons ainsi, 8.3:11.6, 4:16::3:12, et nous les énoncerons en disant, 8 *est à* 3 *comme* 11 *est à* 6; 4 *est à* 16 *comme* 3 *est à* 12.

Si l'on observe enfin que, pour former des proportions, il faut *rapporter* les nombres les uns aux autres, et les comparer entre eux, on verra que le résultat de cette comparaison peut se nommer *rapport* ou *raison*; mais afin de ne pas employer un nouveau mot, nous conviendrons de nommer *différence* le rapport entre les termes de la proportion par différence, et de réserver le nom de *rapport* ou de *raison* pour la proportion par quotient.

Pour abréger le discours, nous appellerons *termes* d'un rapport les nombres comparés, et *termes* de la proportion les termes des rapports dont l'égalité forme celle-ci. Le premier terme de chaque rapport sera l'*antécédent* de ce rapport, et le second terme le *conséquent*. Nous donnerons aussi le nom de *premier antécédent* au premier terme de la proportion; celui de *premier conséquent* au second terme; celui de *second antécédent* au troisième, et celui de *second conséquent* au quatrième ; enfin, nous nommerons *extrêmes* les premier et quatrième termes de la proportion, et *moyens* les deux termes du milieu.

Concluons de ce qui précède, que *les diverses équations entre les nombres peuvent, par certaines opérations préliminaires, telles que l'addition, la soustraction, la multiplication et la division, être ramenées à des équidifférences ou à des équiquotiens, c'est-à-dire, à des proportions par différence et à des proportions par quotient.*

Maintenant, afin de pouvoir dégager les inconnues qui entrent dans les proportions, et en tirer la valeur en nombres connus, il est nécessaire de chercher les propriétés des proportions, c'est-à-dire, les diverses relations entre les termes de ces dernières.

*** PROBLÈME LXXV.

Trouver les propriétés des proportions par différence, c'est-à-dire, les diverses relations que les termes de celles-ci peuvent avoir entre eux.

SOLUTION. Soit la proportion par différence 8.3:11.6; il est d'abord évident que dans ce cas, chaque antécédent est égal à son conséquent plus la différence ; de sorte que, si l'on augmente de la différence chaque conséquent, on aura

$$8 \cdot 8 : 11 \cdot 11,$$

proportion dont la différence est zéro, et d'après laquelle

on voit que la somme des extrèmes est égale à celle des moyens, puisque ces deux sommes se trouvent composées des mêmes nombres.

Vérifions si cette égalité a encore lieu, lorsque la différence n'est plus zéro, c'est-à-dire, si elle existoit dans la proportion 8.3:11.6. Or, pour obtenir les deux sommes égales, on a augmenté de la différence le second et le quatrième terme; et, comme ces deux termes entrent, le premier dans la somme des moyens, et le second, dans la somme des extrêmes, il s'ensuit que l'on a augmenté d'une même quantité les deux sommes. Or, celles-ci sont devenues égales par cette addition ; par conséquent, elles l'étoient auparavant, c'est-à-dire, que dans la proportion donnée 8.3:11.6, la somme des extrêmes 8 et 6 étoit la même que celle des moyens 3 et 11.

Ainsi, *dans toute proportion par différence, la somme des extrêmes est égale à celle des moyens.*

De sorte que chaque extrême peut être considéré comme l'une des parties de la somme des moyens, et chaque moyen comme l'une des parties de la somme des extrêmes. Or, dès que l'on retranche d'une somme l'une de ses parties, on retrouve l'autre ; par conséquent, si *de la somme des moyens d'une proportion par différence, on soustrait l'un des extrêmes, on aura pour différence l'autre extrême : et, si de la somme des extrêmes, on retranche l'un des moyens, on aura l'autre moyen.*

Voyons si réciproquement, quatre nombres, tels que la somme des extrêmes égale celle des moyens, seroient en proportion par différence.

Soient donc les nombres 8, 3, 11, 6, dont les extrêmes 8 et 6 donnent la même somme que les deux moyens 3 et 11. Si les quatre nombres 8, 3, 11, 6 ne

sont point en proportion par différence, et que nous ajou‑
tions au second et au quatrième terme la différence qu'il
y a entre les deux premiers termes, le second devien‑
dra égal au premier, tandis que le quatrième ne sera
point égal au troisième ; mais alors les deux sommes qui
sont toujours égales entre elles, auroient une partie com‑
mune 8 et une autre différente, ce qui est absurde ;
par conséquent, *toutes les fois que quatre nombres sont
tels que les deux extrémes donnent la même somme que
les deux moyens, ces nombres ainsi disposés, forment
une proportion par différence.*

De sorte que *tous les changemens que l'on fera subir
à une proportion par différence, et qui ne détruiront pas
l'égalité entre la somme des extrêmes et celle des moyens,
laisseront subsister la proportion, c'est-à-dire, l'égalité
des différences.*

On peut donc, *dans une proportion par différence*,
1°. *faire changer de place aux moyens et aux extrêmes ;*
2°. *mettre les extrêmes à la place des moyens;* 3°. *aug‑
menter ou diminuer d'une même quantité les antécédens
ou les conséquens ;* 4°. *multiplier ou diviser tous les termes
de la proportion par un même nombre;* 5°. *ajouter terme
à terme, c'est-à-dire, antécédent à antécédent, et con‑
séquent à conséquent, deux ou plusieurs proportions par
différence; on peut même* 6°. *retrancher terme à terme
plusieurs proportions de plusieurs autres, sans que les
quatre nombres résultans cessent de former une proportion,*
car, il est aisé de voir que par toutes ces opérations, ou
l'on n'a point changé les deux sommes, ou bien on les
a augmentées ou diminuées d'une même quantité, ou
encore on les a rendues chacune le même nombre de
fois plus grandes ou plus petites.

Il pourroit arriver que les deux moyens fussent égaux,

et que l'on eût, par exemple, 3.8:8.13. Pour distinguer ce cas, on n'écrira qu'un seul moyen, et les deux points du milieu, on les transportera à la gauche du premier terme en les séparant l'un de l'autre par une petite ligne; nous nommerons aussi cette proportion, *proportion continue*, parce que le second terme continue d'être employé pour la seconde différence; et ce second terme nous l'appellerons *moyen proportionnel par différence*. D'après cela, la proportion continue précédente s'écrira ainsi

$$\div 3 . 8 . 13 ,$$

et s'énoncera toujours en disant, 3 *est à* 8 *comme* 8 *est à* 13.

Appliquant à la proportion continue, le principe que *la somme des extrêmes est égale à la somme des moyens*, on conclura que, *dans toute proportion continue, la somme des extrêmes égale le double du terme moyen, et que le terme moyen est la moitié de la somme des extrêmes.*

*** PROBLÊME LXXVI.

Trouver les propriétés des proportions par quotient, ou les différentes relations qui en lient les termes les uns aux autres.

SOLUTION. Soit la proportion par quotient

$$3 : 9 :: 5 : 15.$$

Si nous suivons une marche analogue à celle qui nous a fait trouver les propriétés des proportions par différence, nous verrons que chaque rapport pouvant être regardé comme le quotient du conséquent par l'antécédent, nous pouvons considérer le premier conséquent 9 comme le produit de son antécédent 3 par la raison, et le second conséquent 15 comme le produit de son antécédent 5 par la raison ; de sorte que, si nous multiplions chaque antécédent par la raison, les deux produits seront les conséquens, et nous aurons

$$9 : 9 :: 15 : 15.$$

D'où l'on voit qu'alors le produit des extrêmes est égal au produit des moyens ; mais pour obtenir cette égalité, on a multiplié par un même nombre les deux antécédens, c'est-à-dire, l'un des facteurs du produit des extrêmes, et l'un des facteurs du produit des moyens ; on a donc multiplié ces deux produits par un même nombre ; et, comme il sont devenus égaux par cette multiplication, il faut en conclure qu'ils l'étoient avant, et que, dans la proportion donnée, on avoit

$$3 \times 15 = 9 \times 5.$$

On auroit pu encore remarquer que la proportion dont il s'agit, n'étant que l'expression de deux quotiens égaux, on pouvoit l'écrire sous la forme de deux fractions égales, et avoir

$$\frac{3}{9} = \frac{5}{15}.$$

Or, en réduisant ces deux fractions égales au même dénominateur, les numérateurs seront égaux ; et comme le numérateur de la première sera le produit du premier antécédent 3 par le second conséquent 15, c'est-à-dire, le produit des extrêmes, et que le numérateur de la seconde sera le produit du premier conséquent 9, par le second antécédent 5, c'est-à-dire le produit des moyens, on en conclura également que

Dans la proportion par quotient, le produit des extrêmes est égal à celui des moyens.

De sorte que *l'un des extrêmes peut être regardé comme un facteur du produit des moyens, et l'un des moyens comme un facteur du produit des extrêmes.*

D'où l'on voit que, *si le produit des moyens d'une proportion par quotient, on le divise par l'un des extrêmes, on trouvera l'autre extrême ; et que si l'on divise le produit des extrêmes par l'un des moyens, on aura l'autre moyen,* parce que toutes les fois que l'on divise un produit par l'un de ses facteurs, on trouve au quotient l'autre facteur.

Voyons maintenant si, de l'égalité entre le produit des extrêmes et celui des moyens, nous pourrions conclure l'égalité des rapports ou la proportion.

Soient donc les quatre nombres

$$3, \quad 9, \quad 5, \quad 15,$$

tels que les deux extrêmes 3 et 15 donnent le même produit que les deux moyens 5 et 9. Si les deux rapports ne sont pas les mêmes, et que je multiplie les deux antécédens par le premier rapport, il n'y aura que le premier antécédent qui deviendra égal à son conséquent ; car, dans le second rapport, n'ayant pas multiplié le diviseur 5 par le quotient, je ne dois pas trouver au produit le dividende 15. De sorte qu'alors j'aurois deux produits qui, ayant un facteur commun 9, et le facteur restant différent ne pourroient être égaux ; ce qui seroit absurde, puisque la multiplication des deux premiers produits qui étoient égaux par un même nombre, n'a pu détruire cette égalité.

Si l'on écrivoit, comme ci-dessus, les deux rapports sous la forme des deux fractions, il faudroit vérifier si de l'égalité entre le produit des extrêmes et celu[i] des moyens, on peut déduire l'égalité de ces fractions.

Or, les deux fractions $\frac{3}{9}$ et $\frac{5}{15}$ étant réduites au même dénominateur, auroient pour numérateurs, la première, le produit du premier nombre 3 par le quatrième 15, c'est-à-dire, le produit des extrêmes, et la seconde le produit du troisième nombre 5 par le second 9, ou le produit des moyens ; et, comme ces deux produits sont supposés égaux, on en concluroit que les deux fractions ayant des numérateurs et des dénominateurs égaux, se-roient égales ; l'on en déduiroit donc l'égalité des frac-tions primitives $\frac{3}{9}$, $\frac{5}{15}$, et en même tems la proportion entre les nombre 3, 9, 5 et 15.

Ainsi, *** *quatre nombres dont les extrêmes multi-pliés l'un par l'autre, donnent le même produit que les moyens, forment une proportion par quotient.*

De sorte que *** *tous les changemens que l'on fera subir aux termes d'une proportion par quotient ne dé-truisent point la proportion, s'ils laissent subsister l'é-galité entre le produit des extrêmes et celui des moyens.*

On peut donc, sans détruire la proportion par quo-tient, 1°. *faire changer de place aux termes moyens, ou aux extrêmes, ou bien mettre les extrêmes à la place des moyens, ou les moyens à la place des extrêmes ;*

car les deux produits auront toujours les mêmes facteurs.

*On peut 2°. multiplier ou diviser par un même nom-
bre les deux antécédens, ou les deux conséquens, ou les
deux termes de l'un des rapports.* Dans tous ces cas,
on aura multiplié ou divisé par un même nombre un
facteur de chaque produit, et par conséquent les produits qui, étant d'abord égaux, doivent rester tels par
la multiplication ou la division par un même nombre.

On parviendroit aux mêmes conclusions, en mettant
la proportion $3:9::5:15$ sous la forme des deux fractions
$\frac{3}{9}$ et $\frac{5}{15}$. Car ces fractions qui sont égales restent égales, soit
que l'on multiplie ou que l'on divise leurs numérateurs ou
leurs dénominateurs, ou les deux termes de l'une d'entre
elles par un même nombre.

Si l'on parcourt les diverses opérations que l'on peut
faire subir aux termes des fractions égales $\frac{3}{9}$ et $\frac{5}{15}$ sans
détruire l'égalité, on verra que l'on peut augmenter
ces deux fractions de l'unité, ou les retrancher chacune
de l'unité et avoir encore des fractions égales : effectuant

donc ce changement, on trouve d'abord $1 + \dfrac{3}{9} = 1 + \dfrac{5}{15}$

$$\text{ou } \frac{9+3}{9} = \frac{15+5}{15}; \quad \text{et } 1 - \frac{3}{9} = 1 - \frac{5}{15},$$

ou $\dfrac{9-3}{9} = \dfrac{15-5}{15}$. Mettant ensuite ces fractions égales
sous la forme de proportions, on a

$$9 + 3 : 9 :: 15 + 5 : 15$$
$$9 - 3 : 9 :: 15 - 5 : 15.$$

Or, nous avons vu qu'on pouvoit faire changer de place

aux termes moyens, sans détruire la proportion, c'est-
à-dire, que *dans toute proportion par quotient, les antécédens étoient entre eux, comme leurs conséquens ;* de sorte
que dans les deux dernières proportions, on aura

$$9 + 3 : 9 - 3 :: 15 + 5 : 15 - 5.$$

Comparant cette proportion avec la proposée.......
$3:9::5:15$, on conclura que, *dans toute proportion
par quotient, la somme des deux premiers termes est à
leur différence, comme la somme des deux derniers est
à la différence de ceux-ci.*

Les deux mêmes proportions mises sous la forme de
deux fractions, donnent $\dfrac{9+3}{15+5}=\dfrac{9}{15}$ et $\dfrac{9-3}{15-5}=\dfrac{9}{15}$.
De sorte que, si on les compare avec les fractions égales
$\dfrac{3}{5}=\dfrac{9}{15}$ données par la proportion $3:9::5:15$, on verra
que, *si deux fractions sont égales, et que l'on aug-
mente ou que l'on diminue successivement les deux termes
de l'une, des termes respectifs de l'autre, on aura des
fractions égales aux premières, pourvu que les soustractions puissent avoir lieu.*

Si l'on fait changer de place aux termes moyens des
deux mêmes proportions ci-dessus, on aura

$$9 + 3 : 15 + 5 :: 9 : 15$$
$$9 - 5 : 15 - 5 :: 9 : 15.$$

Comparant chacune de ces proportions avec la proposée
$3:9::5:15$, on conclura que, *dans la proportion par
quotient, la somme ou la différence des deux premiers
termes, est à la somme ou à la différence des deux
derniers, comme le second est au quatrième.*

Si nous appliquons ces deux derniers principes à la proposée, après avoir fait changer de place aux moyens de cette dernière, qui sera alors $3:5::9:15$, nous aurons les deux nouvelles proportions

$$3 + 5 : 9 + 15 :: 3 : 9$$
$$5 - 3 : 15 - 9 :: 3 : 9$$

qui, comparées avec la proposée $3:9::5:15$, montreront que, *dans la proportion par quotient, la somme ou la différence des antécédens est à la somme ou à la différence des conséquens, comme un antécédent est à son conséquent.*

Nous venons de voir les diverses relations que l'on trouvoit entre les termes de la proportion $3:9::5:15$, lorsque l'on ajoutoit à l'unité les deux fractions égales $\dfrac{3}{9}$ et $\dfrac{5}{15}$, ou bien qu'on les en retranchoit. Voyons maintenant ce qui arriveroit si ces fractions égales étoient multipliées ou divisées par d'autres fractions égales. Supposons donc que l'on ait.

$$\frac{3}{9} = \frac{5}{15}$$
$$\frac{2}{7} = \frac{6}{21}$$
$$\frac{4}{5} = \frac{20}{25}$$

il est évident que le produit des premières fractions doit être égal à celui des secondes, de sorte que l'on aura

$$\frac{3 \times 2 \times 4}{9 \times 7 \times 5} = \frac{5 \times 6 \times 20}{15 \times 21 \times 25};$$

et, si l'on écrit toutes ces fractions sous la forme de proportions, on aura

$$3 : 9 :: 5 : 15$$
$$2 : 7 :: 6 : 21$$
$$4 : 5 :: 20 : 25$$

$$3 \times 2 \times 4 : 9 \times 7 \times 5 :: 5 \times 6 \times 20 : 15 \times 21 \times 25.$$

D'où l'on conclura que *des proportions par quotient, étant multipliées termes à termes, donnent quatre produits en proportion.*

Si au lieu de multiplier les termes de la première proportion, on avoit proposé de les diviser, il eût suffi de renverser les fractions diviseurs, et de multiplier les deux premières fractions par les autres renversées.

Or, deux fractions égales étant renversées, expriment chacune le quotient de l'unité divisée par chacune d'elles, et sont par conséquent égales après le renversement ; de sorte que les produits de deux fractions égales par d'autres fractions égales que l'on a renversées, sont égaux. D'ailleurs le renversement des deux fractions qui expriment deux rapports égaux, revient à mettre dans la proportion les moyens à la place des extrêmes, et ceux-ci à la place des moyens; et, comme ce changement laisse subsister la proportion, il s'ensuit que *la division des termes d'une proportion par d'autres termes aussi en proportion, revient à renverser les proportions diviseurs, c'est-à-dire, à échanger chaque antécédent contre son conséquent, et à multiplier les termes de la proportion dividende par les termes respectifs des proportions diviseurs.*

Il suit de ce que nous venons de dire, que *si l'on élève à une même puissance tous les termes d'une proportion par quotient,* on aura encore une proportion. Car on n'aura fait que multi-plier termes à termes des proportions identiques.

Mais des puissances d'un même degré ne peuvent être en proportion, que dans le cas où les quatre racines y seroient, puisqu'il n'y a que des proportions qui, multipliées termes à termes, puissent donner une proportion ; par conséquent, *si des quatre termes d'une proportion par quotient, on extrait une racine d'un même degré, les quatre racines formeront une proportion.*

Car si cela n'avoit point lieu, on ne pourroit point, en élevant ces racines à la puissance marquée par leur degré, trouver des puissances en proportion ; ce qui seroit contraire à la supposition faite.

Nous pouvons observer ici ce que nous avons déjà remarqué pour la proportion par différence, c'est-à-dire, que les moyens pourroient être égaux, comme si nous avions

$$3 : 9 :: 9 : 27.$$

Dans ce cas, nous appellerons la proportion, *proportion continue par quotient* ; nous l'exprimerons de cette manière abrégée

$$\div 3 : 9 : 27,$$

et nous l'énoncerons en disant 3 *est à* 9 *comme* 9 *est à* 27.

Le terme du milieu se nommera *moyen proportionnel par quotient.*

Mais le produit des extrêmes est toujours égal à celui des moyens ; et ceux-ci étant égaux, on verra que,

Dans toute proportion continue par quotient, le produit des extrêmes est égal au carré du terme moyen.

De sorte que *le moyen proportionnel par quotient est la racine carrée du produit des extrêmes.*

Nous observerons enfin que l'on peut avoir une suite de rapports égaux, par exemple,

$$3 : 9 :: 5 : 15 :: 6 : 18 :: 7 : 21.$$

Il est évident, d'après ce que nous avons dit pour une simple proportion,

1°. Que *dans une suite de rapports égaux, deux antécédens sont entre eux comme leurs conséquens;* de sorte que dans cette suite on aura

$$3 : 5 :: 9 : 15 \qquad 5 : 6 :: 15 : 18$$
$$3 : 6 :: 9 : 18 \qquad 5 : 7 :: 15 : 21$$
$$3 : 7 :: 9 : 21 \qquad 6 : 7 :: 18 : 21.$$

2°. Que *dans une suite de rapports égaux, on peut, sans détruire l'égalité de ces rapports, multiplier ou diviser par un même nombre tous les antécédens ou tous les conséquens.*

Nous avons vu précédemment que dans une proportion par quotient, la somme des antécédens est à la somme des conséquens, comme un antécédent est à son conséquent.

D'après cela, si l'on ne prend que les quatre premiers termes de la suite des rapports égaux, on aura

$$3 + 5 : 9 + 15 :: 5 : 15 \text{ ou } :: 6 : 18.$$

De cette proportion on tirera également

$$3 + 5 + 6 : 9 + 15 + 18 :: 6 : 18 \text{ ou } :: 7 : 21$$

et enfin, de cette dernière on déduira

$$3 + 5 + 6 + 7 : 9 + 15 + 18 + 21 :: 7 : 21.$$

D'où l'on conclura 3°. que, *dans une suite de rapports*

14

égaux, la somme de tous les antécédens est à la somme de tous les conséquens, comme un antécédent est à son conséquent ; et, en général, que la somme d'un certain nombre d'antécédens est à la somme de leurs conséquens, comme une autre somme d'antécédens est à la somme de leurs conséquens.

REMARQUE. Si dans une suite de rapports égaux, on avoit des proportions continues, il devroit en résulter entre les divers termes des relations plus simples que celles qui ont lieu lorsque tous les termes de la suite sont différens. Examinons donc ce cas particulier, tant pour les proportions par différence, que pour les proportions par quotient.

Soit d'abord une suite de proportions continues, dont la différence soit la même, et dont chacune ait deux termes communs avec celle qui la suit, par exemple,

$$3 . 5 : 5 . 7 : 7 . 9 : 9 . 11 : 11 . 13 : 13 . 15.$$

Pour simplifier, nous n'écrirons qu'une seule fois chaque moyen, et nous désignerons cette suppression en plaçant avant le premier terme à gauche deux points l'un sur l'autre, et séparés par une petite ligne. D'après cela, la suite précédente s'écrira ainsi

$$\div 3 . 5 . 7 . 9 . 11 . 13 . 15 ;$$

et on l'énoncera en disant, 3 *est à* 5 *comme* 5 *est à* 7, *comme* 7 *est à* 9, *comme* 9 *est à* 11, *comme* 11 *est à* 13, *comme* 13 *est à* 15.

Cette suite de termes marchant, pour ainsi dire, par différences égales, nous la nommerons *progression par différence*, et nous en distinguerons de deux sortes, l'une *croissante*, lorsque les termes vont en augmentant, et l'autre *décroissante*, lorsque les termes vont en diminuant. Nous pourrons donc définir *la progression par différence, une suite de nombres dont chacun surpasse celui qui le précède, ou en est surpassé d'un même nombre d'unités, suivant que la progression est croissante ou décroissante.*

Si nous faisons des observations analogues pour une suite de proportions continues par quotient, dont les deux derniers termes de chacune soient les premiers termes de la suivante, à l'exception de la dernière, *nous nommerons* PROGRESSION PAR QUOTIENT, *une suite de nombres dont chacun contient celui qui le précède, ou est contenu en lui le même nombre de fois, selon que la suite est croissante ou décroissante.*

De sorte que si nous avions les nombres

$$3, \quad 6, \quad 12, \quad 24, \quad 48, \quad 96, \quad 192,$$

dont chacun contient le précédent deux fois, ces nombres formeroient une progression croissante par quotient, que nous écririons ainsi :

$$\div 3 : 6 : 12 : 24 : 48 : 96 : 192,$$

et que nous énoncerions en disant, 3 *est à* 6 *comme* 6 *est à* 12, *comme* 12 *est à* 24, *comme* 24 *est à* 48, *comme* 48 *est à* 96, *comme* 96 *est à* 192.

Il nous reste maintenant à examiner les propriétés de ces deux espèces de progressions.

✱✱✱ PROBLÊME LXXVII.

Trouver les propriétés des progressions par différence, c'est-à-dire, les diverses relations entre les termes de ces progressions.

SOLUTION. Soit la progression croissante par différence

$$\div 3 . 5 . 7 . 9 . 11 . 13 . 15.$$

Puisque chaque terme, à partir du second, est égal au précédent plus la différence, il s'ensuit que le second terme est égal au premier plus la différence ; que le troisième est égal au second plus la différence, et au premier plus deux fois la différence ; que le quatrième égale le troisième plus la différence, ou le second plus deux fois la différence, ou le premier plus trois fois la différence, ainsi de suite.

De sorte que 1°. *dans une progression croissante par différence, chaque terme est égal à un autre placé avant lui, plus la différence multipliée par le nombre des termes intermédiaires plus un.*

Si l'on compare chaque terme à un autre qui le suit, on verra que le 1ᵉʳ. terme est égal au 2ᵉ. moins la différence, que le 2ᵉ. est égal au 3ᵉ. moins la différence ; et par conséquent, que le 1ᵉʳ. égale le 3ᵉ. moins deux fois la différence. On verra semblablement que, le 3ᵉ. étant égal au 4ᵉ. moins la différence, le 1ᵉʳ. égalera le 4ᵉ. moins 3 fois la différence ; et en général, un terme de la progression moins la différence prise autant de fois qu'il y a de termes intermédiaires plus un ; et, comme ce raisonnement est applicable à tout autre terme, on conclura

2°. *Que dans une progression croissante par différence, un terme quelconque est égal à un autre placé après lui, moins la différence multipliée par le nombre des termes intermédiaires plus un.*

D'où l'on voit que, si dans la progression par différence, on prend deux termes moyens par rapport à deux autres dont ils soient également distans, le 1ᵉʳ. de ces moyens sera égal au 1ᵉʳ. extrême plus autant de fois la différence qu'il y a de termes intermédiaires plus un, tandis que le 2ᵉ. moyen égalera le 2ᵉ. extrême moins le même nombre de fois la différence ; de sorte que la somme des deux moyens ne sera composée que des deux extrêmes, et ces quatre termes formeront une proportion par différence.

Ainsi, 3°. *dans une proportion par différence, quatre termes, tels que les deux premiers soient autant éloignés l'un de l'autre que les deux derniers, forment une proportion par différence.*

4°. *Deux termes d'une progression par différence également éloignés des extrêmes, donnent une somme égale à celle des extrêmes.*

D'où il suit que, si l'on prend successivement deux termes également distans des extrêmes, chaque couple de termes sera égal à la somme des extrêmes; et, si la progression a un terme moyen également éloigné des extrêmes, ce terme étant moyen proportionnel entre les extrêmes, sera égal à la moitié de ceux-ci; de sorte que la somme de tous les couples de termes, y compris les extrêmes, est exprimée par la somme des extrêmes prise autant de fois que l'on a formé de couples; et comme l'on a autant de couples qu'il y a d'unités dans la moitié du nombre des termes de la progression, puisque le moyen proportionnel entre les extrêmes, n'est qu'un demi-couple, il s'ensuit

5°. Que, *dans une progression par différence, la somme de tous les termes est égale à la somme des extrêmes multipliée par la moitié du nombre des termes.*

Pour éclaircir ce dernier principe sur un exemple, prenons la progression ci-dessus. Nous aurons, d'après ce qui précède,

$$3 + 15 = 3 + 15$$
$$5 + 13 = 3 + 15$$
$$7 + 11 = 3 + 15$$
$$9 = \frac{3 + 15}{2}.$$

De sorte que la somme de tous les termes sera exprimée par la somme $3 + 15$ des extrêmes multipliée par $3 + \frac{1}{2}$ ou $\frac{7}{2}$ qui est la moitié du nombre des termes de la progression.

*** PROBLÊME LXXVIII.

On demande les propriétés des progressions par quotient, ou les diverses relations entre chaque terme, la raison, le nombre et la somme des termes.

Solution. Soit la progression croissante par quotient

$$\div 3 : 6 : 12 : 24 : 48 : 96 : 192.$$

Puisque chaque terme, à compter du second, est égal au précédent multiplié par la raison, il s'ensuit que le 2e. terme est le produit du premier par la raison, que le 3e. est le produit du 2e. par la raison, ou le produit du 1er. par la raison et par la raison, c'est-à-dire, le produit du 1er. par le carré de la raison ; que le 4e. est le produit du 3e. par la raison, ou le produit du 2e. par le carré de la raison, ou le produit du 1er. par le carré de la raison et par la raison, c'est-à-dire, le produit du 1er. par le cube de la raison, ainsi de suite.

De sorte que, 1°. *dans une progression croissante par quotient, un terme est égal à un autre placé avant lui multiplié par la puissance de la raison d'un degré marqué par le nombre de termes intermédiaires plus un.*

D'où il suit que *le dernier terme est le produit du premier par la raison élevée à une puissance d'un degré égal au nombre des moyens plus un, ou au nombre des termes de la progression moins un.*

Si l'on compare chaque terme à celui qui le suit, on verra que chacun est égal au terme suivant divisé par la raison ; par conséquent, le 1er. égale le 2e. divisé par la raison ; mais le 2e. égale le 3e. divisé par la raison : le 1er. égalera donc le 3e. divisé par la raison et par la raison, ou par le carré de la raison ; semblablement il égalera le 4e. divisé par le cube de la raison, ainsi de suite, et comme ce qui est vrai du 1er. terme est applicable à tous les autres termes à l'exception du dernier, on conclura

2°. Que *dans la progression croissante par différence, un terme quelconque excepté le dernier, est le quotient d'un terme placé après lui, divisé par la raison élevée à la puissance du degré marqué par le nombre de termes intermédiaires plus un.*

Par conséquent, *le 1er. terme égale le dernier divisé par la raison élevée à la puissance du degré marqué par le nombre de moyens plus un, ou par le nombre des termes de la progression moins un.*

Il suit de là que si l'on prend deux termes également éloignés des extrêmes, le 1er. de ces moyens sera égal au 1er. extrême multiplié par la puissance de la raison du degré égal au nombre de termes intermédiaires plus un, tandis que le 2e. moyen sera égal au dernier extrême divisé par la même puissance qui multiplie le premier moyen. De sorte que, si l'on multiplie les deux moyens, et qu'on supprime le facteur commun, on aura le produit des extrêmes ; et comme l'on peut regarder deux termes quelconques de la progression comme les extrêmes de celle-ci ; on en conclura

3°. Que *deux termes moyens d'une progression par quotient également éloignés de deux termes extrêmes par rapport à eux, donnent un produit égal au produit de ces extrêmes, et forment par conséquent, avec eux, une proportion par quotient.*

Nous avons vu précédemment que, dans une suite de rapports égaux, la somme des antécédens est à la somme des conséquens, comme un antécédent est à son conséquent. Or, une progression par quotient, est une suite de rapports égaux dans laquelle tous les termes sont antécédens, excepté le dernier, et conséquens, excepté le premier ; de sorte que la somme de tous les termes moins le dernier, sera la somme de tous les antécédens, et la somme de tous les termes moins le premier, celle de tous les conséquens, et l'on aura la proportion par quotient.

La somme de tous les termes moins le dernier : la somme de tous les termes moins le premier ∷ le premier terme : second, ou ∷ l'unité : la raison.

Si pour simplifier, nous représentons par f la somme de tous les termes de la progression ; par q la raison ou quotient, le premier terme, par l'abbréviation 1er., et le dernier terme, par l'abbréviation d^{er}., on aura

$$f - \text{der.} : f - 1^{er}. \ \because \ 1 : q.$$

Si l'on veut trouver la valeur de f, il faut faire en sorte que cette inconnue ne soit que dans un terme de la proportion, et y soit seule.

Or, comme f entre dans les deux premiers termes, cette inconnue disparoîtroit de l'un des termes, si l'on prenoit la différence entre ces mêmes termes. Mais, dans une proportion par quotient, le premier terme est à la différence des deux premiers termes, comme le troisième est à la différence des deux derniers : effectuons donc ce changement sur la proportion ci-dessus.

Comme le 1er. terme de la progression est plus petit que le dernier, on voit d'abord que $f - 1^{er}$. est plus grand que $f - d^{er}$. Or, si de $f - 1^{er}$. je ne retranchois que f, j'aurois $f - 1^{er}. - f$; et alors, ayant retranché une quantité trop grande de d^{er}., la différence seroit trop petite de d^{er}., il faudroit donc l'augmenter de d^{er}.; ce qui donneroit $f - 1^{er}. - f + d^{er}$., ou $d^{er}. - 1^{er}$. De sorte que la proportion ci-dessus seroit changée en celle-ci,

$$f - d^{er}. \; : \; d^{er}. - 1^{er}. \; :: \; 1 \; : \; q - 1.$$

Il ne nous manque plus maintenant que de dégager l'inconnue f dans le premier terme, de $- d^{er}$. Or, comme dans une proportion par quotient, la somme des antécédens est à la somme des conséquens, comme un antécédent est à son conséquent, il est visible que, si le second antécédent étoit d^{er}. au lieu d'être 1, la somme des antécédens ne contiendroit plus que f : multiplions donc le 2e. antécédent 1, et son conséquent $q - 1$ par d^{er}., nous aurons

$$f - d^{er}. \; : \; d^{er}. - 1^{er}. \; :: \; d^{er}. \; : \; d^{er}. \times q - d^{er}.;$$

faisant la somme des antécédens et celle des conséquens, nous trouverons

$$f - d^{er}. + d^{er}. \; : \; d^{er}. \times q + d^{er}. - 1^{er}. - d^{er}. \; :: \; d^{er}. \; : \; d^{er}. \times q - d^{er}. \; :: \; 1 \; : \; q - 1$$

et enfin $\qquad f \; : \; d^{er}. \times q - 1^{er}. \; :: \; 1 \; : \; q - 1 :$

d'où l'on tire $\qquad\displaystyle f = \frac{d^{er}. \times q - 1^{er}.}{q - 1}.$

Ainsi, *dans une progression croissante par quotient, la somme des termes est exprimée par le terme qui suivroit le dernier de la progression diminué du premier et divisé ensuite par la raison moins 1.*

On parviendroit au même résultat, en observant que la proportion
$f - \text{d}^{\text{er}}. : f - 1^{\text{er}}. : : 1 : q$ donne $f \times q - \text{d}^{\text{er}}. \times q = f - 1^{\text{er}}.,$
$f \times q . \text{d}^{\text{er}}. \times q : f . 1^{\text{er}}., f \times q - f . \text{d}^{\text{er}}. \times q : 0 . 1^{\text{er}}.;$
d'où l'on tire

$$f \times (q - 1) = \text{d}^{\text{er}}. \times q - 1^{\text{er}}. \quad \text{et} \, f = \frac{\text{d}^{\text{er}}. \times q - 1^{\text{er}}.}{q - 1}$$

REMARQUE. Connoissant les propriétés des proportions et des progressions, soit par différence, soit par quotient, c'est-à-dire, les
diverses relations qui existent entre les termes, la raison, le nombre
et la somme de tous les termes, il ne nous reste plus qu'à employer ces propriétés à la détermination des inconnues qui entrent
dans les proportions et dans les progressions.

SECTION SECONDE.

De la résolution des proportions et des progressions, ou de la détermination des inconnues qui entrent dans les proportions et dans les progressions.

PROBLÊME LXXIX.

Exposer les diverses manières dont une inconnue peut entrer dans une proportion par différence, et trouver pour chaque cas une méthode pour déterminer l'inconnue.

SOLUTION. 1°. Le cas le plus simple est celui où l'inconnue est
seule dans l'un des termes de la proportion, comme si l'on avoit

$$7 . 5 : 8 . x.$$

Or, nous avons vu qu'alors l'extrême inconnu x étoit égal à la somme des moyens moins l'extrême connu. On aura donc

$$x = 5 + 8 - 7, \quad \text{ou} \quad x = 6.$$

2°. Supposons que l'inconnue multipliée par un certain nombre, forme l'un des termes de la proportion, et que l'on ait

$$7 \cdot 5 : 8 \cdot 2x,$$

on ramènera ce cas au précédent en divisant tous les termes par 2, ce qui donnera $\frac{7}{2} \cdot \frac{5}{2} : 4 \cdot x$; de sorte que. . . . .
$x = 4 + \frac{5}{2} - \frac{7}{2} = \frac{13}{2} - \frac{7}{2} = \frac{6}{2} = 3.$

3°. Si l'inconnue ne se trouvant que dans un seul terme, y étoit ajoutée à un nombre, et que l'on eût

$$7 \cdot 5 : 8 \cdot 3 + 2x,$$

on délivreroit l'inconnue du nombre 3 qui lui est ajouté, en retranchant 3 des deux derniers termes ; ce qui, diminuant les deux sommes de 3, laisseroit subsister l'égalité des différences. On auroit donc

$$7 \cdot 5 : 5 \cdot 2x ;$$

divisant ensuite tout par 2, il viendroit

$$\frac{7}{2} \cdot \frac{5}{2} : \frac{5}{2} \cdot x = \frac{10}{2} - \frac{7}{2} = \frac{3}{2}.$$

4°. Supposons que l'inconnue soit diminuée d'un certain nombre, et que l'on ait

$$7 \cdot 5 : 8 \cdot 4x - 3.$$

En augmentant de 3 les deux conséquens, on aura

$$7 \cdot 8 : 8 \cdot 4x ;$$

divisant tout par 4, on trouvera

$$\tfrac{7}{4}.2 : 2.x = 4 - \tfrac{7}{4} = \frac{16-7}{4} = \tfrac{9}{4}.$$

5°. Si le multiplicateur de l'inconnue étoit une fraction, et que l'on eût

$$7.5 : 8.\tfrac{3}{4}x,$$

il suffiroit de diviser tous les termes de la proportion par $\tfrac{3}{4}$, ce qui donneroit

$$\frac{4\times7}{3} . \tfrac{4}{3}\times5 : \tfrac{4}{3}\times8 . x,$$

ou $\qquad \tfrac{28}{3} . \tfrac{20}{3} : \tfrac{32}{3} . x = \dfrac{52-28}{3} = 8.$

6°. Supposons que l'inconnue se trouve dans deux termes de la proportion, et que l'on ait

$$7.9 : 2x.6x.$$

Pour faire disparoître $2x$, il suffit de diminuer de $2x$ les deux derniers termes, ce qui donne

$$7.9 : 0.4x,$$

et ensuite

$$\tfrac{7}{4}.\tfrac{9}{4} : 0 . x = \tfrac{1}{2}.$$

7°. Pour prendre le cas le plus compliqué, supposons que l'inconnue entre dans tous les termes, qu'elle y soit augmentée dans l'un et diminuée dans l'autre d'une quantité connue, qu'en outre elle soit multipliée et divisée par certains nombres ; par exemple, que l'on ait

$$\tfrac{2}{3}x + 5 . \tfrac{5}{6}x - 7 : 4x - 2 . 3x + \tfrac{3}{4}.$$

Pour simplifier cette proportion, j'observe que si toutes les quantités qui y entrent étoient réduites au même dénominateur, en supprimant celui-ci, on multiplieroit tous les termes de la proportion par un même nombre, ce qui ne détruiroit point l'égalité des différences. Réduisons donc tout au dénominateur 12, et supprimons ce dénominateur, on aura

$$8x + 60 \cdot 10x - 84 : 48x - 24 \cdot 36x + 9.$$

Si pour faire disparoître 84 du 2e. terme, et 24 du 3e., on ajoute 84 aux deux premiers termes, et 24 aux deux derniers, on trouvera

$$8x + 144 \cdot 10x : 48x \cdot 36x + 33 \,;$$

retranchant ensuite $8x$ communs à tous les termes, on aura

$$144 \cdot 2x : 40x \cdot 28x + 33 \,;$$

mais $28x$ entrent dans les deux derniers, on peut donc diminuer ceux-ci de $28x$, ce qui donnera

$$144 \cdot 2x : 12x \cdot 33.$$

Il ne nous reste plus maintenant que de faire disparoître x de l'un des termes. Or, en retranchant le second terme $2x$, on diminue la somme des moyens de $2x$, il faudra donc l'augmenter de $2x$ en ajoutant $2x$ au second moyen ; alors on aura

$$144 \cdot 0 : 14x \cdot 33$$

et

$$\tfrac{144}{14} \cdot 0 : x \cdot \tfrac{33}{14} \,;$$

d'où l'on tire finalement

$$x = \tfrac{177}{14}.$$

8°. Jusqu'à présent, nous n'avons fait entrer qu'une seule inconnue dans la proportion. S'il arrivoit que l'on eût deux inconnues, il faudroit, pour déterminer celles-ci, avoir deux proportions ; car autrement l'une des inconnues entreroit dans l'expression de l'autre. Supposons donc qu'après avoir simplifié les deux proportions par les moyens employés précédemment, on soit parvenu à les réduire aux formes suivantes

$$10x . 9 : 3 . 3y$$
$$6x . 6 : 2 . 9y.$$

Si l'inconnue x étoit multipliée par le même nombre dans les deux proportions, il suffiroit de retrancher celles-ci l'une de l'autre, pour n'avoir plus qu'une proportion à une seule inconnue. Or, en multipliant tous les termes de la première par 6, et tous ceux de la seconde par 10, on aura $60x$ de part et d'autre, et la soustraction fera disparoître x.

Effectuant donc ce calcul, on aura

$$60x . 54 : 18 . 18y$$
$$60x . 60 : 20 . 90y$$
$$\overline{}$$
$$0 . 6 : 2 . 72y$$
$$0 . 3 : 1 . 36y$$

De sorte que $y = \frac{1}{9}$.

Si l'on opère, d'une manière semblable, pour éliminer y, on multipliera tous les termes de la première proportion par 3, et l'on aura $9y$ comme dans la seconde. Après le calcul on trouvera

$$30x . 27 : 9 . 9y$$
$$6x . 6 : 2 . 9y$$
$$\overline{}$$
$$24x . 21 : 7 . 0$$
$$x . \tfrac{21}{24} : \tfrac{7}{24} . 0$$

Par conséquent $x = \frac{21}{24} = \frac{7}{8}$.

9°. Dans le cas où l'on auroit trois inconnues, il faudroit avoir aussi trois proportions afin de pouvoir déterminer chaque inconnue. Cette détermination seroit facile en regardant d'abord l'une des inconnues comme connue, et en éliminant l'une des deux autres par le moyen des deux premières proportions ; on opéreroit d'une manière semblable sur la seconde et la troisième proportion, ce qui donneroit une nouvelle proportion à deux inconnues seulement. Enfin avec ces deux proportions à deux inconnues, on parviendroit à une proportion finale n'ayant qu'une inconnue.

Par une méthode analogue, on détermineroit un plus grand nombre d'inconnues, pourvu que l'on eût un égal nombre de proportions.

10°. Enfin on pourroit, dans une proportion par différence, avoir plusieurs puissances de l'inconnue. Mais ce cas paroissant très-compliqué, nous nous contenterons d'observer que, si l'on n'avoit qu'une seule puissance de l'inconnue, on opéreroit comme lorsqu'on n'a eu que la première puissance, et il n'y auroit plus qu'à extraire du résultat une racine du degré marqué par la puissance de l'inconnue.

PROBLEME LXXX.

Faire connoître les diverses manières dont les inconnues peuvent entrer dans une proportion par quotient, ainsi que les moyens de trouver ces inconnues.

SOLUTION. 1°. Le cas le plus simple est celui où la première puissance de l'inconnue formeroit seule un terme de la proportion. Par exemple, si l'on avoit

$$3 : 7 :: 9 : x.$$

Nous avons déjà vu que l'extrême inconnu est égal au produit des moyens divisé par l'extrême connu ; de sorte que l'on aura....

$$x = \frac{7 \times 9}{3} = 21.$$

2°. Supposons que l'inconnue soit multipliée par un certain nombre, et que l'on ait

$$5 : 8 :: 6 : \tfrac{3}{4}x.$$

Puisque la division des deux termes d'un rapport par un même nombre ne détruit pas la proportion, on aura, en divisant les deux derniers termes par $\tfrac{3}{4}$,

$$5 : 8 :: 8 : x = \tfrac{64}{5}.$$

3°. Soit une proportion où l'inconnue soit ajoutée à un certain nombre, comme celle-ci

$$4 : 9 :: 12 : 2x + 3.$$

Pour faire disparoître 3, il faudroit qu'en prenant la différence des antécédens et celle des conséquens, 3 fût détruit par la soustraction : il faudroit donc que le premier conséquent fût 3. Il seroit donc nécessaire de réduire d'abord ce conséquent à l'unité, et ensuite de le multiplier par 3. On le réduira à l'unité en divisant les deux premiers termes par 9, et l'on aura

$$\tfrac{4}{9} : 1 :: 12 : 2x + 3.$$

Multipliant les deux premiers termes par 3, on trouvera

$$\tfrac{12}{9} : 3 :: 12 : 2x + 3 \quad \text{ou} \quad \tfrac{4}{3} : 3 :: 12 : 2x + 3.$$

Prenant ensuite la différence des antécédens, celle des conséquens, et comparant ces différences à un antécédent et à son conséquent, on aura

$$\tfrac{4}{3} : 3 :: 12 - \tfrac{4}{3} : 2x, \quad \text{ou} \quad \tfrac{4}{3} : 3 :: \tfrac{32}{3} : 2x.$$

Si l'on multiplie enfin les deux antécédens par 3, et que l'on divise les deux derniers termes par 2, on obtiendra

$$4 : 3 :: 16 : x, \quad \text{ou} \quad 1 : 3 :: 4 : x = 12.$$

4°. Supposons une proportion où l'inconnue soit diminuée d'un certain nombre, telle que

$$2 : 5 :: 7 : x - 3.$$

J'observe que, si le premier conséquent étoit 3, on feroit disparoître 3 du quatrième terme, en faisant la somme des conséquens; et comme la somme des antécédens est à celle des conséquens dans le même rapport qu'un antécédent est à son conséquent, nous aurions, en opérant d'abord comme ci-dessus,

$$\tfrac{2}{5} : 1 :: 7 : x - 3, \qquad \tfrac{6}{5} : 3 :: 7 : x - 3$$

$$\tfrac{6}{5} : 3 :: \tfrac{6}{5} + 7 : x, \qquad 6 : 3 :: 6 + 35 : x$$

$$2 : 1 :: 41 : x = \tfrac{41}{2}.$$

5°. Soit une proportion où l'inconnue se trouve dans deux termes combinée avec des nombres, telle que

$$8 : 5 :: 3x + 2 : 4x - 7.$$

Pour faire disparoître x de l'un des termes, j'observe que, si cette inconnue avoit le même multiplicateur dans les deux termes du rapport, il n'y auroit qu'à prendre la différence entre les deux termes de chaque rapport, et comparer cette différence aux deux antécédens ou aux deux conséquens, pour avoir une proportion où l'inconnue ne fût que dans un seul terme.

Effectuant donc ce calcul, on aura

$$8 : 5 :: 12x + 8 : 12x - 21$$
$$8 - 5 : 8 + 21 :: 5 : 12x - 21$$
$$3 : 29 :: 5 : 12x - 21$$

Faisons maintenant disparoître 21 qui est soustrait de $12x$; en opérant d'après les principes ci-dessus, on trouvera

$$3 : 1 :: 5 \times 29 : 12x - 21$$
$$3 \times 21 : 21 :: 5 \times 29 : 12x - 21$$
$$3 \times 21 : 21 :: 3 \times 21 + 5 \times 29 : 12x.$$

Supprimant les facteurs communs aux deux termes d'un même rapport, et effectuant les opérations indiquées, on aura enfin

$$3 : 1 :: 208 : 12x$$
$$3 : 1 :: 52 : 3x$$
$$3 : 1 :: 52 : x$$
$$9 : 1 :: 52 : x.$$

7°. Examinons le cas où l'on auroit deux ou plusieurs inconnues. Il est alors nécessaire d'avoir autant de proportions que d'inconnues, pour que celles-ci puissent être déterminées.

Soient donc d'abord les deux proportions

$$3 : 7 :: 8 : 5x$$
$$4 : 9 :: 7x : 11y.$$

Il est aisé de voir que si l'on multiplioit ces proportions terme à terme, l'inconnue x seroit facteur commun aux deux termes du second rapport. On pourroit donc supprimer ce facteur commun ; ce qui équivaudroit à la division des deux termes par un même nombre ; c'est pourquoi on auroit

$$3 \times 4 : 7 \times 9 :: 8 \times 7 : 5 \times 11y$$
$$1 : 7 \times 3 :: 2 \times 7 : 55y$$
$$1 : 21 :: 14 : 55y$$

Si l'on avoit trois inconnues et les trois proportions suivantes

$$2 : 5 :: 3 : 2x$$
$$7 : 9 :: 4x : 3y$$
$$8 : 3 :: 5y : 4z$$

on observeroit également que la multiplication de ces proportions terme à terme donneroit x et y pour facteurs communs aux termes du dernier rapport ; de sorte que la suppression de ces facteurs feroit disparoître deux inconnues, sans changer le rapport. On auroit donc

$$2 \times 7 \times 8 : 5 \times 9 \times 3 :: 3 \times 4 \times 5 : 2 \times 3 \times 4z.$$

Supprimant les facteurs 3 et 4 communs aux derniers termes, on a

$$2 \times 7 \times 8 : 5 \times 9 \times 3 :: 5 : 2z$$

et enfin

$$2 \times 7 \times 8 : 5 \times 9 \times 3 :: 5 : z.$$

On opéreroit d'une manière semblable, si l'on avoit un plus grand nombre de proportions et d'inconnues.

8°. Supposons donc que les inconnues soient élevées au carré, et que l'on ait

$$3 : 7 :: 4 : x^2.$$

Dans ce cas, il suffit d'extraire la racine carrée de chaque terme de la proportion, et l'on aura une autre proportion dont le dernier terme sera x.

Si, au lieu du carré de l'inconnue, on avoit le cube, on extrairoit de chaque terme la racine cubique ; ainsi de suite pour toutes les puissances supérieures de l'inconnue. Nous n'examinerons pas les cas où l'on auroit des puissances de divers degrés de l'inconnue.

En récapitulant les différentes opérations que nous venons de faire, nous conclurons la règle suivante.

1°. *Lorsque, dans une proportion par quotient, l'inconnue ne se trouve que dans un extrême, et qu'elle est augmentée d'un certain nombre, on la dégage de ce nombre, en réduisant d'abord à l'unité le premier conséquent par la division des deux premiers termes par le second ; en multipliant ensuite ces deux mêmes termes par le nombre dont on veut dégager l'inconnue, et en faisant enfin cette proportion, le premier antécédent est à son conséquent, comme la différence des antécédens est à la différence des conséquens ;*

2°. *Si l'inconnue, au lieu d'être augmentée d'un certain nombre, étoit diminuée de ce nombre, on feroit la même préparation avec la différence que l'on emploieroit la proportion par laquelle un antécédent est à son conséquent, comme la somme des antécédens est à celle des conséquens ;*

3°. *Lorsque l'inconnue est multipliée par un nombre quelconque, on la dégage de ce multiplicateur, en divisant les deux derniers termes ou les deux conséquens par ce même multiplicateur ;*

4°. *Dans le cas où l'inconnue se trouveroit dans l'un des*

moyens et dans l'un des extrêmes, on commenceroit par réduire
l'inconnue au même multiplicateur, en multipliant chaque
terme qui renferme l'inconnue par le multiplicateur de cette
inconnue dans l'autre terme, avec l'attention de multiplier
encore un second terme de la proportion, pour que celle-ci
ne soit pas détruite ; après cela, on établiroit la proportion,
la différence des antécédens est à la différence des conséquens, comme un antécédent est à son conséquent, ou bien
la différence des deux premiers termes est à la différence
des deux derniers, comme le second est au quatrième, ou
comme le premier est au troisième ;

5°. Si l'on avoit plusieurs inconnues et plusieurs proportions, telles que l'une d'elles ne renfermât qu'une inconnue
commune à une autre proportion, et que les autres en con-
tinssent deux dont chacune fût commune à une proportion,
excepté la dernière qui auroit une inconnue non commune ;
on élimineroit toutes ces inconnues hors une seule, en multipliant ces proportions terme à terme et en supprimant
les inconnues communes, pourvu toutefois que les deux inconnues dans chaque proportion fussent l'une extrême, et
l'autre moyenne.

Nous ne parlerons pas des autres cas, parce qu'ils peuvent être ramenés aux précédens, ou être résolus par les
règles données.

6°. Enfin, si l'inconnue étoit élevée au carré, ou au cube,
ou à toute autre puissance, on commenceroit par la dégager des connues qui la multiplient, ou qui lui sont ajoutées, ou qui en sont retranchées ; ensuite on feroit en sorte
qu'elle ne fût que dans un seul terme ; et, en dernier
lieu, on extrairoit de chaque terme une racine du degré
marqué par la puissance de l'inconnue.

Les cas où l'on a plusieurs puissances de l'inconnue, sont trop
compliqués pour que nous puissions nous en occuper ici.

* PROBLÊME LXXXI.

Dans une progression par différence, connoissant trois de ces quatre quantités, savoir, le premier et le dernier terme, la différence et le nombre des termes de la progression, déterminer la quatrième.

* SOLUTION. 1°. *Supposons que l'inconnue soit la différence.*

Nous avons vu (prob. LXXVII.) que *le dernier terme d'une progression croissante par différence étoit la somme du premier terme et du produit de la différence par le nombre des termes moins un.* Par conséquent, si du dernier terme on retranche le premier, on aura le produit de la différence de la progression par le nombre des termes moins un : de sorte qu'en divisant la différence des deux extrêmes par le nombre des termes moins un, on aura la différence de la progression. Dans le cas où celle-ci seroit décroissante, on retrancheroit le dernier terme du premier, et l'on opéreroit de la même manière.

Si les termes moyens étoient inconnus, on les détermineroit aisément en ajoutant successivement au premier terme, ou en en retranchant la différence de la progression, suivant que celle-ci seroit croissante ou décroissante.

2°. *Si l'on vouloit déterminer le nombre des termes de la progression,* on verroit que la différence entre les extrêmes étant le produit de la différence de la progression par le nombre des termes moins un, on n'auroit qu'à diviser la différence des extrêmes par la différence de la progression, pour avoir le nombre des termes moins un.

Quant aux premier et dernier termes, ils sont donnés immédiatement par le principe que, *dans la progression par différence, le plus grand extrême est égal au plus petit plus la différence multipliée par le nombre des termes moins un ; et le plus petit extrême est égal au plus grand moins le produit de la différence par le nombre des termes moins un.*

Autre Solution. Soit la progression par différence

$$\div\ 3\ .\ 5\ .\ 7\ .\ 9\ .\ 11\ .\ 13\ .\ 15.$$

Nous savons que $15 = 3 + 2 \times (7 - 1)$. Cette équation peut être mise sous la forme d'une proportion par différence, telle que celle-ci

$$3 \ . \ 15 : 0 \ . \ 2 \times (7 - 1);$$

de sorte que, si la différence étoit inconnue, on auroit, en la représentant par x, la proportion

$$3 \ . \ 15 : 0 \ . \ x \times (7 - 1).$$

Divisant donc tous les termes par $7 - 1$, on trouveroit

$$\frac{3}{7-1} \ . \ \frac{15}{7-1} : 0 \ . \ x = \frac{15-3}{7-1}.$$

Si le nombre des termes étoit inconnu, on auroit

$$3 \ . \ 15 : 0 \ . \ 2 \times (x - 1)$$
$$\tfrac{3}{2} \ . \ \tfrac{15}{2} : 0 \ . \ x - 1$$
$$\tfrac{3}{2} \ . \ \tfrac{15}{2} : 1 \ . \ x = \frac{15-3}{2} + 1.$$

Dans le cas où le premier terme seroit inconnu, on auroit

$$x \ . \ 15 : \ 0 \ . \ 2 \times (7 - 1)$$
$$x = 15 - 2 \times (7 - 1).$$

PROBLÊME LXXXII.

Dans une progression par différence, connoissant trois de ces cinq quantités, savoir les premier et dernier termes, la différence, le nombre et la somme des termes, déterminer les deux inconnues.

SOLUTION. Prenons la progression

$$\div\, 3 \,.\, 5 \,.\, 7 \,.\, 9 \,.\, 11 \,.\, 13 \,.\, 15,$$

dont la différence est 2, dont le premier terme est 3, le dernier 15, le nombre des termes 7, et la somme de tous les termes 63.

D'après les principes ci-dessus (prob. **LXXVII.**), on a les deux équations

$$15 = 3 + 2 \times (7 - 1)$$
$$2 \times 63 = (3 + 15) \times 7,$$

que l'on peut écrire sous la forme des deux proportions

$$3 \,.\, 15 : 0 \,.\, 2 \times (7 - 1)$$
$$3 \times 7 \,.\, 63 : 63 \,.\, 15 \times 7.$$

1°. *Supposons que les inconnues soient la différence et le nombre des termes*, et représentons la première inconnue par x et la seconde par y ; les proportions ci-dessus deviendront

$$3 \,.\, 15 : 0 \,.\, xy - x$$
$$3y \,.\, 63 : 63 \,.\, 15y;$$

augmentant de x les deux derniers termes de la première proportion, on aura

$$3 \,.\, 15 : x \,.\, xy$$
$$3y \,.\, 63 : 63 \,.\, 15y.$$

Pour faire disparoître y du premier terme, on retranchera $3y$ de ce premier terme, et on augmentera le dernier de $3y$, ce qui donnera

$$3 . 15 : x . xy$$
$$0 . 63 : 63 . 18y.$$

Maintenant, j'observe que, si y avoit le même multiplicateur dans les deux proportions, il suffiroit de soustraire celles-ci l'une de l'autre, pour faire disparoître y. Nous multiplierons donc tous les termes de la première par 18, et tous ceux de la seconde par x, et l'on aura

$$54 . 270 : 18x . 18xy$$
$$0 . 63x : 63x . 18xy$$

Retranchant la seconde de la première, on trouvera

$$54 . 270 - 63x : 18x - 63x . 0 ;$$

ajoutant $63x$ aux deux conséquens et ensuite aux deux derniers termes, on aura

$$54 . 270 : 18x . 126x ;$$

enfin, si l'on soustrait $18x$ des deux derniers termes, il viendra

$$54 . 270 : 0 . 108x.$$

Divisant tout par 2, on aura

$$27 . 135 : 0 . 54x,$$

proportions dont les termes tous divisibles par 9, donnent

$$3 . 15 : 0 . 6x$$
$$1 . 5 : 0 . 2x$$
$$\tfrac{1}{2} . \tfrac{5}{2} : 0 . \quad x = \frac{5 - 1}{2} = 2.$$

La détermination de y peut se faire par la substitution de $x = 2$ dans la proportion $3 . 15 : x . xy$, ou se déduire immédiatement de celle-ci, $0 . 63 : 63 . 18y$, laquelle, par la division de tous ses termes par 9, devient $0 . 7 : 7 . 2y$. Ainsi, $y = \frac{14}{2} = 7$.

Le différence de la progression est donc 2, et le nombre de ses termes 7, comme nous le savions déja.

2°. *Supposons que les deux inconnues soient le nombre et la somme des termes*; représentant par x la première, et par y la seconde, nous aurons

$$3 . 15 : 0 . 2 (x - 1) \text{ ou } 2x - 2$$
$$3x . y : y . 15x ;$$

ajoutant 2 aux troisième et quatrième termes de la première proportion, augmentant de $3x$ le quatrième terme de la seconde, diminuant de $3x$ le premier, augmentant le troisième et diminuant le deuxième de y, on trouvera

$$3 . 15 : 2 . 2x$$
$$0 . 0 : 2y . 18x.$$

Si l'on multiplie maintenant tous les termes de la première par 9, on aura

$$27 . 135 : 18 . 18x$$
$$0 . 0 : 2y . 18x$$

Après avoir soustrait la seconde proportion de la première, on aura

$$27 . 135 : 18 - 2y . 0 ;$$

augmentant de $2y$ les deux derniers termes de la proportion, on a

$$27 . 135 : 18 . 2y$$

divisant tout par 2, il vient enfin

$$\tfrac{27}{2} . \tfrac{135}{2} : \tfrac{18}{2} . y = \frac{153 - 27}{2} = \frac{126}{2} = 63.$$

Pour obtenir x, on peut employer directement la proportion...
$5.15 : 2.2x$, de laquelle on tire

$$\frac{1}{2} . \frac{15}{2} : \frac{2}{2} : x = \frac{17-3}{2} = \frac{14}{2} ;$$

de sorte que le nombre des termes est 7, et leur somme 63.

On opéreroit d'une manière semblable pour les autres inconnues.

★ ★ PROBLÊME LXXXIII.

Dans une progression par quotient, connoissant trois de ces quatre quantités, savoir, les premier et dernier termes, la raison ou quotient et le nombre des termes, trouver l'inconnue.

Solution. 1°. *Supposons que l'inconnue soit la raison et que la progression soit croissante.* Comme le dernier terme d'une telle progression est le produit du premier par la racine élevée à une puissance d'un degré marqué par le nombre des termes moins un de la progression ; il s'ensuit que, *si l'on divise le dernier terme par le premier, le quotient exprimera une puissance de la raison d'un degré égal au nombre des termes moins un ; et que, si l'on extrait de ce quotient une racine d'un degré égal à ce nombre des termes moins un, on aura la raison elle-même.*

2°. *Si l'on vouloit connoître le nombre des termes de la progression,* on observeroit qu'il faudroit alors déterminer le degré de la puissance de la raison, parce que ce degré, augmenté de l'unité, exprime le nombre des termes. Or, en divisant le dernier terme par le premier, on a la puissance dont la raison est la racine, et dont le nombre des termes moins un est le degré.

Il faut donc, pour connoître le nombre des termes d'une progression croissante par quotient, élever la raison successivement aux diverses puissances, jusqu'à ce que l'on trouve le quotient du dernier terme divisé par le premier, et le nombre de fois plus une que la raison sera entrée comme facteur dans le résultat, exprimera le nombre des termes de la progression.

3°. Si l'inconnue étoit le premier terme, il est évident que le dernier étant le produit du premier par la puissance de la raison d'un degré marqué par le nombre des termes moins un de la progression, *il suffit, pour avoir le premier terme, de diviser le dernier par la puissance de la raison d'un degré égal au nombre des termes moins un.*

On raisonneroit d'une manière semblable pour la progression décroissante. Il n'y auroit ici d'autre différence qu'en ce que, dans la proportion décroissante, le premier terme est le dernier de l'autre, que le dernier est le premier, et que la raison est l'unité divisée par la raison de la progression croissante.

* PROBLÊME LXXXIV.

Dans une progression croissante par quotient, étant données trois de ces cinq quantités, savoir, les premier et dernier termes, la raison, le nombre et la somme des termes, on demande les deux inconnues.

Solution. Soit la progression par quotient

$$\div 3 : 6 : 12 : 24 : 48 : 96 : 192.$$

1°. *Supposons que les inconnues soient le premier et le dernier terme*, que nous représenterons respectivement par x et par y.

Nous avons vu (prob. LXXVIII.) que dans une progression croissante par quotient, le dernier terme est le produit du premier par la raison élevée à une puissance d'un degré égal au nombre des termes moins un ; et que la somme de tous les termes égale le quotient du dernier terme multiplié par la raison, diminué du premier, et divisé par la raison moins un : par conséquent, si l'on applique ces deux principes à la progression proposée, on aura

$$y = x \times 64 \quad \text{et} \quad 381 = \frac{2y \quad x}{2 - 1}.$$

Faisant passer ces équations sous la forme de proportion, on trouvera

$$1 : 64 :: x : y$$
$$381 : 1 :: 2y - x : 1.$$

Pour éliminer y, il faudroit que la première proportion eût $2y \quad x$ pour quatrième terme; car alors en multipliant les deux proportions terme à terme, et en supprimant le facteur commun $2y - x$, on n'auroit plus y. Multiplions donc par 2 les deux conséquens de la première, nous aurons

$$1 : 128 :: x : 2y.$$

Si maintenant nous prenons la différence des deux premiers termes et celle des deux derniers, nous trouverons

$$1 : 127 :: x : 2y - x$$
$$381 : 1 :: 2y - x : 1;$$

multipliant terme à terme, il viendra

$$381 : 127 :: x : 1,$$

par conséquent,

$$x = \frac{381}{127} = 3.$$

Substituant cette valeur dans $1 : 64 :: 3 : y$, on aura $y = 192$.

2°. *Si les inconnues sont le dernier terme et la somme*

des termes, nous représenterons le dernier terme par x et la somme par y. Alors les deux équations fondamentales deviendront $x = 3 \times 64$ et $y = \dfrac{2x - 3}{1}$, et se changeront en ces proportions

$$1 : 3 :: 64 : x$$
$$y : 1 :: 2x - 3 : 1.$$

Pour éliminer x, il faudroit que la première proportion eût.... $2x - 3$ pour quatrième terme : nous multiplierons donc les deux derniers termes de la première proportion par 2 ; nous comparerons ensuite la différence des antécédens à celle des conséquens, et nous aurons

$$1 : 3 :: 128 : 2x$$
$$1 : 3 :: 127 : 2x - 3$$
$$y : 1 :: 2x - 3 : 1 ;$$

multipliant les deux dernières proportions terme à terme, et supprimant le facteur commun $2x - 3$, nous aurons enfin

$$y : 3 .. 127 : 1 \quad \text{et} \quad y = 381.$$

Quant à l'inconnue x, elle est donnée par la proportion

$$1 : 3 :: 64 : x = 192.$$

De sorte que le dernier terme est 192, et la somme des termes 381.

3º. *Si les inconnues sont le premier terme et la somme des termes*, on fera premier terme $= x$ et somme $= y$. Les équations fondamentales seront

$$192 = x \times 64 \quad \text{et} \quad y = \dfrac{2 \times 192 - x}{1}.$$

On tirera les proportions

$$64 : 192 :: 1 : x$$
$$y : 1 :: 384 - x : 1 ;$$

divisant par 64 les deux termes du premier rapport de la première proportion, on aura

$$1 : 3 :: 1 : x \quad \text{et} \quad x = 3.$$

Substituant cette valeur dans la deuxième proportion, il viendra

$$y : 1 :: 384 - 3 : 1 \quad \text{et} \quad y = 384 - 3 = 381.$$

Il nous resteroit maintenant à faire entrer pour inconnues la raison et le nombre des termes ; mais ces cas sont trop compliqués, et nous les réservons pour le tems où nos moyens seront plus étendus.

REMARQUE. Jusqu'à présent, nous avons supposé que le nombre des termes de la progression par quotient fût fini, mais on pourroit avoir une progression décroissante à l'infini, telle que.......
$\frac{1}{2}$ $\frac{1}{4}$ $\frac{1}{8}$ $\frac{1}{16}$ $\frac{1}{32}$ $\frac{1}{64}$, etc., ou une fraction périodique 0,67 67 67, etc.
Nous nous proposerons donc encore le problème suivant.

** PROBLÊME LXXXV.

Une progression par quotient décroissante à l'infini étant donnée, on demande de déterminer le dernier terme, et la somme des termes par le moyen de la raison.

SOLUTION. Dans une progression décroissante par quotient, le second terme est égal au premier divisé par la raison ; le troisième est égal au second divisé par la raison, et au premier divisé par le carré de la raison, et enfin *le dernier est égal au premier divisé par la raison élevée à une puissance indiquée par le nombre des termes moins un de la progression.*

Or, le nombre des termes étant infini, la puissance de la raison seroit infinie, c'est-à-dire, que l'on ne pourroit trouver de nombre assez grand pour l'exprimer. On sait, en outre, que plus le dénominateur d'une fraction est grand, plus la fraction est petite ; par conséquent, si l'on trouvoit le dénominateur le plus grand possible, on auroit une fraction qui auroit la plus petite valeur possible, c'est-à-dire, zéro.

Ainsi, *une fraction qui auroit un numérateur fini et un dénominateur infiniment grand, seroit représentée par zéro.*

Nous conclurons donc que *le dernier terme d'une progression par quotient décroissante à l'infini, est zéro.*

Pour obtenir la somme de tous les termes, rappelons-nous que nous avons avons trouvé précédemment (prob. LXXVIII)

$$\int = \frac{d^{er}. \times q - 1^{er}.}{q - 1}.$$

Mais cette formule appartenant à une progression croissante, il faut ici que nous renversions la progression décroissante ; alors elle reviendra à une progression croissante dont le premier terme est 0, dont le dernier est le premier de la progression décroissante, et dont la raison est le quotient de deux termes consécutifs divisés l'un par l'autre. Ainsi nous remplacerons ici $1^{er}.$ par 0, $d^{er}.$ par $1^{er}.$, et nous déterminerons q en divisant le plus grand de deux termes consécutifs par le plus petit.

De sorte que, *pour une progression par quotient décroissante à l'infini, nous aurons*

$$\int = \frac{1^{er}. \times q}{q - 1},$$

c'est-à-dire, *que la somme de tous les termes est égale au premier multiplié par la raison divisée par cette raison diminuée de* 1, *la raison étant le quotient du premier terme de la progression décroissante divisé par le second.*

Appliquons cette règle à la sommation des trois progressions suivantes :

$$\frac{\cdot\cdot}{\cdot\cdot} \;\; \tfrac{1}{2} : \tfrac{1}{4} : \tfrac{1}{8} : \tfrac{1}{16} : \tfrac{1}{32} : \tfrac{1}{64} \;,\; \text{etc., etc.,}$$

$$\frac{\cdot\cdot}{\cdot\cdot} \;\; \tfrac{1}{3} : \tfrac{1}{9} : \tfrac{1}{27} : \tfrac{1}{81} : \tfrac{1}{243} : \tfrac{1}{729}, \text{etc., etc.,}$$

$$0{,}67\ 67\ 67\ 67, \text{ etc.}$$

Pour la première, nous aurons $1^{er}. = \tfrac{1}{2}$ et $q = 2$

Pour la seconde, nous aurons $1^{er}. = \tfrac{1}{3}$ et $q = 3$

Pour la troisième, nous aurons $1^{er}. = \tfrac{67}{100}$ et $q = 100.$

Substituant donc ces valeurs dans la formule ci-dessus, on trouvera

$$\frac{1}{2} + \frac{1}{4} + \frac{1}{8} + \frac{1}{16} + \text{etc.} = 1$$

$$\frac{1}{3} + \frac{1}{9} + \frac{1}{27} + \frac{1}{81} + \text{etc.} = \frac{1}{2}$$

$$0{,}67\ 67\ 67,\ \text{etc.} = \frac{67}{99}.$$

*** Remarque. Si l'on observe que, pour avoir le quatrième terme d'une proportion par quotient, il faut multiplier les moyens l'un par l'autre, et diviser leur produit par l'autre extrême, (tandis que pour obtenir le quatrième terme d'une proportion par différence, il suffit d'ajouter les deux moyens, et de soustraire de leur somme l'autre extrême, on verra que, si l'on pouvoit faire dépendre la recherche du 4ᵉ. terme d'une proportion par quotient de celle du 4ᵉ. terme d'une proportion par différence, on changeroit les multiplications en additions, et les divisions en soustractions. Or, ce but seroit rempli, si l'on pouvoit construire une table renfermant tous les nombres entiers dans leur ordre naturel, et à côté de ceux-ci d'autres nombres tellement combinés, qu'en en prenant quatre des premiers formant une proportion par quotient, les quatre correspondans donnassent une proportion par différence; car alors le 4ᵉ. terme de cette proportion par différence, correspondroit au quatrième terme de la proportion par quotient : de sorte que la recherche de ce dernier se réduiroit à trouver le 4ᵉ. terme de la proportion par différence, et à chercher ensuite dans la table le nombre correspondant au nombre trouvé.

Si l'on observe encore que le produit de deux nombres peut être considéré comme le 4ᵉ. terme d'une proportion par quotient dont le premier terme est l'unité, et dont les moyens sont les deux facteurs, tandis qu'un quotient peut former le 4ᵉ. terme d'une proportion par quotient, dont le premier terme est le diviseur, et dont les deux moyens sont l'unité et le dividende; on verra que pour avoir le nombre correspondant à un produit, il suffiroit d'ajouter ensemble les nombres correspondans aux deux facteurs, et d'en retrancher le nombre correspondant à l'unité; et que pour obtenir le nombre correspondant au quotient, il faudroit ajouter le nombre correspondant à l'unité à celui correspondant au dividende, et en retrancher le nombre correspondant au diviseur; cherchant ensuite le nombre qui, dans la table, seroit à côté du nombre calculé, on auroit, dans le premier cas, le produit, et dans le second, le quotient des deux nombres donnés.

Il s'agit donc maintenant de former cette table, c'est-à-dire, de trouver des nombres qui donnent des proportions par différence, lorsque d'autres nombres correspondans donneront des proportions par quotient. *Ces nombres, qui forment des proportions par différence, lorsque les nombres correspondans forment des proportions par quotient, nous les nommerons* LOGARITHMES *des nombres auxquels ils correspondent.*

★★★ PROBLEME LXXXVI.

Trouver pour une suite de nombres entiers, d'autres nombres tels que, si l'on prend dans la première suite quatre nombres en proportion par quotient, les quatre correspondans de la seconde suite soient en proportion par différence, c'est-à-dire, déterminer les logarithmes d'une suite de nombres entiers commençant par l'unité.

SOLUTION. Nous savons (prob. LXXVIII.) que dans une progression par quotient, quatre nombres tels que les deux premiers, soient également distans l'un de l'autre que les deux derniers, forment une proportion par quotient, tandis que, quatre termes d'une progression par différence, tels que les deux premiers soient autant distans l'un de l'autre que les deux derniers, donnent une proportion par différence. Par conséquent, si l'on écrivoit une progression par différence au-dessous d'une progression par quotient, de manière que chaque terme de l'une en eût un correspondant dans l'autre, on seroit assuré que toutes les fois que, dans la progression par quotient, on prendroit quatre termes en proportion par quotient, les quatre correspondans dans l'autre progression seroient en proportion par différence, parce que les quatre premiers étant également distans deux à deux l'un de l'autre, les quatre correspondans le seroient aussi et donneroient lieu à une proportion par différence.

Concluons donc que *les termes d'une progression par diffé-rence, sont les logarithmes des termes correspondans d'une progression par quotient.*

D'après cela, si nous écrivons les deux progressions

$$\div\ 1 : 10 : 100 : 1000 : 10000 : 100000 : \text{etc.}$$
$$\div\ 0\ .\ 1\ .\ 2\ .\ 3\ .\ 4\ .\ 5\ .\ \text{etc.},$$

et que nous désignions le logarithme d'un nombre, en plaçant *log.* devant ce nombre, nous aurons tout de suite

$$0 = \log.\ 1,\quad 1 = \log.\ 10,\quad 2 = \log.\ 100,\quad 3 = \log.\ 1000,\ \text{etc.}$$

Il nous reste maintenant à trouver les logarithmes des nombres entiers compris entre 1 et 10, 10 et 100, 100 et 1000, 1000 et 10000; c'est-à-dire, des nombres 2, 3, 4, 5, 6, 7, 8, 9, 11, 12, 13, 14, 15, etc.

Or, comme ces nombres entiers ne peuvent avoir leurs logarithmes qu'autant qu'ils seront eux-mêmes les termes d'une progression par quotient, il faut qu'en intercalant entre 1 et 10, 10 et 100, 100 et 1000, etc., des moyens proportionnels, on trouve parmi ces moyens, ou les nombres entiers intermédiaires, ou au moins des termes si approchés de ces nombres entiers, qu'on puisse les prendre pour ces nombres entiers eux-mêmes. Or, si l'on insère un très-grand nombre de moyens proportionnels par quotient entre 1 et 10, que l'on en insère le même nombre entre 10 et 100, entre 100 et 1000, etc., il arrivera que ces moyens seront très-voisins l'un de l'autre, et qu'ils le seront d'autant plus que l'on en aura inséré un plus grand nombre; de sorte que, parmi ces moyens, il y aura des nombres que l'on pourra prendre sans erreur sensible pour les nombres entiers intermédiaires entre les termes de la progression fondamentale.

Cette opération finie, on cherchera les moyens proportionnels qui, dans la progression par différence, occupent le même rang que ceux que l'on a pris dans l'autre progression, pour les nombres entiers intermédiaires 2, 3, 4, 5, 6, etc., et l'on aura les loga-rithmes de ces nombres entiers. De sorte que, pour construire la table des logarithmes, on écrira dans une première colonne verticale tous les nombres entiers depuis 1 jusqu'au nombre auquel on veut s'arrêter, et l'on placera dans une seconde colonne verticale, vis-à-vis chaque nombre entier de la première, le terme qui, dans la progression par différence, occupe le même rang que lui dans la progression par quotient. Les nombres de la seconde colonne seront les logarithmes des nombres correspondans de la première, puisqu'ils seront tellement choisis, qu'en en prenant quatre de ceux de la première colonne en proportion par quotient, les quatre correspondans de la deuxième formeront une proportion par différence.

Nous observerons ici que les logarithmes des nombres compris entre 1 et 10 tomberont entre 0 et 1, c'est-à-dire, qu'ils auront zéro d'entiers et une fraction décimale ; que les logarithmes des nombres compris entre 10 et 100 tomberont entre 1 et 2, c'est-à-dire, qu'ils auront une unité entière et une fraction décimale, que les logarithmes des nombres entre 100 et 1000 seront composés de deux entiers et d'une fraction décimale, ainsi de suite. D'où l'on voit que les nombres d'un seul chiffre auront zéro d'entiers à leurs logarithmes ; que ceux de deux chiffres auront une unité entière à leurs logarithmes ; que ceux de trois chiffres auront deux unités entières à leurs logarithmes, ainsi de suite.

De sorte que *le logarithme d'un nombre entier a toujours autant d'unités entières que ce nombre a de chiffres moins un ; et un nombre a autant de chiffres que son logarithme a d'unités entières plus une.*

Ce nombre d'unités entières renfermées dans le logarithme d'un nombre, caractérisant les plus hautes unités que ce dernier nombre contient, nous le nommerons *caractéristique du logarithme.*

Si l'on examine attentivement les deux progressions fondamentales

$$\div\ 1 : 10 : 100 : 1000 : 10000 : 100000 : \text{etc.}$$
$$\div\ 0\ .\ 1\ .\ 2\ .\ 3\ .\ 4\ .\ 5\ .\ \text{etc.,}$$

on remarquera que les différences entre les termes consécutifs de la progression par quotient sont 9, 90, 900, 9000, 90000, etc.,

tandis que celles entre les termes consécutifs de la progression par différence sont toutes exprimées par 1. De sorte que la première unité
d'accroissement des logarithmes sera répartie sur les logarithmes de 9
nombres, la seconde sur les logarithmes de 90 nombres, la troisième sur
les logarithmes de 900 nombres, etc. D'où l'on voit qu'en supposant que cette répartition fût égale, les logarithmes des nombres,
depuis 2 inclusivement, jusques à 10 inclusivement aussi, recevroient $\frac{1}{9}$ d'accroissement pour chaque unité dont on augmenteroit
le nombre; que ceux des nombres compris entre 10 et 101 accroî-
troient de $\frac{1}{90}$; que ceux des nombres renfermés entre 100 et 1001
augmenteroient de $\frac{1}{900}$ à chaque unité d'accroissement que recevroient les nombres; ainsi de suite.

*Donc l'accroissement que reçoit le logarithme d'un nombre,
lorsque ce nombre augmente d'une unité, est d'autant plus
petit que le nombre lui-même est plus grand.*

Mais, si une unité d'accroissement dans un nombre un peu grand
ne produit qu'un très-petit accroissement dans le logarithme, à plus
forte raison l'accroissement de $\frac{1}{10}$ dans le nombre en donnera-t-il
un fort petit dans le logarithme; par conséquent, si l'accroissement du logarithme pour le deuxième dixième d'accroissement du
nombre n'étoit pas tout-à-fait égal à celui qu'a produit le premier
dixième, la différence en seroit si petite qu'on pourroit la négliger.
En faisant le même raisonnement pour les 3me., 4e., 5e., 6e.,
7e., 8e. et 9e. dixièmes, on verra que l'on peut supposer, sans
erreur sensible, que l'accroissement du logarithme pour chaque
dixième d'accroissement dans le nombre soit constant, lorsque le
nombre auquel appartient le logarithme est un peu grand.

On en conclura donc que *lorsque les nombres sont fort grands,
et qu'ils augmentent successivement de $\frac{1}{10}$, les accroi semens
des logarithmes peuvent être regardés comme proportionnels
aux accroissemens des nombres,* c'est-à-dire, que pour 0,2,
0,3, 0,4, 0,5, etc. d'accroissement que reçoit le nombre, l'accroissement du logarithme est sensiblement égal à 2, 3, 4, 5, etc. fois
l'accroissement qu'il reçoit, lorsque le nombre n'augmente que de
0,1.

Pour rendre ceci plus sensible, représentons par x l'accroissement que reçoit le logarithme d'un nombre, lorsque ce nombre
augmente de 0,1. Si l'accroissement du logarithme pour le deuxième

dixième d'accroissement dans le nombre, n'étoit pas égal au premier, c'est-à-dire, à x, supposons qu'il fût exprimé par ...... $x + \dfrac{1}{\gamma}$: alors le logarithme du nombre, augmenté de 0,1, seroit x, et celui du nombre augmenté de 0,2 seroit .... $2x + \dfrac{1}{\gamma}$; mais, si x n'est lui-même qu'une fraction très-petite de l'unité, à plus forte raison la fraction $\dfrac{1}{\gamma}$ sera-t-elle très-petite, et par conséquent, négligeable ; il en seroit de même pour le troisième dixième, pour le quatrième, pour le cinquième, etc. ; de sorte que les accroissemens du nombre étant

$$0, 1; \quad 0, 2; \quad 0, 3; \quad 0, 4; \quad 0, 5; \text{ etc.,}$$

ceux du logarithme seroient x, $2x$, $3x$, $4x$, $5x$, etc., c'est-à-dire, proportionnels aux accroissemens du nombre.

Par conséquent, lorsque nous aurons calculé les logarithmes de la suite des nombres entiers 1, 2, 3, 4, 5, 6, etc., et que nous serons parvenus à des nombres un peu grands, nous pourrons, aux deux premières colonnes, en joindre une troisième, dans laquelle nous placerons les accroissemens des logarithmes, non-seulement pour une unité d'accroissement dans les nombres, mais encore pour 0,1, 0,2, 0,3, 0,4, 0,5, 0,7, 0,8, et 0,9.

On trouvera ces accroissemens, en prenant d'abord la différence entre les logarithmes de deux nombres entiers consécutifs; ensuite le dixième de cette différence ; enfin on multipliera ce dixième par 2, par 3, par 4, par 5, par 6, par 7, par 8 et par 9 ; et l'on écrira ces accroissemens de logarithmes dans la troisième colonne, les uns sous les autres, à partir du nombre entier aux accroissemens duquel se rapportent les accroissemens des logarithmes.

Concluons donc que *par les méthodes que nous venons de tracer, on peut avoir non-seulement les logarithmes des nombres entiers, mais encore ceux des nombres entiers accompagnés de décimales, au moins lorsque la partie entière du nombre est un peu grande.*

Il nous reste cependant encore à trouver le logarithme d'un nombre entier qui surpasse les limites des tables, celui d'un nombre entier accompagné d'une fraction ordinaire, et enfin le logarithme d'une simple fraction.

** PROBLÊME LXXXVII.

Étant donné un nombre entier qui surpasse le plus grand nombre renfermé dans les tables, on demande de trouver son logarithme.

SOLUTION. Supposons que le plus grand nombre dont les tables donnent le logarithme, soit 1000, et que l'on demande le logarithme de 35624.

Puisqu'un nombre 10, ou 100, ou 1000, etc. fois plus petit qu'un autre a un logarithme qui ne diffère du logarithme de cet autre que par sa caractéristique qui, alors, renferme 1, ou 2, ou 3, etc. unités de moins, il s'ensuit que, si nous pouvions trouver le logarithme de 356,24, il ne faudroit plus ensuite qu'augmenter ce logarithme de 2 unités entières pour avoir celui du nombre donné 35624.

Or, le nombre 356,24 tombant entre 356 et 357, son logarithme tombera entre log. 356 et log. 357; et, comme ces deux derniers logarithmes sont donnés par les tables, il ne nous reste plus qu'à calculer l'accroissement du log. 356, lorsque le nombre croît de 0,24.

Mais la colonne des différences nous donne l'accroissement du logarithme relativement à 0,2 et 0,4 d'accroissement dans le nombre; par conséquent, si je prends $\frac{1}{10}$ de l'accroissement du logarithme pour 0,4 d'accroissement dans le nombre, j'aurai celui relatif à 0,04; ajoutant donc cet accroissement à celui trouvé pour 0,2, j'aurai l'accroissement du logarithme pour 0,24 d'accroissement dans le nombre. Pour fixer les idées, supposons que x soit cet accroissement, nous aurons alors log. 356 + x = log. 356,24; ajoutant donc deux unités entières à la caractéristique, nous trouverons enfin log. 35624 = 2 + log. 356 + x.

Dans le cas où l'on n'auroit point dans les tables la troisième colonne contenant les différences relatives aux dixièmes d'accroissement des nombres , on feroit la proportion suivante :

$$357 - 356 \; : \; 356,\!24 - 356 \; :: \; \log. \, 357 - \log. \, 356 \; : \; \log. \, 356,\!24 - \log.$$

fondée sur ce que *les différences ou les accroissemens des nombres sont sensiblement proportionnels aux différences ou aux accroissemens des logarithmes de ces nombres.*

Les trois premiers termes de cette proportion étant connus, on trouvera le 4ᵉ. qui exprime ce qu'il faut ajouter au *log.* 356 pour avoir le *log.* 356,24.

** PROBLÈME LXXXVIII.

Etant donné un nombre entier accompagné d'une fraction qui n'est pas décimale , ou une fraction toute seule, on en demande le logarithme.

SOLUTION. Soit le nombre $23\frac{7}{8}$ dont on demande le logarithme. Le moyen qui se présente le premier, est de réduire en décimales la fraction $\frac{7}{8}$, et de chercher ensuite le logarithme d'un nombre entier accompagné de décimales. Ici , cette méthode est préférable, parce que la fraction $\frac{7}{8}$ est réductible exactement en décimales ; mais dans le cas où cette réduction seroit incomplette , on pourroit observer qu'en réduisant les unités entières en unités fractionnaires, on pourroit traiter la fraction comme le quotient de son numérateur divisé par son dénominateur. Effectuant donc ce calcul, on auroit à trouver le logarithme de $\dfrac{191}{8}$, ou du quotient de 191 divisé par 8. Or, le quotient cherché peut être regardé comme le quatrième terme d'une proportion par quotient dont 8 est un extrême, et 191 avec 1 sont les moyens ; c'est-à-dire, que l'on aura les deux proportions

$$8 \; : \; 1 \; :: \quad 191 \; : \quad x.$$
$$\log. \, 8 \, \cdot \, 0 \; : \; \log. \, 191 \, . \, \log. \, x ;$$

de sorte que log. $x = $ log. 191 $-$ log. 8.

On peut donc dire que log. $\dfrac{191}{8}$ = log. 191 — log. 8.

Ainsi, 1°. *pour trouver le logarithme d'un nombre entier joint à une fraction, il faut, ou réduire la fraction en décimales et prendre le logarithme comme pour un nombre entier accompagné de décimales, ou bien ajouter les entiers à la fraction, et soustraire le logarithme du dénominateur de celui du numérateur.*

2°. Si l'on avoit à trouver le logarithme de la simple fraction $\dfrac{11}{13}$; j'observe que toute fraction étant le quotient du numérateur divisé par le dénominateur, il faudroit ici, comme précédemment, retrancher le logarithme du dénominateur de celui du numérateur, ce qui donneroit

$$\log. \frac{11}{13} = \log. 11 - \log. 13.$$

Mais log. 13 étant plus grand que log. 11, on ne peut pas effectuer la soustraction. On peut observer cependant que log. 11 doit être détruit par la partie de log. 13, qui est égale à log. 11 ; de sorte que l'on aura un résultat précédé du signe — et exprimé par ce qui reste du log. 13, quand on en a ôté log. 11 ; on peut donc l'écrire ainsi

$$\log. \frac{11}{13} = - (\log. 13 - \log. 11,)$$

Le signe — qui précède ce résultat indique que l'excès du log. 13 sur le log. 11, doit être retranché de la quantité dans laquelle entrera le log. $\dfrac{11}{13}$.

D'où nous conclurons 2°. que, *pour avoir le logarithme d'une fraction, il faut retrancher le logarithme du numérateur de celui du dénominateur, et faire précéder la différence du signe —, pour indiquer que cette différence doit être retranchée de la quantité dans laquelle entrera le logarithme de la fraction.*

REMARQUE. Nous venons de voir, dans ce qui précède, comment on construit les tables de logarithmes ; comment on détermine, par le moyen de ces tables, les logarithmes des nombres entiers accompagnés de décimales, ceux des nombres entiers qui surpassent les limites des tables, ceux des nombres entiers suivis de fraction, et enfin les logarithmes des simples fractions. Mais comme le but de ces tables est de donner le résultat d'un calcul, quand on a le logarithme de ce résultat, il s'ensuit qu'il nous reste à résoudre le problème inverse, c'est-à-dire, à trouver le nombre auquel appartient un logarithme.

✱✱ PROBLÊME LXXXIX.

Etant donné un logarithme qui n'est point contenu dans les tables, trouver le nombre auquel appartient ce logarithme.

SOLUTION. Les tables ne donnant immédiatement que les logarithmes des nombres entiers, on ne doit point trouver ceux qui appartiennent à des entiers joints à des fractions, ni à des fractions seules ; cependant, puisque nous avons déterminé, par le moyen des tables, les logarithmes des nombres intermédiaires, nous devons pouvoir réciproquement trouver les nombres dont les logarithmes ne sont pas immédiatement dans les tables.

Représentons donc par $log. x$, le logarithme connu du nombre x que nous cherchons ; supposons que ce logarithme tombe dans les tables entre $log. A$ et $log. (A+1)$; alors le nombre x tombera entre les nombres A et $A + 1$. Mais puisque les tables donnent ordinairement les accroissemens des logarithmes pour chaque dixième d'accroissement dans les nombres, il s'ensuit qu'en déterminant l'accroissement qu'a pris $log. A$ pour devenir $log. x$, on trouvera celui que doit prendre le nombre A pour devenir le nombre x. Voulant avoir l'accroissement de $log. A$, on soustraira de $log. x$, $log. A$, et l'on verra ensuite dans la colonne des différences quel doit être l'accroissement de A correspondant à l'accroissement exprimé par $log. x — log. A$. Supposons que n soit la fraction décimale qui marque l'accroissement de A, on aura $x = A$, n.

Mais si les tables ne renfermoient pas les accroissemens des logarithmes relativement aux accroissemens des nombres, il faudroit recourir à la proportion suivant laquelle *les différences des logarithmes sont sensiblement proportionnelles aux différences des nombres.* On auroit donc

$$\log. \ (A + 1) - \log. \ A : \log. \ x - \log. \ A :: 1 : x - A.$$

Les trois premiers termes étant connus, on calculeroit le quatrième qui exprime l'excès du nombre cherché x sur le nombre A, ou ce qu'il faut ajouter au nombre A pour avoir le nombre x.

Si le logarithme donné étoit précédé du signe —, il appartiendroit alors à une fraction. Soit — log. x le logarithme donné dont il faut trouver le nombre x.

Pour ramener ce cas au précédent, on augmentera ce logarithme d'autant d'unités entières qu'il en faut pour que la soustraction puisse avoir lieu. Si nous représentons par n le nombre d'unités ajoutées, on aura n — log. x ; on effectuera la soustraction, et l'on cherchera, par la méthode précédente, le nombre auquel appartient le logarithme exprimé par n — log. x.

Il ne restera plus qu'à rectifier le nombre trouvé d'après le nombre n des unités entières ajoutées de trop au logarithme proposé. Or, nous avons vu que $1 = \log. \ 10$, $2 = \log. \ 100$, $3 = \log. \ 1000$, etc.; par conséquent, suivant que l'on aura ajouté 1, ou 2, ou 3, etc. unités au logarithme donné, on aura augmenté ce dernier de log. 10, ou de log. 100, ou de log. 1000, etc. ; et, comme le logarithme d'un produit est égal à la somme des logarithmes des facteurs, il s'ensuit que le logarithme employé appartiendra à un nombre 10, ou 100, ou 1000, ou etc. fois trop grand ; il faudra donc rendre le résultat trouvé 10, ou 100, ou 1000, ou etc. fois plus petit, suivant que l'on aura ajouté 1, ou 2, ou 3, ou etc. unités au logarithme donné, pour pouvoir effectuer la soustraction. Nous pouvons maintenant établir la règle suivante :

Pour avoir le nombre auquel appartient un logarithme connu, cherchez dans les tables les deux logarithmes entre lesquels tombe le logarithme connu, et vous aurez les deux nombres entre lesquels se trouve le nombre demandé. Si les tables contiennent les différences des logarithmes relatives aux dixièmes d'accroissement des nombres, on retranchera du logarithme donné le plus petit des deux logarithmes entre lesquels tombe le premier, et la différence exprimée en décimales indiquera, dans la colonne des différences, les chiffres qu'il faut écrire à la droite du nombre auquel appartient le plus petit logarithme, pour avoir le nombre du logarithme donné.

Dans le cas où l'on n'auroit point dans les tables la colonne des différences, on feroit cette proportion.

La différence des deux logarithmes entre lesquels tombe le logarithme donné, : la différence entre le logarithme donné et le logarithme le plus voisin en dessous, : : 1 : ce qu'il faut ajouter au nombre du plus petit logarithme, pour avoir le nombre du logarithme donné.

Si le logarithme proposé étoit précédé du signe —, on retrancheroit d'abord ce logarithme d'un nombre d'unités entières assez grand pour effectuer la soustraction; on chercheroit ensuite, d'après la règle précédente, le nombre auquel appartient ce logarithme ainsi modifié; et enfin, dans le nombre trouvé, on avanceroit la virgule vers la gauche d'autant de rangs que l'on auroit ajouté d'unités entières au logarithme donné.

Remarque. Nous voilà maintenant en état de trouver le logarithme d'un nombre donné quelconque, et réciproquement le nombre d'un logarithme proposé; il ne nous reste donc plus qu'à examiner les divers usages des logarithmes, c'est-à-dire, les divers cas où les logarithmes peuvent abréger les calculs, et la manière d'employer ces nombres pour obtenir ceux que l'on cherche.

** PROBLÊME XC.

*Trouver, par le moyen des logarithmes, 1°. le pro—
duit de deux ou de plusieurs nombres; 2°. une certaine
puissance d'un nombre donné; 3°. le quotient d'un nombre
divisé par un autre; 4°. une certaine racine d'un nom—
bre connu; 5°. le degré d'une puissance dont la racine
est donnée.*

SOLUTION. 1°. Nous avons déja vu qu'un produit de deux facteurs pouvoit être regardé comme le 4e. terme d'une proportion
dont l'unité seroit l'autre extrême, tandis que les moyens seroient
le multiplicateur et le multiplicande. De sorte qu'en prenant le
logarithme de 1, qui est zéro, celui du multiplicateur et celui du
multiplicande, on auroit les trois premiers termes d'une proportion
par différence, dont le 4e. seroit le logarithme du produit. On
auroit donc les deux proportions

$$1 : \text{multiplicat}^{\text{r}} :: \text{multiplic}^{\text{de}} : \quad \text{produit}$$
$$0 . \log. \text{multip}^{\text{r}} : \log. \text{multip}^{\text{de}} . \log. \text{produit}.$$

et par conséquent, *log. produit = log. multiplicande + log.
multiplicateur.*

Ainsi, *le logarithme d'un produit composé de deux fac—
teurs, est égal au logarithme du multiplicande plus le lo—
garithme du multiplicateur.*

Si l'on observe que log. 10 = 1, log. 100 = 2, log. 1000 = 3, etc.,
on verra, qu'ajouter au logarithme d'un nombre 1, ou 2, ou 3 etc.
unités, c'est ajouter à ce logarithme log. 10, ou log. 100, ou
log. 1000, etc., c'est-à-dire, former le logarithme d'un nombre
10, ou 100, ou 1000, etc., fois plus grand.

D'après cela, on peut établir en principe *qu'un logarithme
qui augmente de 1, ou 2, ou 3, ou etc. unités simples,*

appartient à un nombre 10, *ou* 100, *ou* 1000, *ou etc. fois plus grand.*

Si le produit que l'on cherche avoit trois facteurs, on pourroit considérer le produit des deux premiers comme multiplicande, et le troisième facteur comme multiplicateur ; alors le logarithme du produit des trois facteurs seroit égal au logarithme du produit des deux premiers plus le logarithme du 3ᵉ. facteur, c'est-à-dire, à la somme des logarithmes des trois facteurs.

Si on en avoit quatre, on auroit le logarithme du produit total égal au logarithme du produit des trois premiers facteurs plus le logarithme du 4ᵉ. facteur, et, par conséquent, à la somme des logarithmes des quatre facteurs ; ainsi de suite, si l'on avoit un plus grand nombre de facteurs.

D'où nous conclurons 1°. que *le logarithme d'un produit composé d'un nombre quelconque de facteurs est égal à la somme des logarithmes de ces facteurs.*

2°. Lorsqu'il s'agit de trouver le logarithme d'une puissance d'un degré connu, on voit que cela revient à déterminer le logarithme d'un produit dont les facteurs sont tous égaux ; or, le logarithme d'un tel produit est égal au logarithme de la racine, pris autant de fois que l'on a de facteurs ou qu'il y a d'unités dans le degré de la puissance.

Ainsi 2°. *le logarithme d'une puissance est égal au produit du logarithme de la racine par le degré de la puissance.*

3°. Pour trouver le logarithme du quotient d'un nombre divisé par un autre, on observera que, le quotient pouvant être regardé comme le 4ᵉ. terme d'une proportion par quotient, dont le premier terme seroit le diviseur, tandis que les moyens seroient l'unité et le dividende, on a les deux proportions

$$diviseur \,\, : 1 \,\, :: \,\, dividende \,\, : \,\, quotient$$
$$log.\, diviseur \,.\, 0 : log.\, dividende \,.\, log.\, quotient.$$

D'où l'on tire *log. quotient* = *log. dividende* — *log diviseur.*

De sorte que si le diviseur d'un nombre étoit 10, ou 100, ou 1000, ou etc., on auroit le logarithme du quotient en retranchant 1, ou 2, ou 3, etc. unités simples du logarithme du dividende.

De là nous conclurons 3°. que *le logarithme du quotient d'un nombre divisé par un autre est égal au logarithme du dividende, moins le logarithme du diviseur, ou bien, au logarithme du dividende plus le complément du logarithme du diviseur, cette somme devant être diminuée d'une unité immédiatement supérieure aux plus hautes unités du logarithme du diviseur; et ensuite, que si l'on diminue de 1, ou 2, ou 3, etc unités, la caractéristique d'un logarithme, ce logarithme appartient à un nombre* 10, ou 100, ou 1000, *etc. fois plus petit.*

D'après ces deux principes, il suit que, *pour avoir le logarithme d'une fraction, on peut commencer par écrire à la droite du numérateur assez de zéro pour que le nouveau numérateur soit plus grand que le dénominateur; soustraire ensuite le logarithme du dénominateur, de celui du numérateur, et diminuer enfin le résultat dans lequel entrera le logarithme de la fraction, ainsi déterminé, de* 1, *ou* 2, *ou* 3, *etc. unités, suivant que l'on aura re..du la fraction* 10, *ou* 100, *ou* 1000, *etc. fois trop grande.*

4°. Quand on veut trouver le logarithme d'une racine, il suffit de se rappeler que le logarithme d'une puissance est le produit du logarithme de la racine par le degré de la puissance; par conséquent, *si l'on divise le logarithme d'une puissance par le degré de cette puissance, on aura le logarithme de la racine.*

5°. Puisque le logarithme d'une puissance est égal au degré de celle-ci multiplié par le logarithme de la racine, il s'ensuit que *le degré d'une puissance est égal au logarithme de cette puissance divisé par le logarithme de la racine, qui a produit cette même puissance.*

Après avoir trouvé le logarithme d'un produit, celui d'une puissance, celui d'un quotient et celui d'une racine, on cherchera d'après la méthode du problème précédent, le nombre qui a pour logarithme le logarithme calculé, si toutefois ce logarithme n'est pas donné immédiatement par les tables, et l'on aura le produit ou la puissance, ou le quotient, ou la racine que l'on demandoit.

APPLICATION

DE L'ARITHMÉTIQUE

A DES

QUESTIONS NUMÉRIQUES.

Observations générales sur la manière de résoudre les questions numériques.

LA parfaite intelligence de la question proposée est évidemment la première et la plus indispensable des conditions que l'on ait à remplir. Or, pour bien comprendre une question, il faut voir clairement les conditions qu'elle renferme, c'est-à-dire, les relations ou la loi de dépendance qu'elle établit entre les quantités connues et les inconnues. Cette dépendance bien comprise, fera découvrir comment certaines quantités se composent des autres; on fera donc les compositions indiquées par les conditions de la question, en traitant les inconnues comme les connues, et en opérant comme pour vérifier si les premières remplissent les conditions imposées. On parviendra ainsi à des égalités ou à des proportions, dans lesquelles les inconnues se trouveront engagées avec des quantités connues. Il ne restera plus alors qu'à dégager par les méthodes de décomposition les grandeurs inconnues des grandeurs connues, et à faire en sorte que ce dégagement laisse chaque inconnue seule et égale à des quantités toutes connues.

Ainsi, dans la résolution d'une question, il faut distinguer deux opérations : la première par laquelle on compose des quantités avec les données connues et inconnues, suivant les conditions du problême, et l'on arrive à des équations ou à des proportions qui doivent renfermer toutes ces données ; la seconde qui consiste à trouver les méthodes les plus propres à dégager les inconnues, c'est-à-dire, à les composer de quantités toutes connues. Sans insister davantage sur des préceptes généraux toujours difficiles à saisir, nous allons passer aux applications.

QUESTION Ire.

On a placé 680 francs à un intérêt annuel de $7\frac{3}{4}$ pour 100, on demande ce que devra l'emprunteur au bout de 14 mois 8 jours.

SOLUTION I. J'observe d'abord que la quantité qu'on cherche doit être la somme de 680 francs, et de l'intérêt de 680 pour 12 mois, plus 2 mois et 8 jours. Or si nous connoissions l'intérêt annuel de 1 franc, il n'y auroit qu'à le multiplier par 680, pour avoir l'intérêt annuel de 680. Mais d'après les conditions prescrites, 100 francs rendent $7\frac{3}{4}$ ou $\frac{31}{4}$; par conséquent 1 franc donnera $\frac{1}{100}$ de $\frac{31}{4}$ ou $\frac{31}{400}$.

Multipliant donc 680 par $\frac{31}{400}$, après avoir simplifié, on aura 52 fr. 70 cent. pour l'intérêt annuel de 680 fr. Mais si 12 mois ont produit 52 fr. 70 c. d'intérêt ; 2 mois produiront $\frac{1}{6}$ de 52 fr. 70 c. Par conséquent 6 jours donneront $\frac{1}{10}$ de l'intérêt pour 2 mois ; et 2 jours, le tiers de celui pour 6 jours. Effectuant les calculs, on trouvera enfin 62 fr. 65 c. pour l'intérêt de 680 fr. pendant 14 mois 8 jours. De sorte que l'emprunteur devra 742 fr. 65 cent.

SOLUTION II. Puisque 100 fr. rendroient 7 f. $\frac{3}{4}$ au bout de 12 mois, il est clair qu'autant de fois on prêtera 100 fr. , autant de fois on retirera 7 fr. $\frac{3}{4}$ d'intérêt , pour le même tems. Ainsi, au-

$$100 : 680 :: 7\frac{3}{4} : x$$
$$5 : 34 :: 7\frac{3}{4} : x$$
$$5 : 34 :: \frac{31}{4} : x$$
$$20 : 34 :: 31 : x$$
$$10 : 17 :: 31 : x$$

tant de fois 100 sera contenu dans 680, autant de fois $7\frac{3}{4}$ sera renfermé dans l'intérêt annuel de 680. On aura donc la proportion $100 : 680 :: 7\frac{3}{4} : x$, laquelle étant simplifiée, se changera enfin en celle-ci $10 : 17 :: 31 : x$. D'où l'on tire $x = \dfrac{17 \times 31}{10}$: effectuant le calcul, et cherchant comme ci-dessus l'intérêt pour 2 mois 8 jours, on trouvera le même résultat.

QUESTION II.

Une personne, au bout d'un an et 18 jours, a retiré 960 fr. pour 850 qu'elle avoit placés. On demande quel étoit le taux de l'intérêt annuel pour 100.

SOLUTION. Il est d'abord évident que 960 francs expriment la somme de 850 francs et de l'intérêt de 850 pendant 12 mois et 18 jours. De sorte qu'en retranchant 850 de 960, on aura l'intérêt de 850 pour 12 mois et 18 jours, c'est-à-dire, pour 383 jours.

Nommant donc x cet intérêt, on aura 960 moins 850 ou $110 = x$. Mais puisqu'on demande l'intérêt de 12 mois ou de 365 jours, il n'y a qu'à prendre l'intérêt pour 1 jour, et en multipliant cet intérêt par 365, on aura celui de 12 mois. Or, 383 jours donnant 110 d'intérêt, on aura pour 1 jour $\frac{1}{383}$ de 110 ou $\frac{110}{383}$. Par conséquent l'intérêt de 850 fr. pour 365 jours sera $\frac{110}{383}$ de 365 ou 104,8. Mais puisque 104,8 fr. est l'intérêt de 850 fr. pour 12 mois, si on prend $\frac{1}{850}$ de cet intérêt, on aura celui de 1 fr. pour 12 mois, ou 0 fr., 123 ; de sorte que multipliant 0 fr., 123 par 100, on aura 12 fr., 3 pour l'intérêt annuel de 100.

QUESTION III.

Un banquier a reçu 12000 francs, et a donné une lettre-de-change pour laquelle il a escompté $1\frac{3}{4}$ pour 100 ; on demande de combien a été la lettre-de-change.

SOLUTION I. La somme de 12000 francs doit être

évidemment composée de la lettre-de-change, plus l'es-compte de cette même lettre à raison de $1\frac{3}{4}$ pour 100.

Soit donc x la valeur de la lettre-de-change. Si nous connoissions l'escompte pour 1 franc, il ne faudroit plus que multiplier cet escompte par x, pour avoir l'escompte total; et alors la somme de x et de l'escompte total seroit exprimée par 12000 francs.

Or, puisque 100 donnent $1\frac{3}{4}$ ou $\frac{7}{4}$ d'escompte, 1 donnera $\frac{1}{100}$ de $\frac{7}{4}$ ou $\frac{7}{400}$. De sorte que $\frac{7}{400}$ de x sera l'escompte total. Par conséquent, 12000 sera la somme de x plus $\frac{7}{400}$ de x, ou $\frac{400}{400}$ plus $\frac{7}{400}$, c'est-à-dire, $\frac{407}{400}$ de x.

Prenant $\frac{1}{407}$ de 12000, on aura $\frac{1}{400}$ de x; et enfin, prenant 400 fois $\frac{1}{407}$ de 12000, on aura x. D'après cela, $x = \frac{400}{407}$ de 12000. Donc $x = 11793,6$.

SOLUTION II. En employant les proportions, on auroit pu raisonner ainsi : Si on n'avoit donné que $101\frac{3}{4}$, on n'auroit reçu en lettre-de-change que 100. De sorte qu'on recevra autant de fois 100 francs, que $101\frac{3}{4}$ sont contenus dans 12000; ce qui donnera la proportion....
$$101\frac{3}{4} : 12000 :: 100 : x.$$

On auroit encore pu faire le raisonnement suivant : autant de fois 100 sera contenu dans la lettre-de-change x, autant de fois $1\frac{3}{4}$ sera contenu dans l'escompte y de cette lettre-de-change. On aura donc $100 : x :: 1\frac{3}{4} : y$. Mais, dans une proportion, la somme des antécédens est à la somme des conséquens, comme un antécédent est à son conséquent. Donc on aura $101\frac{3}{4} : x + y :: 100 : x$. Or, $x + y = 12000$. Par conséquent, il viendra.......
$$101\frac{3}{4} : 1200 :: 100 : x.$$

QUESTION IV.

Trois personnes ont formé une société. La première a mis 120 francs; la deuxième 350, et la troisième 460. Le bénéfice résultant de l'association a été de 1200 fr. Combien reviendra-t-il à chacune d'elles ?

SOLUTION I. Le bénéfice total qui est ici 1200 francs, doit être la somme des gains de chaque associé. Il s'agit donc de former l'expression des gains particuliers. Or, il est évident que, si nous connoissions le gain qu'on doit faire pour 1 franc, il ne faudroit plus ensuite que multiplier ce gain par la mise de chacun. Supposons donc que x soit ce gain inconnu, alors 1200 sera la somme de 120 plus 350 plus 460 ou de 930 fois x. De sorte que 1200 sera le produit de 930 par x. Divisant donc 1200 par 930, on aura la valeur de x ou le gain de 1 franc. La multiplication donnera ensuite le gain de chacun, et la somme de ces gains devra donner enfin 1200.

SOLUTION II. Puisque 930, qui est la mise totale, a produit 1200 de gain, il est

$$930 : 120 :: 1200 : x = 120 \times \tfrac{40}{31}$$
$$930 : 350 :: 1200 : y = 350 \times \tfrac{40}{31}$$
$$930 : 460 :: 1200 : z = 460 \times \tfrac{40}{31}$$

clair qu'autant de fois 930 contiendra 120 ou la mise du premier, autant de fois 1200 contiendra le gain de ce premier associé; d'où résultera la proportion .... $930 : 120 :: 1200 : x$. Ainsi de suite pour la détermination des autres gains.

QUESTION V.

8o hommes ayant travaillé 15 jours, 7 heures par jour, avec une force représentée par 3, à une terre dont la dureté étoit exprimée par 5, ont creusé un fossé de 50 mètres de long, 4 de large et 2 de profondeur. On demande combien 45 hommes, travaillant 6 heures par jour, avec une force exprimée par 4, à une terre d'une dureté représentée par 6, emploieront de jours pour creuser un fossé de 39 mètres de long, 7 de large et 3 de profondeur.

SOLUTION I. Afin de simplifier le probléme, cherchons d'abord les rapports entre le nombre d'hommes de la deuxième troupe et celui de la première, entre les heures de travail par jour ; les forces de chacun ; les duretés de chaque terre ; les longueurs, les largeurs et les profondeurs des fossés. Ces rapports, une fois connus, nous conduiront à la connoissance de ceux qui existent entre les tems.

Or, 1°. puisque la première troupe est composée de 8o hommes, et la deuxième de 45, celle—ci ne sera que les $\frac{45}{80}$ de la première. Mais, moins il y a d'hommes, plus il faut de tems ; par conséquent, le tems employé par la deuxième troupe sera les $\frac{80}{45}$ de celui employé par la première, ou les $\frac{80}{45}$ de 15 jours, en n'ayant égard qu'au nombre dès travailleurs.

2°. La force de chaque homme de la première troupe étant 3, et celle de chaque homme de la seconde étant 4 ; il est clair que la force de la deuxième sera les $\frac{4}{3}$ de celle de la première, ou ce qui revient au même, que la force de la première étant exprimée par 1, celle de la deuxième le sera par $\frac{4}{3}$. Mais, il faut d'autant moins de tems que la force est plus grande ; et de plus, lorsque nous avons supposé les forces égales ou représentées par 1 , le tems employé par la deuxième troupe, étoit les $\frac{80}{45}$ de 15 jours ; par conséquent, lorsque la force de cette même troupe sera exprimée par $\frac{4}{3}$, le tems qu'elle emploiera sera les $\frac{3}{4}$ de $\frac{80}{45}$ de 15 jours, en n'ayant égard qu'au nombre des travailleurs et à leur degré de force.

3°. La première troupe travaille 7 heures par jour, et la deuxième en travaille 6 ; de sorte que le tems de travail de celle-ci sera par jour les $\frac{6}{7}$ de celui de la première. Mais, lorsque nous avons supposé que la deuxième troupe travaillât le même nombre d'heures que la première, nous avons trouvé $\frac{3}{4}$ de $\frac{80}{45}$ de 15 jours ; par conséquent, le nombre de jours étant d'autant plus grand qu'on travaille moins d'heures par jour, on aura, pour le nombre de jours employé par la deuxième troupe, les $\frac{7}{6}$ de $\frac{3}{4}$ de $\frac{80}{45}$ de 15 jours.

4°. La longueur du deuxième fossé est les $\frac{39}{50}$ de celle du premier ; et comme un fossé moins long demande moins de tems, il est évident, que le tems employé par la deuxième troupe, ne doit être que les $\frac{39}{50}$ de celui qu'elle emploieroit, si les deux fossés avoient même longueur. Il sera donc les $\frac{39}{50}$ de $\frac{7}{6}$ de $\frac{3}{4}$ de $\frac{80}{45}$ de 15 jours.

5°. Semblablement, la profondeur du deuxième fossé, étant les $\frac{7}{4}$ de celle du premier, le tems de la deuxième troupe sera les $\frac{7}{4}$ de celui employé, si les largeurs étoient les mêmes ; il sera donc les $\frac{7}{4}$ de $\frac{39}{50}$ de $\frac{7}{6}$ de $\frac{3}{4}$ de $\frac{80}{45}$ de 15 jours.

6°. La profondeur du deuxième fossé étant les $\frac{3}{2}$ de celle du premier ; le tems employé par la deuxième troupe sera les $\frac{3}{2}$ de $\frac{7}{4}$ de $\frac{39}{50}$ de $\frac{7}{6}$ de $\frac{3}{4}$ de $\frac{80}{45}$ de 15 jours.

7°. Enfin, la dureté du premier terrain étant exprimée

par 5 , et celle du deuxième par **6** , il s'ensuit que cette dernière sera les $\frac{5}{6}$ de la première ; mais un terrain plus dur exige plus de tems; par conséquent, la deuxième troupe emploiera les $\frac{6}{5}$ du tems qu'elle eût employé, si les duretés avoient été les mêmes de part et d'autre.

De sorte qu'en ayant égard à toutes les conditions de la question, le tems employé, par la deuxième troupe, sera les $\frac{6}{5}$ de $\frac{3}{2}$ de $\frac{7}{4}$ de $\frac{39}{50}$ de $\frac{7}{6}$ de $\frac{3}{4}$ de $\frac{80}{45}$ de 15 jours.

Il importe maintenant de simplifier ce résultat, avant de faire les opérations indiquées. Pour cela , j'observe qu'on peut supprimer tous les facteurs communs aux numérateurs et aux dénominateurs, puisque cette suppression équivaut à la division des deux termes d'une fraction par un même nombre. On aura donc , après cette simplification , $\frac{13}{50}$ de $\frac{7}{2}$ de 63 jours. De sorte qu'en effectuant les opérations , on aura finalement 57 j. , 33.

SOLUTION II. Si chaque troupe ne travailloit qu'une heure par jour, que la force des travailleurs , la dureté de la terre , la longueur, la largeur et la profondeur des fossés fussent exprimées chacune par 1 ; la question seroit ramenée à établir le rapport convenable entre le nombre des travailleurs et les tems employés par chaque troupe.

Pour cela j'observe que 80 hommes qui ne travailleroient qu'une heure par jour, devroient être 7 fois plus que s'ils devoient travailler 7 heures par jour, et par conséquent être 560.

Mais 560 hommes qui n'auroient qu'une force exprimée par 1, devroient être 3 fois plus ou 1680 , pour faire le même ouvrage dans le même tems que si leur force étoit 3 ou triple.

La dureté du terrain étant ici supposée 1 , il faudra 5 fois moins de travailleurs , que dans le cas où cette dureté seroit 5. On prendra donc $\frac{1}{5}$ de 1680, et on aura 336.

Mais un fossé dont les trois dimensions, longueur, largeur et profondeur, seroient chacune de 1 mètre, étant 400 fois moindre que celui qui auroit 50 mètres de long sur 4 de large et 2 de profondeur; il est clair que, pour creuser le premier fossé dans le même tems que le deuxième, il faudroit 400 fois moins de travailleurs. Il n'en faudroit donc ici que $\frac{1}{400}$ de 336 ou 0,84.

Cherchant de la même manière le nombre d'hommes de la deuxième troupe, on trouvera que $\frac{20}{91}$ travailleurs employant une heure par jour, ayant une force exprimée par 1, la dureté du terrain, ainsi que les trois dimensions du fossé étant représentées chacune par 1, emploieront le même tems que la deuxième troupe telle qu'on l'a supposée dans la question.

De sorte qu'alors le problème sera ramené à celui-ci : *Un nombre d'ouvriers exprimé par 0,84 ayant employé 15 jours pour faire un certain ouvrage; combien un autre nombre d'ouvriers représenté par $\frac{20}{91}$ ayant la même force que les premiers, et travaillant le même nombre d'heures par jour, emploieront-ils de jours pour faire le même ouvrage.*

Mais le rapport de 0,84 à $\frac{20}{91}$ est le même que celui de 84 à $\frac{2000}{91}$ ou de 7644 à 2000. Outre cela, moins on a d'ouvriers, plus il faut de tems pour faire le même ouvrage : par conséquent, 7644 ouvriers ayant employé 15 jours, il est clair que 2000 en emploieront plus de 15. Il faudra donc que 15 jours soit multiplié par le plus grand des deux nombres, et divisé par le plus petit. On aura donc la proportion

$$2000 : 7644 :: 15 \text{ jours} : x$$

qui, simplifiée, devient successivement

$$1000 : 3822 :: 15 \text{ jours} : x$$
$$1 : 3822 :: 15 \text{ jours} : x;$$

effectuant le calcul, on trouve $x = 57$ j. , 33.

Nous observerons que si on n'avoit pas voulu former la proportion, on seroit parvenu au résultat en raisonnant ainsi : Puisque 7644 hommes ont employé 15 jours , il est visible que 1 homme emploieroit 7644 fois 15 jours. Mais 2000 hommes doivent employer 2000 fois moins de jours qu'un seul homme ou $\frac{1}{2000}$ de 7644 fois 15 jours ; on aura donc $\frac{7644}{2000}$ de 15 jours.

SOLUTION III. Si dans la question on ne vouloit d'abord avoir égard qu'au nombre d'hommes, et qu'on représentât par y le tems cherché, on observeroit que 45 hommes devant employer plus de tems que 80, on auroit
$$45 : 80 :: 15 \text{ j}. : y.$$

$$45 : 80 :: 15 \text{ j}. : y$$
$$6 : 7 :: y : z$$
$$4 : 3 :: z : t$$
$$5 : 6 :: t : u$$
$$50 : 39 :: u : v$$
$$4 : 7 :: v : w$$
$$2 : 3 :: w :$$

Soit ensuite z le tems qui résulteroit, si on avoit égard au nombre d'heures de travail par jour. Comme le tems z doit être d'autant plus grand que le nombre d'heures de travail par jour est plus petit, on aura
$$6 : 7 :: y : z.$$

Soit t, le tems qu'on auroit, en tenant compte de la force de chaque troupe. Mais ce tems doit diminuer à mesure que la force augmente. Ainsi on aura........
$$4 : 3 :: z : t.$$

Continuant à représenter par u, ce que devient le tems t quand on a égard à la dureté du terrain ; par

v, ce que devient u, quand on tient compte des longueurs des fossés ; par w, ce que devient v, en ayant égard à leur largeur ; et enfin, par x, le tems cherché, ou ce que devient w lorsqu'on fait entrer les profondeurs des fossés ; on trouvera, en raisonnant comme ci-dessus, les proportions que nous venons de disposer les unes sous les autres, telles qu'on les voit ici.

Si maintenant on observe que dans les seconds rapports, chaque inconnue se trouve dans les deux termes du rapport, excepté la dernière ; que des proportions multipliées terme à terme, donnent des produits en proportion ; et en outre, que les facteurs communs aux deux termes d'un rapport peuvent être supprimés ; on verra, que de toutes ces proportions, il résulte celle-ci :

$$45 \times 6 \times 4 \times 5 \times 50 \times 4 \times 2 : 80 \times 7 \times 3 \times 6 \times 39 \times 7 \times 3 :: 15\,\text{j} : x$$

proportion qu'on peut simplifier, en divisant d'abord ses deux premiers termes et ensuite ses deux conséquens, par les facteurs communs qu'ils ont ; ce qui donne successivement

$$\left.\begin{array}{l} 45 \times 4 \times 5 \times 5 : 7 \times 3 \times 39 \times 7 \times 3 \\ 5 \times 4 \times 5 \times 5 : 7 \times 39 \times 7 \end{array}\right\} :: 15\,\text{j}. : x$$
$$5 \times 4 \times 5 : 7 \times 39 \times 7 \quad :: 3\,\text{j}. : x = 57\,\text{j}., 33.$$

QUESTION VI.

Partager 840 francs entre 3 personnes, de manière que la seconde ait les $\frac{2}{3}$ de la part de la première, et que la troisième ait les $\frac{4}{7}$ des parts des deux autres.

SOLUTION I. Il est d'abord visible que 840 francs sont

la somme des trois parts qu'on doit faire. Or, si nous connoissions la valeur de l'unité des parts, et de plus, le nombre de fois que cette unité doit être prise, leur produit donneroit évidemment la somme à partager. Mais le nombre des unités qui entrent dans la part de chacun doit pouvoir se déterminer d'après les conditions de la question ; et une fois ce nombre d'unités trouvé, il ne faudra plus que diviser 840 par ce même nombre, pour obtenir la valeur de l'unité. De sorte que prenant cette valeur de l'unité autant de fois que chaque part contient d'unités, on aura ce qui revient à chacun, de la somme à partager.

Or, si la première personne avoit 1, la seconde auroit $\frac{2}{3}$, et la troisième les $\frac{4}{7}$ de 1 et de $\frac{2}{3}$, ou les $\frac{4}{7}$ de $\frac{5}{3}$, ou enfin $\frac{20}{21}$. De sorte que le nombre d'unités comprises dans chaque part sera 1, $\frac{2}{3}$ et $\frac{20}{21}$. Faisant ensuite la somme de ces trois nombres, après les avoir réduits au dénominateur 21, on aura $\frac{55}{21}$, pour le nombre d'unités contenues dans la totalité des parts. Pour obtenir la valeur de l'unité, il n'y aura donc plus qu'à diviser 840 par $\frac{55}{21}$. Effectuant la division, il viendra $320 \frac{8}{11}$ pour la valeur de l'unité, ou pour la part du premier. Prenant ensuite les $\frac{2}{3}$ de $320 \frac{8}{11}$, et enfin les $\frac{20}{21}$ de $320 \frac{8}{11}$, on aura $213 \frac{9}{11}$ et $305 \frac{5}{11}$, pour les parts des deux autres, lesquelles ajoutées à celle du premier, donneront 840, qui est la somme à partager.

SOLUTION II. Les conditions de la question faisant connoître comment les parts se composent de la première, conduisent par conséquent à la connoissance des rapports qui existent entre les parts. La difficulté consiste donc à partager 840 en trois parts qui soient proportionnelles des nombres que l'état de la question fait trouver.

D'après cela, désignant les parts cherchées, respecti-

vement par les lettres x, y et z, on aura les proportions

$$x : y :: 1 : \tfrac{2}{3}$$
$$x : z :: 1 : \tfrac{20}{21}$$

Mais, dans toute proportion, les antécédens sont entre
eux comme leurs conséquens : on aura donc

$$x : 1 :: y : \tfrac{2}{3} :: z : \tfrac{20}{21}.$$

Outre cela, nous avons vu que dans une suite de rapports égaux, la somme des antécédens est à la somme des
conséquens, comme un antécédent est à son conséquent :
de sorte que nous aurons

$$x + y + z : 1 + \tfrac{2}{3} + \tfrac{20}{21} :: \begin{cases} x : 1 \\ y : \tfrac{2}{3} \\ z : \tfrac{20}{21}. \end{cases}$$

Or, la somme des trois parts est 840 ; de plus, la
somme de 1 de $\tfrac{2}{3}$ et de $\tfrac{20}{21}$ est exprimée par $\tfrac{55}{21}$: les
dernières proportions donneront donc

$$840 : \tfrac{55}{21} \begin{cases} x : 1 \\ y : \tfrac{2}{3} \\ z : \tfrac{20}{21}. \end{cases}$$

Et l'on aura pour la détermination de chaque part,
les trois proportions suivantes,

$$55 : 840 :: 21 : x$$
$$55 : 840 :: 14 : y$$
$$55 : 840 :: 20 : z.$$

QUESTION VII.

Partager 600 francs entre trois personnes, de telle manière que la seconde ait les $\frac{2}{5}$ de la première, plus 50 francs; et que la troisième ait les $\frac{3}{4}$ de la seconde, moins 40 francs.

SOLUTION. En raisonnant comme dans la question précédente, on verra que, si la première personne avoit 1; la deuxième auroit $\frac{2}{5}$ plus 50 francs; et que la troisième aurait les $\frac{3}{4}$ de $\frac{2}{5}$ plus $\frac{1}{4}$ de 50 francs moins 40 francs; ou $\frac{6}{20}$ plus $\frac{150}{4}$ fr.; ou bien $\frac{6}{20}$ plus 57 fr., 3 moins 40 francs. De sorte que la somme à partager 600 sera composée de la première part, des $\frac{2}{5}$ et des $\frac{6}{20}$ de cette première part, plus 50 francs, plus 37 fr., 5, moins 40 fr. ou de 47 fr., 5.

D'où il suit, qu'en retranchant de 600 fr., l'une de ses parties 47 fr., 5, le reste sera la somme de la première part, des $\frac{2}{5}$ et des $\frac{6}{20}$ ou $\frac{3}{10}$ de cette part. La question se trouvera donc réduite à partager 552 fr., 5, proportionnellement aux nombres 1 $\frac{2}{5}$ et $\frac{3}{10}$, et par conséquent ramenée à la précédente.

Réduisant donc les deux premiers de ces nombres au dénominateur 10, et supprimant ensuite ce dénominateur, on aura à partager 552 fr., 5 proportionnellement aux nombres 10, 4 et 3; de sorte que représentant par x, y et z les parts demandées, on aura

$$10 : x :: 4 : y :: 3 : z$$

$$10 + 4 + 3 \text{ ou } 17 : x + y + z \text{ ou } 552,5 :: \begin{cases} 10 : x \\ 4 : y \\ 3 : z \end{cases}$$

et après le calcul, $x = 325$, $y = 130$ et $z = 97,3$.

QUESTION VIII.

Partager 900 *fr. en quatre parties, telle que la première soit à la seconde, comme* 3 *est à* 2; *que la seconde soit à la troisième, comme* 5 *est à* 7; *et que la troisième soit à la quatrième, comme* 8 *est à* 9.

SOLUTION. Il est d'abord évident que 900 est la somme des quatre parties cherchées, et que si l'une de ces parties étoit connue, toutes les autres le seroient bientôt, puisqu'on connoît les rapports que ces parties ont entre elles. Tâchons donc d'arriver à la connoissance de l'une des parties, et pour cela, voyons d'abord comment les trois dernières se composent de la première.

Or, puisque la première est à la seconde comme 3 est à 2, c'est-à-dire que la seconde contient 2 parties, tandis que la première en contient 3; il est clair que, si nous rapportons la seconde à la première que pour cette raison nous considérerons comme unité, cette seconde partie sera les $\frac{2}{3}$ de la première.

Mais, par la même raison, la troisième est la $\frac{7}{5}$ de la deuxième, et la quatrième, les $\frac{9}{8}$ de la troisième.

Par conséquent, la troisième sera les $\frac{7}{5}$ de $\frac{2}{3}$ de la première; et la quatrième sera les $\frac{9}{8}$ de $\frac{7}{5}$ de $\frac{2}{3}$ de la première.

$$\text{Les quatre parts seront donc}\ \ \left\{\begin{array}{l} 1^{e}. \\ \frac{2}{3}\text{ de } 1^{e}. \\ \frac{7}{5}\text{ de }\frac{2}{3}\text{ de } 1^{e}. \\ \frac{9}{8}\text{ de }\frac{7}{5}\text{ de }\frac{2}{3}\text{ de } 1^{e}. \end{array}\right\}\text{ ou }\left\{\begin{array}{l} 1^{e}. \\ \frac{2}{3}\text{ de } 1^{e}. \\ \frac{14}{15}\text{ de } 1^{e}. \\ \frac{21}{20}\text{ de } 1^{e}. \end{array}\right.$$

La question sera donc ramenée à partager 900 en 4

parties qui soient entre elles comme les nombres 1 $\frac{2}{3}$ $\frac{14}{15}$ et $\frac{21}{20}$. Et puisque des fractions réduites au même dénominateur sont entre elles comme leurs numérateurs ; et que par cette réduction, ces quatre nombres deviennent $\frac{60}{60}$, $\frac{40}{60}$, $\frac{56}{60}$ et $\frac{63}{60}$; il ne faudra plus que partager 900 en parties proportionnelles aux nombres 60, 40, 56 et 63, d'après l'une des méthodes précédentes.

QUESTION IX.

Un marchand a acheté 150 aunes de drap pour lesquelles il a donné un billet de 600 livres payable dans 5 mois, le taux de l'argent étant à 11 pour 100 : il voudroit gagner 15 pour 100. On demande combien il devra vendre en francs le même drap, sachant qu'un mètre vaut 3 pi. 0 po. 11 li.; 296; que l'aune vaut 3 pi. 7 po. 10 li., 824, et que 81 livres tournois valent 80 francs.

SOLUTION. Si nous connoissions en francs la valeur de l'achat, et que les 150 aunes fussent réduites en mètres, il ne faudroit plus qu'augmenter le prix de l'achat dans le rapport de 15 à 100, et diviser ce prix aussi augmenté par le nombre de mètres, pour savoir combien doit être vendu un mètre de drap.

Commençons donc par chercher 1°. la valeur en livres tournois des 150 aunes ; 2°. réduisons cette valeur en francs ; 3°. augmentons cette même valeur dans le rapport de 15 à 100 ; 4°. évaluons en mètres les 150 aunes ; 5°. divisons la valeur de l'achat augmentée dans le rapport demandé, par les 150 aunes réduites en mètres, et nous aurons en francs la valeur d'un mètre de drap.

Venons-en maintenant aux détails de l'opération.

Or, 1°. le prix de l'achat est la valeur d'un billet de 600 liv., payable dans 5 mois, et qui perdroit 11 pour 100, s'il n'étoit payable que dans 12 mois. Afin de connoître la valeur du billet au moment de l'achat, j'observe que ce billet contenant 6 fois 100, perdroit 6 fois 11 l. ou 66 l., s'il ne devoit être payé que dans 12 mois; sa perte par mois sera donc $\frac{1}{12}$ de 66 ou $\frac{11}{2}$; et celle pour 5 mois $\frac{55}{2}$ ou 27 l., 5. De sorte que le billet de 600 livres ne vaudra que 572 l., 5.

Ainsi, 150 aunes auront coûté 572 l., 5.

2°. Puisque 81 livres valent 80 francs, autant de fois 81 livres seront contenues dans 572 l., 5, autant de fois cette somme vaudra 80 francs. Divisant donc 572,5 par 81, et multipliant 80 fr. par ce quotient; ou bien pour éviter la multiplication des erreurs faites sur les quotiens qui ne sont qu'approximatifs, multipliant 80 fr. par 572,5, et divisant le produit par 81, on trouvera 565 fr., 43.

On auroit pu encore faire cette réduction, en cherchant la valeur en francs de 1 liv.; et pour cela, on auroit dit : puisque 81 liv. valent 80 fr., 1 liv. vaudra $\frac{1}{81}$ de 80 fr. ou $\frac{80}{81}$ fr., ce qui auroit conduit aux mêmes opérations.

3°. Le marchand veut gagner 15 pour 100 : ce qui signifie que 100 francs doivent lui produire 115; d'où l'on voit, qu'autant de fois il aura donné 100, autant de fois il devra retirer 115 francs. De sorte qu'il n'y aura qu'à diviser 565 fr., 43 par 100, et multiplier 115 fr. par ce quotient. On aura donc à multiplier 115 fr. par 5,6543; ce qui donnera 650 fr., 14. Ainsi, le marchand devra retirer de la vente, 650 fr., 14.

4°. Il s'agit de réduire en mètres les 150 aunes. Or, 1 mètre vaut 3 pi. 0 po. 11 li., 296, et 1 aune vaut

3 pi. 7 po. 10 li., 824 ; il faut donc, pour cette réduction, diviser la valeur de l'aune par celle du mètre ou 3 pi. 7 po. 10 l., 824 par 3 pi. o po. 11 l., 296.

Afin de simplifier cette division, nous allons réduire en fractions décimales du pied, les unités inférieures à ce dernier.

Or, les 7 po. 10 li., 824 valent 94824 millièmes de ligne, tandis que le pied en contient 144000 ; par conséquent, la valeur de l'aune sera 3 pi. $\frac{94824}{144000}$ ou 3 pi., 6585.

En opérant de la même manière sur la valeur du mètre, on trouvera que 3 pi. o po. 11 li. 296 valent 3 pi., 0784.

Maintenant, divisant 3 pi., 6585 par 3 p., 0784, ou 36585 par 30784, on aura pour quotient 1,18845, valeur de l'aune en mètre. Multipliant donc ce nombr par 150, on aura 178 mètr., 2675 pour la valeur e mètres de 150 aunes.

5°. Puisque la vente de 178 mèt., 2675 doit produir 650 fr., 14, il est évident que pour avoir la valeur d mètre, il faudra trouver une quantité qui, prise autan de fois qu'on a de mètres, donne le prix total de la vente On divisera donc 650 fr., 14 par 178,2675, et on aur enfin 3 fr., 646, ou environ 3 fr., 65.

Ainsi, *le mètre de drap devra être vendu* 3 fr., 65.

QUESTION X.

Un marchand a acheté 5o pintes de vin, à raison de 75 centimes chacune, 6o à raison de 37, et 8o sur le pied de 28. Il voudroit mélanger ces vins, et y gagner 9 pour 100. La vente doit être faite en litres, et payée en livres tournois. On demande quel sera le prix du litre du mélange, sachant qu'un litre vaut 1 pint., 0737, et que 8o fr. valent 81 liv. tournois.

SOLUTION. D'après les conditions de la question, il est aisé de voir que, si nous connoissions le prix du litre du mélange et le nombre de litres, il n'y auroit qu'à multiplier l'un par l'autre, pour avoir la valeur de l'achat, augmentée du bénéfice qu'on veut y faire ; de sorte que la valeur de l'achat, plus le bénéfice du marchand, doit être le produit du nombre de litres du mélange par le prix du litre ; d'où l'on voit que la somme qu'on doit retirer de la vente étant divisée par le nombre de litres, donnera la valeur de l'un de ces litres.

La difficulté est donc ramenée à trouver 1°. la valeur de l'achat ; 2°. le bénéfice qu'on veut y faire ; 3°. le nombre de litres que donne le nombre de pintes ; 4°. la valeur en livres tournois de l'achat et du bénéfice qui sont exprimés en francs ; 5°. le quotient de la somme qu'on doit retirer, divisée par le nombre des litres à vendre.

Calculons maintenant d'après ces données.

Or, 1°. on aura la valeur de l'achat, en multipliant le prix de la pinte de vin de chaque qualité par le nombre de pintes qu'on en a, et en additionnant les produits résultans. Ici on trouvera 82 fr. , 10 , pour la valeur des 190 pintes.

2°. On veut gagner 9 pour 100; nous diviserons donc 82 fr. , 10 par 100 , ce qui donnera 0 fr. , 821 ; et, multipliant par 9 , il viendra 7 fr. , 389 pour le bénéfice qu'on veut faire.

3°. Pour la transformation des litres en pintes, on observera que , 1 litre valant 1 pi. , 0737 ; autant de fois le nombre 1,0737 sera contenu dans 190 , autant de litres seront contenus dans 190 pintes. On divisera donc 190 par 1,0737 , et la division faite donnera 176,96.

De sorte que 190 pintes valent 176,96 litres.

4°. Réduisons 89 fr. , 489 en livres tournois : or, puisque 80 francs valent 81 livres, il s'ensuit que 1 franc vaudra $\frac{1}{80}$ de 81 liv. , ou $\frac{81}{80}$ liv. , ou 1 liv. $\frac{1}{80}$; d'où l'on voit qu'il faudra ici ajouter à 89,489 sa 80°. partie, pour avoir la valeur de 89 fr. , 489 en livres tournois. Or, pour cela, on prendra $\frac{1}{8}$ de 8,9489 , ce qui donnera 1,1186 ; ajoutant donc cette quantité , on aura 90,608.

Ainsi, *la valeur de la totalité du mélange sera* 90 l., 608.

De cette réduction on conclura que , *pour transformer les francs en livres tournois, il faut d'abord dans le nombre donné avancer la virgule d'un rang vers la gauche, ensuite prendre le* 8me. *du résultat, et ajouter ce* 8me. *au nombre proposé.*

5°. Enfin , divisant 90 l., 608 par 176,96 litres, *on aura* 0 fr. , 508, *ou environ* 51 *centimes, pour la valeur du litre du mélange.*

QUESTION XI.

Un orfèvre a deux espèces d'or, l'une à 18 karats, et l'autre à 22 : il voudroit en composer une troisième espèce à 21 karats. On demande combien il doit en prendre des deux premières espèces ; sachant que le volume ou le poids de l'or le plus épuré est supposé divisé en 24 parties égales qu'on nomme KARATS ; et que lorsqu'on dit que tel or est à tant de karats, à 18, par exemple, cela signifie que, si on conçoit son volume ou son poids divisé en 24 parties égales, il en contiendra 18 d'or le plus épuré possible, et 6 de matière étrangère.

SOLUTION. Pour simplifier le problême, ne cherchons que ce qu'il faudroit prendre du volume ou du poids de chaque sorte d'or, pour avoir l'unité du volume ou du poids de l'espèce cherchée. Or, l'examen de la question fait voir, 1°. que l'unité du mélange doit être la somme de la quantité d'or qu'on doit prendre à 18 karats, et de celle qu'il faut prendre à 22 ; 2°. que le poids de la même unité du mélange, doit être aussi la somme de ce que pèse chaque quantité d'or mélangé.

De ces sommes égales, nous pouvons donc tirer deux équidifférences. Cherchons donc à les former, et après nous verrons par quelle combinaison nous pouvons parvenir à la connoissance des deux inconnues.

Pour opérer plus facilement, représentons par x la quantité d'or à 18 karats, qui doit entrer dans l'unité du mélange, et exprimons par y celle de l'or à 22 karats, qu'il faut prendre pour completter l'unité de l'or à 21 karats.

Il s'agit maintenant, avant de pouvoir écrire les équidifférences, d'avoir les expressions des termes qui doivent les former.

Or, les poids de deux volumes d'or égaux sont proportionnels au nombre des parties d'or pur qu'ils contiennent; par conséquent, le poids de l'unité de volume d'or à 18 karats, ne sera que les $\frac{18}{24}$ du poids de l'unité de l'or à 24 karats. Par la même raison, l'unité de volume d'or à 22 karats pèsera les $\frac{22}{24}$ de l'unité du volume d'or à 24 karats, tandis que le poids de l'unité du mélange sera les $\frac{21}{24}$ de l'unité du volume d'or à 24.

Ainsi, les poids respectifs seront $\frac{18}{24}x$, $\frac{22}{24}y$ et $\frac{21}{24}$, en représentant par 1 le poids de l'or à 24 karats. Mais, si pour simplifier, nous exprimions ce dernier poids par 24, alors nous n'aurions plus que $18x$, $22y$ et 21.

De sorte que les équidifférences auxquelles la question donne lieu, seroient

$$x \, . \, 1 \, \dot{:} \, 0 \, . \, y$$
$$18x \, . \, 21 \, \dot{:} \, 0 \, . \, 22y$$

Mais, quand on soustrait, terme à terme, une équidifférence d'une autre, les quatre quantités résultantes forment encore une équidifférence; de sorte que, si le premier antécédent de la première équidifférence étoit égal à celui de la deuxième, la soustraction feroit évidemment disparoître x, ou l'une des inconnues, ce qui donneroit tout de suite l'autre inconnue y.

Or, pour arriver à l'égalité de ces deux antécédens, il faudra multiplier x par 18; et pour ne pas détruire l'égalité entre la somme des extrêmes et celle des moyens, on sera obligé de multiplier les trois autres termes par

18. On aura donc

$$18x . 18 : 0 . 18y$$
$$18x . 21 : 0 . 22y.$$

Retranchant maintenant la deuxième équidifférence de la première, on aura

$$0 . 21 - 18 : 0 . 22y - 18y .... (A)$$

ou

$$0 . 3 : 0 . 4y.$$

Mais les antécédens sont égaux ; donc, les conséquens le sont aussi, on aura donc $4y = 3$ ou $y = \frac{3}{4}$.

Or, $x . 1 : 0 . y$; donc $x . 1 : 0 . \frac{3}{4}$, et $x = \frac{1}{4}$.

Ainsi, *dans l'unité du mélange de l'or à* 21 *karats, il entrera* $\frac{1}{4}$ *de celui à* 18, *et* $\frac{3}{4}$ *de celui à* 22.

REMARQUE. En examinant l'équidifférence (*A*) trouvée ci-dessus, on voit que les conséquens en sont égaux ; de sorte que, l'excès du titre 21 du mélange sur le plus bas titre 18 de l'or mélangé, est le produit de la différence des titres des matières d'or entrées dans le mélange, par la quantité d'or du plus haut titre. Divisant donc la 1re. différence par la 2e., on aura l'une des inconnues. Quant à l'autre, elle sera toujours aisée à déterminer. Cette règle est générale pour toutes les questions de cette espèce.

REMARQUE GÉNÉRALE. Dans la résolution des questions précédentes, on a dû remarquer d'abord que l'on parvenoit toujours à des rapports d'égalité entre des expressions plus ou moins compliquées renfermant des nombres donnés et des nombres inconnus ; que les plus simples

de ces égalités étoient celles qui consistoient en deux
différences égales ou en deux quotiens égaux, et donnoient lieu à des proportions par différence ou à des
proportions par quotient; que l'on avoit souvent plusieurs
inconnues à déterminer; que cette détermination se faisoit tantôt par de simples opérations qui dégageoient les
inconnues des quantités connues avec lesquelles elles
étoient combinées; opérations toutes fondées sur ce que
des quantités égales augmentées ou diminuées d'une même
quantité, ou bien multipliées ou divisées par une même
quantité, donnent des résultats égaux; tantôt par le
moyen de proportions par différence et sur-tout par quotient; que ce dernier cas avoit lieu lorsque deux quantités croissoient ou décroissoient comme deux autre quantités; on a dû remarquer aussi que, quand on employoit
des proportions pour la détermination d'une inconnue,
il arrivoit souvent que certaines quantités de même espèce
augmentoient comme certaines autres diminuoient; ce
qui obligeoit à les comparer ou à les écrire dans un
ordre renversé ou inverse; que pour écrire convenablement une proportion par quotient, le moyen le plus
sûr étoit de voir si l'inconnue cherchée devoit être plus
grande ou plus petite que la quantité de même espèce
à laquelle on la comparoit, et de disposer les deux
autres termes de la proportion, de manière que le conséquent fût plus grand ou plus petit que son antécédent, suivant que l'inconnue devoit être plus grande ou
plus petite; que la disparition d'un certain nombre
d'inconnues avoit quelquefois lieu par la multiplication
terme à terme des proportions par quotient dans lesquelles
entroient ces inconnues; enfin, on a dû remarquer que
l'indication des opérations à faire mettoit plus de clarté
et de régularité dans le calcul, et rendoit les erreurs

moins fréquentes. Nous pourrons donc, d'après ces observations, établir les règles générales suivantes :

RÈGLE Iʳᵉ.

Examinez attentivement la dépendance où les conditions de la question mettent les quantités connues et les quantités inconnues, et tâchez de découvrir quelque rapport d'égalité entre toutes ces quantités.

Si l'on a plusieurs inconnues, cherchez un nombre suffisant d'équations ou de proportions propres à les déterminer. Cette détermination peut avoir lieu d'après les principes que L'UNE DES PARTIES D'UNE SOMME EST ÉGALE A CETTE SOMME DIMINUÉE DE L'AUTRE PARTIE ; *et que* LE FACTEUR D'UN PRODUIT EST ÉGAL A CE PRODUIT DIVISÉ PAR L'AUTRE FACTEUR.

RÈGLE IIᵉ.

On reconnoît que quatre quantités peuvent être mises en proportion, lorsque deux d'entre elles croissent ou décroissent comme les deux autres, c'est-à-dire, lorsque deux de ces quantités devenant 2, ou 3, ou 4, etc. fois plus grandes ou plus petites, les deux autres deviennent ce nombre de fois plus grandes ou plus petites, et même plus petites ou plus grandes. Pour distinguer le cas où quatre quantités croissent ensemble dans le même rapport, de celui où deux d'entre elles décroissent comme les deux autres croissent, nous dirons que dans le premier cas, les grandeurs sont dans un RAPPORT DIRECT, *et dans le deuxième, qu'elles sont dans un* RAPPORT INVERSE, *parce qu'il y a opposition dans la manière d'être des quantités comparées.*

RÈGLE IIIe.

Lorsque quatre nombres sont en raison directe, il faut qu'après avoir fait entrer dans le premier rapport deux nombres exprimant des unités de même espèce, on forme le second rapport en donnant aux nombres relatifs ou subordonnés aux premiers, le même rang qu'on a donné à ceux-ci dans le premier rapport, et que l'on fasse le contraire, si les nombres sont en raison inverse.

RÈGLE IVe.

On peut remplacer la règle précédente par celle-ci, qui est infaillible et applicable à tous les cas.

Écrivez d'abord le dernier rapport en y faisant entrer l'inconnue pour conséquent, et la quantité de même espèce que cette inconnue pour antécédent. Examinez ensuite si l'inconnue doit être plus grande ou plus petite que la quantité de même espèce à laquelle vous la comparez : dans le premier cas, disposez les deux autres termes de la proportion, de manière que le nombre qui multipliera le terme qui est de même espèce que l'inconnue, soit plus grand que celui qui le divisera; dans le deuxième cas, faites en sorte que le multiplicateur du terme de même espèce que l'inconnue, soit plus petit que le diviseur.

RÈGLE V^e.

Avant d'effectuer les opérations, commencez par les indiquer et tracer aux yeux le tableau de tout le calcul. Si dans ces indications, on a des facteurs communs, on ne les écrira qu'une seule fois; et, dans le cas où ces facteurs seroient en même tems multiplicateurs et diviseurs, on les supprimeroit.

RÈGLE VIᵉ.

Quand on effectue les opérations, et qu'une quantité doit être successivement multipliée et divisée, il importe de faire la multiplication avant la division, dans le cas sur-tout où cette dernière opération se feroit par approximation avec des décimales ; autrement on multiplieroit les erreurs du quotient.

RÈGLE VIIᵉ.

Outre les vérifications de calcul propres à chaque opération, il est encore nécessaire de faire une vérification générale; et, pour cela, on n'aura qu'à remplacer les inconnues par les valeurs trouvées, et à résoudre de nouveau la question, en traitant comme inconnue l'une des quantités données; si le résultat trouvé pour cette inconnue, est le même que la valeur qu'elle avoit d'abord, on sera très-fondé à conclure qu'il n'y a pas eu d'erreur.

QUESTION XII.

Une personne a prêté 15000 francs à 7 $\frac{3}{5}$ pour 100 par an, à condition que si on ne payoit pas les intérêts annuels, ces intérêts seroient regardés comme faisant partie du capital, et porteroient eux-mêmes l'intérêt convenu. L'emprunteur reste 6 ans 3 mois et 12 jours sans rien payer; combien devra-t-il à cette époque?

SOLUTION. Pour simplifier le calcul, supposons d'abord que la somme prêtée ne soit que d'un franc ; il ne restera plus ensuite qu'à multiplier le résultat trouvé par 15000.

Raisonnant d'après cette supposition, j'observe que la somme due à la fin de la première année sera composée du capital et de l'intérêt de ce capital à raison de $7\frac{1}{3}$, ou 7, 6 pour 100. Cette somme devra être considérée ensuite comme le capital de la seconde année, et augmentée de son intérêt, pour former la somme due à la fin de la seconde année, ou le capital de la troisième : ainsi de suite.

Suivant donc ce procédé, nous dirons, puisque 100 donne 7, 6 d'intérêt, 1 donnera 100 fois moins, et par conséquent 0,076. De sorte que le capital 1 et son intérêt 0,076 réunis, produiront 1,076 pour le capital de la seconde année. Mais 0,076 exprime l'intérêt de 1 ; par conséquent, si on multiplie le capital 1,076 de la seconde année par 0,076, et qu'à ce produit on ajoute le capital lui-même 1,076 ; ou, ce qui est la même chose, si on ajoute 1 à son intérêt qui est ici 0,076, et que la somme, on la multiplie par le capital 1,076, on aura évidemment le produit de 1,076 par 1,076, ou le carré de 1,076, pour ce qui est dû à la fin de la seconde année, ou pour le capital de la troisième année.

En traitant le capital de la troisième année comme les précédens, on verra que ce qui sera dû à la fin de la troisième année sera le cube de 1,076, c'est-à-dire, de 1 augmenté de son intérêt annuel. De sorte qu'en continuant toujours de la même manière, on auroit une progression par quotient dont la raison seroit ici 1,076, c'est-à-dire, la somme de 1 et de l'intérêt annuel de 1, et qu'on pourroit représenter assez simplement comme il suit :

$$\div \; 1 : 1,076 : (1,076)^2 : (1,076)^3 : (1,076)^4 \ldots\ldots \text{etc.}$$

désignant les puissances des nombres par un exposant numérique placé à la droite et au haut de deux parenthèses dans lesquelles on renferme la racine ou le nombre dont on indique la puissance.

D'après cela, on voit que la solution du problème consiste ici à trouver le septième terme d'une progression par quotient, ou la sixième puissance de 1,076 ; à chercher ensuite l'intérêt de cette sixième puissance, pour 3 mois et 12 jours ; à faire une somme de cette même puissance et de cet intérêt, et enfin, à multiplier le résultat par la somme empruntée, ou par 15000.

Quant à la détermination de la puissance sixième de 1,076, on pourra employer la multiplication, ou bien faire usage des logarithmes, en prenant six fois le logarithme de 1,076, et en cherchant ensuite dans les tables le nombre auquel répond le sextuple de ce logarithme.

Après avoir effectué les calculs indiqués, on trouvera que *dans 6 ans 3 mois et 12 jours, l'emprunteur devra 23780 fr.*

QUESTION XIII.

Quelqu'un a prêté 1800 francs, et a ajouté chaque année l'intérêt au capital. Après quatre ans on a soldé la dette, en donnant 2800 francs : on veut savoir à quel intérêt annuel l'argent avoit été placé.

SOLUTION. D'après l'état de la question, la somme donnée 2800 doit être égale à ce que devient le capital primitif 1800, après quatre ans.

Or, si nous nommons x l'intérêt de 1, et que nous raisonnions comme dans le problème précédent, nous aurons la progression

$$\div \; 1 : 1 + x : (1 + x)^2 : (1 + x)^3 : (1 + x)^4,$$

dans la supposition toutefois que le capital primitif soit 1; mais comme il est exprimé par 1800, nous multiplierons $(1 + x)^4$ par 1800, pour obtenir l'expression de ce qu'on devroit après quatre ans; ce qui donnera $1800 \times (1 + x)^4$.

De sorte qu'on aura

$$1800 \times (1 + x)^4 = 2800.$$

D'où il résulte que la question est ramenée à trouver la raison d'une progression par quotient dont le premier terme est 1800, le dernier 2800, et le nombre de termes, 5.

Il faudra donc diviser 2800 par 1800, extraire du quotient $\frac{14}{9}$ la racine quatrième, et en soustraire 1, pour avoir la raison ou l'intérêt de 1; il n'y auroit plus qu'à multiplier par 100, pour avoir l'intérêt qu'on cherche.

Mais, pour éviter l'extraction de la racine quatrième de $\frac{14}{9}$, il vaudra mieux employer les logarithmes : c'est pourquoi on retranchera le logarithme de 9, de celui de 14, on prendra le quart de cette différence, et, cherchant dans les tables, le nombre auquel correspond ce quart de différence, on aura la racine quatrième de $\frac{14}{9}$, qui est 1,1168.

Diminuant donc de 1 ce dernier nombre, on aura $x = 0,1168$; or, si 1 produit 0,1168 d'intérêt, 100 produira 11,68.

L'argent avoit donc été placé à 11,68 pour 100.

QUESTION XIV.

Un placement avoit été fait à $9\frac{2}{3}$ pour 100 par an, sous la condition que les intérêts seroient ajoutés chaque année au capital. Après 5 ans 7 mois, on s'acquitte, en donnant 1200 francs ; de combien étoit la somme placée ?

SOLUTION. La somme de 1200 francs doit évidemment être composée de ce que devient le capital primitif après cinq ans, et de l'intérêt que produit le capital de la sixième année durant 7 mois.

Or, d'après ce qui précède, l'intérêt de 100 étant $9\frac{2}{3}$ ou $\frac{29}{3}$, celui de 1 sera $\frac{29}{300}$; et nommant x le capital primitif, on aura la progression suivante pour les expressions successives des capitaux de chaque année,

$$\div\ x\ :\ x\,\frac{329}{300}\ :\ x\left(\frac{329}{300}\right)^{2}\ :\ x\left(\frac{329}{300}\right)^{3}\ :\ x\left(\frac{329}{300}\right)^{4}\ :\ x\left(\frac{329}{300}\right)^{5}.$$

Mais si 1 donne $\frac{29}{300}$ d'intérêt par an, il n'en donnera que les $\frac{7}{12}$ dans 7 mois. Ainsi l'intérêt de 1 pour 7 mois sera exprimé par les $\frac{7}{12}$ de $\frac{29}{300}$ ou $\frac{203}{3600}$. Par conséquent le capital de........ $x\times\left(\frac{329}{300}\right)^{5}$ donnera $x\times\left(\frac{329}{300}\right)^{5}\times\frac{203}{3600}$ d'intérêt. De sorte que 1200 sera la somme de $x \left(\dfrac{329}{300}\right)^5$ et de $x \left(\dfrac{329}{300}\right)^5 \times \dfrac{203}{3600}$;

ou bien sera le produit de $x \left(\dfrac{329}{300}\right)^5$ par $1 \dfrac{203}{3600}$ ou de . . . .

$x \left(\dfrac{329}{300}\right)^5$ par $\dfrac{3803}{3600}$; c'est-à-dire, qu'on aura

$$x \left(\dfrac{329}{300}\right)^5 \times \dfrac{3803}{3600} = 1200.$$

Il faudra donc, pour obtenir la valeur de x, diviser 1200 par $\left(\dfrac{329}{300}\right)^5 \times \dfrac{3803}{3600}$.

En appliquant les logarithmes, on aura

$$\log. \; x + 5 \, \log. \, \dfrac{329}{300} + \log. \, \dfrac{3803}{3600} = \log. \; 1200.$$

ou bien

$$\log. \; x = \log. \; 1200 - 5 \, \log. \, \dfrac{329}{300} - \log. \, \dfrac{3803}{3600};$$

formule qui, en employant les complémens arithmétiques, se changera en celle-ci :

$$\log. \; x = \log. \; 1200 + \text{comp. } 5 \, (\log. \; 329 - \log. \; 300)$$
$$+ \text{comp. } (\log. \; 3803 - \log. \; 3600),$$

Après avoir effectué les calculs indiqués, on trouvera enfin. . . . $x = 716,117.$

Ainsi, *le capital primitif étoit de 716 fr., 117.*

QUESTION XV.

Une personne prête 20000 francs, à condition que l'em-prunteur donnera 600 francs à la fin de la première année, 700 à la fin de la seconde, 800 à la fin de la troisième, et qu'il achevera de payer tout ce qui sera dû après quatre ans cinq mois. De plus, on est con-venu que l'intérêt annuel seroit 8 $\frac{5}{6}$ pour cent, et que cet intérêt, ajouté au capital, porteroit le même intérêt que celui-ci, en prélevant toutefois les sommes qui de-voient être payées aux époques convenues. Combien l'em-prunteur devra-t-il au bout de 4 ans 5 mois?

SOLUTION. Cette question ne diffère de la question XIIe., qu'en ce que l'emprunteur donne 600 francs à la fin de la 1re. année, 700 à la fin de la 2e., et 800 à la fin de la troisième. On peut donc regarder les sommes données par l'emprunteur comme un emprunt fait à ce dernier ; et alors la différence entre les résultats des deux emprunts exprimera ce qui sera dû au premier prêteur.

On cherchera donc, 1°. d'après la méthode exposée (question XII), ce que deviennent 20000 à 8 $\frac{5}{6}$ pour 100, après 4 ans 5 mois ; 600 francs après 3 ans 5 mois ; 700 francs après 2 ans 5 mois, et 800 francs après 1 an 5 mois ; 2°. on additionnera ce que deviennent les 600, les 700 et les 800 francs à l'instant de l'échéance du paiement du premier emprunt, et la différence entre cette somme et ce qui est dû au premier prêteur, sera le résultat demandé. On formera donc le tableau suivant des opérations à faire.

Type de calcul.

Sommes prêtées .....
$$\begin{cases} 20000 \ .. \ \text{pour} \ .. \ 4 \ \text{ans} \ 5 \ \text{mois} \\ 600 \ .. \ \text{pour} \ .. \ 3 \ \text{ans} \ 5 \ \text{mois} \\ 700 \ .. \ \text{pour} \ .. \ 2 \ \text{ans} \ 5 \ \text{mois} \\ 800 \ .. \ \text{pour} \ .. \ 1 \ \text{an} \ 5 \ \text{mois} \end{cases}$$

Intérêt de..........
$$\begin{cases} 100 \ . \ \text{pour} \ . \ 12 \ \text{mois}... \ \dfrac{53}{6} \\ 1 \ . \ \text{pour} \ . \ 12 \ \text{mois}... \ \dfrac{53}{600} \\ 1 \ . \ \text{pour} \ . \ 5 \ \text{mois}... \ \dfrac{53}{1440} \end{cases}$$

$$\begin{cases} 20000, \ \text{après} \ 4 \ \text{ans} \ 5 \ \text{mois} = \ ..... \ 20000 \left(\dfrac{653}{600}\right)^4 \times \dfrac{1493}{1440} \\ 600 \ ..... \ 3 \ ... \ 5 \ ....= \ ..... \ 600 \left(\dfrac{653}{600}\right)^3 \times \dfrac{1493}{1440} \\ 700 \ ..... \ 2 \ ... \ 5 \ ....= \ ..... \ 700 \left(\dfrac{653}{600}\right)^2 \times \dfrac{1493}{1440} \\ 800 \ ..... \ 1 \ ... \ 5 \ ....= \ ..... \ 800 \left(\dfrac{653}{600}\right) \times \dfrac{1493}{1440} \\ \text{Somme due par l'emprunteur} = x \end{cases}$$

$$\text{Donc } x = \left(20000 \left(\dfrac{653}{600}\right)^3 - 600 \left(\dfrac{653}{600}\right)^2 - 700 \times \dfrac{653}{600} - 800 \right)$$
$$\times \dfrac{653}{600} \times \dfrac{1493}{1440}.$$

Effectuant les multiplications et les divisions par le moyen des logarithmes, on formera le second tableau suivant :

$$\log.\ 20000 = 4.30103000$$

$$\log.\ 653 = 2.81491318$$

$$\log.\ 600 = 2.77815125$$

$$\log.\ \frac{653}{600} = 0.03676193$$

$$\log.\ \left(\frac{653}{600}\right)^2 = 0.07352386$$

$$\log.\ \left(\frac{653}{600}\right)^3 = 0.11028579$$

$$\log.\ 700 = 2.84509804$$

$$\log.\ 1493 = 3.1740598$$

$$\log.\ 1440 = 3.1583625$$

$$\log.\ \frac{1493}{1440} = 0.0156973$$

$$
\begin{aligned}
&4.30103000\\
&0.11028579\\
\hline
&4.41131579 = \log.\ 25781,803\\[1em]
&2.77815125\\
&0.07352386\\
\hline
&2.85167511 = \log.\ 710,682\\[1em]
&2.84509804\\
&0.03676193\\
\hline
&2.88185997 = \log.\ 761,833
\end{aligned}
$$

$$
\text{Donc}\quad
\begin{cases}
20000\left(\dfrac{653}{600}\right)^3 = \ \dots\dots\dots\dots\dots\ 25781,803\\[1.5em]
600\left(\dfrac{653}{600}\right)^2 = \qquad 710,682\\[1.5em]
700 \times \dfrac{653}{600} = \qquad 761,833\\[1.5em]
\qquad\qquad\quad 800 \qquad\qquad\quad 2272,515
\end{cases}
$$

$$20000\left(\frac{653}{600}\right)^3 - 600\left(\frac{653}{600}\right)^2 - 700\left(\frac{653}{600}\right) - 800 = 23509,288$$

$$
\text{Donc}\quad
\begin{cases}
x = 23509,29 \times \dfrac{653}{600} \times \dfrac{1493}{1440}\\[1.5em]
\log.\ x = \log.\ 23509,29 + \log.\ \dfrac{653}{600} + \log.\ \dfrac{1493}{1440}
\end{cases}
$$

$$\log.\ 23509,29 = 4.3712396$$

$$\log.\ \frac{653}{600} = 0.0367619$$

$$\log.\ \frac{1493}{1440} = 0.0156973$$

$$\log.\ x = 4.4236988$$

$$\text{Donc}\quad x = 26527,605.$$

Vérification du calcul précédent.

Pour vérifier le calcul précédent, on supposera que 20000 soit l'inconnue, et au lieu de l'inconnue précédente x, on mettra la valeur que l'on a trouvée : de sorte que faisant $20000 = y$, on aura

$$26527,605 = \left(y \left(\frac{653}{600} \right)^3 - 600 \left(\frac{653}{600} \right)^2 - 700 \times \frac{653}{600} - 800 \right) \times \frac{653}{600} \times \frac{1493}{1440}$$

$$26527,605 = \left(y \left(\frac{653}{600} \right)^3 - 2272,515 \right) \times \frac{653}{600} \times \frac{1493}{1440}$$

$$\log. \ 26527,605 = \log. \left(y \left(\frac{653}{600} \right)^3 - 2272,515 \right) + \log. \frac{653}{600} + \log. \frac{1493}{1440}.$$

$$\log. \ 26527,605 = 4.4236988$$
$$\text{comp. } \log. \frac{653}{600} = 9.9632381$$
$$\text{comp. } \log. \frac{1493}{1440} = 9.9843027$$

$$\log. \ 23509,3 = 4.3712396$$

$$\log. \ 25781,815 = 4.4113136$$
$$\log. \left(\frac{653}{600} \right)^3 = 0.1102858$$

$$\log. \ y = 4.3010278$$

Donc $y = 19999,9$

$$\text{Donc} \begin{cases} 23509,3 = y \left(\frac{653}{600} \right)^3 - 2272,515 \\[2mm] 25781,815 = y \left(\frac{653}{600} \right)^3 \\[2mm] \log. \ y = \log. \ 25781,815 - \log. \left(\frac{653}{600} \right)^3, \end{cases}$$

Résultat qui, ne différant de 200000 que de 0,1, confirme l'exactitude du premier calcul.

QUESTION XVI.

Une personne voudroit savoir après combien d'années 12000 francs placés à 9 $\frac{4}{7}$ pour 100 d'intérêt annuel, donneroient 20000 francs, en supposant que les intérêts annuels fussent toujours replacés au même taux.

SOLUTION. D'après ce qui précède, on voit tout de suite qu'il s'agit ici de déterminer le nombre de termes d'une progression dont le premier est 12000, le dernier 20000 et la raison $\frac{768}{700}$.

Nommant donc x le nombre de termes cherché, on aura

$$20000 = 12000 \times \left(\frac{768}{700}\right)^x, \text{ ou } 5 = 3 \times \left(\frac{192}{175}\right)^x.$$

Employant ici les logarithmes, on aura

$$\log. 5 = \log. 3 + x \log. \frac{192}{175}.$$

et $\log. 5 - \log. 3 = x \ (\log. 192 - \log. 175)$.

Enfin, on trouvera en dernier résultat

$$x = \frac{\log. 5 + \text{comp. log. } 3}{\log. 192 + \text{comp. log. } 175}; \text{ et } x = 5 \text{ ans } 6 \text{ mois } 3{,}6 \text{ jours.}$$

QUESTION XVII.

Quelqu'un a placé 8000 francs à 8 $\frac{3}{5}$ pour 100 d'intérêt annuel, avec la condition qu'à la fin de la première année, on lui donneroit 50 francs, et que chaque année suivante, on augmenteroit de 50 francs la dernière somme donnée. On sait de plus que l'emprunteur s'est acquitté après 3 ans 3 mois. Une autre personne voudroit retirer la même somme aux mêmes époques, mais en plaçant l'argent seulement à 5 pour 100 par an.

On demande quelle est la somme que ce dernier prê-teur devra placer.

SOLUTION. Puisque les deux prêteurs doivent retirer les mêmes sommes après 3 ans 3 mois, il faut d'abord chercher ce que retirera le premier à cette époque. La valeur trouvée sera égale à celle qui reviendra au second prêteur. Nous allons donc procéder suivant cet apperçu ; et, opérant comme si la somme cherchée étoit connue, nous parviendrons à une expression d'après laquelle il faudra déterminer ensuite l'inconnue.

Or, puisque l'intérêt annuel de 100 est $8\frac{3}{5}$ ou 8, 6 ; celui de 1 sera 0,086. Si le capital étoit 1, ce capital et son intérêt à la fin de la première année, ou le capital de la seconde année seroit de 1,086.

Mais, lorsque le capital au commencement de l'année étoit 1, il devenoit 1,086 à la fin de la même année. Par conséquent, il faut toujours multiplier par 1,086, le capital de chaque année pour avoir celui de l'année suivante, ou ce que doit l'emprunteur à la fin de cette même année.

Si le capital primitif étoit 1, on auroit donc pour les capitaux successifs pendant 3 ans, la progression

$$\div 1 : 1,086 : (1,086)^2 : (1,086)^3.$$

Il reste encore à trouver ce que deviendroit au bout de 3 mois le capital de la quatrième année. Or, trois mois n'étant que le quart de l'année, l'intérêt de 1 pendant ce tems ne seroit que $\frac{1}{4}$ de 0,086 ou 0,0215. De sorte que le capital et l'intérêt seroit alors 1,0215. Mais cette somme doit être d'autant plus grande que le capital est plus grand ; donc, le capital de la quatrième année étant $(1,086)^3$ deviendra $(1,086)^3 \times (1,0215)$. Ainsi, dans le cas où le capital primitif seroit 1, l'emprunteur devroit, après 3 ans et 3 mois, payer $(1,086)^3 \times (1,0215)$.

Mais le capital primitif est 8000 ; par conséquent, la somme due seroit $8000 \times (1,086)^3 \times (1,0215)$, si l'emprunteur n'avoit pas payé une certaine somme chaque année.

Or, on peut regarder chaque somme donnée par l'emprunteur, comme un capital que celui-ci place chez le prêteur pour le nombre d'années restantes, jusques à l'époque de l'échéance de la dette, et au même intérêt annuel que la première somme prêtée. De sorte qu'il faudra ensuite diminuer la dette qu'auroit contractée l'emprunteur, s'il n'avoit rien remboursé des sommes que lui devra le prêteur le jour de l'échéance, pour les diverses sommes qu'il en a reçues.

Dans cet exemple, l'emprunteur a donné 50 francs à la fin de la première année, 100 francs à la fin de la seconde, et 150 à la fin de la troisième; c'est donc comme s'il avoit placé chez le prêteur 50 francs pour 2 ans 3 mois; 100 francs pour 1 an 3 mois, et 150 francs pour 3 mois.

En raisonnant comme ci-dessus, ces sommes deviendront

$$50 \times (1{,}086)^2 \times (1{,}0215) ; \quad 100 \times (1{,}086) \times (1{,}0215)$$
$$\text{et } 150 \times (1{,}0215).$$

L'expression de la somme due par l'emprunteur sera donc

$$8000 \times (1{,}086)^3 \times (1{,}0215)$$
$$- \left\{ 50 (1{,}086)^2 (1{,}0215) + 100 (1{,}086) (1{,}0215) + 150 (1{,}0215) \right\}$$

Si on observe que tous les termes de cette expression sont multipliés par 1,0215, et qu'il est plus court de faire la somme de toutes les parties d'une quantité pour la multiplier ensuite, que de multiplier chaque partie de la somme pour additionner tous les produits, on réduira l'expression précédente à celle-ci

$$\left(8000 (1{,}086)^3 - 50 (1{,}086)^2 - 100 (1{,}086) - 150 \right) \times 1{,}0215.$$

En raisonnant de la même manière pour le second prêteur, nous trouverons une expression qui ne différera de celle-ci qu'en ce que nous aurons x au lieu de 8000; $\frac{1}{10}$ ou 1,05 au lieu de 1,086; et 1,0125 au lieu de 1,0215. Cette expression sera donc

$$\left(x (1{,}05)^3 - 50 (1{,}05)^2 - 100 (1{,}05) - 150 \right) \times 1{,}0125,$$

laquelle peut encore s'écrire ainsi

$$x (1{,}05)^3 (1{,}0125) - \left\{ 50 (1{,}05)^2 + 100 (1{,}05) + 150 \right\} \times 1{,}0125$$

Effectuant enfin les calculs numériques qui ne sont ici qu'indiqués, les deux expressions précédentes se changeront en celles-ci

$$10142,3 \text{ et } x \times 1,17 - 314.$$

Mais ces deux quantités sont égales d'après les conditions du problème; par conséquent, si on ajoute 314 à 10142,3, la somme 10456,3 sera l'expression d'un produit dont 1,17 sera un facteur, et l'inconnue, l'autre facteur. On divisera donc 10456,3 par 1,17, et on aura enfin $x = 8937$.

QUESTION XVIII.

On demande dans quel rapport devroit croître annuellement la population d'un pays composé de 250 habitans, pour que cette population s'élevât au bout d'un siècle à 500000 personnes.

SOLUTION Soit x le nombre qui exprime la population, lorsque l'accroissement annuel est 1. Si la population étoit 1, alors l'accroissement annuel seroit une fraction de 1 exprimée par $\frac{1}{x}$; de sorte que la population à la fin de la 1re. année seroit $1 + \frac{1}{x}$; mais, puisque l'accroissement de chaque année est une fraction $\frac{1}{x}$ de la population de cette même année, on aura $\frac{1}{x} \times \left(1 + \frac{1}{x}\right)$ pour l'accroissement de la 2e. année; et $\left(1 + \frac{1}{x}\right) + \frac{1}{x} \times \left(1 + \frac{1}{x}\right)$ pour la population à la fin de cette 2e. année; ici on observera que la quantité $1 + \frac{1}{x}$ entre 1 fois plus $\frac{1}{x}$ de fois ou $1 + \frac{1}{x}$ de fois dans l'expression précédente; or on aura une quantité renfermant $1 + \frac{1}{x}$ de fois la quantité $1 + \frac{1}{x}$, si l'on multiplie $1 + \frac{1}{x}$ par $1 + \frac{1}{x}$; ce qui donne $\left(1 + \dfrac{1}{x}\right)^{2}$; semblablement pour la 3e., 4e., 5e., etc. années, on auroit

$$\left(1 + \dfrac{1}{x}\right)^{3}, \quad \left(1 + \dfrac{1}{x}\right)^{4}, \quad \left(1 + \dfrac{1}{x}\right)^{5} \text{ etc.}$$

Ainsi la population au bout de cent ans seroit exprimée par $\left(1 + \dfrac{1}{x}\right)^{100}$, si cette population n'avoit été la 1re. année que de 1; mais on l'a supposée de 250 personnes, on aura donc $250 \left(1 + \dfrac{1}{x}\right)^{100}$; et comme on veut qu'après un siècle, la population soit de 500000 habitans, on aura l'égalité $250 \left(1 + \dfrac{1}{x}\right)^{100} = 500000$, ou . . . .

$$\left(1 + \dfrac{1}{x}\right)^{100} = 2000,$$ après avoir divisé par 25 les deux membres de l'équation précédente. En employant les logarithmes, on aura

$$100 \log. \left(1 + \dfrac{1}{x}\right) = \log. 2000 , \quad \log. \left(1 + \dfrac{1}{x}\right) = \dfrac{1}{100} \log. 2000.$$

Et enfin, après avoir effectué tous les calculs, on trouvera

$$1 + \dfrac{1}{x} = 1,07897 , \quad \dfrac{1}{x} = 0,07897 , \text{ et } x = 12,663.$$

De sorte que l'accroissement annuel devrait être un peu plus d'un 12e. $\frac{1}{4}$ de la population; et un peu moins d'un 12e. $\frac{1}{3}$.

REMARQUE. Nous terminerons ici les applications de l'arithmétique à la résolution des questions. Les exemples que nous venons d'en donner, une fois bien sentis, doivent suffire pour faire résoudre tous ceux qui sont susceptibles de l'être par les moyens que fournit l'arithmétique élémentaire. Les commençans feront bien pourtant de s'exercer sur un grand nombre d'autres problêmes, et sur-tout de s'accoutumer à bien analyser une question, et à se rendre raison de toutes les opérations qu'ils seront obligés de faire.

PRÉCIS D'ARITHMÉTIQUE.

*** PROBLÊME 1.

Quelle a pu être l'origine de l'arithmétique, et quel est l'objet de cette science ?

SOLUTION. L'une des qualités qui, dans les objets, a dû être apperçue des premières, est celle par laquelle ces objets sont composés de plus ou de moins de parties, c'est-à-dire, sont susceptibles d'augmentation et de diminution. Considérés sous cet aspect, les objets ont été désignés par le mot *grandeur* ou *quantité*.

Le besoin de distinguer les diverses collections ou réunions d'objets de même espèce, a fait imaginer des mots pour représenter ces collections ou pluralités. De là *les nombres qui ne sont que des expressions de quantités, ou bien des pluralités déterminées.*

Les parties égales qui composent les objets désignés par les nombres, se nomment *unités*; et ces unités sont *entières* ou *fractionnaires*, suivant qu'elles sont regardées comme simples, ou qu'elles ne sont que des parties d'une autre unité divisée; ce qui donne lieu à deux sortes de nombres, les uns *entiers*, et les autres *fractionnaires* ou *fractions*.

Les premiers besoins de la société ont donné lieu à des questions dont la solution exigeoit, tantôt de réunir plusieurs nombres, tantôt d'en avoir la différence, tantôt de répéter un nombre autant de fois qu'il y avoit d'unités dans un autre ; tantôt enfin de trouver combien de fois un nombre étoit contenu dans un autre. Ces premières combinaisons des nombres ont conduit à approfondir les diverses propriétés de ceux-ci ; et de ces recherches est née l'*Arithmétique*, ou *la Science des nombres*, *dont l'objet peut être ramené à la composition et à la décomposition de ces derniers.*

PREMIÈRE PARTIE.

DE LA COMPOSITION ET DE LA DÉCOMPOSITION DES NOMBRES EN GÉNÉRAL.

SECTION PREMIÈRE.

De la composition et de la décomposition des nombres entiers.

CHAPITRE PREMIER.

De la composition des nombres entiers.

*** PROBLÉME 2.

On demande une méthode par laquelle on puisse facilement exprimer tous les nombres quelque grands qu'ils soient.

SOLUTION. Pour exprimer aisément tous les nombres, concevons ceux-ci formés d'unités simples et d'unités composées d'après une certaine loi constante; désignons par un mot particulier, chacune de ces unités, et employons en même tems d'autres mots pour marquer combien on a de ces diverses unités.

Ainsi, représentons par *un* l'unité simple , par *deux* le nombre composé de *un plus un*, par *trois* celui composé de *deux plus un* , par *quatre* le nombre *trois plus un* , par *cinq* le nombre *quatre plus un* , par *six* le nombre *cinq plus un* , par *sept* le nombre *six plus un* , par *huit* le nombre *sept plus un* , par *neuf* le nombre *huit plus un* ; employons encore le mot *dix* pour exprimer l'unité composée du premier ordre , et *convenons que chaque unité sera formée de dix unités inférieures.*

D'après cela, l'unité du 2me. ordre sera exprimée par *dix fois dix*, que, pour abréger, nous remplacerons par le mot *cent*; l'unité du 3me. ordre sera donc *dix fois cent*, que nous désignerons par le mot *mille*; l'unité du 4me. ordre sera *dix mille*; celle du 5me. *dix fois dix mille*, ou *cent mille*; celle du 6me. sera *dix cent mille*, ou *mille fois mille*, que nous remplacerons par le mot *million* ; les unités suivantes seront représentées par les mots *dix millions, cent millions, billion, dix billions, cent billions, etc.*

Mettant ensuite devant chacun de ces mots successivement les mots *un , deux , trois , quatre, cinq, six , sept, huit* et *neuf,* on pourra se procurer les expressions de tous les nombres imaginables.

✳✳✳ PROBLEME 3.

Simplifier les expressions des nombres , en remplaçant les mots par des caractères particuliers , c'est−à−dire , écrire les nombres par le moyen des chiffres.

SOLUTION. Représentons d'abord par des caractères particuliers ou chiffres les mots destinés à exprimer combien on a d'unités de chaque espèce. Soient donc les chiffres suivans pour remplacer les neuf premiers mots; savoir ;

un	*deux*	*trois*	*quatre*	*cinq*	*six*	*sept*	*huit*	*neuf*
1	2	3	4	5	6	7	8	9

Il ne nous manque plus qu'à trouver un moyen de faire représenter à ces chiffres les diverses unités qui peuvent entrer dans un nombre. Or, puisque ces unités sont successivement décuples chacune de l'unité inférieure, nous pouvons leur assigner un rang particulier de droite à gauche, et convenir que tout chiffre placé au 1er. rang à droite, exprimera des unités entières; que celui placé au 2e. rang représentera des dixaines ; que celui placé au 3e. rang exprimera des centaines; le suivant des mille ; et, en général, que *tout chiffre placé à un rang plus à gauche qu'un autre, représente des unités décuples de celles de cet autre.*

Mais comme il peut arriver que dans un nombre donné il manque des unités intermédiaires, il faut avoir un caractère significatif, que nous nommerons *zéro*, et que nous écrirons ainsi, o, pour tenir lieu des unités qui manquent, et conserver aux chiffres placés à gauche, leur rang et leur valeur.

*** PROBLÊME 4.

Exprimer, par le moyen des mots, un nombre donné en chiffres.

SOLUTION. La difficulté se réduit ici à trouver promptement le nombre des différentes unités qui entrent dans le nombre donné. Or, si l'on observe que de mille en mille unités, on a imaginé un nouveau nom, et qu'en mettant successivement devant ce nom les mots *dix* et *cent*, on a exprimé les unités intermédiaires ; on verra que les unités de mille, celles de millions, celles de billions, etc., sont aux 4e., 7e., 10e., etc. rangs de droite à gauche ; et l'on conclura qu'en partageant un nombre de droite à gauche en tranches de trois chiffres chacune, on appercevra aisément les diverses sortes d'unités ; de sorte qu'en énonçant successivement chaque tranche de gauche à droite, on aura sans peine l'énoncé du nombre total, c'est-à-dire, son expression par le moyen des mots.

De la méthode d'énoncer un nombre tranche par tranche, vient naturellement celle de l'écrire aussi tranche par tranche à mesure qu'on l'énonce, avec l'attention seulement d'écrire un zéro pour chaque unité intermédiaire que l'on ne donne pas.

★★★ PROBLÊME 5.

Additionner plusieurs nombres ensemble.

SOLUTION. L'addition de deux nombres à un seul chiffre, peut se faire en ajoutant à l'un d'entre eux successivement l'unité autant de fois que l'autre la contient. Par cette opération, on trouvera toutes les sommes provenant des nombres à un seul chiffre ajoutés deux à deux. Pour ramener les autres additions à cette dernière, on observera que, la somme de deux ou de plusieurs nombres étant composée de toutes leurs unités simples, de toutes leurs dixaines, de toutes leurs centaines, etc., et de plus, ces diverses unités n'étant jamais représentées dans chaque nombre que par un seul chiffre, on peut réduire l'addition totale à autant d'additions partielles de nombres à un seul chiffre, que l'on a d'unités de différente espèce. Il suffira donc d'écrire les uns sous les autres les nombres à ajouter, de manière que leurs unités de même dénomination soient placées sur une même colonne verticale, et d'ajouter ensuite ces unités colonne par colonne, ayant l'attention de porter à la colonne supérieure autant d'unités que l'inférieure donne de fois 10.

REMARQUE. Dans le cas où les nombres à ajouter seroient tous égaux, l'addition se réduiroit à prendre l'un de ces nombres autant de fois que l'on a de nombres à ajouter, ce qui simplifieroit beaucoup l'opération. Pour distinguer ce cas particulier, nous nommerons *multiplication* l'opération par laquelle on ajoute un nombre plusieurs fois à lui-même ; nous donnerons le nom de *multiplicande* au nombre que l'on doit répéter ; celui de *multiplicateur* au nombre qui désigne combien de fois on doit prendre le multiplicande ; et celui de *produit* à la somme du multiplicande pris autant de fois que le marque le multiplicateur. De sorte qu'*un produit peut être considéré comme un tout dont le multiplicande exprime la grandeur des parties, et lê multiplicateur le nombre.*

*** PROBLEME 6.
Multiplier un nombre par un autre.

SOLUTION. Si les deux nombres n'ont qu'un seul chiffre, on en trouvera le produit par l'addition ordinaire ; et, pour mettre plus de rapidité dans les calculs, on formera une table des produits dont les deux facteurs n'ont qu'un seul chiffre, et l'on gravera ces produits dans la mémoire.

Pour multiplier un nombre de plusieurs chiffres par un autre d'un seul chiffre, on observera qu'il suffit de prendre successivement les unités, les dixaines, les centaines, etc. du multiplicande autant de fois que l'indique le chiffre du multiplicateur, et à réunir tous ce:

produits ensemble ; ce qui ramène cette multiplication à celle des nombres à un seul chiffre.

Lorsque le multiplicateur renferme plusieurs chiffres, l'opération est ramenée à multiplier successivement le multiplicande par le chiffre des unités , par celui des dixaines, par celui des centaines, etc. , en un mot , à multiplier par un nombre à un seul chiffre, et par des nombres composés d'un seul chiffre significatif suivi d'un ou de plusieurs zéro. Or, pour faire ces dernières multiplications, il suffit de multiplier seulement par le chiffre significatif, et d'écrire à la droite du produit le nombre des zéro qui se trouvent dans le multiplicateur, parce qu'ayant multiplié par un nombre 10, ou 100 , ou 1000, etc. fois trop petit , le produit est ce nombre de fois trop petit. Après avoir ainsi trouvé les divers produits partiels, on en fera la somme et l'on aura le produit total.

Enfin , si l'on avoit des zéro à la droite des facteurs , on opéreroit sans y avoir égard , et on les écriroit ensuite à la droite du produit ; car un produit est d'autant plus grand ou plus petit que ses parties sont plus grandes ou plus petites , ou bien qu'il en renferme un plus ou moins grand nombre.

*** PROBLÊME 7.

Quelles sont les variations d'un produit , d'après celles qu'éprouvent les facteurs de ce produit?

SOLUTION. Puisqu'un produit est une somme dont le multiplicande exprime la grandeur des parties, et le multiplicateur le nombre, il s'ensuit que *plus le multiplicande est grand ou petit , plus le produit augmente ou diminue , et que, plus le multiplicateur est grand ou petit , plus le produit doit l'être.*

Par conséquent, si les deux facteurs d'un produit deviennent chacun en même tems un certain nombre de fois plus grands ou plus petits, le produit deviendra un nombre de fois plus grand ou plus petit, exprimé par le produit du nombre de fois que le multiplicande est devenu plus grand ou plus petit, par le nombre de fois que le multiplicateur est aussi devenu plus grand ou plus petit.

Il suit encore du premier principe que, *si le produit devient un certain nombre de fois plus grand ou plus petit, et que l'un des deux facteurs soit devenu ce même nombre de fois plus grand ou plus petit, l'autre facteur n'a pas varié,* car la variation du premier facteur a suffi pour causer celle du produit.

On en conclut aussi que, *chaque unité ajoutée au multiplicande, ou retranchée du multiplicande, fait entrer une fois de plus ou de moins le multiplicateur dans le produit; et que, chaque unité ajoutée au multiplicateur, ou retranchée de ce dernier, fait entrer une fois de plus ou de moins le multiplicande dans le produit.*

** PROBLÊME 8.

Un produit change-t-il, lorsque, du multiplicande on en fait le multiplicateur, et du multiplicateur le multiplicande ?

Solution. D'après les principes précédens, *le produit de l'unité par le multiplicande est égal au produit du multiplicande par l'unité.* De sorte que si l'on multiplie l'unité du premier produit par un nombre quelconque, le premier produit sera ce nombre de fois plus grand; et si l'on multiplie par le même nombre l'unité du deuxième produit, celui-ci deviendra le même nombre de fois plus grand; ce qui n'aura pas détruit l'égalité des deux premiers produits.

PROBLÊME 9.

Trouver 1°. le nombre des chiffres d'un produit, d'après celui des chiffres des facteurs; 2°. le nombre des chiffres de l'un des facteurs, d'après le nombre des chiffres du produit et d'après celui des chiffres de l'autre facteur.

SOLUTION. Si l'on multiplie d'abord l'un par l'autre deux nombres qui ne renferment que des 9, et ensuite deux autres composés chacun de l'unité suivie de plusieurs zéro, on verra 1°. que *le nombre des chiffres d'un produit est égal au nombre des chiffres des deux facteurs, lorsque l'un de ceux-ci n'a qu'un seul chiffre qui, multiplié par le chiffre des plus hautes unités de l'autre facteur, donne un produit de deux chiffres;* 2°. *qu'un produit de deux facteurs a le nombre des chiffres de ses facteurs, ou ce même nombre diminué de 1;* 3°. *que le nombre des chiffres de l'un des facteurs est ou égal au nombre des chiffres du produit, moins le nombre des chiffres de l'autre facteur plus un, ou seulement à cette différence.*

* PROBLÊME 10.

Former un produit de trois, et même d'un plus grand ombre de facteurs.

SOLUTION. Cette opération sera réduite à autant de multiplications successives que l'on a de facteurs moins un, si le produit ne change as dans quelque ordre que l'on multiplie ses facteurs.

Or, quand on a trois facteurs seulement, on peut les disposer ntre eux, de manière que chacun soit à son tour placé au premier ang à gauche; et, comme un produit de deux facteurs ne varie point ans quelque ordre que l'on multiplie ses facteurs, il s'ensuit que tous es produits de trois facteurs, qui ont un même facteur pour multiplicande ou pour multiplicateur, sont égaux. Or, dans le cas où on arrange trois facteurs entre eux de toutes les manières possibles, il a dans tous ces arrangemens un même facteur qui est ou multiplicande u multiplicateur, c'est-à-dire, ou le premier ou le troisième; par conséquent, *tous les produits que l'on peut former avec trois facteurs dans quelque ordre qu'on multiplie ceux-ci, sont invariables.*

Si lon avoit quatre facteurs, on prouveroit semblablement l'invariabilité du produit, en faisant voir que les produits qu'on formeroit en arrangeant les facteurs entre eux quatre à quatre de toutes les manières possibles, auroient tous le même facteur, soit pour multiplicande, soit pour multiplicateur ; ce qui ramèneroit ce cas aux cas précédens.

REMARQUE. Il peut arriver que les facteurs d'un produit soient tous égaux entre eux; dans ce cas ; le produit prendra le nom de *puissance ;* et il se nommera *puissance seconde* ou *carré, puissance troisième* ou *cubique, puissance quatrième, puissance cinquième,* etc., suivant que ses facteurs égaux seront au nombre de 2, ou de 3, ou de 4, ou de 5, etc.

On donnera de plus le nom de *racine* au facteur égal par la multiplication duquel on a obtenu la puissance. Cette racine sera *seconde,* ou *troisième,* ou *quatrième,* ou *cinquième,* etc., suivant qu'elle aura produit une puissance seconde, ou troisième, ou quatrième, ou cinquième, etc.

De la formation des puissances.

★★★ PROBLÉME II.

Trouver le carré ou la seconde puissance d'un nombre composé au moins de deux chiffres.

SOLUTION. Comme les unités supérieures aux dixaines peuvent toutes se réduire en dixaines dont elles ne sont que des multiples, il s'ensuit que tout nombre peut être considéré composé seulement de dixaines et d'unités. Or, en multipliant successivement un nombre par ses unités et ses dixaines, on aura quatre produits partiels dont le premier sera le carré des unités, le second ainsi que le troisième le produit des dixaines par les unités, et le quatrième le carré des dixaines; de sorte qu'en réunissant en un seul produit, le second et le troisième, on verra que *le carré d'un nombre qui renferme des dixaines et des unités, est composé du carré des dixaines, de deux fois le produit des dixaines par les unités et du carré des unités.*

✱✱✱ PROBLÉME 12.

On demande quelles sont les parties de la racine qui entrent dans la formation du cube d'un nombre composé de dixaines et d'unités.

SOLUTION. Si l'on multiplie les parties du carré de la racine successivement par les unités et par les dixaines de cette racine, on trouvera six produits qui se réduiront aux quatre suivans ; savoir : *le cube des dixaines, trois fois le carré des dixaines par les unités, trois fois le carré des unités par les dixaines et le cube des unités.*

REMARQUE. On trouveroit semblablement la loi qui lie les racines à leurs puissances, lorsque celles-ci sont d'un degré plus élevé que le troisième ; mais cette loi est de plus en plus compliquée. On peut observer ici qu'une puissance ayant sa racine pour facteur autant de fois qu'il y a d'unités dans son degré, on trouvera 1°. la quatrième puissance d'un nombre, en élevant au carré le carré de ce nombre ; 2°. la sixième puissance, en élevant au carré le cube du nombre, ou au cube le carré de ce même nombre ; 3°. la huitième puissance, en élevant au carré le carré du carré du nombre ; 4°. la neuvième puissance, en élevant au cube le cube de la racine ; ainsi de suite.

REMARQUE. La composition des nombres a montré que parmi ceux-ci il y en avoit qui n'avoient été formés que par l'addition de l'unité, ou par celle de nombres inégaux, tandis qu'il y en avoit d'autres qui étoient la somme de nombres égaux. Les premiers, qui ne sont divisibles que par eux-mêmes ou par l'unité, ont été appelés *nombres premiers*, et les autres qui sont en outre divisibles par d'autres nombres, ont reçu le nom de nombres *multiples ou composés.* On distingue encore les nombres *pairs* des nombres *impairs;* les premiers étant divisibles par 2, et les seconds ne l'etant pas.

CHAPITRE II.

De la décomposition des nombres entiers.

*** PROBLÊME 13.

Étant donnée une somme et l'une de ses parties, déterminer l'autre partie, ou soustraire un nombre d'un autre.

SOLUTION. Le problême consiste à trouver la différence entre deux nombres. Or, si le nombre à soustraire n'a qu'un seul chiffre, on peut le décomposer en autant d'unités simples qu'il en renferme, et retrancher successivement chacune de ces unités du nombre dont on doit soustraire. Le cas où les deux nombres proposés renferment plusieurs chiffres, on le ramènera au précédent, en observant que dans l'addition, ayant ajouté les unités aux unités, les dixaines aux dixaines, les centaines aux centaines, etc., on doit ici soustraire des unités, des dixaines, des centaines, etc. du plus grand des deux nombres, les unités, les dixaines, les centaines, etc. du plus petit. Dans le cas où le plus grand des deux nombres auroit moins d'unités d'une certaine espèce que le nombre à soustraire, on prendroit sur le chiffre immédiatement à gauche du chiffre trop foible, une unité que l'on réduiroit en unités inférieures, en la multipliant par 10, et ajoutant ces dix unités au chiffre trop foible, la soustraction deviendroit possible.

On parviendroit au même but, en observant que la différence entre deux nombres ne varie pas, lorsque l'on ajoute une même quantité à ces nombres. De sorte que l'on auroit pu augmenter de 10 le chiffre trop foible, et ajouter 1 au chiffre suivant du nombre à soustraire.

On appelle *complément* d'un nombre, la différence de ce nombre à l'unité suivie d'autant de zéro que ce même nombre renferme de chiffres. Pour avoir ce complément, il suffit de retrancher de 10 le chiffre des unités du nombre dont on veut le complément, et de 9 successivement tous les autres chiffres du même nombre.

*** PROBLÊME 14.

Quel changement éprouve la différence entre deux nombres, à chaque unité d'augmentation ou de diminution que reçoivent ces nombres ?

SOLUTION. La différence entre deux nombres étant composée de ce qui n'est pas commun à ces nombres, il est évident que cette différence ne change pas, quand on augmente ou qu'on diminue d'une même quantité les deux nombres. Il est également évident qu'à chaque unité que l'on ajoute au nombre dont on soustrait, on augmente l'excès du plus grand nombre sur le plus petit, et qu'à chaque unité que l'on en retranche, on diminue de cette unité l'excès ou la différence. Semblablement, chaque unité ajoutée au nombre à soustraire, rapproche ce dernier du premier, et diminue d'une unité la différence, tandis que chaque unité retranchée éloigne le plus petit nombre du plus grand, et augmente d'une unité la différence.

** PROBLÊME 15.

Simplifier la méthode de la soustraction, par le moyen des complémens des nombres.

SOLUTION. La différence entre deux nombres est égale au plus grand de ces nombres plus le complément du plus petit, moins une unité immédiatement supérieure aux plus hautes unités du nombre à soustraire. En effet, quand on ajoute au plus grand des deux nombres le complément du plus petit, on soustrait celui-ci du plus grand, et l'on augmente la différence d'une unité de l'ordre immédiatement au-dessus des plus hautes unités du nombre à soustraire.

D'après cela, on soustraiera facilement plusieurs nombres de plusieurs autres, en ajoutant à ceux-ci les complémens des premiers, et en diminuant la somme des unités de trop que ces complémens ont introduites.

✱✱✱ PROBLÊME 16.

Trouver un moyen de vérifier les résultats donnés par l'addition et par la soustraction.

SOLUTION. Il est d'abord évident que le nombre obtenu par la soustraction devant être l'une des parties de la somme donnée, dont le nombre soustrait est l'autre partie, on doit retrouver la somme après avoir ajouté la différence au nombre soustrait.

Quant à l'addition, il est aisé de voir que si le résultat est la somme des nombres donnés, il doit contenir toutes les unités simples de ces nombres, toutes leurs dixaines, leurs centaines, etc. ; par conséquent, si l'on fait successivement les sommes partielles de leurs unités de même espèce, à partir des plus hautes, et que ces sommes on les retranche des unités correspondantes dans la somme totale, on devra trouver zéro à la dernière soustraction.

✱✱✱ PROBLÊME 17.

Connoissant une somme et l'une des parties égales de cette somme, on demande le nombre de ces parties égales.

SOLUTION. Une somme contient autant de parties égales

que l'une de ces parties peut en être retranchée. On
peut donc, par une suite de soustractions successives,
déterminer combien une somme renferme de parties égales
connues. Mais cette méthode peut être abrégée, en observant qu'en écrivant 1, ou 2, ou 3, etc. zéro à la
droite de la partie à retrancher, et en soustrayant ensuite cette partie, on fera 10, ou 100, ou 1000, ou etc.
soustractions ; de sorte que si l'on écrit à la droite de
la partie donnée autant de zéro qu'il est possible, et que
l'on retranche alors cette partie de la somme totale,
on verra que celle-ci contient d'abord cette même partie
un nombre de fois, exprimé par 1, suivi d'autant de
zéro que l'on en a écrits à la droite de la partie donnée.
En continuant de la même manière, et en additionnant
le nombre de soustractions faites, on trouveroit le nombre
demandé.

Mais le nombre de ces soustractions peut être encore
diminué, en multipliant aussi la partie de la somme
par le chiffre significatif qui rapproche le plus possible
de cette somme le nombre à soustraire.

D'après cela qu'il s'agisse de trouver
combien de fois la somme de 857642 contient la partie 249 ; j'observe que, si
au lieu de soustraire 249000 de 857642,
ou 249 de 857, je soustrayois le produit de 249 par 3, ou 747 de 857, je
trouverois par une seule opération que
la somme contient d'abord 3000 fois sa
partie 249. Pour avoir le facteur qui
doit approcher le plus de la somme le
nombre à soustraire, on verra qu'il faut
ici chercher combien de fois 857 contient
249, ou combien 8 contient 2. Ce nombre

857642	249
747000	3444
110642	
99600	
11042	
9960	
1082	
996	
86	

doit être vérifié en multipliant 249 par ce même nombre. Ici on n'a pu mettre que 3 au lieu de 4.

Après la soustraction, on a un reste 110642 sur lequel on opère comme sur la somme totale ; ainsi de suite. Dans cet exemple, on trouvera, après quatre soustractions, que la somme donnée contient 3444 parties dont la grandeur est exprimée par 249, avec le reste 86. Le nombre trouvé 3444 exprimant combien de fois la somme renferme l'une de ses parties, nous le nommerons *quotient*, du latin *quoties*, *combien de fois.*

Il suit de la nature du quotient, que, si l'on multiplie par ce quotient le nombre qui exprime la grandeur des parties de la somme, et qu'à ce produit on ajoute le reste de l'opération, on doit retrouver la somme même.

On pourroit également vérifier le quotient, en cherchant la grandeur des parties de la somme d'après la connoissance que l'on a de cette somme et du nombre de ses parties.

*** PROBLÊME 18.

Connoissant une somme et le nombre de ses parties, on demande la grandeur de celles-ci.

SOLUTION. Si la somme étoit égale au nombre de ses parties, celles-ci seroient exprimées par 1 ; d'où l'on voit que les parties de la somme seront composées d'autant d'unités, que le nombre des parties est renfermé dans la somme même ; de sorte que l'opération sera réduite à la précédente, c'est-à-dire, à déterminer combien de fois un nombre est contenu dans un autre.

Comme dans ce cas, on partage ou l'on divise un nombre en un certain nombre donné de parties égales pour avoir la grandeur de celles-ci, nous donnerons à cette opération le nom de *division*; nous nommerons *dividende* le nombre à diviser ou à partager; *diviseur* celui qui indique en combien de parties on veut diviser le dividende; et nous conserverons le nom de *quotient* au nombre qui, dans ce cas, représente la grandeur des parties du dividende.

Ainsi, *la division peut être considérée comme une opération par laquelle on détermine ou le nombre des parties d'un tout, d'après la connoissance que l'on a de ce tout et de la grandeur de ses parties, ou bien la grandeur des parties d'un tout, lorsque ce tout et le nombre de ses parties sont donnés.*

De sorte que si l'on remarque que les facteurs d'un produit expriment chacun indifféremment, soit la grandeur, soit le nombre des parties du produit, on verra que *l'on peut encore définir la division, une opération par laquelle, étant donné un produit et l'un de ses facteurs, on détermine l'autre facteur.*

*** PROBLÊME 19.

Un produit et l'un de ses facteurs étant donnés, trouver l'autre facteur.

SOLUTION. Tout produit étant la somme d'autant de produits partiels qu'il y a de chiffres au multiplicateur, la recherche de ce dernier seroit ramenée à une suite de divisions partielles assez simples, si, dans le produit total ou dividende, on pouvoit reconnoître les divers produits ou dividendes partiels qui ont formé ce produit. Or, le produit du diviseur par le quotient, devant pouvoir se retrancher du dividende total, il faut que les plus hautes unités du quotient soient telles, qu'étant multipliées par celles du diviseur, il n'en résulte pas un nombre au-dessus du dividende. D'après ce principe, on reconnoîtra de combien de chiffres le quotient doit être composé, ou combien de produits partiels sont entrés dans la formation du produit total. Pour avoir le premier produit partiel, on observera que le produit d'un nombre par un certain chiffre, ne peut pas avoir d'unités moindres que celles du chiffre multiplicateur ; on séparera donc, dans le dividende, tous les chiffres dont les unités sont inférieures à celles du chiffre multiplicateur, et, les chiffres restant à gauche donneront ou le plus haut produit partiel, ou le nombre le plus voisin en dessus de ce produit. On cherchera ensuite le chiffre qui, multiplié par le diviseur, a donné le nombre le plus approché en dessous de ce premier dividende partiel, et ce chiffre exprimera les plus hautes unités du quotient; le produit de ce même chiffre par le diviseur, on le retranchera du premier dividende partiel, et l'on aura un reste qui, avec le chiffre suivant du dividende total, formera le second dividende partiel, sur lequel, opérant comme sur le premier, on aura le second chiffre du quotient ; en continuant toujours de même, on trouvera successivement tous les chiffres du quotient. Pour la détermination de chaque chiffre du quotient, il suffit de chercher combien de fois le dividende contient le diviseur, ou combien de fois les plus hautes unités du dividende contiennent les plus hautes unités du diviseur; on vérifiera ce nombre de fois en le multipliant par le diviseur, et en voyant si le produit peut être soustrait du dividende partiel. Lorsqu'après avoir trouvé le chiffre des unités du quotient l'on a encore un reste, c'est que ce quotient doit être completté par des parties d'unité. On trouvera cette fraction en observant que tout quotient doit être, par rapport au dividende, d'autant plus petit, que le diviseur contient d'unités ; de sorte qu'un quotient peut toujours être regardé comme une fraction dont le dénominateur seroit le diviseur, tandis que le numérateur seroit le dividende.

✱✱✱ PROBLÊME 20.

Quelles sont les variations qu'éprouve un quotient, d'après celles que l'on fait subir au dividende ou au diviseur, ou à l'un et à l'autre en même tems ?

SOLUTION. Le quotient pouvant être considéré comme exprimant le nombre des parties du dividende, tandis que le diviseur exprime la grandeur de ces parties, il est évident 1°. que, plus le dividende sera grand ou petit, le diviseur restant le même, plus le quotient augmentera ou diminuera ; 2°. que, plus le diviseur augmentera ou diminuera, le dividende ne variant point, moins ou plus il entrera de parties dans ce dividende, et moins ou plus sera grand le quotient ; 3°. que, si le dividende et le diviseur deviennent chacun un même nombre de fois plus grands ou plus petits, le quotient ne changera pas ; car le nombre des parties d'un tout est constant, lorsque les parties augmentent ou diminuent comme le tout.

REMARQUE. Puisque le dividende est la somme du produit du diviseur par le quotient plus le reste, il suffira de faire cette somme et de voir si elle est égale au dividende, pour vérifier le quotient trouvé. Quant à la vérification de la multiplication, on divisera le produit trouvé par l'un des facteurs, et l'on obtiendra pour quotient l'autre facteur si la multiplication a été exacte.

Le problême inverse de la multiplication consiste à

déterminer tous les facteurs d'un produit, lorsque ce produit est donné. Mais la solution de ce problème exigeant que l'on divise le produit par tous les nombres inférieurs, il est nécessaire, pour éviter des divisions inutiles, que l'on puisse reconnoître dans quel cas un nombre est divisible par un nombre donné.

*** PROBLÊME 21.

Quelles conditions un nombre doit-il remplir pour être divisible par les nombres 2, 3, 4, 5, 6, 7, 8, 9, 10, 11, 12, 13, *etc.*

SOLUTION. Un nombre étant composé d'unités simples, d'unités de dixaines, d'unités de centaines, d'unités de mille, etc., divisons 1, 10, 100, 1000, etc. par chacun des diviseurs proposés, et voyons si la loi des restes ne pourroit pas nous faire arriver aux conditions demandées.

Or, après toutes ces divisions, nous formerons le tableau suivant des restes trouvés :

Diviseurs.	Restes.		Diviseurs.	Restes.
2	1		6	1
	0			4 ou *moins* 2
	etc.			4 ou *moins* 2
				etc.
3	1		7	1
	1			3
	etc.			2
4	1			6 ou *moins* 1
	2			4 ou *moins* 3
	0			5 ou *moins* 2
	etc.			1
5	1			etc.
	0			
	etc.			

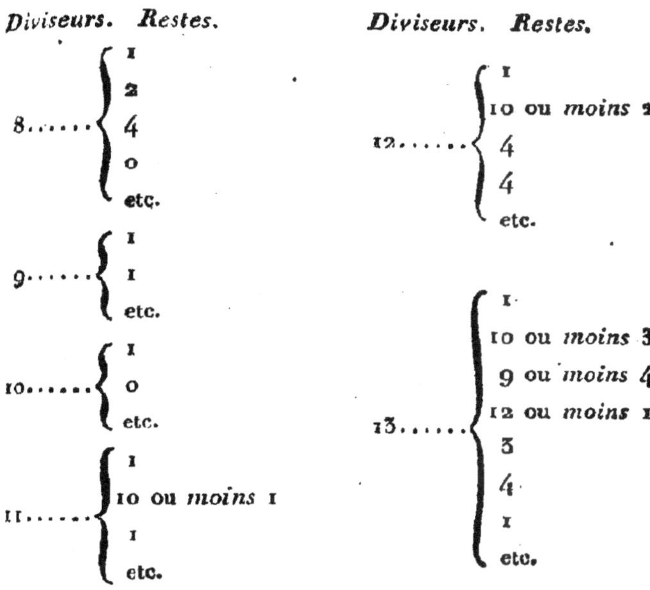

Tableau d'après lequel on voit 1°. *qu'un nombre est divisible par 2, lorsqu'il est terminé par zéro ou par un chiffre divisible par 2; 2°. qu'il est divisible par 3, si la somme de ses chiffres est un multiple de 3 ; 3°. qu'il est divisible par 4, si le chiffre de ses unités plus 2 fois le chiffre de ses dixaines, donne une somme multiple de 4 ; 4°. qu'un nombre est divisible par 5, quand il est terminé par zéro ou par 5 ; 5°. qu'il l'est par 6, dans le cas où le chiffre de ses unités plus 4 fois ou moins deux fois tous les autres chiffres, donne un résultat multiple de 6 ; 6°. qu'un nombre est divisible par 7, si, après l'avoir partagé en tranches de 3 chiffres chacune, avoir multiplié successivement par 1, par 3, par 2, le chiffre des tranches de rang impair, et par 6, par 4, par 5, ceux de tranches de rang pair, la somme de tous ces produits est un multiple de 7 ; ou bien, si après avoir multiplié aussi par 1, par 3, par 2, les chiffres de tranches de rang pair, la différence entre la somme des produits des tranches de rang impair, et la*

somme des produits des tranches de rang pair, donne zéro ou un multiple de 7.

On trouveroit semblablement les conditions que doivent remplir les nombres pour être des multiples des autres diviseurs.

On remarquera ensuite dans ce tableau que les restes 6, 4, 5, provenant du diviseur 7, sont complémens respectifs des restes précédens 1, 3, 2, par rapport à 7, et qu'il en est de même des restes 3, 4, 1, relativement aux restes 10, 9, 12, dans la division par 13.

On remarquera enfin que 1000 divisé par 7, ou par 11, ou par 13, donne toujours *moins* 1 pour reste ; d'où l'on conclut que *tout nombre est un multiple de 7, de 11 et de 13 plus la tranche de ses unités simples, moins le nombre de ses unités de mille.*

De sorte que, *si la différence entre la tranche des unités simples d'un nombre et la partie de ce nombre placée à gauche de cette tranche donne zéro pour reste, le nombre sera divisible par 7, par 11, et par 13 ; mais si cette différence n'est pas nulle, le nombre sera divisible par 7, ou par 11, ou par 13, suivant que la différence sera un multiple de 7, ou de 11, ou de 13.*

REMARQUE. Si un nombre divisible successivement par deux autres nombres, étoit divisible par le produit de ces derniers, les conditions précédentes de divisibilité nous feroient trouver beaucoup de diviseurs pour un même nombre. Proposons-nous donc le problême suivant :

✱✱✱ PROBLÊME 22.

Un nombre premier qui divise le produit de deux facteurs, doit-il diviser l'un au moins de ces facteurs ?

SOLUTION. Proposons-nous *de voir si la divisibilité par* 29 *du produit* 123 × 212, *ne dépendroit pas de celle de l'un des facteurs de ce produit par* 29 *; et, pour cela, divisons* 212 *par* 29; on aura 7 pour quotient et 9 pour reste. De sorte que le produit 123 × 212 sera la somme de

$$123 \times 29 \times 7$$

et de
$$123 \times 9$$

D'où l'on voit que 29 ne peut diviser le produit 123 × 212, sans diviser 123 × 9.

Divisant 29 par le premier reste 9, on aura 3 pour quotient et 2 pour reste, ce qui donnera 29 *égale* 9 × 3 *plus* 2, et ensuite

$$123 \times 29 \text{ *égale* } 123 \times 9 \times 3 \text{ *plus* } 123 \times 2,$$

expression qui montre que 29 ne peut diviser 123 × 9, et par conséquent, 123 × 212, sans diviser 123 × 2.

En continuant de diviser 29 par chaque reste, on verroit que la divisibilité par 29 de 123 × 212 dépend de celle de 123 × 1, ou 123 par le même nombre.

Ainsi, *un nombre premier qui divise un produit, divise toujours l'un des facteurs de ce produit.*

Donc, *lorsqu'un nombre est divisible successivement par deux nombres premiers, il l'est par le produit de ces deux nombres.*

On verra que ces deux dernières conclusions s'étendent aux nombres premiers relatifs, si l'on remarque que la démonstration précédente est fondée sur ce que le diviseur 29 est supposé premier par rapport au facteur 212 du produit 123 × 212.

Reprenons maintenant le problème qui a nécessité la recherche de la loi de divisibilité des nombres.

*** PROBLÊME 23.

Trouver tous les facteurs premiers et tous les diviseurs d'un nombre entier donné.

SOLUTION. Soit 180 le nombre dont on demande tous les facteurs premiers ainsi que tous les diviseurs. On divisera d'abord 180 par 2, le second facteur trouvé par 3, le 3e. par 5, ainsi de suite, c'est-à-dire, chaque nouveau facteur par un diviseur premier toujours plus grand. Si la division par l'un des diviseurs premiers ne pouvoit point se

180	2	
90	2	4
45	3	6.12
15	3	9.18.36
5	5	10.15.20.30
1		45.60.90.180

faire, on passeroit à celle par le nombre
premier le plus voisin, et l'on continueroit
de même jusqu'à ce que le dernier facteur
trouvé fût un nombre premier; cela fait,
le produit de tous les facteurs premiers employés exprimeroit le nombre 180.

$$2 \times 2 \qquad 2 \times 2 \times 3$$
$$2 \times 3 \qquad 2 \times 2 \times 5$$
$$2 \times 5 \qquad 2 \times 3 \times 3$$
$$3 \times 3 \qquad 2 \times 3 \times 5$$
$$3 \times 5 \qquad 3 \times 3 \times 5$$

Il ne faudroit plus ensuite que combiner
ces diviseurs premiers deux à deux, trois à
trois, quatre à quatre, etc., pour obtenir
tous les diviseurs composés de 180. *Voyez*
le tableau ci-joint.

$$2 \times 2 \times 3 \times 3$$
$$2 \times 2 \times 3 \times 5$$
$$2 \times 3 \times 3 \times 5$$
$$2 \times 2 \times 3 \times 3 \times 5$$

On éviteroit, dans la recherche des facteurs d'un nombre, beaucoup de divisions inutiles, si l'on avoit un moyen de reconnoître
les nombres premiers; il faut donc s'occuper de ce moyen.

** PROBLÊME 24.

Un nombre étant donné, reconnoître s'il est premier.

SOLUTION. Puisqu'un produit ne peut être divisible par un nombre
premier, sans que l'un de ses facteurs le soit, et que tout nombre
peut être regardé comme le produit de sa racine carrée multipliée
par elle-même; il s'ensuit qu'un nombre qui n'auroit aucun diviseur premier au-dessous de sa racine carrée, n'en auroit aucun au-
dessus, et seroit par conséquent nombre premier; ce dont on peut
encore s'assurer en observant que, si le nombre proposé avoit un
diviseur au-dessus de sa racine carrée, et que l'on effectuât la division, on trouveroit un autre diviseur au-dessous de cette même
racine; ce qui seroit contraire à la supposition. Ainsi, *un nombre
qui n'a aucun diviseur premier au-dessous de sa racine carrée,
n'en a aucun au-dessus et doit être mis au rang des nombres
premiers.*

*** PROBLÊMES 25 et 26.

Extraire la racine carrée d'un nombre entier donné.

SOLUTION. Les racines carrées des nombres composés d'un ou de
deux chiffres, sont données par la table de multiplication, et ne
renferment elles-mêmes qu'un seul chiffre; mais dès que le nombre

proposé a trois ou plus de trois chiffres, la racine contient des unités et des dixaines, et le carré est la somme du carré des dixaines de la racine, de deux fois le produit des dixaines par les unités de la même racine, et du carré des unités. La connoissance des deux premières parties de cette somme suffit pour arriver à celle de la racine. Or, le carré des dixaines de la racine ne pouvant donner moins que des centaines, on mettra à part dans le carré les deux premiers chiffres à droite, et le plus grand carré contenu dans la partie restante à gauche renfermera le carré des dixaines de la racine. Si cette partie n'a pas plus de deux chiffres, on aura le carré des dixaines ainsi que la racine de ce carré dans la table de multiplication, sinon on regardera les dixaines de la racine comme composées de deux chiffres ; et, raisonnant sur cette partie du nombre donné, comme sur le nombre total, on finira par arriver à un carré compris dans la table, et par conséquent à la connoissance des dixaines de la racine.

Soustrayant du nombre proposé le carré des dixaines, on aura pour reste le double produit des dixaines par les unités et le carré des unités ; or, le double produit des dixaines par les unités, ne pouvant donner moins que des dixaines, on séparera du reste trouvé le chiffre des unités, et l'on divisera la partie qui reste à gauche par le double des dixaines : le quotient sera vérifié d'abord comme quotient, et ensuite comme chiffre de la racine ; pour cette dernière vérification, on écrira le chiffre trouvé à la droite du double des dixaines, et multipliant le nombre résultant par le chiffre même que l'on essaie, il faudra que le produit puisse être retranché du reste total.

Cette méthode faisant toujours trouver les racines à deux chiffres, on l'étendra facilement au cas où les racines seroient plus compliquées. Car, alors on considérera les dixaines de la racine comme renfermant plus d'un chiffre ; de sorte que leur carré sera encore composé de trois parties dont on déterminera les deux premières par les mêmes raisonnemens faits pour le cas précédent.

Le reste donné par l'opération doit exprimer la différence entre le nombre proposé et le carré inférieur, il doit donc être plus petit que la différence des deux carrés consécutifs entre lesquels tombe le nombre sur lequel on a opéré. Or, si l'on ajoute l'unité à un nombre, et que l'on élève cette somme au carré, on aura le carré du nombre avant l'augmentation, plus le double de ce nombre, plus l'unité. De sorte que *la différence entre deux carrés consécutifs est egale au plus petit de ces carrés, plus le double de la racine de ce même carré, plus l'unité.*

Ainsi, *dans l'extraction de la racine carrée des nombres qui ne sont pas des carrés parfaits, le reste final doit être moindre que le double de la racine trouvée augmentée de 1.*

*** PROBLÊME 27.

Extraire la racine troisième d'un nombre entier donné.

SOLUTION. Si le nombre proposé a moins de quatre chiffres, sa racine n'en aura qu'un, et sera donnée par la table des puissances des neuf premiers nombres. Examinons donc le cas où la racine doit avoir deux chiffres, ainsi que celui où elle doit en avoir trois et même plus de trois.

Or, un cube qui provient d'une racine composée de dixaines et d'unités, renferme quatre produits, dont les deux plus grands sont le cube des dixaines, plus le triple carré des dixaines par les unités; et, comme le cube des dixaines ne peut donner moins que des mille, il n'aura aucune de ses parties dans les trois premiers chiffres à droite du nombre proposé. On cherchera donc le plus grand cube contenu dans la partie qui reste à gauche, par le moyen de la table des puissances, laquelle donnera les dixaines de la racine; on retranchera du nombre primitif le cube de ces dixaines, et l'on aura un reste qui renfermera les trois autres produits du cube; mais le premier de ces produits, savoir, le triple carré des dixaines par les unités, ne pouvant donner moins que des centaines, ne peut être renfermé que dans la partie du reste placée à gauche des dixaines de ce même reste; on séparera donc le chiffre des unités et celui des dixaines, et l'on considérera le reste du nombre comme le triple carré des dixaines de la racine par les unités; on divisera donc ce reste par le triple carré des dixaines de la racine, et le quotient sera les unités cherchées, si, multiplié par le triple carré des dixaines, ajouté au triple produit des dixaines par le carré de lui-même, et augmenté encore de son propre cube, il donne un nombre qui puisse être soustrait du reste total.

Dans le cas où l'on devroit avoir trois chiffres à la racine, on auroit, pour déterminer les dixaines de cette racine, un nombre composé de plus de trois chiffres, et l'on en chercheroit la racine comme pour le cas précédent; après avoir trouvé les deux chiffres des dixaines, on raisonneroit comme si l'on n'avoit qu'un seul chiffre, et l'on trouveroit les unités par la méthode ci-dessus. On procéderoit d'une manière semblable, dans le cas où les dixaines de la racine devroient avoir plus de deux chiffres. Si la racine trouvée appartient au plus grand cube renfermé dans le nombre proposé, celui-ci tombera entre le cube de la racine trouvée et celui de la même racine augmentée de 1; par conséquent, *le reste donné par l'opération doit être moindre que la différence qui existe entre le cube de la racine et celui de cette racine augmentée de 1; différence qui est toujours exprimée par le triple carré de la racine, plus le triple de cette racine, plus 1.*

Car, si l'on décompose un nombre entier en deux parties, dont l'une soit l'unité, et que l'on élève au cube ce nombre ainsi décomposé, on verra que, *la racine cubique augmentant de 1, le cube augmente de 3 fois le carré de la racine, plus 3 fois cette racine, plus l'unité.*

★★ PROBLÊME 28.

Trouver les racines 4ᵉ., 6ᵉ., 8ᵉ., 9ᵉ., 12ᵉ., etc. d'un nombre entier.

SOLUTION. La puissance 4ᵉ. d'un nombre est le carré du carré de ce nombre; la puissance 6ᵉ. est le carré du cube ou le cube du carré; la puissance 8ᵉ. est le carré du carré du carré; la puissance 9ᵉ. est le cube du cube; la puissance 12ᵉ. est le carré du carré du cube, ou le cube du carré du carré; ainsi de suite pour toutes les racines dont le degré est une puissance de 2 ou de 3, ou bien le produit d'une puissance de 2 par une puissance de 3. De sorte que 1°. pour avoir la racine 4ᵉ. d'un nombre, il faut prendre la racine carrée de la racine carrée de ce nombre; 2°. pour avoir la racine 6ᵉ., on extraiera la racine carrée de la racine cubique, ou la racine cubique de la racine carrée; 2°. pour obtenir la racine 8ᵉ., on prendra la racine carrée de la racine carrée de la racine carrée; ainsi de suite.

* PROBLÈME 29.

Étant données une puissance et sa racine, on demande le degré de cette racine.

SOLUTION. Le *maximum* des chiffres que puisse renfermer une puissance, est exprimé par le nombre des chiffres de sa racine multiplié par le degré de cette dernière ; tandis que le *minimum* est égal au produit du degré de la racine par le nombre des chiffres moins un de cette racine. Par conséquent, *si l'on divise le nombre des chiffres de la puissance par celui des chiffres de la racine, le quotient donnera le moindre degré possible de la racine ; mais si l'on divise le nombre des chiffres de la puissance par celui des chiffres moins un de la racine, on aura le plus haut degré possible.* Cela fait, on élèvera la racine à la puissance du moindre degré, et, si le résultat n'est pas égal au nombre proposé, on continuera à élever la racine aux puissances supérieures successives, jusqu'à ce qu'on trouve un nombre ou égal, ou supérieur au nombre donné.

** PROBLÈME 30.

Trouver une méthode simple pour vérifier la multiplication, la formation des puissances, la division et l'extraction des racines.

SOLUTION. Tout nombre peut être considéré comme formé d'un multiple quelconque d'un diviseur donné, plus un reste. Par conséquent, si l'on multiplie deux nombres l'un par l'autre, le produit sera composé d'un multiple d'un diviseur connu, plus du produit des deux restes que l'on trouveroit en divisant chaque facteur par le diviseur, d'où il suit 1°. que *le produit de ces deux restes étant divisé par le même diviseur, doit donner le même reste que le produit des deux facteurs primitifs divisé par ce même diviseur.*

Une puissance n'étant qu'un produit composé d'autant de facteurs égaux qu'il y a d'unités dans le degré de la puissance, on conclura 2°. que *le reste que l'on trouve en divisant une puis-*

sance par un certain nombre, doit être le même que celui que l'on obtient en divisant par le même nombre le reste de la racine multiplié par le degré de celle-ci.

En n'employant pour diviseurs que les nombres dont la loi des restes nous est connue, on sera dispensé de faire la division ; il faut cependant que le choix du diviseur soit tel que le reste de la division d'un nombre par ce diviseur, soit lié au plus grand nombre de chiffres possible : c'est pourquoi on rejettera les diviseurs 2, 4, 5, 8, 10; mais on pourra faire usage des diviseurs 3, 7, 9, 11 et 13.

Si l'on considère que le dividende est une somme composée du produit du diviseur par le quotient plus un reste, on verra 3°. *que la somme du produit du reste du diviseur par celui du quotient, plus le reste de l'opération étant divisée par un certain nombre, doit donner le même reste que la division du dividende par le même nombre.*

Dans l'extraction des racines des puissances imparfaites, celles-ci sont la somme de la racine trouvée élevée à la puissance de son degré plus le reste de l'opération, de sorte que 4°. *si le reste que l'on trouve en divisant la racine par un certain nombre, on le multiplie par le degré de la racine; qu'à ce produit on ajoute le reste final de l'opération, et que l'on divise cette somme par le même diviseur, on doit trouver le même reste qu'en divisant par ce diviseur le nombre dont on a extrait la racine.*

SECTION SECONDE.

De la composition et de la décomposition des fractions.

CHAPITRE PREMIER.

De la composition des fractions.

*** PROBLÊME 32.

Trouver un moyen simple d'exprimer les fractions de l'unité.

SOLUTION. Pour cela, on a besoin de deux nombres ; l'un pour désigner la grandeur des parties que l'on prend de l'unité, et l'autre pour exprimer le nombre des parties que l'on en prend. Or, l'on connoîtra la grandeur des parties de l'unité, si l'on sait en combien de parties égales celle-ci est divisée ; *celui des deux nombres qui marquera en combien de parties égales l'unité est partagée, se nommera* DÉNOMINATEUR ; accompagné de la terminaison *ième*, il tiendra lieu des noms que l'on eût été obligé d'avoir pour faire connoître la grandeur des parties des fractions. *Quant au nombre destiné à marquer combien il entre des parties de l'unité dans la fraction, on le nommera* NUMÉRATEUR.

Il suit de là qu'*une fraction est d'autant plus grande ou plus petite, que son numérateur est plus grand ou plus petit, son dénominateur restant le même ; et qu'elle est d'autant plus grande ou plus petite que son dénominateur est plus petit ou plus grand, pourvu que son numérateur ne varie pas.*

Il résulte encore de là, qu'*une fraction ne varie pas de grandeur, quand on multiplie ou qu'on divise ses deux termes par un même nombre.* En effet, dans le premier cas, on prend d'autant plus de parties de l'unité, qu'on a rendu ces parties plus petites; et, dans le second, on prend d'autant moins de parties que l'on a rendu plus grandes ces mêmes parties.

*** PROBLÊME 33.

Ajouter des entiers à des fractions, et des fractions à des fractions.

SOLUTION. Pour faire ces sortes d'additions, il faut que les nombres à ajouter renferment des parties de même grandeur; il faut donc les réduire au même dénominateur, sans qu'ils changent de valeur. C'est pourquoi on multipliera les deux termes de chaque fraction par le produit des dénominateurs de toutes les autres fractions; et l'on en fera de même pour les nombres entiers, en considérant ceux-ci comme ayant 1 pour dénominateur. Après cette réduction, on fera la somme de toutes les parties que l'on a prises de l'unité, c'est-à-dire, que l'on additionnera les numérateurs; et enfin, on fera connoître la grandeur des parties de cette somme, en donnant à celle-ci le dénominateur commun. Si le numérateur du résultat étoit plus grand que le dénominateur, la fraction renfermeroit autant d'unités que ce dénominateur est contenu dans le numérateur.

*** PROBLÊME 34.

Réduire plusieurs fractions au même dénominateur le plus petit possible.

SOLUTION. Le dénominateur commun doit être divisible par chaque dénominateur des fractions données ; il sera donc le plus petit possible, si l'on en rejette tous les facteurs inutiles à cette divisibilité. D'après cela, on cherchera tous les facteurs premiers de chaque dénominateur, et l'on formera un produit en n'y faisant entrer que les facteurs premiers indispensables à cette même divisibilité. *On remplira ce but, en multipliant les unes par les autres les plus hautes puissances auxquelles chaque facteur premier est élevé dans les dénominateurs des fractions proposées.*

*** PROBLÊME 35.

Multiplier une fraction par un nombre entier, un nombre entier par une fraction, et une fraction par une autre.

SOLUTION. Multiplier une quantité par une autre, c'est prendre la première autant de fois que le marque la seconde ; de sorte que si le multiplicateur est un nombre entier, on prendra tout le multiplicande autant de fois qu'il y a d'unités dans le multiplicateur ; mais si ce multiplicateur est une fraction, l'opération aura pour but de prendre du multiplicande une partie désignée par le dénominateur du multiplicateur, et de la prendre un nombre de fois exprimé par le numérateur du même multiplicateur.

On peut aussi déduire la méthode de ce qu'un produit est composé du multiplicande comme le multiplicateur l'est de l'unité.

On en conclura donc que *pour multiplier une fraction par un entier, ou un entier par une fraction*, ou *une fraction par une fraction, il faut multiplier numérateur par numérateur, et dénominateur par dénominateur, en considérant les entiers comme ayant 1 pour dénominateur.*

* PROBLÊME 36.

Quelles sont les variations d'un produit relativement à celles des facteurs, lorsque l'un au moins de ceux-ci est une fraction.

SOLUTION. Quand on multiplie une quantité par une fraction, on ne prend du multiplicande qu'une partie désignée par le dénominateur de la fraction multiplicateur, et on la prend seulement un nombre de fois désigné par le numérateur de la fraction multiplicateur ; on rend donc le multiplicande plus petit, en le divisant par le dénominateur du multiplicateur, qu'on ne le rend plus grand en le multipliant par le numérateur de ce dernier. D'ailleurs, ne prenant qu'une fraction de fois le multiplicande, *le produit doit être évidemment d'autant plus petit que le multiplicande, que l'on a au multiplicateur un dénominateur plus grand relativement au numérateur.*

* PROBLÊME 37.

Multiplier plusieurs fractions les unes par les autres.

SOLUTION. Après avoir effectué la multiplication des deux premières fractions, on aura un facteur de moins, et, continuant toujours de même, on fera entrer toutes les fractions dans le produit. Dans cette suite d'opérations, on ne fait jamais que remplacer le produit de deux facteurs par une quantité qui lui est égale ; d'où l'on voit que le *calcul est réduit à faire le produit des numérateurs et celui des dénominateurs.*

On en conclura encore que *le produit de deux ou de plusieurs fractions ne varie pas, dans quelque ordre que l'on fasse les multiplications; et qu'il est d'autant plus inférieur au multiplicande, que l'on a plus de fractions pour facteurs, et que les dénominateurs de celles-ci sont plus grands par rapport aux numérateurs.*

⋆⋆ PROBLÊME 38.

Elever une fraction à une puissance d'un degré donné.

SOLUTION. Il résulte du problème précédent, qu'*il faut, dans ce cas, élever séparément à la puissance demandée le numérateur et le dénominateur ;* et de plus, que *la puissance d'une fraction est d'autant plus inférieure à sa racine que le degré en est plus élevé.*

CHAPITRE II.

De la décomposition des fractions.

⋆⋆⋆ PROBLÊME 39.

Soustraire une fraction d'un nombre entier, et une fraction d'une autre.

SOLUTION. Le résultat que donne la soustraction n'étant autre chose que l'une des parties d'une somme exprimée par le nombre dont on soustrait, tandis que l'autre est exprimée par le nombre soustrait, il s'ensuit qu'il faut ici, comme dans l'addition, que les nombres dont on veut avoir la différence, soient réduits au même dénominateur. On prendra ensuite la différence des numérateurs, puisque l'on cherche le nombre de parties de l'unité que l'une des fractions a de plus que l'autre ; et enfin on donnera à cette différence le dénominateur commun, puisque les parties d'une somme sont de même grandeur que la somme elle-même.

*** PROBLÊME 40.

Diviser une fraction par un nombre entier, et un nombre quelconque par une fraction.

SOLUTION. 1°. Diviser une fraction par un nombre entier, c'est rendre la fraction autant de fois plus petite qu'il y a d'unités dans l'entier; on multipliera donc le dénominateur de la fraction par cet entier, ou bien l'on divisera le numérateur par le même entier, si toutefois la division peut avoir lieu sans reste.

2°. Pour trouver le quotient d'une quantité par une fraction, il faut faire les opérations inverses de celles que l'on a faites, lorsqu'on a formé le dividende.

Or, quand on a formé ce dividende, on a multiplié le quotient par le numérateur du diviseur, et ensuite on l'a divisé par le dénominateur de ce diviseur; il faudra donc, pour retrouver le quotient, diviser le dividende par le numérateur du diviseur, et le multiplier par le dénominateur; *ce qui revient à renverser la fraction diviseur, et à multiplier le dividende par cette fraction renversée.*

On parviendroit à la même règle, en observant que deux fractions renfermant des parties de même grandeur, se contiennent comme le nombre de leurs parties, c'est-à-dire, comme leurs numérateurs. Or, après la réduction

on verroit que le quotient du numérateur dú dividende divisé par le numérateur du diviseur, n'est autre
chose que le dividende multiplié par la fraction diviseur renversée.

Il résulte de cette règle que *le quotient est plus grand
que le dividende, toutes les fois que le diviseur est une
fraction.*

⋆ PROBLÊME 41.

*Une fraction étant donnée, on demande toutes les
fractions facteurs dont elle est le produit.*

SOLUTION. On décomposera les deux termes de la fraction chacun en ses facteurs premiers, et l'on en tirera
autant de fractions simples qu'il y a de facteurs au dénominateur.

⋆⋆⋆ PROBLÊME 42.

*Extraire d'une fraction donnée une racine d'un degré
proposé.*

SOLUTION. Comme pour élever une fraction à une
puissance demandée, on élève successivement les deux
termes de la fraction à la puissance proposée, il faut,
pour retrouver le nombre qui a produit la puissance,
extraire des deux termes de celle-ci la racine demandée;
et, si le dénominateur n'est pas une puissance parfaite,
on le rendra tel, en multipliant les deux termes de la
fraction par la puissance du dénominateur inférieure d'un
degré à la puissance donnée; de sorte que *l'on extraira
la racine du nouveau numérateur, soit exactement, soit
approximativement, et on donnera pour dénominateur à
cette racine, le dénominateur primitif.*

La simplification des fractions est fort importante, tant pour la briéveté, que pour l'exactitude des calculs. Cette simplification exige que l'on divise les deux termes des fractions par leur plus grand diviseur commun.

*** PROBLÊME 43.

Trouver le plus grand diviseur commun aux deux termes d'une fraction.

SOLUTION. Le plus grand diviseur commun aux deux termes d'une fraction ne peut surpasser le plus petit de ces termes, que nous supposons être le numérateur. Pour vérifier si ce numérateur est le plus grand diviseur commun, on divisera le dénominateur par ce même numérateur; si l'on a un reste, on observera que le dividende étant la somme du produit du diviseur par le quotient plus le reste, le diviseur cherché ne peut diviser le dividende et le diviseur de l'opération, sans diviser le reste de cette opération; il ne peut donc pas surpasser ce premier reste. De sorte que la recherche du plus grand commun diviseur est ramenée à celle du plus grand diviseur commun aux deux termes d'une nouvelle fraction qui auroit le premier reste pour numérateur, et le diviseur ou le numérateur donné pour dénominateur. En continuant d'opérer et de raisonner sur cette seconde fraction comme sur la première, on verra que le plus grand commun diviseur de la première fraction est le même que celui de fractions successives dont les termes vont en diminuant; fractions dont chacune a pour numérateur le reste de la dernière division, et pour dénominateur le reste de la division précédente; de sorte qu'en continuant l'opération, on tombera sur une fraction dont le numérateur sera diviseur du dénominateur, ou bien sera l'unité. Dans le premier cas, ce dernier numérateur sera le diviseur cherché ; dans le second, on n'aura que 1 pour diviseur commun, et la fraction sera irréductible.

✱✱ PROBLÊME 44.

Une fraction est-elle réduite à sa plus simple expression, après que l'on a divisé ses deux termes par leur plus grand commun diviseur.

SOLUTION. Soit la fraction $\frac{12}{17}$ dont les termes n'ont plus de diviseur commun. Représentons par $\dfrac{x}{y}$ la fraction égale à la première et plus simple que celle-ci, s'il est possible. Alors on auroit.....
$\frac{12}{17} = \dfrac{x}{y}$ et $12 \times y = 17 \times x$. Or, 17 est premier par rapport à 12 ; il doit donc diviser y, ce qui ne peut être, puisque l'on a supposé y plus petit que 17.

✱ PROBLÊME 45.

Trouver le plus grand diviseur commun à trois, à quatre, etc. nombres.

SOLUTION. Supposons que l'on ait trois nombres. Le plus grand diviseur commun aux deux premiers doit renfermer le facteur commun aux trois nombres ; on trouvera donc ce facteur en cherchant le plus grand commun diviseur, entre le troisième nombre et le plus grand diviseur commun aux deux premiers.

Semblablement, pour avoir le plus grand commun diviseur à quatre nombres, on déterminera celui des trois premiers ; on cherchera ensuite le plus grand commun diviseur entre les trois premiers nombres et le quatrième ; et ce diviseur sera celui que l'on a demandé.

Il en seroit de même, si l'on avoit plus de quatre nombres.

* PROBLÊME 46.

Dans quel cas, l'addition, la multiplication, la formation des puissances, la soustraction, la division et l'extraction des racines des fractions, donnent-elles des ractions irréductibles pour résultats?

SOLUTION. Pour trouver ces divers cas, il suffira de combiner des entiers avec des fractions, ensuite des fractions entre elles, en se contentant d'indiquer les opérations; et l'on verra aisément dans quelles circonstances la réduction est impossible, d'après les deux principes, que *tout nombre premier par rapport aux facteurs d'un produit ne peut diviser le produit, et que tout nombre qui divise une somme et l'une des parties de cette somme, doit diviser l'autre partie.*

** PROBLÊME 47.

Une fraction irréductible étant donnée, on demande de la simplifier en en trouvant des valeurs plus ou moins approchées.

SOLUTION. En divisant les deux termes de la fraction par le numérateur, on aura une nouvelle fraction ayant l'unité pour numérateur, et un entier accompagné d'une fraction pour dénominateur. En opérant sur cette seconde fraction comme sur la première, on aura encore l'unité au numérateur, et un entier accompagné d'une fraction au dénominateur, ainsi de suite ; de sorte qu'en substituant les valeurs trouvées de ces diverses fractions, on a le développement de la fraction primitive; et *ce développement est une fraction nommée* CONTINUE *dont le numérateur est un, et le dénominateur un entier suivi de l'unité divisée par* ı *entier accompagné d'une fraction qui a pour numérateur l'unité, et pour dénominateur un entier plus une fraction, etc.*

Si l'on s'arrête au 1er. dénominateur, celui-ci sera trop petit et la fraction trop grande ; si l'on prend encore le 2e. dénominateur, ce dernier sera trop petit, la fraction à laquelle il appartient trop grande, le 1er. dénominateur trop grand et la fraction trop petite.

En continuant à prendre successivement un dénominateur de plus, on obtiendra des fractions alternativement trop grandes et trop petites. De plus, si l'on observe que de deux parties de la fraction continue qui ont plusieurs dénominateurs communs et un dernier dénominateur différent, celle dont le dernier dénominateur est le plus grand, est plus petite que l'autre, on conclura que les *fractions particielles de rang impair tirées de la fraction continue, sont toutes plus grandes que la fraction proposée dont elles s'approchent toujours plus par leurs décroissemens ; et que les fractions particielles de rang pair sont toutes moindres que la proposée dont elles s'approchent aussi toujours plus par leurs accroissemens.*

Comme un entier ajouté à une fraction irréductible donne une fraction irréductible, et que, pour former les fractions particielles, on n'ajoute jamais qu'une fraction irréductible à un entier, et que l'on renverse la fraction résultante, il s'ensuit que *les fractions particielles provenant de la fraction continue, seront irréductibles.*

On voit enfin que, *pour développer une fraction en fraction continue, on fait la même opération que pour la recherche du plus grand commun diviseur, prenant l'unité pour numérateur de chaque fraction et les quotiens successifs pour les divers dénominateurs.*

⋆ PROBLEME 47 (*bis*).

Vérifier si l'on peut completter par des fractions les racines des nombres qui ne sont pas des puissances parfaites ; et dans le cas où cela ne seroit pas possible, employer les fractions à obtenir au moins des racines très–approchées.

SOLUTION. 1°. Puisqu'une fraction irréductible élevée à une puissance d'un degré entier quelconque, donne une fraction irréductible, et qu'il en est de même d'un entier joint à une fraction irréductible, on doit conclure que la racine exacte d'un nombre entier ne peut renfermer des parties d'unité. De sorte que les racines des puissances imparfaites des nombres entiers ne peuvent être mesurées, ni par une unité entière, ni par une unité fractionnaire ; c'est pourquoi on les nommera *incommensurables*.

2°. Comme une racine qui n'est point exacte, ne diffère jamais de la véritable d'une unité de sa moindre espèce, il s'ensuit que si un nombre exprimoit des quarts, ou des 9mes, ou des 16mes, ou des 25mes, etc., sa racine carrée exprimeroit des demi, ou des tiers, ou des quarts, ou des cinquièmes, etc. Or, pour que le nombre donné représentât des quarts, ou des 9mes, ou des 16mes, ou des 25mes, etc., il faudroit le multiplier par 4, ou par 9, ou par 16, ou par 25, et en général par le carré du dénominateur qui désigneroit l'unité jusqu'à laquelle on veut approcher. On feroit un raisonnement analogue pour les racines d'un degré supérieur au second.

3°. On peut raisonner, pour la détermination de la fraction qui doit accompagner la partie entière d'une racine, comme on l'a fait pour avoir les unités entières de la même racine. Ainsi, pour la racine carrée, on doublera la partie entière, et, divisant le reste de l'opération par ce double, on aura un quotient que l'on vérifiera. Quand on a trouvé la fraction, on peut en avoir une plus voisine de la racine, en employant les fractions continues.

✱✱ PROBLÊME 48.

Réduire en fractions de l'unité principale les fractions de fractions de fractions, etc.

SOLUTION. Après avoir formé des fractions de l'unité, on peut prendre une fraction elle-même pour unité, la partager en parties égales, et former, avec quelques-unes de ces parties, une fraction de fraction. Cette fraction de fraction peut à son tour tenir lieu d'unité, et produire une fraction de fraction de fraction, ainsi de suite. La formation de ces sortes de fractions indique la méthode de ramener celles-ci à des fractions d'unité ; car, dans cette formation, on divise la fraction qui sert d'unité, par le dénominateur qui indique quelles parties on veut de cette fraction, et l'on multiplie par le

numérateur de la même fraction, le numérateur de l
fraction unité : d'où l'on voit que l'*on opère comme dan*
la multiplication des fractions.

REMARQUE. D'après la convention qui sert de base
au systême de numération, tout chiffre placé à la droite
d'un autre, exprime des unités dix fois plus petites que
celles de cet autre ; par conséquent un chiffre écrit à
la droite de celui des unités simples, exprimera des
dixièmes d'unité ; celui qui sera placé à la droite du
chiffre des dixièmes, exprimera des centièmes d'unité,
le troisième à droite donnera des millièmes, le quatrième
des dix millièmes, ainsi de suite. On pourra donc écrire
sans dénominateur et sous la forme de nombre entier,
ces sortes de fractions que nous nommerons *décimales :*
il faudra seulement, pour distinguer la partie entière
du nombre de la partie fractionnaire, placer une virgule ou un point entre le chiffre des unités et celui
des dixièmes.

*** PROBLÊME 49.

*Des fractions décimales étant écrites sous la forme de
fractions ordinaires, on demande de les écrire sous la
forme d'un nombre entier.*

SOLUTION. Puisque le chiffre des dixièmes est au premier rang à droite du chiffre des unités, que celui des
centièmes est au second, celui des millièmes au troisième, celui des dix millièmes au quatrième, ainsi de suite,
on conclura qu'un chiffre exprimant des parties décimales de l'unité, doit occuper à la droite de la virgule
un rang désigné par le nombre des zéro qui entrent
dans le dénominateur de la fraction décimale dont ce

chiffre forme le numérateur. D'après cela, les fractions $\frac{3}{10}$, $\frac{5}{100}$, $\frac{8}{1000}$, seront écrites ainsi, o,358.

Si l'on avoit à écrire sans dénominateur la fraction décimale $\frac{8547}{10000}$, on la ramèneroit au cas précédent, en la décomposant ainsi, $\frac{8000}{10000}$, $\frac{500}{10000}$, $\frac{40}{10000}$, $\frac{7}{10000}$; de sorte qu'en supprimant les zéro communs aux deux termes de chaque fraction, on auroit

$$\frac{8}{10}, \quad \frac{5}{100}, \quad \frac{4}{1000}, \quad \frac{7}{10000},$$ et par conséquent o,8547.

D'où l'on voit que, *pour écrire une fraction décimale sous la forme d'un nombre entier, on n'écrit que le numérateur, et l'on avance la virgule vers la gauche d'un nombre de rangs égal au nombre de zéro qui entrent dans le dénominateur de la fraction décimale donnée.*

** PROBLÊME 5o.

Une fraction décimale étant sous la forme d'un nombre entier, on demande de la faire passer sous la forme de fraction ordinaire.

SOLUTION. Soit la fraction 8,0749, on aura . . . . . . $8\frac{7}{100}$, $\frac{4}{1000}$, $\frac{9}{10000}$, et en réduisant tout au dénominateur 10000, on trouvera $\frac{80000}{10000}$, $\frac{700}{10000}$, $\frac{40}{10000}$, $\frac{9}{10000}$, ou $\frac{80749}{10000}$. D'où l'on voit que, *pour faire repasser une fraction décimale sous la forme d'une fraction ordinaire, on supprime la virgule, et l'on a le numérateur d'une fraction dont le dénominateur est l'unité suivie d'un nombre de zéro égal au nombre de chiffres écrits à la droite de la virgule.*

✶✶✶ PROBLÊME 51.

Additionner des fractions décimales écrites sans leurs dénominateurs.

SOLUTION. On suivra la même règle que pour les fractions ordinaires, avec la seule différence que la réduction des fractions au même dénominateur se fait en complettant par des zéro écrits à la droite, ceux des nombres qui ont moins de décimales; et que le dénominateur de la somme s'indique en avançant la virgule vers la gauche d'un nombre de rangs égal à celui des chiffres écrits à la droite de la virgule dans l'un des nombres à ajouter. On observera à ce sujet, que les zéro écrits à la droite des décimales ne changent pas la valeur de celles-ci, parce que les deux termes de la fraction se trouvent multipliés par un même nombre.

✶✶✶ PROBLÊME 52.

Multiplier une fraction décimale par une autre.

SOLUTION. Puisque l'on n'écrit que le numérateur des fractions décimales, et que l'on indique le dénominateur en avançant dans le numérateur la virgule vers la gauche d'autant de rangs qu'il y a de zéro dans le dénominateur; il s'ensuit que, *pour faire cette multiplication, on doit multiplier les nombres donnés, en faisant abstraction de la virgule, et avancer ensuite dans le produit la virgule vers la gauche d'autant de rangs qu'il y a de décimales dans les deux facteurs.*

✶✶✶ PROBLÊME 53.

Multiplier une fraction décimale par une autre , de manière que le produit trouvé ne diffère pas du véritable d'une unité décimale, d'un ordre donné.

SOLUTION. Supposòns que le produit doive être exàct jusques à un centième près ; il est à remarquer que l'on ne doit point négliger les millièmes , parce qu'il suffiroit que , dans les produits partiels , la colonne des millièmes donnât 10 , pour que l'on eût une erreur d'un centième dans le produit total. Quant aux dix millièmes , il faudroit que la colonne de ces unités donnât 100 , pour que le chiffre des centièmes fût altéré , c'est-à-dire , que cette colonne fût composée au moins de douze chiffres , ce qui indiqueroit un multiplicateur composé aussi de douze chiffres au moins. On pourroit donc ordinairement négliger les dix millièmes ; mais il sera plus sûr de tenir compte même des dix millièmes , et de ne point multiplier les chiffres du multiplicande qui donneroient au produit des unités inférieures aux dix millièmes. D'après cela , on choisira , dans le multiplicande , le chiffre qui , multiplié par le chiffre du multiplicateur dont on veut chercher le produit partiel , donnera quatre décimales au produit , c'est-à-dire , des dix millièmes pour les moindres unités ; et , pour cela , on se rappellera qu'un produit contient autant de décimales qu'il y en a dans les deux facteurs de ce produit. Il sera aisé , d'après cela , de trouver la règle donnée précédemment.

✶✶ PROBLÊME 54.

Elever une fraction décimale à une puissance d'un degré donné.

SOLUTION. Puisque le produit doit avoir autant de décimales qu'il y en a dans les facteurs de ce produit , il s'ensuit que *la puissance aura un nombre de décimales exprimé par le nombre des décimales de la racine multiplié par le degré de la puissance.* Cette règle est encore fondée sur ce que , pour élever une fraction à une certaine puissance , il faut élever successivement chaque terme à cette puissance.

De la décomposition des fractions décimales.

★★★ PROBLÊME 55.

Soustraire une fraction décimale d'une autre.

SOLUTION. On complettera par des zéro celui des deux nombres qui renferme le moins de décimales ; on prendra la différence de ces nombres, sans égard à la virgule, et l'on placera ensuite celle-ci entre le chiffre des unités et celui des dixièmes ; ce qui est fondé sur la soustraction des fractions ordinaires, ainsi que sur la nature des fractions décimales, et sur la manière d'écrire celles-ci.

★★★ PROBLÊME 56.

Diviser une fraction décimale par un nombre entier, ensuite un nombre entier par une fraction décimale, et enfin une fraction décimale par une autre.

SOLUTION. Dans tous ces cas, on trouvera la méthode à suivre, en écrivant les décimales avec leurs dénominateurs, et en opérant comme sur les fractions ordinaires. On réduira même à une seule toutes les règles de la division des décimales, en observant que des fractions qui ont un même dénominateur se contiennent comme leurs numérateurs ; ce qui revient à *completter par des zéro celui des deux nombres qui a le moins de décimales, et à diviser les nombres resultans, sans avoir égard à la virgule.*

⋆ PROBLÉME 57.

Etant donnés deux nombres qui renferment beaucoup de décimales, on demande de les diviser l'un par l'autre, de manière que le quotient ne diffère pas d'une unité décimale déterminée, par exemple, d'un centième.

SOLUTION. On commencera par supprimer à la droite du dividende un nombre de chiffres, tel qu'il ne reste plus que deux décimales au-dessous des centièmes ; de sorte que l'on n'aura ainsi que des dix millièmes pour les moindres unités du dividende. Par conséquent, quand on multipliera le diviseur par chaque chiffre du quotient, on rejettera tous les chiffres du diviseur qui, multipliés par le chiffre du quotient, donneroient des unités inférieures aux dix millièmes.

Pour s'assurer que le quotient ne diffère pas du véritable d'un centième, on se rappellera que chaque unité retranchée du dividende, diminue le quotient de 1 divisé par le diviseur; et qu'une unité de moins au diviseur, donne un reste trop grand du chiffre du quotient. D'après cela, on vérifiera sur un exemple quelles erreurs on doit craindre par la suppression des derniers chiffres à droite du dividende et du diviseur.

⋆⋆⋆ PROBLÉME 58.

Extraire d'une fraction décimale une racine d'un degré quelconque.

SOLUTION. Puisque, dans la formation des puissances des fractions, on élève chaque terme aux puissances demandées, il faut, dans l'extraction des racines, chercher la racine du numérateur et celle du dénominateur. Dans le cas où le dénominateur ne seroit pas puissance exacte, on le rendroit tel, en multipliant les deux termes de la fraction par un même nombre. Il suffiroit ici de mettre assez de zéro à la droite du nombre, pour que le dénominateur devînt puissance complette de 10, ou de 100, ou de 1000, etc.

REMARQUE. Un quotient ne différant jamais du véritable d'une unité de sa moindre espèce, il s'ensuit

que si ce quotient renfermoit des dixièmes, ou des centièmes, ou des millièmes, etc., on l'auroit à moins de
$\frac{1}{10}$, ou de $\frac{1}{100}$, ou de $\frac{1}{1000}$, etc. Or, un quotient qui
exprimeroit des dixièmes, ou des centièmes, ou des mil-
lièmes, le diviseur étant un nombre entier, ne pourroit appartenir qu'à un dividende renfermant des dixièmes,
ou des centièmes, ou des millièmes, etc. On multipliera donc ce dividende par 10, ou par 100, ou par
1000, etc., et le quotient sera approché à moins de
$\frac{1}{10}$, ou de $\frac{1}{100}$, ou de $\frac{1}{1000}$, etc.

Les fractions étant des quotiens, on peut donc les
transformer en décimales, soit exactement, soit approximativement.

✶✶ PROBLÊME 59.

*Étant donnée une fraction ordinaire, on demande de
la transformer en fraction décimale.*

SOLUTION. Il est évident qu'en écrivant 1, ou 2, ou
3, etc. zéro à la droite du numérateur, on aura une
fraction 10, ou 100, ou 1000, etc. fois trop grande;
on rectifiera donc le quotient en lui faisant représenter
des dixièmes, ou des centièmes, ou des millièmes, etc.,
c'est-à-dire, en avançant la virgule vers la gauche d'autant de rangs que l'on a écrit de zéro à la droite du
numérateur.

✶✶ PROBLÊME 60.

*Dans quel cas une fraction ordinaire peut-elle se trans-
former exactement en décimales.*

SOLUTION. Quand on réduit une fraction en décimales, on écrit
1, ou 2, ou 3, etc. zéro à la droite du numérateur, et l'on divise le produit par le dénominateur; il faut donc, pour que la

division puisse avoir lieu sans reste, que le dénominateur qui est premier par rapport au numérateur primitif, soit un diviseur de 10, ou de 100, ou de 1000, etc., c'est-à-dire, qu'il soit 2 ou 5, ou bien une puissance de 2 ou de 5, ou encore le produit d'une puissance de 2 par une puissance de 5.

Dans tous les cas où cette condition ne sera pas remplie, la division ne pourra se terminer; il faudra donc que l'un des restes déja trouvés reparoisse; on aura donc alors l'un des dividendes précédens, et par conséquent le même chiffre au quotient, et le même reste suivant, ce qui fera reparoître successivement et dans le même ordre, les chiffres déja trouvés; de là les fractions décimales qu'on nomme *périodiques*.

** PROBLÊME 61.

On demande un moyen simple et facile pour transformer une fraction ordinaire en fraction décimale périodique.

SOLUTION. Si l'on développe en décimales les unités fractionnaires $\frac{1}{3}$ $\frac{1}{7}$ $\frac{1}{11}$ $\frac{1}{13}$ $\frac{1}{17}$ $\frac{1}{19}$, etc., on remarquera qu'excepté pour les fractions $\frac{1}{3}$ et $\frac{1}{11}$, on parvient toujours à un reste qui n'est inférieur que de 1 au diviseur, et qui, par conséquent, donne le diviseur, en l'ajoutant au premier reste 1; qu'au reste trouvé il en succède un autre qui, ajouté au reste de la seconde division, donne encore le diviseur, ainsi de suite pour le reste suivant relativement au troisième reste, c'est-à-dire, qu'à partir du premier reste, et de celui qui ne diffère du diviseur que de 1, on a toujours des restes qui sont complémens l'un de l'autre par rapport au diviseur; on remarquera en même tems que les chiffres correspondans du quotient sont deux à deux complémens à 9 l'un de l'autre : de sorte que l'on pourra trouver facilement la moitié de la période sans faire la division. Il suit encore de là que les fractions périodiques sont divisibles par 9.

Pour transformer en décimales les fractions $\frac{1}{6}$ $\frac{1}{9}$ $\frac{1}{12}$ $\frac{1}{14}$, etc., on fera $\frac{1}{6} = \frac{1}{2} \times \frac{1}{3}$, $\frac{1}{9} = \frac{1}{3} \times \frac{1}{3}$, $\frac{1}{12} = \frac{1}{4} \times \frac{1}{3}$, $\frac{1}{14} = \frac{1}{2} \times \frac{1}{7}$, etc.; et, en multipliant les unes par les autres, les fractions décimales qui expriment ces fractions facteurs, ayant soin d'effectuer les multiplications de gauche à droite, on verra que l'on a avant la période autant de chiffres qui n'appartiennent pas à cette dernière, que dans le dénominateur les chiffres 2 et 5, ou seulement l'un ou l'autre entrent comme facteurs.

** PROBLÊME 62.

Une fraction décimale périodique étant donnée, trouver la fraction ordinaire d'où elle dérive.

SOLUTION. Si l'on observe que $\frac{1}{9} = 0{,}1111$, etc.; . . . . que $\frac{1}{99} = 0{,}0101$, etc. ; que $\frac{1}{999} = 0{,}001001$, etc., etc., on verra qu'une fraction périodique à un seul chiffre peut être regardée comme le produit du chiffre de la période par $0{,}1111$, etc. ; que celle à deux chiffres peut être regardée comme le produit de ses deux chiffres par $0{,}0101$, etc. ; que celle à trois chiffres peut être regardée comme le produit de ses trois chiffres par $0{,}001001$, etc.; ainsi de suite. De sorte qu'une fraction périodique d'un certain nombre de chiffres est égale à une fraction dont le numérateur est formé des chiffres de la période, et dont le dénominateur est un nombre composé d'autant de 9 qu'il y a de chiffres dans cette même période.

Si la période ne commençoit pas aux dixièmes, on avanceroit la virgule vers la droite jusqu'au premier chiffre de la période; on chercheroit ensuite la fraction d'où dérive la fraction périodique, et l'on rectifieroit le résultat.

*** PROBLÊME 63.

Extraire à moins d'une unité décimale donnée une certaine racine d'un nombre entier.

SOLUTION. On auroit la racine à moins de $\frac{1}{10}$, ou de $\frac{1}{100}$, ou de $\frac{1}{1000}$, etc., si cette racine exprimoit des dixièmes, ou des centièmes, ou des millièmes, etc. Il faut donc que la puissance exprime des unités décimales qui soient de 10, ou de 100, ou de 1000, etc., une puissance du degré donné.

On multipliera donc le nombre entier proposé par cette puissance de 10, ou de 100, ou de 1000, etc., et la racine exprimant alors des dixièmes, ou des centièmes, ou des millièmes, sera approchée à moins de $\frac{1}{10}$, ou de $\frac{1}{100}$, ou de $\frac{1}{1000}$, etc.

** PROBLÊME 64.

Ayant trouvé, par les décimales, deux limites entre lesquelles tombe la racine exacte d'un nombre entier, on demande une méthode abrégée pour avoir d'autres limites plus rapprochées.

SOLUTION. Nous savons qu'une racine carrée peut être augmentée d'une certaine unité, lorsque le reste de l'opération peut être retranché de la somme du double produit de la racine par cette unité, et du carré de cette même unité ; par conséquent, on pourra toujours vérifier si une racine carrée trouvée peut être augmentée de $\frac{1}{2}$, ou de $\frac{1}{4}$, ou de $\frac{1}{8}$, etc.

Par le moyen d'un principe semblable, on sauroit dans quels cas on peut ajouter $\frac{1}{2}$, ou $\frac{1}{4}$, ou $\frac{1}{8}$, etc. à une racine approchée, sans dépasser la racine exacte.

** PROBLÊME 65.

Connoissant, en décimales, deux limites d'une racine, on demande de trouver d'autres limites plus voisines par le moyen des fractions continues.

SOLUTION. *Lorsque l'on a trouvé une racine à moins d'une unité décimale connue, et que l'on veut avoir des limites de cette racine, il faut d'abord augmenter la valeur décimale trouvée d'une unité de la moindre espèce ; développer ensuite ces deux fractions décimales en fractions continues ; prendre enfin du développement de la première fraction, toute la partie qui renferme les dénominateurs communs au développement de la seconde fraction, plus encore la fraction qui suit le dernier dénominateur commun; alors toutes les fractions partielles tirées de cette partie du développement, dans lesquelles on n'aura fait entrer qu'un nombre impair de dénominateurs, seront autant de limites de la racine, intermédiaires aux deux limites décimales données. Pour reconnoître finalement les deux limites entre lesquelles tombe la racine, on examinera pour chaque nouvelle li-mite trouvée, si l'accroissement de cette limite est trop grand ou trop petit, d'après la relation entre le dernier reste de l'extraction de la racine et la racine elle-même.*

Cette règle est fondée 1°. sur ce que toutes les fractions partielles de rang impair tirées d'une fraction continue sont toutes plus grandes que cette fraction, tandis que toutes celles de rang pair sont toutes plus petites ; 2°. sur ce que, de deux fractions continues, dont les premiers dénominateurs sont les mêmes, la plus grande est toujours celle dont le dénominateur qui suit les dénominateurs communs est plus petit.

REMARQUE. Quand on a voulu appliquer les proprié-tés des nombres abstraits aux besoins de la société, les unités dont les nombres étoient composés ont reçu divers noms, suivant la nature des objets qu'elles re-présentoient. C'est alors que, pour mettre les calculs plus à la portée du commun des hommes, on a cherché à éviter les dénominateurs des fractions, en remplaçant ceux-ci par des noms particuliers ; de là sont nés les nombres appelés *complexes*, qui ne sont autre chose que des entiers joints à des unités fractionnaires de diverses dénominations, et dépendantes chacune de celles qui les précèdent.

SECTION TROISIÈME.

De la composition et de la décomposition des nombres complexes.

CHAPITRE PREMIER.

De la composition des nombres complexes.

** PROBLÊME 66.
Additionner ensemble plusieurs nombres complexes.

SOLUTION. On suit la même méthode que pour les nombres incomplexes, avec la seule différence que, dans l'addition de ces derniers, on a toujours une unité supérieure dès qu'on a dix unités de l'ordre immédiate— ment inférieur, tandis qu'ici la loi varie et dépend des conventions particulières que l'on a faites.

** PROBLÊME 67.
Multiplier un nombre complexe par un autre.

SOLUTION. On commencera par multiplier successi- vement les diverses unités du multiplicande par les plus hautes unités du multiplicateur; pour cela, on ne mul- tipliera d'abord que les plus hautes unités du multipli- cande, ensuite on décomposera le nombre des unités immédiatement inférieures du multiplicande en parties *aliquotes*, c'est-à-dire, sous-multiples de l'unité princi pale ; et, comme celle-ci étant multipliée par la partie entière du multiplicateur, eût donné pour produit cette partie du multiplicateur, on en déduira les produits de divers sous-multiples des unités du second ordre ; on se servira ensuite des unités du second ordre pour arriver aux produits des unités du troisième ordre, et l'on continuera de la même manière pour les unités inférieures.

Après cela, on multipliera par les unités du second ordre du multiplicateur. Ici l'on décomposera le nombre de ces unités en parties *aliquotes* de l'unité principale ; et, comme en multipliant par cette dernière, on eût eu le multiplicande au produit, on n'aura du multiplicande que certaines parties fractionnaires ou sous-multiples : semblablement, les unités du second ordre du multiplicateur serviront à trouver les produits du multiplicande par les unités du troisième ordre du multiplicateur, ainsi de suite. Toutes ces opérations sont fondées sur ce qu'un produit est d'autant plus grand ou plus petit, que chacun de ses facteurs est grand ou petit.

CHAPITRE II.

De la décomposition des nombres complexes.

** PROBLÈME 68.

Retrancher un nombre complexe d'un autre.

SOLUTION. On opérera comme pour les nombres entiers, en ayant seulement égard aux diverses manières dont chaque unité supérieure contient d'unités inférieures.

** PROBLÊMES 69, 70, 71.

Diviser 1°. un nombre complexe par un nombre incomlexe ; 2°. un nombre complexe par un nombre de même spèce ; 3°. un nombre complexe par un autre de difféente espèce.

SOLUTION. 1°. On fait la division des unités de la plus aute espèce, on transforme le reste en unités inféieures, on ajoute à celles-ci les unités qui sont dans e dividende ; et, effectuant la division, on a un quoient qui exprime des unités du second ordre, et l'on ontinue de la même manière.

2°. On réduit le dividende et le diviseur chacun en nités de la même plus petite espèce, et l'on divise les leux nombres résultans comme des nombres entiers et bstraits. Cela est fondé sur ce que deux fractions qui nt un même dénominateur, se contiennent comme leurs umérateurs, et sur ce que, pour réduire un nombre complexe en fraction de l'unité principale, il faut le éduire en unités inférieures pour avoir le numérateur, et donner à celui-ci pour dénominateur l'unité principale transformée en unités de la moindre espèce.

3°. On réduira le diviseur en fraction de son unité principale, et, le considérant comme une fraction abstraite, on aura à multiplier le dividende par le dénominateur de la fraction, et à diviser le résultat par le numérateur.

REMARQUE. Le calcul des nombres complexes seroit beaucoup plus simple, si ces derniers étoient transformés en nombres entiers accompagnés de décimales. Nous nous proposerons donc le problème suivant.

✶✶ PROBLÊME 72.

Transformer un nombre complexe en nombre entier accompagné de décimales.

SOLUTION. On commencera par transformer en fractions de l'unité principale, les unités inférieures à celle-ci. Pour cela, on réduira ces dernières en unités de la plus petite espèce ; on y réduira aussi l'unité principale ; et, sachant combien cette unité contient d'unités de la dernière espèce, et combien l'on a de ces unités, on connoîtra le dénominateur et le numérateur de la fraction qui, réduite en décimales et ajoutée à la partie entière du nombre, donnera le résultat demandé.

✶✶ PROBLÊME 73.

Transformer en nombre complexe une fraction dont l'unité est d'une espèce donnée.

SOLUTION. Sachant de combien d'unités inférieures l'unité est composée, on saura ce que vaut de ces unités inférieures l'unité fractionnaire ; de sorte que, multipliant cette valeur par le nombre d'unités fractionnaires que l'on a, et divisant le produit par le dénominateur, on aura en unités du second ordre, la valeur exacte ou approchée de la fraction ; dans ce dernier cas, on évaluera la fraction restante en unités du troisième ordre, ainsi de suite. Si la fraction proposée étoit décimale, on feroit les mêmes opérations, avec la seule différence que la division par le dénominateur se feroit par le mouvement de la virgule.

REMARQUE I. La transformation des nombres complexes

en décimales a fait sentir combien il étoit plus simple, d'assujettir à la loi de la numération les diverses unités qui formoient les nombres complexes ; à ce précieux avantage, il s'en joignoit un autre bien plus important encore, celui de faire disparoître l'infinie variété des unités employées aux usages de la société. De là est née l'idée si heureusement exécutée du système décimal appliqué à toutes les mesures.

REMARQUE II. Dans tout ce qui précède, nous n'avons combiné ensemble que des nombres connus, et ces diverses combinaisons nous ont conduits aux propriétés des nombres ; mais on peut avoir à combiner les uns avec les autres des nombres, les uns connus, et les autres inconnus : dans ce cas, on arrive à des égalités ou équations dont il faut dégager les inconnues ; c'est donc ce qui nous reste à examiner.

SECONDE PARTIE.

DES ÉQUATIONS NUMÉRIQUES, OU PROPORTIONS.

SECTION PREMIÈRE.

De la formation et des propriétés des équations numériques, ou proportions.

** PROBLÊME 74.

Trouver les formes les plus simples auxquelles on puisse réduire les équations numériques.

SOLUTION. Les équations expriment l'égalité entre deux quantités, dans la composition desquelles entrent des grandeurs connues et des grandeurs inconnues. Comme toute égalité n'est pas détruite, soit que l'on augmente ou que l'on diminue d'un même nombre les quantités égales, soit qu'on les multiplie ou qu'on les divise par un même nombre, il s'ensuit que *toute équation peut être réduite à exprimer l'égalité entre deux sommes ou deux différences, ou bien entre deux produits ou deux quotiens.* On peut même, par la soustraction, ramener l'égalité des deux sommes à celle de deux différences, et par la division l'égalité des deux produits à celle de deux quotiens. Soient donc les deux sommes égales.... 7 *plus* 5 et 8 *plus* 4; si, pour abréger, nous convenons de remplacer le mot *plus* par le signe $+$, et le mot *moins* par celui-ci $-$, nous aurons $7 + 5 = 8 + 4$; retranchant 5 et 4 des deux expressions ou *membres* de l'équation, il viendra $7 - 4 = 8 - 5$; de sorte que 7 surpasse 4 comme 8 surpasse 5, ce qui forme entre les quatre nombres 7, 4, 8 et 5, une sorte de symétrie que nous nommerons *proportion par différence*, que nous écrirons encore de cette manière $7 . 4 : 8 . 5$, et que nous énoncerons en disant 7 *est à* 4 *comme* 8 *est à* 5.

Si l'on avoit $4 \times 6 = 3 \times 8$, et que l'on divisât cette équation d'abord par 6 et ensuite par 8, ou tout à la-fois par 6×8, on auroit $\frac{4}{8} = \frac{3}{6}$; égalité qui montre que 8 contient 4, comme 6 contient 3; ce qui forme encore une sorte de symétrie que nous nommerons *proportion par quotient*, à laquelle nous donnerons cette forme $4 : 8 :: 3 : 6$, et que nous énoncerons ainsi 4 *est à* 8 *comme* 3 *est à* 6.

Le quotient des deux nombres que l'on compare, nous le nommerons *rapport ou raison*; et les termes comparés, nous les appellerons le premier *antécédent*, et le second *conséquent*.

La détermination des inconnues qui entrent dans les proportions, exige que l'on connoisse les propriétés de celles-ci.

*** PROBLÊME 75.

Trouver les propriétés des proportions par différence, c'est-à-dire, les diverses relations que les termes de celles-ci peuvent avoir entre eux.

SOLUTION. Soit $8 . 3 : 11 . 6$; ajoutant la différence à chaque conséquent, on a $8 . 8 : 11 . 11$. Mais pour rendre ainsi la somme des extrêmes égale à celle des moyens, on a ajouté la différence 5 à la somme des extrêmes et à celle des moyens dans la proportion donnée; par conséquent, *dans toute proportion par différence, la somme des extrêmes est égale à celle des moyens. On aura donc l'un des extrêmes, en retrai... l'autre extrême de la somme des moyens; et l'on trouvera l'un des moyens en soustrayant l'autre moyen de la somme des extrêmes.*

Soient maintenant les nombres 8, 3, 11 et 6, tels que $8 + 6 = 3 + 11$; si de l'égalité entre la somme des extrêmes et celle des moyens, on ne pouvoit pas conclure l'égalité des différences, il faudroit qu'en ajoutant au second et au quatrième terme la différence 5 des deux premiers nombres, il n'en résultât pas deux sommes égales; ce qui seroit absurde.

D'ailleurs, de l'égalité $8 + 6 = 3 + 11$, on déduit immédiatement $8 - 3 = 11 - 6$, en retranchant de part et d'autre 6 et 3.

D'où l'on conclura que, *si quatre nombres sont tels que la somme des extrêmes égale celle des moyens, ces nombres seront en proportion par différence.*

De sorte que, *tous les changemens qui, dans une proportion par différence, ne détruiront point l'égalité entre la somme des extrêmes et celle des moyens, laisseront subsister la proportion.*

On pourra donc 1°. *faire changer de place aux moyens ou aux extrêmes;* 2°. *augmenter ou diminuer d'une même quantité les antécédens ou les conséquens, ou les deux premiers termes, ou bien les deux derniers;* 3°. *multiplier ou diviser par un même nombre tous les termes de la proportion;* 4°. *ajouter plusieurs proportions terme à terme;* 5°. *enfin soustraire terme à terme plusieurs proportions de plusieurs autres, sans détruire l'équidifférence.*

Lorsque les deux termes moyens sont égaux, la proportion se nomme *continue*; on n'écrit alors qu'une seule fois le terme du milieu, et l'on fait précéder la proportion par ce signe $\div$.

Dans une telle proportion, la somme des extrêmes égale deux fois le terme moyen; de sorte que ce moyen est égal à la moitié des extrêmes. *

*** PROBLÊME 76.

On demande les propriétés des proportions par quotient, ou les différentes relations qui lient les termes les uns aux autres.

SOLUTION. Soit $3 : 9 :: 5 : 15$.

Si l'on multiplie les antécédens par la raison, on aura $9 : 9 :: 15 : 15$; donc $3 \times 15 = 9 \times 5$.

On arriveroit à la même conclusion, en observant que l'on a $\dfrac{3}{9} = \dfrac{5}{15}$, d'où l'on tireroit $\dfrac{3 \times 15}{9 \times 15} = \dfrac{5 \times 9}{9 \times 15}$ et $3 \times 15 = 5 \times 9$.

Si l'on savoit seulement que $3 \times 15 = 9 \times 5$, on verroit que les deux rapports doivent être égaux; car autrement, la multiplication des antécédens par le premier rapport, ne donneroit que le premier antécédent égal à son conséquent; et il faudroit que deux produits fussent égaux en ayant un facteur commun et l'autre différent.

On auroit pu observer que les deux rapports $\dfrac{3}{9}$ et $\dfrac{5}{15}$ étant réduits au même dénominateur, donnent $\dfrac{3 \times 15}{9 \times 15}$ et $\dfrac{5 \times 9}{9 \times 15}$; Or, $3 \times 15 = 5 \times 9$; donc $\dfrac{3}{9} = \dfrac{5}{15}$.

Ainsi , 1°. *dans une proportion par quotient , le produit des extrêmes est égal à celui des moyens ; 2°. si quatre nombres sont tels que le produit des deux extrêmes soit égal à celui des deux moyens ; ces nombres ainsi disposés formeront une proportion par quotient ; 3°. tout changement qui ne détruit pas l'égalité entre le produit des extrêmes et celui des moyens laisse subsister la proportion.*

Donc 4°. *on peut faire changer de place aux moyens ou aux extrêmes ; multiplier ou diviser par un même nombre les antécédens ou les conséquens, ou les deux termes d'un rapport, sans détruire la proportion.*

De ce que $\dfrac{3}{9} = \dfrac{5}{15}$, on déduira $1 \dfrac{3}{9} = 1 \dfrac{5}{15}$, et

$1 - \dfrac{3}{9} = 1 - \dfrac{5}{15}$, ou $\dfrac{9+3}{9} = \dfrac{15+5}{15}$ et $\dfrac{9-3}{9} = \dfrac{15-5}{15}$;

ou bien $9 + 3 : 15 + 5 :: 9 : 15$, et $9 - 3 : 15 - 5 :: 9 : 15$; de sorte que $9 + 3 : 15 + 5 :: 9 - 3 : 15 - 5, \ldots\ldots$ ou $9 + 3 : 9 - 3 :: 15 + 5 : 15 - 5$.

L'on en conclura donc 5°. que, *dans une proportion par quotient, la somme des deux premiers termes est à la somme des deux derniers, comme le second terme est au quatrième* ; 6°. que *la différence des deux premiers termes est à la différence des deux derniers, comme le second est au quatrième*; 7°. que *la somme des deux premiers termes est à leur différence, comme la somme des deux derniers est à leur différence.*

Si, dans la proportion $3 : 9 :: 5 : 15$, on fait changer de place aux moyens, on aura d'abord $3 : 5 :: 9 : 15$, ensuite $3 + 5 : 9 + 15 :: 5 : 15$; et enfin $\ldots\ldots\ldots$ $5 - 3 : 15 - 9 :: 5 : 15$; de sorte que,

8°. **Dans une proportion par quotient, la somme ou**

*la différence des antécédens est à la somme ou à la dif-
férence des conséquens, comme un antécédent est à son
conséquent.*

Lorsque l'on a deux ou plusieurs proportions, et qu'on
les multiplie terme à terme, cela revient à multiplier
des fractions respectivement égales les unes par les autres, ce qui doit donner au produit deux fractions égales
dont les numérateurs seront les produits des antécédens
et les dénominateurs les produits des conséquens. L'on
en conclura donc 9°. que, *si l'on multiplie deux ou plusieurs proportions terme à terme, les produits résultans
seront en proportion.*

Dans le cas où les proportions multipliées seroient les mêmes,
on auroit des carrés, ou des cubes, ou des quatrièmes puissances, etc.,
selon que l'on auroit multiplié 2, ou 3, ou 4, etc. proportions.

Ainsi, 10°. *les carrés, les cubes, et en général les puissances d'un même degré des termes d'une proportion, sont
également en proportion.*

Si, au lieu de multiplier des proportions les unes par les autres,
on les divisoit, on ne feroit autre chose que diviser des rapports
égaux par des rapports égaux; ce qui ne détruiroit pas la proportion. De sorte que 11°. *des proportions divisées terme à terme
par d'autres proportions, donnent des quotiens en proportion.*

Puisque des fractions égales donneroient encore des fractions égales,
si l'on extrayoit de leurs numérateurs et de leurs dénominateurs des
racines d'un même degré; il s'ensuit 12°. que *les racines d'un
même degré de quatre nombres en proportion, sont elles-
mêmes en proportion.*

Il peut arriver que la proportion par quotient soit continue : dans
ce cas, on n'écrira qu'une fois le terme moyen, et l'on fera précéder la proportion de ce signe ∴. *Dans ces sortes de proportions, le carré du terme moyen est égal au produit des extrêmes, et le terme moyen lui-même est exprimé par la
racine carrée du produit des extrêmes.*

Si l'on avoit une suite de rapports égaux, on verroit,

d'après les principes précédens, que la somme des deux premiers antécédens est à la somme des deux premiers conséquens, comme le cinquième terme est au sixième; d'où l'on tireroit, la somme des trois premiers antécédens est à celle des trois premiers conséquens, comme le septième terme est au huitième; et, continuant de même, on trouveroit enfin 13°. que, *dans une suite de rapports égaux, la somme de tous les antécédens est à celle de tous les conséquens, comme un antécédent est à son conséquent, ou bien, comme la somme d'un certain nombre d'antécédens est à celle des conséquens correspondans.*

REMARQUE. Si l'on avoit une suite de proportions continues, ayant toutes une même différence ou un même rapport, il en résulteroit une suite de nombres marchant, pour ainsi dire, par différences égales ou par quotiens égaux. Ces suites, nous les nommerons donc, la première, *progression par différence*, et la seconde *progression par quotient*. D'où l'on voit que l'on peut *définir la progression par différence une suite de nombres dont chacun surpasse celui qui le précède, ou est surpassé par lui d'une même quantité; et la progression par quotient une suite de nombres tels que chacun contient le précédent, ou est contenu en lui le même nombre de fois.*

✱✱✱ PROBLÊME 77.

Trouver les propriétés des progressions par différence, c'est-à-dire, les diverses relations entre les termes de ces progressions.

SOLUTION. Soit la progression croissante par différence

$$\div\ 3 \cdot 5 \cdot 7 \cdot 9 \cdot 11 \cdot 13 \cdot 15.$$

Puisque chaque terme est égal au précédent plus la différence, il s'ensuit que le second égale le premier plus la différence; que le troisième égale le premier plus deux fois la différence; que le quatrième égale le troisième plus la différence, ou le deuxième plus deux fois la différence, ou le premier plus trois fois la différence, ainsi de suite ; il résulte également que le premier égale le second moins la différence, ou le troisième moins deux fois la différence, ou le quatrième moins trois fois la différence, ainsi de suite. D'où l'on conclura que, *dans une progression croissante par différence,* 1°. *un terme est égal à un autre placé avant lui, plus la différence multipliée par le nombre des termes intermédiaires plus un ;* 2°. *un terme est égal à un autre placé après lui, moins la différence multipliée par le nombre des termes intermédiaires plus un.*

De ces deux vérités, il suit 3°. que, *dans la progression par différence, quatre termes, dont les deux premiers sont autant distans l'un de l'autre que les deux derniers, forment une proportion par différence ;* 4°. *que deux termes de la proportion également distans des extrêmes, donnent la même somme que ces extrêmes.*

Par conséquent, si l'on fait la somme des termes de la progression, en réunissant ces termes par couples chacun de deux termes également distans des extrêmes, et qu'on y comprenne même ceux-ci, on verra 5°. que *la somme des termes d'une progression par différence est égale à la somme des extrêmes multipliée par la moitié du nombre des termes.*

✱✱✱ PROBLÊME 78.

On demande les propriétés des progressions par quotient, ou les diverses relations entre chaque terme, la raison, le nombre et la somme des termes.

SOLUTION. 1°. Dans une progression croissante par quotient, le second terme égale le premier multiplié par la raison ; le troisième terme égale le second multiplié par la raison ou le premier multiplié par le carré de la raison ; le quatrième terme égale le troisième multiplié par la raison, ou le deuxième multiplié par le carré de la raison, ou le premier multiplié par la troisième puissance de la raison ; ainsi de suite.

Ainsi, 1°. *dans une progression par quotient, un terme*

quelconque est égal à un autre qui le précède multiplié par la raison élevée à une puissance d'un degré marqué par le nombre des termes intermédiaires plus un.

D'où il suit que le dernier terme est le produit du premier par la raison élevée à une puissance d'un degré égal au nombre des termes moins un de la progression.

2°. Semblablement, le premier terme égale le second divisé par la raison, ou le troisième divisé par le carré de la raison, ou le quatrième divisé par le cube de la raison; ainsi de suite. De sorte que 2°. *dans une progression croissante par quotient, un terme est égal à un autre placé après lui, divisé par la raison élevée à une puissance d'un degré marqué par le nombre des termes intermédiaires plus un.*

Il suit de là 3°. que, *dans une progression par quotient, deux termes moyens par rapport à deux autres dont ils sont également éloignés, donnent le même produit que ces deux autres termes, et font par conséquent avec eux une proportion par quotient.*

4°. Puisque, dans une suite de rapports égaux, la somme des antécédens est à celle des conséquens, comme un antécédent est à son conséquent; si nous représentons par f la somme des termes d'une progression par quotient, par q ce quotient, par 1er. le premier terme de la progression, et par d^{er}. le dernier terme, nous aurons d'abord

$$f - d^{er}. : f - 1^{er}. : : 1 : q$$

ensuite

$$f - d^{er}. : d^{er}. - 1^{er} : : 1 : q - 1$$

et enfin

$$f - d^{er}. : d^{er}. - 1^{er}. : : d^{er}. : q \times d^{er}. - d^{er}.$$

$$f : d^{er}. \times q - 1^{er}. : : 1 : q - 1$$

d'où l'on tire

$$f = \frac{d^{er}. \times q - 1^{er}.}{q - 1}.$$

Ainsi, 4°. *la somme de tous les termes d'une progression croissante par quotient est égale au terme qui viendroit après le dernier, moins le premier, cette différence étant divisée par la raison diminuée de 1.*

SECTION DEUXIÈME.

De la résolution des proportions et des progressions, ou de la détermination des inconnues qui entrent dans les proportions et dans les progressions.

PROBLÊME 79.

Exposer les diverses manières dont une inconnue peut entrer dans une proportion par différence, et trouver, pour chaque cas, une méthode pour déterminer l'inconnue.

SOLUTION. Pour embrasser tous les cas dans un seul, soit la proportion

$$\frac{2}{3}\, x + 5 \cdot \frac{5}{6}\, x - 7 : 4x - 2 \cdot 3x + \frac{3}{4}.$$

On commencera d'abord par faire disparoître tous les dénominateurs en multipliant tous les termes par 12, et l'on aura

$$8x + 60 \cdot 10x - 84 : 48x - 24 \cdot 36x + 9;$$

ajoutant 84 aux deux premiers termes et 24 aux deux derniers, on trouvera

$$8x + 144 \cdot 10x : 48x \cdot 36x + 33.$$

Retranchant $8x$ de tous les termes, on aura

$$144 \cdot 2x : 40x \cdot 28x + 33;$$

soustrayant encore $28x$ des deux derniers termes, il viendra

$$144 \cdot 2x : 12x \cdot 33;$$

enfin, augmentant de $2r$ le troisième terme, et diminuant de 2 le second, on obtiendra

et
$$144 \cdot 0 : 14x \cdot 33$$
$$\frac{144}{14} \cdot 0 : x \cdot \frac{33}{14} ;$$

d'où
$$x = \frac{144 + 33}{14} = \frac{177}{14}.$$

Supposons maintenant que l'on ait deux proportions et deux inconnues, par exemple,

$$10x \cdot 9 : 5 \cdot 3y$$
$$6x \cdot 6 : 2 \cdot 9y.$$

Pour faire disparoître x, on multipliera tous les termes de la première proportion par 6, et tous ceux de la deuxième par 10; ce qui donnera

$$60x \cdot 54 : 18 \cdot 18y$$
$$60x \cdot 60 : 20 \cdot 90y ;$$

soustrayant, on aura
$$0 \cdot 6 : 2 \cdot 72y$$
$$0 \cdot 3 : 1 \cdot 36y.$$

D'où $y = \frac{1}{9}.$

Pour avoir x, on feroit disparoître y de la même manière, et l'on auroit $x = \frac{7}{6}.$

On opéreroit d'une manière analogue, si l'on avoit trois proportions et trois inconnues.

PROBLÉME 80.

*Faire connoître les diverses manières dont les inconnues
peuvent entrer dans une proportion par quotient, ainsi
que les moyens de trouver ces inconnues.*

SOLUTION. Prenant l'un des cas les plus compliqués, soit la proportion

$$8 : 5 :: \frac{3}{4} x + 2 : \frac{4}{7} x - 3.$$

On commencera par multiplier les deux derniers termes par 4×7
= 28, ce qui donnera

$$8 : 5 :: 21x + 56 : 16x - 84.$$

2°. Pour dégager l'inconnue du nombre 84, on multipliera d'abord
les deux premiers termes par 84, les deux derniers par 5, et l'on
aura

$$8 \times 84 : 5 \times 84 :: 21 \times 5x + 56 \times 5 : 16 \times 5x - 5 \times 84 ;$$

prenant ensuite la somme des antécédens et celle des conséquens,
on aura

$$8 \times 84 + 21 \times 5x + 56 \times 5 : 16 \times 5x :: 8 : 5$$

ou

$$8 \times 84 + 56 \times 5 + 21 \times 5x : 16x :: 8 : 1,$$

et, en effectuant les opérations,

$$952 + 105x : 16x :: 8 : 1 ;$$

Donc

$$8 \times 16x = 952 + 105x.$$

De sorte que l'on a la proportion par différence

$$952 . 0 : 8 \times 16x . 105x$$

ou

$$952 . 0 : 128x . 105x.$$

3°. On retranchera $105x$ des deux derniers termes, et l'on aura

$$952 . 0 : 23x . 0;$$

divisant tout par 23, on trouvera

$$\frac{952}{23} . 0 : x . 0.$$

L'on aura donc enfin $x = \frac{952}{23} = \frac{952}{23}.$

Soient maintenant deux proportions et deux inconnues, par exemple,

$$3 : 7 :: 8 : 5x$$
$$4 : 9 :: 7x : 11y.$$

On multipliera d'abord tous les termes de la première par le multiplicateur 7 de x dans la seconde, et tous ceux de la seconde par le dénominateur 5 de x dans la première ; multipliant ensuite ces proportions terme à terme, et supprimant le facteur commun $35x$, on trouvera enfin

$$1 : 21 :: 14 : 55y.$$

On opéreroit d'une manière analogue, si l'on avoit trois proportions et trois inconnues, et même un plus grand nombre.

Supposons enfin que l'on ait $3 : 7 :: 4 : x^2$. Dans ce cas, on extraiera la racine carrée de tous les termes, ou bien celle de...
$\frac{7 \times 4}{3}$, et l'on aura la valeur de x.

★ PROBLÊME 81.

Dans une progression par différence, connoissant trois de ces quatre quantités, savoir, le premier et le dernier terme, la différence et le nombre des termes de la progression, déterminer le quatrième.

SOLUTION. Puisque, *dans une progression croissante, le dernier terme est la somme du premier, et du produit de la différence par le nombre des termes moins un de la progression, il s'ensuit*

1°. Que *la différence de la progression égale la différence entre le dernier et le premier terme divisée par le nombre des termes moins un de la même progression ;*

2°. Que *le nombre des termes moins un de la progression est égal à la différence entre le dernier et le premier terme divisée par la différence de la progression ;*

3°. Que *le premier terme de la progression est égal au dernier moins la différence multiplié par le nombre des termes moins un de la même progression.*

PROBLÊME 82.

Dans une progression par différence, connoissant trois e ces cinq quantités, savoir, les premier et dernier termes, a différence, le nombre et la somme des termes, déterminer les deux inconnues.

SOLUTION. 1°. Supposons que 3 soit le premier terme, 15 le dernier, 63 la somme des termes, et qu'il s'agisse de trouver la différence x et le nombre des termes y, nous aurons les équations

$$15 = 3 + x \times (y - 1) \quad \text{et} \quad 2 \times 63 = (3 + 15) \times y,$$

d'où l'on tire
$$\begin{cases} 3 \;.\; 15 \;:\; 0 \;.\; xy - x \\ 3y \;.\; 63 \;:\; 63 \;.\; 13y. \end{cases}$$

pérant sur ces deux proportions d'après les principes précédens, ou trouvera successivement

$$3 \;.\; 15 \;:\; x \;.\; xy$$
$$0 \;.\; 63 \;:\; 63 \;.\; 18y$$

$$54 \;.\; 270 \;:\; 18x \;.\; 18xy$$
$$0 \;.\; 63x \;:\; 63x \;.\; 18xy$$

$$54 \;.\; 270 - 63x \;:\; 16x - 63x \;.\; 0$$
$$54 \;.\; 270 \;:\; 18x \;.\; 126x$$
$$54 \;.\; 270 \;:\; 0 \;.\; 108x$$
$$27 \;.\; 135 \;:\; 0 \;.\; 54x$$
$$1 \;.\; 5 \;:\; 0 \;.\; 2x.$$

De sorte que $x = 2$.

Quant à y, on aura $3 \cdot 15 : 2 \cdot 2y$, et $y = 7$.

On opérera d'une manière analogue pour la détermination de autres inconnues.

⋆⋆ PROBLÊME 83.

Dans une progression par quotient, connoissant troi de ces quatre quantités, savoir, les premier et dernier termes, la raison ou le quotient et le nombre des termes, trouver l'inconnue.

SOLUTION. Comme dans une progression croissante par quotient, le dernier terme est égal au produit du premier par une puissance de la raison d'un degré marqué par le nombre des termes moins un de la progression, on conclura

1°. Que, *pour avoir la raison, il faut diviser le dernier terme par le premier, et extraire du quotient une racine d'un degré égal au nombre des termes moins un de la progression;*

2°. Que, *pour trouver le nombre des termes, il faut diviser le dernier terme par le premier, et chercher de quel degré seroit la puissance exprimée par ce quotient, la raison en étant la racine;*

3°. Que *le premier terme de la progression est égal au dernier divisé par la raison élevée à une puissance d'un degré marqué par le nombre des termes moins un de la progression.*

⋆ PROBLÊME 84.

Dans une progression croissante par quotient, étant données trois de ces cinq quantités, savoir, les premier et dernier termes, la raison, le nombre et la somme des termes, on demande les deux inconnues.

SOLUTION. L'expression déjà trouvée du dernier terme de la progression par quotient et celle de la somme de tous ses termes, fourniront deux équations que l'on écrira sous la forme de deux proportions; de sorte qu'en employant les méthodes précédentes, on dégagera et l'on déterminera les deux inconnues.

** PROBLÊME 85.

Une progression par quotient décroissante à l'infini étant donnée, on demande de trouver le dernier terme et la somme des termes par le moyen de la raison.

SOLUTION. *Le dernier terme d'une progression décroissante par quotient est égal au premier terme divisé par la raison élevée à une puissance d'un degré marqué par le nombre des termes moins un.* Par conséquent, si le nombre des termes est infini, le dernier terme sera exprimé par une fraction dont le dénominateur sera infini ; ce qui rendra la fraction la plus petite possible, ou zéro. Ainsi, *le dernier terme d'une progression décroissante à l'infini est* o.

De sorte que la formule de la somme de tous les termes de la progression croissante se changera en celle-ci :

$$\int = \frac{d^{\text{er.}} \times q - 1^{\text{er.}}}{q - 1},$$

lorsque la proportion est décroissante à l'infini ; q étant le quotient du plus grand des deux termes consécutifs divisé par le plus petit.

REMARQUE. En observant que la détermination du quatrième terme d'une proportion par quotient avoit lieu par la multiplication des deux moyens dont le produit étoit divisé par le premier extrême, tandis que, dans la proportion par différence, on trouvoit le quatrième terme en ajoutant seulement les moyens et en retranchant le premier extrême, on a cherché à faire dépendre le quatrième terme d'une proportion par quotient du quatrième terme d'une proportion par différence. Or, la difficulté se réduisoit à trouver deux suites de nombres tels que, quatre de la première suite étant en proportion par quotient, les quatre correspondans dans la deuxième suite fussent en proportion par différence ; deux progressions, l'une par quotient et l'autre par différence, remplissoient ces conditions. On a *donné le nom de* LOGARITHMES *d'un nombre au terme qui, dans la progression par différence occupoit le même rang que le nombre lui-même dans la proportion par quotient.*

*** PROBLÊME 86.

Déterminer les logarithmes d'une suite de nombres entiers à partir de l'unité.

SOLUTION. Soient d'abord les deux progressions suivantes :

$$\dot{\div}\ 1 : 10 : 100 : 1000 : 10000 : \text{etc.}$$
$$\div\ 0 . \quad 1 . \quad 2 . \quad 3 . \quad 4 . \text{ etc.}$$

En insérant un très-grand nombre de moyens par quotient entre 1 et 10, 10 et 100, 100 et 1000, etc., on aura des termes si voisins des nombres entiers 2, 3, 4, 5, etc., 11, 12, 13, etc., qu'on pourra prendre ces termes pour les nombres entiers eux-mêmes ; de sorte qu'en insérant entre 0 et 1, 1 et 2, 2 et 3, etc., le même nombre de moyens par différence, et en prenant parmi ces moyens ceux qui correspondent aux termes que l'on prend pour les nombres entiers dans l'autre progression, on aura les logarithmes des nombres entiers eux-mêmes.

On observera ici que les logarithmes des nombres compris entre 1 et 10, tombent entre 0 et 1 ; que ceux des nombres compris entre 10 et 100 tombent entre 1 et 2, ainsi de suite. *Le logarithme d'un nombre renferme donc autant d'unités entières que le nombre contient de chiffres moins un.* Cette partie entière a été nommée *caractéristique* du logarithme.

Si l'on remarque que les différences entre les termes consécutifs de la progression par quotient, sont 9, 90, 900, 9000, etc., tandis que celles des termes de la progression par différence sont constamment 1, on verra que les accroissemens des logarithmes, relativement à une unité d'accroissement dans les nombres, sont très-petits dès que les nombres sont un peu grands, et que ces accroissemens vont en diminuant à mesure que les nombres vont en augmentant. De sorte que les accroissemens des logarithmes pour un dixième d'accroissement dans les nombres, seront si petits, que la différence entre deux accroissemens consécutifs de logarithmes sera insensible et pourra être regardée comme nulle ; par conséquent, après avoir calculé les logarithmes des nombres entiers, on aura les accrois-semens de ces logarithmes relativement à 1, à 2, à 3, etc. dixièmes d'accroissement dans le nombre en prenant 1, ou 2, ou 3, etc. dixièmes de l'accroissement du logarithme relativement à une unité d'accroissement dans le nombre. On pourra donc ainsi obtenir les logarithmes des nombres entiers accompagnés de décimales.

★★ PROBLÊME 87.

Trouver le logarithme d'un nombre entier qui n'est point dans les tables.

SOLUTION. D'après le choix des deux progressions fondamentales, on a log. 1 = 0, log. 10 = 1, log. 100 = 2, etc. De là, ainsi que de la correspondance des progressions, on conclura 1°. que *le logarithme d'un produit est égal à la somme des logarithmes des facteurs ;* 2°. *que celui d'un quotient est égal au logarithme du dividende moins le logarithme du diviseur ;* 3°. *qu'un logarithme augmenté de 1, ou 2, ou 3, etc. unités entières appartient à un nombre 10, ou 100, ou 1000, etc. fois plus grand, et que, diminué de 1, ou 2, ou 3, etc. unités entières, il appartient un nombre 10, ou 100, ou 1000, etc. fois plus petit.*

D'après cela, lorsqu'un nombre donné surpassera les limites des tables, on avancera la virgule vers la gauche d'un nombre de rangs suffisant pour que les chiffres des entiers donnent un nombre contenu dans les tables ; alors le logarithme du nouveau nombre tombera entre deux logarithmes consécutifs des tables.

Pour savoir ce qu'il faut ajouter au logarithme de la partie entière, afin d'avoir le logarithme de cette partie entière accompagnée de décimales, on se servira des différences calculées de dixième en dixième, ou bien de la proportion par laquelle *les accroissemens des logarithmes sont sensiblement proportionnels aux accroissemens des nombres.* Après avoir trouvé le logarithme du nombre accompagné de décimales, on le rectifiera en ajoutant autant d'unités entières que l'on avoit avancé la virgule de rangs vers la gauche.

⋆⋆ PROBLEME 88.

Déterminer le logarithme d'un nombre entier suivi d'une fraction ordinaire, et celui d'une simple fraction.

SOLUTION. Après avoir ajouté les entiers à la fraction, on considérera la fraction résultante comme le quotient de son numérateur divisé par son dénominateur; c'est pourquoi on déterminera le logarithme en retranchant le logarithme du dénominateur de celui du numérateur. Dans le cas d'une simple fraction, on retrancheroit au contraire le logarithme du numérateur de celui du dénominateur, et la différence on la feroit précéder du signe — , pour indiquer que ce résultat doit être retranché dans les mêmes cas où il faudroit l'ajouter, si l'on avoit pu faire la soustraction du logarithme du dénominateur de celui du numérateur.

⋆⋆ PROBLÊME 89.

Trouver le nombre auquel appartient un logarithme donné qui n'est point renfermé exactement dans les tables.

SOLUTION. Soit log. x le logarithme proposé du nombre x que l'on cherche; et supposons que ce logarithme tombe dans les tables entre log. A et log. $(A+1)$; dans ce cas, le nombre x tombera entre les nombres A et $A+1$. Pour déterminer la fraction décimale qu'il faut ajouter au nombre A pour avoir x, on fera la proportion log. $(A+1)$ — log. $A : 1 : : $ log. x — log. $A : x — A$; et il ne faudra plus, pour avoir x, qu'ajouter le quatrième terme de cette proportion au nombre A. Si l'on avoit les accroissemens des logarithmes pour chaque dixième d'accroissement dans les nombres, on auroit tout de suite les décimales à écrire à la droite du nombre A pour avoir x.

⋆⋆ PROBLEME 90.

Trouver, par le moyen des logarithmes, 1°. le produit de deux ou de plusieurs nombres; 2°. une certaine puissance d'un nombre donné; 3°. le quotient d'un nombre divisé par un autre; 4°. la racine d'une puissance donnée; 5°. le degré d'une puissance, lorsque la puissance et la racine sont connues.

SOLUTION. D'après ce que nous avons dit ci-dessus, il est aisé de voir 1°. que le logarithme d'un produit est égal à la somme des logarithmes de tous ses facteurs, et par conséquent, que le logarithme d'une puissance est égal au logarithme de la racine multiplié par le degré de la puissance; 2°. que le logarithme d'un quotient est égal à celui du dividende diminué de celui du diviseur; 3°. que le logarithme d'une racine est exprimé par le logarithme de la puissance divisé par le degré de la racine; 4°. enfin que le degré d'une puissance est égal au logarithme de cette puissance divisé par le logarithme de la racine.

NOTES COMPLÉMENTAIRES
SUR L'ARITHMÉTIQUE.

NOTE PREMIÈRE.

De l'indication des opérations numériques, et de la généralisation des nombres.

DANS l'exposition des principes fondamentaux de l'arithmétique, on a été souvent obligé d'indiquer les opérations à faire sur les nombres. Cette indication a été nécessaire pour reconnoître la loi qui lioit un résultat avec les nombres donnés, et pour trouver les diverses relations que les nombres peuvoient avoir entre eux ; car, en effectuant les opérations, il ne restoit aucune trace des données de la question, et il devenoit impossible de voir comment les nombres se composoient les uns des autres, ou quelle dépendance il y avoit entre les quantités connues et les quantités inconnues.

En démontrant les propriétés des nombres, on a dû remarquer aussi que les raisonnemens que l'on faisoit étoient indépendans de la grandeur de ces nombres, et que, pour bien saisir le sens de ces démonstrations, il falloit que l'esprit fît sans cesse abstraction de la grandeur des nombres pour considérer ceux-ci d'une manière générale. On éviteroit donc cette lutte continuelle de l'esprit contre les sens, et l'on répandroit plus de clarté et de rigueur sur les démonstrations, si, au lieu des nombres qui ne sont que des quantités particulières, on adoptoit certains signes pour représenter les grandeurs d'une manière générale. Convenons donc d'exprimer par les lettres de l'alphabet, les nombres considérés généralement, ou les grandeurs en général ; de sorte que ces lettres doivent être regardées comme représentant tel ou tel nombre que détermineront les questions auxquelles on appliquera les résultats trouvés en lettres ; résultats que nous nommerons *formules*, comme faisant connoître la forme que prennent les valeurs des inconnues dans les questions de même nature.

Nous allons donc, dans les notes qui suivent, employer ces deux moyens de simplification ; savoir, l'indication des opérations et la généralisation des nombres, soit pour éclaircir, soit pour approfondir certaines théories exposées dans les élémens.

Mais, comme les signes indicateurs des opérations se sont présentés isolément à mesure que le besoin les réclamoit, nous allons ici les réunir et y en ajouter quelques autres dont l'utilité s'est déja fait sentir. Ainsi nous remplacerons les mots

Plus. . . . . . par . . . . . . $+$

Moins: . . . . $-$

Multiplié par. .   . . . $\times$ ou .

Divisé par. . .   . . $\underline{\qquad}$

ce dernier signe étant placé entre le dividende qui est au-dessus, et le diviseur qui est au-dessous.

Puissance 2e., ou 3e., ou 4e., etc. *de*... par ( )² ou ( )³ ou ( )⁴, etc.

plaçant entre les deux parenthèses le nombre à élever à la puissance indiquée.

Racine 2e., ou 3e., ou 4e. *de*.. par $\sqrt{\quad}$ ou $\sqrt[3]{\quad}$ ou $\sqrt[4]{\quad}$, etc.

la puissance dont on indique la racine étant placée à la droite de ce signe, que nous nommerons *radical*.

Égale. . . . . par . . . . . . $=$

Plus grand que.   . . . . . . $>$

Plus petit que..   . . . . . . $<$

NOTE II. (Problême I, pag. 1.)

De la nature des nombres.

L'idée de *pluralité* est une idée complexe dont celle d'*unité* est l'idée élémentaire. Car on peut dire que *la pluralité est une collection indéterminée d'unités.*

Il en est de même de l'idée de nombre, laquelle étant le résultat de la comparaison de l'unité à la pluralité, est encore une idée complexe dans laquelle entrent les idées d'unité, de pluralité et de comparaison. On peut donc dire que *le nombre est une pluralité déterminée*, ou *le résultat de la comparaison de l'unité à la pluralité*, ou même *le rapport de l'unité à la pluralité*, ou enfin, *une certaine collection d'unités.*

Quant à l'idée d'unité, elle est simple et ne sauroit être susceptible de décomposition. C'est en vain que, pour l'éclaircir, on y a substitué celle de *parties égales*, et que l'on a dit, *le nombre est une collection de parties égales qu'on appelle unités.* Le mot de *partie* n'est pas plus clair que celui d'*unité*, et l'on n'a fait que remplacer une idée simple par une autre. Les mots *parties égales* signifient *unités de même grandeur;* de sorte qu'en disant, *le nombre est une collection d'unités*, c'est comme si l'on disoit, le nombre est une pluralité, ce qui est insuffisant, puisque le nombre suppose une comparaison de l'unité à la pluralité ; il est donc indispensable de dire, *le nombre est une certaine collection d'unités*, ou, *le nombre est une pluralité déterminée.*

Il ne sera pas inutile de remarquer ici que le mot *pluralité* est équivalent du mot *quantité;* l'un vient du mot *plura*, plusieurs, et l'autre de *quantùm*, autant que ; mots qui désignent dans une chose la propriété de pouvoir être augmentée ou diminuée.

NOTE III.   (Prob. II et III, pag. 5.)

Des divers systèmes de numération.

La numération décimale est fondée sur l'invention de dix caractères, dont neuf seulement sont significatifs (le dixième n'étant destiné qu'à remplacer les chiffres significatifs qui manquent); et, sur cette convention ingénieuse, aussi simple que féconde, par laquelle *un chiffre placé à la gauche d'un autre exprime des unités dix fois plus grandes que celles de cet autre.*

Or, il est aisé de voir que cette convention que l'habitude de compter sur les doigts de ses mains a fait sans doute préférer, n'étoit point la seule que l'on pût faire. On pouvoit, par exemple, convenir que tout chiffre placé à un rang plus à gauche, exprimeroit des unités doubles, ou triples, ou quadruples, ou etc. de celles qu'il exprimoit auparavant; ce qui auroit donné lieu à des systêmes de numération *binaire*, *ternaire*, *quaternaire*, etc.

Il est d'abord bien évident que dans le systême binaire, ayant une unité de l'ordre supérieur, dès que l'on en a deux de l'ordre immédiatement inférieur, on n'a jamais besoin que d'un seul caractère significatif. Semblablement il n'en faudra que deux pour le systême ternaire, trois pour le systême quaternaire, et en général, autant qu'il y a d'unités moins une dans la base du systême. On pourroit donc choisir les chiffres o et 1 pour le systême binaire; o, 1 et 2, pour le systême ternaire; o, 1, 2 et 3 pour le quaternaire, ainsi de suite.

Cela posé, *veut-on avoir l'expression de chaque nombre successivement plus grand d'une unité, dans un systême donné,* on ajoutera successivement 1 au premier chiffre à droite; et lorsque cette addition donnera un nombre d'unités égal à la base du systême ou plus grand que cette base, on portera une unité de plus au chiffre immédiatement à gauche, et l'on écrira à droite le nombre des unités excédantes.

Mais si l'on vouloit traduire en langage ordinaire, c'est-à-dire, énoncer un nombre écrit dans un systême qui ne seroit point décimal; alors, comme il n'existe pas de mots pour désigner les divers ordres d'unités dans ce systême, on seroit obligé de faire passer ce nombre dans le systême décimal.

Transformer dans le systême décimal, un nombre écrit dans un autre systême.

Supposons que l'on veuille énoncer ou transformer dans le systême décimal, le nombre 31231 écrit dans le systême quaternaire. Pour cela, j'observe que, *dans l'expression d'un nombre quelconque, chaque chiffre indique combien de fois entre dans le nombre, une puissance de la base du systême d'un degré marqué par le rang qu'occupe ce chiffre à la gauche du chiffre des unités simples;* par conséquent, dans le nombre proposé 31231, le second chiffre exprime trois fois la base 4; le troisième deux fois le carré de 4 ou deux fois 16; le quatrième une fois le cube de 4 ou 64; et le cinquième trois fois la quatrième puissance de 4 ou trois fois 256. De sorte qu'en effectuant

$$1 \times 1 \dots\dots\dots\dots 1$$
$$4 \times 3 \dots\dots\dots\dots 12$$
$$16 \times 2 \dots\dots\dots\dots 32$$
$$64 \times 1 \dots\dots\dots\dots 64$$
$$256 \times 3 \dots\dots\dots\dots 768$$

$$\overline{877}$$

ces produits, et en en faisant la somme, on trouvera 877 pour l'expression dans le système décimal, du nombre 31231 écrit dans le système quaternaire.

Cette solution seroit encore plus palpable, si l'on écrivoit le nombre proposé 31231 sous la forme suivante :

$$ 1 + 3 \times 4 + 2 \times (4)^2 + 1 \times (4)^3 + 3 \times (4)^4. $$

En examinant cette nouvelle forme donnée aux nombres, on voit aisément que tout nombre est divisible par la base du système dans lequel il est écrit, après que l'on en a retranché le chiffre des unités ; qu'il est divisible par le carré de la base, si l'on en supprime les deux premiers chiffres à droite ; qu'il l'est par le cube de la même base, après que l'on en a retranché les trois premiers chiffres à droite, ainsi de suite.

De sorte que, si l'on divise un nombre quelconque par la base du système dans lequel on veut l'écrire, on aura le chiffre des unités pour premier reste, et pour quotient un nombre encore divisible par la même base, après qu'on en a supprimé le chiffre des unités. Divisant donc ce premier quotient par la base du système, on aura pour reste le second chiffre du nombre, et pour quotient un nombre qui deviendra encore divisible par la base, après la suppression du chiffre des unités ; ainsi de suite.

On pourroit donc fonder là-dessus une autre méthode pour transformer dans le système décimal le nombre 31231 écrit dans le système quaternaire, et, en général, pour faire passer un nombre d'un système dans un autre. Appliquant cette méthode au cas proposé, il faudra diviser d'abord 31231 par la base du système décimal écrite dans le système quaternaire, c'est-à-dire, par 22.

Pour effectuer cette division, je dirai en 31 combien de fois 22, ou en 3 combien de fois 2, une fois ; j'écris donc 1 au quotient, et multipliant 22 par 1, j'ai 22 que je retranche de 31, en disant, une unité de la base ou 4 et 1 font 5 ; 5 moins 2, égale 3 ; ensuite 3 moins 3, égale 0. Ecrivant 2 à la droite de 3, on divisera 32 par 22, et l'on aura

<pre>
31231 |
22	22
32	1113	22
103	110	----
----	----	20	22
211	13	----
132		e

  13
</pre>

encore 1 au quotient et 10 pour reste; continuant la division, on trouvera 1113 pour quotient et 13 pour reste.

Divisant ensuite ce premier quotient par 22, on aura encore 13 pour reste, et 20 pour quotient; enfin ce quotient étant divisé par 22, donnera 0 au quotient et 20 pour reste. De sorte que les restes trouvés, en commençant par le dernier, seront 20, 13, 13; faisant passer ces restes dans le système décimal, on aura 877 pour l'expression du nombre quaternaire 31231.

Un nombre étant écrit dans le système décimal, le faire passer dans un autre système.

Appliquant ici le principe précédent, il suffira de diviser le nombre donné dans le système décimal par la nouvelle base transformée dans ce dernier système, et de continuer à diviser chaque quotient que l'on trouve par la même base transformée, jusqu'à ce que le quotient soit zéro. Alors, si l'on prend les restes en remontant, et qu'on les écrive successivement de gauche à droite, après les avoir transformés dans le nouveau système, s'ils renferment plus d'un chiffre, on aura le nombre proposé écrit dans le système demandé.

D'après cela, s'il falloit transformer dans le système quaternaire le nombre décimal 3689, on diviseroit ce dernier nombre par 4, et l'on auroit 922 pour quotient avec 1 pour reste. Divisant ensuite 922 par 4, le quotient seroit 230 et le reste 2; divisant encore 230 par 4, on trouveroit 57 au quotient et 2 pour reste; la division de 57 par 4 donneroit 14 au quotient et 1 au reste; divisant enfin les quotiens successifs 14 et 3, on obtiendroit respectivement pour restes 2, 3 et 0. De sorte que l'expression dans le système quaternaire du nombre décimal 3689 seroit 321221.

On opéreroit d'une manière analogue, si aucun des deux nombres n'appartenoit au système décimal.

NOTE IV. (Prob. XXII, pag. 69.)

De la divisibilité des nombres.

Un nombre premier qui divise un produit formé de deux facteurs, diviseroit-il l'un des facteurs?

Représentons par P un nombre premier quelconque, par A et par B les deux facteurs du produit qui alors sera exprimé par... $A \times B$. Supposons ensuite que P soit plus petit que B, et que le facteur B, non plus que le facteur A ne soit point multiple de P. Dans ce cas, si l'on divise B par P, on aura un reste; de sorte que, si l'on suppose que le quotient de B divisé par P, soit Q, et le reste R, on aura $B = P \times Q + R$.

Multipliant cette égalité par A, afin d'avoir le produit $A \times B$, et de découvrir les conditions que doit remplir P pour diviser le facteur A ou le facteur B, on aura

$$A \times B = A \times P \times Q + A \times R$$

d'où l'on voit que le nombre P ne peut diviser le produit $A \times B$, sans diviser $A \times R$; car tout nombre qui divise une somme et l'une des deux parties de cette somme, doit diviser la partie restante.

Si maintenant on observe que l'on a $R < P$, puisque R est le reste de la division dont P est le diviseur, on verra que les nombres R et P doivent être premiers entre eux; par conséquent, si l'on divise P par R, et que l'on ait Q' pour quotient et R' pour reste, on trouvera

$$P = R \times Q' + R'.$$

Multipliant donc ces deux quantités égales par A, afin d'avoir le produit $A \times R$, on obtiendra

$$A \times P = A \times R \times Q' + A \times R',$$

équation, d'après laquelle on voit que, si le nombre P divise le produit $A \times R$, il divisera aussi le produit $A \times R'$.

De sorte que P ne peut diviser le produit $A \times B$, sans diviser $A \times R$ et $A \times R'$.

En continuant de raisonner et d'opérer sur le produit $A \times R'$, comme on l'a fait relativement au produit $A \times R$, on verra que la divisibilité du produit primitif $A \times B$ par P exige que ce dernier nombre divise successivement des produits tels que $A \times R''$, $A \times R'''$, etc., et enfin $A \times 1$; parce que ces restes qui sont des nombres entiers, allant toujours en diminuant, doivent finir par arriver à l'unité.

Or, le nombre P ne peut diviser le produit $A \times 1$, sans diviser A; d'où l'on voit que *la divisibilité d'un produit par un nombre premier exige que l'un des facteurs soit divisible par ce nombre premier.*

Si l'on remarque que nous n'avons été conduits à conclure que le nombre P, diviseur du produit $A \times B$, divisoit le facteur A, que parce qu'il n'existoit aucun facteur commun entre P et B, on verra qu'il n'est pas nécessaire que le diviseur P soit un nombre premier absolu; mais qu'il suffit qu'il soit premier par rapport à l'un des facteurs, pour qu'il divise l'autre facteur.

Nous conclurons donc généralement, 1° qu'*un nombre premier, par rapport à l'un des deux facteurs d'un produit, divise toujours l'autre facteur, s'il divise le produit.*

2°. *Qu'un nombre premier, par rapport à deux autres nombres, ne peut diviser le produit de ces deux nombres.*

Cette dernière conclusion est évidente; car si le nombre premier relativement aux facteurs divisoit le produit, il faudroit qu'un nombre premier à l'égard de l'un des deux facteurs d'un produit, et qui diviseroit ce produit, ne divisât pas l'autre facteur; ce qui est impossible, d'après ce qui précède.

Pour donner plus d'extension à cette dernière conséquence, *voyons si un nombre premier par rapport à deux autres nombres, nonseulement ne seroit pas un diviseur du produit de ces nombres, mais s'il seroit encore premier à l'égard de ce produit.*

Soit le nombre C premier par rapport aux nombres A et B; il s'agit de voir si le nombre C est premier relativement au produit $A \times B$. Supposons que cela ne soit point, et qu'il existe un facteur commun x entre C et le produit $A \times B$. Divisant ce produit par x, soit Q le quotient, et K l'autre facteur de C, nous aurons

$$A \times B = Q \times x \quad \text{et} \quad C = K \times x.$$

La première équation donne $\dfrac{A \times B}{x} = Q.$

Or x doit être nombre premier, par rapport à A, car autrement il y auroit un diviseur commun entre les nombres A et C; par conséquent le nombre x doit diviser le facteur B; mais ce facteur ne peut avoir de diviseur commun à C; de sorte qu'il en résulteroit une absurdité, puisqu'un nombre premier, par rapport aux deux facteurs d'un produit, diviseroit ce produit.

D'après cela, *un nombre premier par rapport à deux autres nombres est aussi premier par rapport au produit de ces deux nombres.*

Proposons-nous encore sur la divisibilité des nombres les deux questions suivantes.

1º. *Un nombre* N *, divisible successivement par deux nombres* a *et* b *premiers entre eux, est-il divisible par le produit* a $\times$ b *de ces deux nombres?*

2º. *Par quels nombres sera divisible un nombre* N *qui a pour diviseurs successifs deux nombres* a *et* b *qui ne sont pas premiers entre eux?*

1º. Puisque les nombres a et b divisent exactement N, ce nombre peut être exprimé indifféremment par $a \times x$ ou par $b \times y$, x et y étant les quotiens entiers que l'on trouve en divisant N par a et ensuite par b; on aura donc $a \times x = b \times y$ et $\dfrac{a \times x}{b} = y$. Or le nombre b divise exactement le produit $a \times x$, et de plus il est premier par rapport au facteur a, il divisera donc le facteur x; par conséquent les nombres a et b se trouveront ensemble facteurs du nombre N, qui alors pourra être exprimé par le produit $a \times b \times z$ des trois facteurs a, b et z, ce dernier étant celui que l'on obtient en divisant N par $a \times b$.

2º. Soit z le plus grand diviseur commun aux nombres a et b; soient c et e les quotiens que l'on trouve en divisant a et b par z, nous aurons $a = c \times z$ et $b = e \times z$. De plus, puisque a et b sont diviseurs du nombre N, nous poserons $N = a \times x$ et $N = b \times y$; d'où nous déduirons, comme ci-dessus, $a \times x = b \times y$ et $\dfrac{a \times x}{b} = y$. Substituant au lieu des nombres a et b leurs expressions $c \times z$ et $e \times z$, il viendra $\dfrac{c \times z \times x}{e \times z} = y$, ou $\dfrac{c \times x}{e} = y$.

Or, le nombre e n'a aucun diviseur commun au facteur c; c'est pour-

quoi il divisera x. On pourra donc faire $x = e \times m$; et alors on aura
$N = a \times e \times m$.

Mais de l'équation $a \times x = b \times y$, on peut déduire encore.........

$$x = \frac{b \times y}{a} = \frac{e \times z \times y}{c \times z} = \frac{e \times y}{c};$$ d'où l'on conclura que y

est un multiple de c : on pourra donc supposer $y = c \times n$; ce qui
donnera $N = b \times c \times n$.

*Ainsi, un nombre divisible par deux autres nombres qui ne
sont pas premiers entre eux, est divisible par le produit de
l'un de ces deux nombres multiplié par le facteur de l'autre
non commun au premier nombre.*

NOTE V. (Prob. XXIV, pag. 74.)

Sur les moyens de reconnoître si un nombre est premier.

Le moyen qui se présente d'abord de reconnoître si un nombre est
premier, est d'essayer la division de ce nombre par tous les diviseurs
premiers inférieurs; mais cette vérification devient beaucoup trop longue
et trop laborieuse, lorsque le nombre à vérifier est fort grand : on pourroit cependant diminuer le nombre des opérations à faire, en observant
que tout nombre premier ne pouvant diviser un produit sans diviser l'un
des facteurs; et tout nombre pouvant être considéré comme le produit de
sa racine carrée multipliée par elle-même, il suffiroit de vérifier les diviseurs premiers au-dessous de cette racine carrée.

Pour éclaircir ce que nous venons de dire, soit N le nombre à vérifier; l'on aura $N = \sqrt{N} \times \sqrt{N}$. Or un nombre premier ne peut
diviser un autre nombre sans diviser l'un au moins des facteurs de ce
dernier : en outre, tout diviseur d'un nombre doit être ou égal à celui-ci
ou plus petit que lui; donc les diviseurs premiers de N doivent diviser
$\sqrt{N}$, et par conséquent être plus petit que $\sqrt{N}$.

Supposons, pour mieux nous en convaincre, que le nombre N n'ayant
aucun diviseur au-dessous de $\sqrt{N}$, puisse en avoir au-dessus de sa racine carrée, et que y soit l'un de ces diviseurs; alors le nombre N seroit
le produit de p par un autre facteur $q < \sqrt{N}$, et l'on auroit $N = p \times q$;
de sorte que le nombre N, qui étoit supposé n'avoir plus de diviseurs
au-dessous de $\sqrt{N}$, en auroit un autre q; ce qui seroit contradictoire.

Ainsi, tout nombre qui n'a aucun diviseur premier au-dessous de sa racine carrée, n'en a aucun au-dessus, et doit être placé parmi les nombres premiers.

Quoique ce principe donne un moyen d'éviter un grand nombre de vérifications, il en laisse encore subsister beaucoup, lorsque sur-tout le nombre à vérifier est fort grand. On pourroit peut-être reconnoître plus facilement un nombre premier, si l'on avoit des formules propres à représenter tous les nombres ; car alors, en excluant celles de ces formules qui ont des diviseurs, il resteroit celles qui contiennent les nombres premiers, et l'on auroit un moyen de reconnoître ceux-ci.

Or, puisque le reste d'une division est toujours plus petit que le diviseur, quand on met au quotient les plus grands chiffres possibles ; il s'ensuit qu'un nombre divisé par 2 ne peut avoir que 0 ou 1 pour reste ; que divisé par 3, il ne peut avoir que 0 ou 1 ou 2 ; que divisé par 4, il ne peut avoir que 0 ou 1 ou 2 ou 3, ainsi de suite.

De sorte que, si nous représentons par q le quotient d'un nombre divisé par un autre, et que nous fassions $q = 1 = 2 = 3$, etc., nous verrons, 1°. que tous les nombres, depuis 2 inclusivement, et au-dessus, sont renfermés dans les deux formules

$$2q \quad \text{et} \quad 2q + 1 \, ;$$

2°. Que tous les nombres, excepté ceux au-dessous de 3, sont compris dans

$$3q \quad 3q + 1 \quad \text{et} \quad 3q + 2 \, ;$$

3°. Que tous les nombres, excepté ceux inférieurs à 4, sont contenus dans

$$4q \quad 4q + 1 \quad 4q + 2 \quad \text{et} \quad 4q + 3 \, ;$$

4°. Que tous les nombres, excepté ceux moindres que 5, peuvent se déduire des formules

$$5q \quad 5q + 1 \quad 5q + 2 \quad 5q + 3 \quad \text{et} \quad 5q + 4 \, ;$$

5°. Que tous les nombres, excepté ceux au-dessous de 6, sont renfermés dans les formules

$$6q \quad 6q + 1 \quad 6q + 2 \quad 6q + 3 \quad 6q + 4 \quad \text{et} \quad 6q +$$

Ainsi de suite.

Mais pour simplifier ces formu'es, on remarquera que, dans toutes ces divisions, on auroit des restes négatifs au-dessous de la moitié du diviseur, si l'on prenoit pour q le quotient immédiatement au-dessus du vrai quotient; ce que l'on verroit également, en observant que, dans les 2mes. formules, on a $2 = 3 - 1$; que, dans les 3mes., $3 = 4 - 1$; que, dans les 4mes., $3 = 5 - 2$ et $4 = 5 - 1$; que dans les 5mes., $4 = 6 - 2$ et $5 = 6 - 1$. etc. De sorte qu'en supposant le quotient q augmenté de 1 dans les formules où l'on introduit les restes négatifs, on verra que les formules ci-dessus peuvent se réduire aux suivantes.

$$
\begin{array}{llllll}
2q & 3q & 4q & 5q & 6q & \text{etc.} \\
2q + 1 & 3q \pm 1 & 4q \pm 1 & 5q \pm 1 & 6q \pm 1 & \text{etc.} \\
 & & 4q + 2 & 5q \pm 2 & 6q \pm 2 & \text{etc.} \\
 & & & & 6q + 3 & \text{etc.}
\end{array}
$$

Celles qui renferment le double signe $\pm$, que l'on énonce par les mots *plus* ou *moins*, étant équivalentes à deux, l'une avec le signe positif et l'autre avec le signe négatif.

Si l'on substitue dans ces formules successivement les valeurs de.......... $q = 1 \ldots = 2 \ldots = 3 \ldots = 4 \ldots$ etc., chaque colonne donnera tous les nombres au-dessus du diviseur, le diviseur lui-même, et encore les nombres dont la différence à ce diviseur est égale aux restes négatifs qu'ils renferment.

Examinons maintenant dans quelles formules sont compris les nombres qui ont des diviseurs et ceux qui n'en ont pas.

Je remarque d'abord que les nombres représentés par $2q$ sont divisibles par 2 et par tous les diviseurs de q; d'où je conclus que *tous les nombres premiers sont contenus dans* $2q + 1$, *c'est-à-dire qu'ils sont impairs.* Malheureusement parmi ceux-ci il y en a beaucoup qui ne sont pas premiers, tels que 9, 15, 21, 25, 27, etc., et nous sommes réduits à dire que *tous les nombres premiers, excepté* 2, *sont impairs, et que tous peuvent se déduire de la formule* $2q + 1$.

Passant aux formules données par le diviseur 3, on voit que les nombres premiers ne peuvent être renfermés que dans $3q \pm 1$; mais, comme cette formule renferme aussi des nombres qui ne sont pas premiers, on en conclut seulement que *les nombres qui ne sont point compris dans la formule* $3q \pm 1$ *ne peuvent être nombres premiers.*

Semblablement, les nombres premiers au-dessus de 4 sont renfermés dans $4q \pm 1$; ceux au-dessus de 5, dans $5q \pm 1$ ou dans $5q \pm 2$, si q est impair, ceux au-dessus de 6, dans $6q \pm 1$, etc.

D'où l'on voit que *tout nombre premier au-dessus de 6 doit être compris dans les formules* $3q \pm 1$, $4q \pm 1$, $5q \pm 1$ *et* $6q \pm 1$, *c'est-à-dire, qu'augmenté ou diminué de 1, il doit êtr divisible par* 3, *par* 4, *par* 5 *et par* 6. *De sorte que les nombres qui ne rempliroient pas ces conditions ne seroient pas nombres premiers.*

On pourroit employer ces formules à construire une table de nombres premiers jusqu'à un certain nombre donné; pour cela il faudroit successivement égaler q à 1, à 2, à 3, etc., et substituer ces valeurs dans les formules $2q + 1$, $3q \pm 1$, $4q \pm 1$, $5q \pm 1$, $6q \pm 1$, etc. Alors les nombres résultans, qui n'appartiendroient pas à toutes ces formules, devroient être exclus de la classe des nombres premiers. Mais il sera plus simple d'écrire d'abord le nombre 2 et ensuite tous les nombres impairs; de rejeter parmi ces derniers tous les multiples des nombres premiers 3, 5, 7, 11, 13, etc.; ce que l'on fera aisément, si l'on remarque que, dans la suite naturelle des nombres, les multiples de 3, de 5, de 7, etc. sont distans de 3, ou de 5, ou de 7, etc., rangs les uns des autres; de sorte que les multiples de 3 se trouvent aux 3e., 6e., 9e., 12e., etc. rangs après leur diviseur 3; que les multiples de 5 sont placés aux 5e., 10e., 15e., etc., rangs après leur diviseur 5; que les multiples de 7 sont aux 7e., 14e., 21e., etc., rangs après 7; ainsi de suite; cela est fondé sur ce que la suite naturelle des nombres ne se formant que par l'addition successive de l'unité, il faut avoir ajouté autant d'unités qu'il y en a au diviseur pour avoir encore un multiple du diviseur.

Méthode d'Ératosthène pour trouver les nombres premiers.

Ératosthène, bibliothécaire du Musée d'Alexandrie, vers l'an 280 avant J.-C., voulant former une table des nombres premiers, écrivit la suite naturelle des nombres sur une planche; et après avoir rejeté les nombres pairs excepté 2, et avoir reconnu les multiples des nombres premiers au-dessus de 2, en prenant les nombres de 3 en 3, de 5 en 5, de 7 en 7, etc.; il fit au-dessous de ces nombres un trou, par lequel il supposoit que passoient ces nombres; de sorte qu'il ne restoit que les nombres premiers. De là est venu à cette table le

...on de *Crible d'Ératosthène.* Nous allons en faire connoître la disposition et l'usage.

CRIBLE D'ÉRATOSTHÈNE.

	1	3	5	7	9
0	.	.	.	.	a
1	.	.	a	.	.
2	c	.	b	a	.
3	.	a	b	.	a
4	.	.	a	.	c
5	a	.	b	a	.
6	.	a	b	.	a
7	.	.	a	c	.
8	a	.	b	a	.
9	c	a	b	.	a
10	.	.	b	.	.
11	a	.	b	a	c
12	d	a	b	.	a
13	.	c	a	.	.
14	a	d	b	a	.
15	.	a	b	.	a
16	c	.	a	.	c
17	a	.	b	a	.
18	.	a	b	d	a
19	.	.	a	.	.
20	a	c	b	a	d
21	.	a	b	c	a
22	c	.	a	.	.
23	a	.	b	a	.
24	.	a	b	e	a
25	.	d	a	.	c
26	a	.	b	a	.
27	.	a	b	.	a
28	.	.	a	c	f
29	a	.	b	a	.
30	c	a	b	.	a
31	.	.	a	.	d
32	a	f	b	a	.
33	.	a	b	.	a

	1	3	5	7	9
34	d	c	a	.	.
35	a	.	b	a	.
36	g	a	b	.	a
37	c	.	a	e	.
38	a	.	b	a	.
39	f	a	b	.	a
40	.	e	a	d	.
41	a	c	b	a	.
42	.	a	b	c	a
43	.	.	a	c	.
44	a	.	b	a	.
45	d	a	b	.	a
46	.	.	a	.	c
47	a	d	b	a	.
48	c	a	b	.	a
49	.	f	a	c	.
50	a	.	b	a	.
51	c	a	b	d	a
52	.	.	a	f	h
53	a	e	b	a	c
54	.	a	b	.	a
55	g	c	a	.	c
56	a	.	b	a	.
57	.	a	b	.	a
58	c	d	a	.	g
59	a	.	b	a	.
60	.	a	b	.	a
61	c	.	a	.	.
62	a	c	b	a	f
63	.	a	b	c	a
64	.	.	a	.	d
65	a	.	b	a	.
66	.	a	b	h	a
67	d	.	a	.	c

	1	3	5	7	9
68	a	.	b	a	e
69	.	a	b	f	a
70	.	g	a	c	.
71	a	h	b	a	.
72	c	a	b	.	a
73	f	.	a	d	.
74	a	.	b	a	c
75	.	a	b	.	a
76	.	b	a	e	.
77	a	.	b	a	c
78	d	a	b	.	a
79	c	e	a	.	f
80	a	d	b	a	.
81	.	a	b	c	a
82	.	.	a	.	.
83	a	c	b	a	.
84	i	a	b	c	a
85	h	.	a	.	.
86	a	.	b	a	d
87	e	a	b	.	a
88	a	.	a	.	c
89	a	g	b	a	i
90	f	a	b	.	a
91	.	d	a	c	.
92	a	.	b	a	.
93	c	a	b	.	a
94	.	h	a	.	c
95	a	.	b	a	c
96	k	a	b	.	a
97	.	c	a	.	d
98	a	.	b	a	h
99	.	a	b	.	.
100	c	.	a	g	.
101	a	.	b	a	.

$a = 3, b = 5, c = 7, d = 11, e = 13, f = 17, g = 19, h = 23, i = 29, k = 31.$

La première colonne verticale contient la suite naturelle des nombres

à partir de 0 ; la 1ᵉ. colonne horisontale renferme les nombres impairs
à un seul chiffre, savoir 1 , 3 , 5 , 7 et 9 ; chacun de ces chiffres trans
porté successivement à la droite des nombres de la 1ᵉ. colonne vertical
donne pour cette même colonne des nombres qui ont un chiffre de plus
Cela fait, on a cherché , par la méthode indiquée ci-dessus, quels étoien
les nombres premiers et les nombres multiples de ceux-ci ; on a mis dan
une seconde colonne un point pour désigner chaque nombre premier, e
une lettre de l'alphabet pour montrer les nombres multiples.
point se trouve placé dans la ligne verticale du chiffre qui de la colon
horisontale doit être descendu par la pensée à la droite du nombre de l
colonne verticale , et dans la ligne horisontale qui passe par ce nombr
de la colonne verticale : ainsi 31 étant un nombre premier, on a placé
point à l'intersection de la ligne horisontale qui passe par le nombre 3
et de la ligne verticale qui passe par le chiffre 1. Quant aux lettres , on
ici représenté les diviseurs premiers 3 , 5 , 7 , 11, 13, 17, 19, 23, et
respectivement par les lettres a , b , c , d , e , f, g , h , i , k , et
d'après cela le nombre 15 ayant 3 pour diviseur, on trouve la lettre a
l'intersection des deux lignes , l'une horisontale et l'autre verticale , q
passeroient par les nombres 1 et 5. Suivant cet arrangement, on voit q
tous les a , c'est-à-dire les diviseurs 3 des nombres multiples se trouve
placés diagonalement , tandis que les diviseurs b ou 5 se trouvent con
tamment dans la ligne verticale du milieu , correspondante à 5 ; ce q
est évident , puisque parmi les nombres impairs , il n'y a que ceux term
nés par 5 qui soient divisibles par 5.

Ainsi cette table ou crible d'Eratosthène , non-seulement fait connoî
les nombres premiers , mais encore les diviseurs premiers des nomb
multiples. Etendue suffisamment , elle peut être fort utile dans la simp
fication des fractions et dans bien d'autres calculs.

NOTE VI.   (Prob. XXV, pag. 76.)

Méthode abrégée pour l'extraction de la racine carré
— Conditions que doit remplir un nombre pour être
carré parfait. — Origine des grandeurs incommensurable

§ I.

Soit N un nombre dont la racine est composée de deux parties a et nous aurons $N = a^2 + 2\,ab + b^2$. Après avoir déterminé la première partie a de la racine, suivant les règles ordinaires, et avoir soustrait le carré de a, c'est-à-dire a^2 de N, nous aurons $N - a^2 = 2\,ab + b^2$; de sorte que, divisant ce reste par $2\,a$, nous trouverons . . . .

$$\frac{N - a^2}{2\,a} = b + \frac{b^2}{2\,a}.$$

D'où l'on voit que cette simple division du reste, par le double de la première partie de la racine, donneroit la seconde partie b à moins de la plus petite unité de b, si $\dfrac{b^2}{2\,a}$ étoit une fraction relativement à cette plus petite unité.

Or $\dfrac{b^2}{2\,a}$ sera une fraction d'unité, si le nombre représenté par b^2 a moins de chiffres que celui représenté par $2\,a$. Supposons donc que le nombre des chiffres de a soit plus grand que le double des chiffres de b, ou que l'on ait *nombre des chiffres de* a $= 2$ n et *nombre des chiffres de* b $=$ n $- 1$; et que, pour abréger, on écrive se lement chif. a $= 2$ n et *chif.* b $=$ n $- 1$: puisque *le plus grand nombre des chiffres d'un produit est égal à la somme des chiffres de ses facteurs* (prob. IX) et que *le plus petit nombre est égal à cette somme diminuée de* 1 ; il s'ensuit que le *maximum* des chiffres de b^2 sera $2\,n - 2$ et que le *minimum* des chiffres de $2\,a$ sera $2\,n$; de sorte que, pour le cas le plus défavorable, on auroit *chif.* $b^2 = 2\mathrm{n} - 2$, *chif.* $2\mathrm{a} = 2\,\mathrm{n}$, et *chif.* $2\mathrm{a} - $ *chif.* $b^2 = 2$; par conséquent, dans le cas le plus contraire, la fraction $\dfrac{b^2}{2\,a}$ a deux chiffres de plus au dénominateur qu'au numérateur.

Ainsi, *en prenant pour la seconde partie* b *de la racine, le quotient du nombre proposé, diminué du carré de la première partie* a, *et divisé par le double de cette première partie, on a une racine qui en plus ne diffère pas d'une unité de sa moindre espèce.*

Ce que l'on exprimera en écrivant $\sqrt{N} = a + \dfrac{N - a^2}{2\,a} - $ *une quantité plus petite que la moindre unité trouvée.*

De là nous tirerons la règle suivante : *lorsqu'une racine carrée doit être composée de plusieurs chiffres, on la concevra partagée en deux parties dont la première ait un chiffre de plus que les deux tiers de la totalité des chiffres ; on cherchera ensuite cette première partie suivant les règles ordinaires ; mais la seconde, on la trouvera tout de suite en divisant le reste de l'opération par le double de la première partie trouvée ; le quotient ne sera point altéré jusqu'au chiffre inclusivement placé au rang du chiffre le plus à droite de la racine.*

§ II.

Pour reconnoître les conditions que remplit un nombre qui est un carré parfait, revenons sur les formules qui renferment tous les nombres, et en élevant ces formules au carré, nous pourrons découvrir, comme pour les nombres premiers, quelques-unes au moins des conditions exigées. Écrivons donc les formules données par les diviseurs 2, 3, 5 et 6, avec leurs carrés, nous aurons le tableau suivant :

	Racines.	Carrés.		Racines.	Carrés.
(1)	$2q$	$4q^2$		$5q$	$25q$
	$2q+1$	$4q^2+4q+1$	(4)	$5q+1$	$25q^2+10q+1$
				$5q+2$	$25q^2+20q+4$
(2)	$3q$	$9q^2$		$5q+3$	$25q^2+30q+9$
	$3q+1$	$9q^2+6q+1$		$5q+4$	$25q^2+40q+16$
	$3q+2$	$9q^2+12q+4$		$6q$	$36q^2$
				$6q+1$	$36q^2+12q+1$
(3)	$4q$	$16q^2$		$6q+2$	$36q^2+24q+4$
	$4q+1$	$16q^2+8q+1$	(5)	$6q+3$	$36q^2+36q+9$
	$4q+2$	$16q^2+16q+4$		$6q+4$	$36q^2+48q+16$
	$4q+3$	$16q^2+24q+9$		$6q+5$	$36q^2+60q+25$

Cor. 1°. Puisque tous les nombres sont compris dans l'une des deux formules $2q$ et $2q+1$, tous les carrés des nombres seront compris dans l'une des deux formules correspondantes $4q^2$ et $4q^2+4q+1$, la 1re. appartenant aux carrés pairs et la seconde aux carrés impairs. On conclura donc, 1° que tous les carrés pairs doivent être divisibles par 4, et que tous les carrés impairs doivent le devenir s'ils sont diminués d'une unité.

2°. Les carrés provenant des formules (2) montrent clairement, 2°. que *tout carré doit être divisible par* 9, *ou bien par* 3, *si on le diminue de* 1 *ou de* 4.

3°. Les carrés des formules (3) indiquent que tous les carrés pairs sont compris dans l'une des deux formules $16q^2$ et $6q^2 + 6q + 4$, tandis que tous les carrés impairs sont renfermés dans $6q^2 + 8q + 1$ ou dans $16q^2 + 24q + 9$. Ainsi 3°. *tout carré pair, excepté* 4, *doit être divisible par* 16 *ou le devenir, étant diminué de* 4 ; *et tout carré impair doit être un multiple de* 8, *après avoir été diminué de* 1.

4°. D'après les carrés des formules (4) on voit, 4°. que *tout carré, depuis* 25 *et au dessus, doit avoir pour diviseur* 25 *ou* 5, *après avoir été diminué de* 1 *ou de* 4.

5°. Les formules relatives au diviseur 6 nous montrent d'abord que tout carré pair, à partir de 36, est compris dans l'un des trois formules $36q^2$, $36q^2 + 24q + 4$, $36q^2 + 8q + 16$; et que tout carré impair, à compter de 49 inclusivement, est renfermé dans l'une des formules $36q^2 + 12q + 1$, $36q^2 + 30q + 9$ et $36q^2 + 60q + 25$.

Ainsi 5°. *tout carré pair, à partir de* 36, *est divisible par* 36, *ou bien par* 12, *étant diminué de* 4 ; *et tout carré impair au-dessus de* 36 *est divisible par* 12, *si on le diminue de* 1, *ou bien il est divisible seulement par* 6, *si on le diminue de* 3.

On trouveroit pour les carrés d'autres propriétés analogues, si l'on employoi les formules données par les diviseurs au-dessus de 6. Mais ces conditions que remplissent les carrés ne sont point les seules, et cela empêche de conclure les propositions inverses, c'est-à-dire, qu'un nombre soit un carré parfait, parce qu'il remplit les conditions précédentes. Il est vrai qu'on pourroit faire ici, comme pour les nombres premiers, c'est-à-dire, se servir de ces propriétés pour exclure de la classe des carrés ceux des nombres qui manquent à quelqu'une des conditions ci dessus; mais nous n'insisterons pas sur un objet qui, dans ce moment, est peu important.

§ III.

Nous avons vu dans la division que, lorsque le dividende n'étoit pas divisible exactement en nombres entiers, on pouvoit cependant completter le quotient par une fraction, de manière que ce quotient

fractionnaire étant multiplié par le diviseur qui est un nombre en—
tier donnât pour produit le dividende lui-même. Pourquoi, dans l'ex.
traction des racines des nombres qui ne sont pas des puissances parfaites de nombres en iers, ne pourroit-on pas obtenir des racines exactes
composées de nombres fractionnaires? C'est ce que nous allons examiner.

Soit donc N un nombre entier qui n'est pas puissance parfaite,
par exemple, un carré parfait. Si nous supposons qu'un nombre
fractionnaire $\dfrac{a}{b}$ puisse être racine carrée exacte de N, on aura...

$N = \dfrac{a^2}{b^2}$, et il faudra que $\dfrac{a^2}{b^2}$ soit un nombre entier. Or, le

nombre fractionnaire $\dfrac{a}{b}$ peut être considéré comme réduit à l'expression la plus simple, et composé, par conséquent, de termes
premiers entre eux. Mais s'il n'existe aucun diviseur commun entre
a et b, il n'en existera aucun entre a^2 et b^2, puisque tout diviseur
premier qui diviseroit a^2 et b^2 devroit diviser a et b, ce qui seroit
contraire à la supposition. De sorte que l'expression $\dfrac{a}{b}$ étant frac-

tionnaire, il faut que son carré $\dfrac{a^2}{b^2}$ le soit; il est donc impossible

que $\dfrac{a^2}{b^2}$ donne le nombre entier N; par conséquent, *aucun nombre*
fractionnaire ne peut être racine carrée d'un nombre entier
qui n'est pas un carré parfait.

Cependant on peut approcher toujours plus de la racine exacte
des carrés imparfaits, quoique cette racine ne puisse être mesurée,
ni par une unité entière, ni par une unité fractionnaire quelque petite
qu'elle soit. Voilà donc des quantités dont on connoît les limites, des
quantités vers lesquelles on peut à volonté approcher toujours plus,
et pour lesquelles cependant on ne peut jamais trouver d'unité assez
petite pour les mesurer exactement.

C'est pourquoi *nous nommerons* INCOMMENSURABLES *cette nou-*
velle espèce de quantités vers lesquelles on peut approcher
toujours plus sans jamais y arriver, et sans trouver d'unité
assez petite pour les mesurer.

Ce que nous avons dit pour les nombres qui sont des carrés imparfaits, est applicable aux racines des nombres qui sont des puissances incomplettes quelconques. Car, si nous supposons que N soit une puissance incomplette d'un degré n, et que le nombre fractionnaire $\frac{a}{b}$ pût être sa racine; il faudroit que cette racine élevée à la puissance n^{me}. donnât un nombre entier égal à N; c'est-à-dire, qu'il faudroit que l'on eût $N = \frac{a^n}{b^n}$. Or, il n'y a aucun diviseur commun entre a et b; il n'y en aura donc aucun entre a^n et b^n; par conséquent, le nombre $\frac{a^n}{b^n}$ sera fractionnaire, et l'équation $N = \frac{a^n}{b^n}$ sera absurde.

NOTE VII. (Prob. XXVII, pag. 80)

Méthode abrégée pour l'extraction de la racine cubique,

Soit N un nombre dont la racine cubique est composée de deux parties a et b. On aura donc $N = a^3 + 3a^2b + 3ab^2 + b^3$. Si la première partie a de la racine étoit déterminée, d'après la méthode ordinaire, et qu'il fallût trouver la seconde b, on soustrairoit a^3 de N, et l'on auroit $N - a^3 = 3a^2b + 3ab^2 + b^3$: divisant ensuite tout par $3a^2$, il viendroit au quotient $\frac{N - a^3}{3a^2} = b + \frac{b^2}{a} + \frac{b^3}{3a^2}$;

d'où l'on voit que, si l'on prenoit $\frac{N - a^3}{3a^2}$ pour la valeur de b, on auroit pour la seconde partie de la racine, une quantité trop grande de $\frac{b^2}{a} + \frac{b^3}{3a^2}$. Déterminons une limite de cette erreur, comme nous l'avons fait pour la racine carrée, afin de voir si la méthode peut être mise en pratique.

Supposons donc que le nombre des chiffres de $a = 2n$ et celui des chiffres de $b = n - 1$, ce que nous exprimerons en écrivant *chif.* $a = 2n$, *chif.* $b = n - 1$; on aura *chif.* $b^2 = 2n - 2$ au plus, et *chif.* $a - $ *chif.* $b^2 = 2$; par conséquent $\frac{b^2}{a}$ sera une fraction.

Semblablement on aura *chif.* $b^3 = 3n - 3$ au plus, et . . . . ,
chif. $3a^2 = 4n - 1$ au moins ; ainsi *chif.* $3a^2 - chif. \; b^3 = n + 2$.
De sorte que le dénominateur $3a^2$ aura au moins un nombre $n + 2$
de chiffres de plus que le numérateur b^3 ; et $\dfrac{b^3}{3a^2}$ sera une fraction

beaucoup plus petite que $\dfrac{b^2}{a}$; ce qui d'ailleurs est visible, puisque

$$\frac{b^3}{3a^2} = \frac{b^2}{a} \times \frac{b}{3a}.$$

On aura donc $\dfrac{b^2}{a} < 1$ et $\dfrac{b^3}{3a^2} < 1$; d'où l'on tire . . . . ,

$$\frac{b^2}{a} + \frac{b^3}{3a^2} < 2.$$

On en conclura donc qu'en prenant $\dfrac{N - a^3}{3a^2}$ pour la valeur de
b, on ne peut pas commettre par excès une erreur de deux unités
sur le dernier chiffre à droite de b.

Cette méthode peut donc être employée avantageusement, lorsque
la dernière partie de la racine doit renfermer des unités décimales.
Elle se réduit évidemment à chercher par la méthode ordi-
naire les deux tiers de la totalité des chiffres moins un de
la racine, et à déterminer les autres chiffres, en divisant
le reste de l'extraction par le triple carré de la première
partie de la racine.

Si l'on vouloit connoître quelques-unes des conditions que doivent
remplir les nombres pour être des cubes parfaits, on n'auroit qu'à
prendre les formules générales employées pour les carrés ; et après
les avoir élevées au cube, on verroit par quels nombres doivent être
divisibles les cubes parfaits.

NOTE VIII. (Prob. XXIX, pag. 83.)

Détermination du degré des puissances.

Nous avons vu (probl. XXIX) que le degré des puissances imparfaites tomboit toujours entre deux nombres entiers. On peut donc
conclure de là que ce degré est un entier accompagné d'une fraction, et par conséquent que les puissances imparfaites peuvent être

regardées comme des puissances à exposans fractionnaires de nombres entiers. Pour mieux nous en convaincre, supposons que a soit une racine, et b le nombre considéré comme une certaine puissance de a dont on voudroit connoître le degré. Supposons encore que b tombe entre les quatrième et cinquième puissances de a, c'est-à-dire, entre a^4 et a^5, on aura donc

$$a^4 \qquad b \qquad a^5.$$

Mais en insérant entre a^4 et a^5 un très-grand nombre de moyens proportionnels par quotient, on trouvera, parmi ces moyens, un nombre très-voisin de b. Supposons que l'on en insère un nombre exprimé par $m - 1$, et que le terme le plus voisin de b soit à un rang désigné par $n + 1$: comme pour avoir un terme d'une progression croissante par quotient dont on a les extrêmes, il faut diviser le dernier extrême par le premier, extraire du quotient une racine d'un degré égal au nombre des moyens plus un, élever cette racine à une puissance d'un degré marqué par le rang moins 1 du terme cherché, et multiplier cette puissance par le 1er. terme ; il s'ensuit qu'ici le moyen le plus près de b sera exprimé par $a^4 \left(\sqrt[m]{\dfrac{}{a}} \right)^n$; de sorte que l'on aura la suite

$$a^4 \ldots\ldots a^4 \left(\sqrt[m]{\dfrac{}{a}} \right)^n \ldots\ldots b \ldots\ldots a^5.$$

Il faudroit maintenant trouver l'exposant correspondant à $a^4 \left(\sqrt[m]{\dfrac{}{a}} \right)^n$, et alors cet exposant pourroit être regardé comme celui de b, du moins très-approximativement.

Or, on peut considérer les exposans 4 et 5 comme les extrêmes d'une progression par différence, et insérer entre ces nombres autant de moyens par différence, que l'on en a inséré par quotient entre a^4 et a^5. On a donc (prob. LXXXI) $4 + \dfrac{n}{m}$ pour le moyen placé au rang $n + 1$; de sorte que l'on aura les deux suites

$$a^4 \ldots\ldots a^4 \left(\sqrt[m]{\dfrac{}{a}} \right)^n \ldots\ldots b \ldots\ldots a^5$$

$$4 \qquad\qquad 4 + \dfrac{n}{m} \qquad\qquad\qquad 5$$

Ainsi la quantité fractionnaire $4 + \dfrac{n}{m}$ correspondante à b, ou plutôt à $a^4\left(\sqrt[m]{\dfrac{}{a}}\right)^n$, indique que, pour retrouver le nombre b ou un nombre très-voisin, il faut extraire la racine m^{me}. de a, élever cette racine à la puissance n^{me}., et multiplier ce résultat par la puissance exacte de a immédiatement inférieure à b. D'où l'on voit 1°. que *les exposans fractionnaires des nombres indiquent tout-à-la-fois une racine d'un degré marqué par le dénominateur, et une puissance de cette racine d'un degré égal au numérateur ;* 2°. que, *pour avoir l'exposant d'une puissance imparfaite, la racine étant donnée, il faut insérer entre les deux puissances consécutives entre lesquelles tombe la puissance imparfaite, un assez grand nombre de moyens proportionnels par quotient pour que l'un de ces moyens diffère très-peu de cette même puissance ; et le moyen proportionnel par différence entre les exposans des deux puissances consécutives, qui occupera le même rang que le moyen par quotient, donnera l'exposant demandé.*

D'où il suit que les exposans des puissances imparfaites sont des logarithmes qui auroient pour bases les deux progressions

$$\div\ 1\ \vdots\ a\ \vdots\ a^2\ \vdots\ a^3\ \vdots\ a^4\ \vdots\ a^5\ \vdots\ \text{etc.}$$
$$\div\ 0\ .\ 1\ .\ 2\ .\ 3\ .\ 4\ .\ 5\ .\ \text{etc.,}$$

dont la raison a de la première seroit la racine de la puissance exacte immédiatement inférieure à la puissance imparfaite dont on cherche le degré.

NOTE IX.   (Prob. LXIII, pag. 116.)

Trouver le plus grand commun diviseur entre deux nombres.

Le plus grand diviseur commun entre deux nombres ne sauroit surpasser le plus petit des deux. Car, autrement, il ne diviseroit pas le plus petit nombre. Mais ce plus petit nombre sera le plus grand commun diviseur, s'il divise le plus grand nombre. On commencera donc par diviser le plus grand des deux nombres par le plus petit. Si ce plus petit nombre n'est pas le plus grand commun diviseur, il y aura un reste dans cette première division.

Maintenant, j'observe que le diviseur commun cherché doit diviser le premier dividende et le premier diviseur. Or, le dividende est égal au produit du diviseur par le quotient, plus le reste ; et un nombre qui divise une somme et une partie de cette somme, doit aussi diviser la partie restante; car, autrement, un nombre entier, ajouté à une fraction, pourroit donner un nombre entier. Donc, le plus grand diviseur commun divisera le premier reste, en même tems que le premier diviseur. Il ne sauroit donc être plus grand que ce premier reste. Divisons donc le premier diviseur par le premier reste. Si ce reste ne divise pas le premier diviseur, il ne divisera pas le premier dividende, et ne sera point, par conséquent, diviseur commun. On aura donc alors un second reste. Guidé par l'analogie, on divisera le second diviseur par le second reste, c'est-à-dire, le premier reste par le second; et on continuera à diviser chaque diviseur par son reste, ou chaque reste par celui qui le précède.

Or, nous avons vu que le plus grand diviseur commun devoit diviser le premier diviseur et le premier reste; et, comme dans cette suite d'opérations, chaque diviseur devient dividende, et chaque reste devient diviseur dans la division suivante, ce plus grand commun diviseur divisera aussi le second dividende et le second diviseur, et par conséquent le second reste. Il divisera donc encore le troisième dividende, le troisième diviseur, et par conséquent le troisième reste; et, par la même raison, tous les diviseurs et tous les restes.

Donc, il ne pourra pas être plus grand que le plus petit de ces restes. Il faudra donc qu'il lui soit au moins égal. Or, nous avons vu que la propriété caractéristique du plus grand commun diviseur étoit de diviser exactement tous les diviseurs et tous les restes trouvés. Donc, si le plus petit reste est le diviseur cherché, il devra diviser le diviseur de la division à laquelle il appartient. Or, on a divisé chaque reste par le suivant; de sorte qu'un nombre a commencé par être reste, est devenu ensuite diviseur, et après, dividende. Mais un reste est toujours plus petit que son diviseur : donc le second reste est plus petit que le premier; le troisième plus petit que le second; ainsi de suite. Les restes vont donc en diminuant successivement au moins d'une unité. Donc, celui qui suivra le plus petit de tous, sera zéro. Donc, le plus petit reste divisera son diviseur; et, comme, en revenant sur ses pas, chaque diviseur devient reste, et chaque dividende devient diviseur dans l'opération précédente, il divisera aussi tous les diviseurs, tous les restes, et par conséquent tous les dividendes. Il divisera donc le premier dividende et le premier diviseur. Il sera donc diviseur commun. Mais, nous avons vu que ce diviseur commun ne pouvoit surpasser le plus petit reste. Donc, ce plus petit reste, ou le dernier diviseur, sera le plus grand diviseur commun cherché.

NOTE X. (Problême LXI, pag. 157.)

De la loi qui lie les restes et les chiffres du quotient au diviseur, dans le développement des fractions ordinaires en fractions décimales périodiques.

Soit à réduire en décimales la fraction $\dfrac{B}{A}$ dans laquelle nous supposons que A soit tout-à-la-fois nombre premier absolu et nombre premier relativement à 10, ainsi que par rapport au numérateur B. Si l'on fait la division en multipliant chaque reste par 10, et que l'on suppose que les quotiens

Soient $\quad$ o $\quad q \quad q' \quad q'' \quad q''' \quad q^{\text{iv}}$, etc.

les restes étant

$\qquad B \quad r \quad r' \quad r'' \quad r''' \quad r^{\text{iv}}$, etc.

on aura pour dividendes

$\qquad B \quad 10B \quad 10r \quad 10r' \quad 10r'' \quad 10r'''$, etc.

De sorte que l'on en tirera les équations suivantes :

$$(M)\begin{cases} B = A \times o + B \\ 10B = A \times q + r \\ 10r = A \times q' + r' \\ 10r' = A \times q'' + r'' \\ 10r'' = A \times q''' + r''' \\ 10r''' = A \times q^{\text{iv}} + r^{\text{iv}} \\ \text{etc.} \qquad\qquad \text{etc.} \end{cases}$$

Avant de chercher la loi qui lie les restes et les chiffres de la période au diviseur, il est nécessaire de savoir quel sera le reste déjà employé qui reparoîtra le premier pour recommencer la période.

Supposons pour un instant que ce soit le premier reste B qui multiplié par 10 et divisé par A donne au quotient le chiffre qui recommence la période, et que ce soit à la 5e. division que le reste $r''' = B$: dans ce cas on aura

$$10r'' = A \times q''' + B \quad \text{et} \quad 10r'' - B = A \times q''',$$

équation qui montre que $10r'' - B$ doit être un nombre divisible par A et par q''' ; ce qui n'entraîne aucune absurdité, puisque le nombre $10r'' - B$ est plus grand que le diviseur A et que le quotient q'''.

Voyons maintenant s'il ne résulteroit aucune absurdité de supposer que le reste r''' fût égal au reste r, au lieu de l'être à B. Alors on auroit

$$10 B = A \times q + r \quad \text{et} \quad 10 r'' = A \times q''' + r.$$

Soustrayant la première équation de la seconde, on trouveroit

$$10 r'' - 10 B = A \times q''' - A \times q$$

ou

$$10 \times (r'' - B) = A \times (q''' - q).$$

Or le diviseur A étant nombre premier, autre que 2 et 5, ne peut diviser 10, il faut donc qu'il divise $r'' - B$; ce qui est impossible, puisque l'on a $r'' < A$. On ne peut donc pas supposer $r''' = r$.

Semblablement, si l'on faisoit $r''' = r'$, on trouveroit

$$10 \times (r'' - r') = A \times (q''' - q') \quad \ldots \ldots \quad (N)$$

équation également absurde, à cause de $r'' - r' < A$. (1)

Concluons donc, 1°. que *toute fraction irréductible, dont le dénominateur est un nombre premier, autre que 2 et 5, étant développée en fraction décimale, donne une fraction décimale périodique qui commence au chiffre des dixièmes.*

Cherchons maintenant la relation qu'il y a entre la somme des restes, celle des chiffres de la période et le diviseur ; et pour cela, ajoutons les équations précédentes, en supposant que la période recommence à la cinquième division, et que l'on ait $r''' = B$: cette addition donnera

$$10 \times (B + r + r' + r'') = A \times (q + q' + q'' + q''') + r + r' + r'' + B$$
$$\text{ou } 9 \times (B + r + r' + r'') = A \times (q + q' + q'' + q''') . \ldots \ldots \quad (P)$$

On voit, d'après cette équation, que le nombre A étant premier relativement à 9, à moins qu'il ne soit 3, doit diviser $B + r + r' + r''$, c'est-à-dire, que la somme des restes doit être un multiple du diviseur A. En outre, le facteur 9 ne pouvant diviser A, puisque A est un nombre premier, il faudra que 9 divise la période $q + q' + q'' + q'''$; et par conséquent que le nombre $q\, q'\, q''\, q'''$, formant la période, soit divisible par 9.

Ainsi, 2°. *dans le développement d'une fraction en fraction décimale périodique, la somme des restes qui ont donné une*

---

(1) L'idée de cette démonstration, je la dois à M. Laran, professeur au Lycée Impérial.

période est toujours multiple du diviseur, excepté le cas où le diviseur est 3 ; et la période elle-même est divisible par 9, c'est-à-dire, que la somme de ses chiffres est un multiple de 9 : de plus cette somme des chiffres, après avoir été divisée par 9, doit être un diviseur de la somme des restes.

Nous avons vu dans les fractions périodiques, que lorsque deux restes étoient complémens l'un de l'autre par rapport au diviseur, les deux restes suivans continuoient à l'être, et que les chiffres correspondans du quotient étoient complémens à 9. Il s'agit ici de voir si cette loi est générale. Supposons donc que dans les équations (M) on ait $r + r'' = A$; si l'on ajoute les équations qui renferment $10\,r$ et $10\,r''$, on aura

$$10\,r + 10\,r'' = A \times q' + A \times q''' + r' + r'''$$

ou

$$10 \times (r + r'') = A \times (q' + q''') + r' + r'''.$$

Mais on a supposé $r + r'' = A$; on trouvera donc

$$10 \times A = A \times (q' + q''') + r' + r'''.$$

équation d'après laquelle on voit que $r' + r'''$ doit être un nombre divisible par A. Pour découvrir à quel multiple de A on doit égaler la somme $r' + r'''$ des deux restes, j'observe que l'on a $r' < A$ et $r''' < A$; par conséquent on aura $r' + r''' < 2\,A$: or, au-dessous de $2\,A$, il n'y a que A qui soit divisible par A ; il faut donc que $r' + r''' = A$. Substituant cette valeur dans l'équation précédente, on aura

$$A \times 10 = A \times (q' + q''') + A.$$

De sorte qu'en retranchant A de part et d'autre, et divisant tout par A, on trouvera finalement

$$q' + q''' = 9.$$

Les raisonnemens que nous venons de faire ayant évidemment lieu, dès que la somme de deux restes devient égale au diviseur, nous conclurons ;

1°. *Que lorsque dans le développement d'une fraction périodique, deux restes donnent le diviseur pour somme, les deux restes consécutifs donnent la même somme ; et de plus, que les deux chiffres de la période correspondans à ces deux derniers restes sont complémens à 9 l'un de l'autre ; ce qui fournit un moyen simple de trouver tous les chiffres restans de la période, dès que l'on est arrivé à un reste qui est complément de l'un des restes précédens relativement au diviseur.*

Voyons maintenant ce qui arriveroit, si le dénominateur A n'étoit point premier relativement à 10, et qu'au contraire il eût pour diviseur une puissance de 2 ou de 5 ou le produit d'une puissance de 2 par une puissance de 5. Dans le premier cas, on feroit $A = A' \times (2)^m$; dans le deuxième, $A = A' \times (5)^n$, et dans le troisième, $A = A' \times (2)^m \times (5)^n$, la lettre A' exprimant l'autre facteur de A, et les lettres m et n indiquant les degrés des puissances de 2 et de 5.

Qu'il s'agisse donc de développer en fraction décimale la fraction $\dfrac{B}{A}$ dont le dénominateur $A = A' \times (2)^m \times (5)^n$.

Si nous représentons les quotiens successifs par Q, Q', Q'', Q''', etc. et les restes correspondans par R, R', R'', R''', etc., on aura les équations.

$$10\, B = A'\,(2)^m\,(5)^n\, Q + R$$
$$10\, R = A'\,(2)^m\,(5)^n\, Q' + R'$$
$$10\, R' = A'\,(2)^m\,(5)^n\, Q'' + R''$$
$$10\, R'' = A'\,(2)^m\,(5)^n\, Q''' + R'''$$
$$\text{etc.} \qquad\qquad \text{etc.}$$

Or, le premier dividende $10\,B$ étant divisible par 2×5, et l'une de ses parties ayant le même diviseur, il faut que l'autre partie R soit également divisible par 2×5; on pourra donc supposer........ $R = a \times 2 \times 5$.

Par la même raison, le deuxième dividende $10\,R$ étant divisible par $(2)^2 \times (5)^2$, il faut que le reste R' soit aussi multiple de $(2)^2 \times (5)^2$; on fera donc $R' = b \times (2)^2\,(5)^2$.

Semblablement on aura $R'' = c \times (2)^3\,(5)^3$, $R''' = d \times (2)^4\,(5)^4$; ainsi de suite.

Mais lorsqu'on sera arrivé à un reste dont les puissances de 2 et de 5 seront d'un degré égal à m ou à n suivant que l'on a $m > n$ ou $n > m$, on pourra, par la suppression des facteurs communs, faire disparoître les facteurs 2 et 5 qui multiplient A', et alors, dans la division suivante, n'ayant plus pour diviseur que A', nombre premier par rapport au dividende, l'opération sera ramenée au cas précédent, et la période commencera.

Cependant, pour ne laisser aucun doute sur l'instant où le développement doit commencer à devenir périodique, voyons s'il ne résulte où point quelque absurdité de supposer que la période commençât, avant que le diviseur fût devenu premier à l'égard du dividende.

Soit donc, s'il est possible, $R''' = R$; retranchant alors la première équation de la quatrième, on auroit

$$10 \ (R'' - B) = A' \ (2) \ _m \ (5) \ _n \ (Q''' - Q)$$

et

$$R'' - B = A' \ ( ) \ m - 1 \ (5) \ n - 1 \ (Q''' - Q)$$

ou

$$R'' = A' \ ( ) \ n - 1 \ (5) \ n - 1 \ (Q''' - Q) + B.$$

Or, R'' est divisible par 2 et par 5, tandis que B ne peut l'être; il faudroit donc qu'une somme et l'une de ses parties pussent chacune être divisibles par un même nombre, sans que la partie restante le fût; ce qui est absurde : il en seroit de même, si l'on eût fait $R''' = R''$, ainsi de suite.

Ainsi, 4°. *lorsque, dans le développement d'une fraction en décimales, le dénominateur n'est pas premier par rapport à 10, la période ne commence qu'après un nombre de chiffres égal à la plus haute puissance de 2 ou de 5 que renferme ce dénominateur.*

NOTE XI. (Prob. LXXIX, pag. 217.)

De la détermination des inconnues.

Les proportions peuvent être regardées comme des équations ramenées par une suite d'opérations à exprimer l'égalité de deux différences ou de deux quotiens. Lorsque les proportions sont données immédiatement par les conditions d'une question, et que les inconnues ne sont pas trop combinées avec des nombres, on peut, facilement, obtenir la valeur de ces inconnues par les propriétés des proportions. Mais lorsque les équations qui établissent la dépendance entre les connues et les inconnues, sont trop composées, il est plus simple et plus commode d'arriver au dégagement des inconnues, d'après le principe général que *deux grandeurs égales donnent des résultats égaux, soit qu'on les augmente ou qu'on les diminue d'un même nombre, soit qu'on les multiplie ou qu'on les divise par un même nombre, soit enfin qu'on les élève à une même puissance, ou que l'on en extraie une même racine.*

D'après cela, supposons qu'une certaine question nous ait conduits à cette équation $\frac{5}{7}x - \frac{4}{5} + 2 = \frac{2}{3}x - \frac{3}{4} + 8$.

Pour simplifier cette équation, j'observe d'abord que je puis faire disparoître 2 de la première quantité, en diminuant de 2 les deux parties ou *membres* de l'équation ; ce qui donnera d'abord ....

$$\frac{5}{7}x - \frac{4}{5} = \frac{2}{3}x - \frac{3}{4} + 6.$$

Maintenant, pour réduire les fractions $\frac{4}{5}$ et $\frac{3}{4}$ à une seule, je les ramène au même dénominateur; et j'ai ....

$\frac{5}{7}x - \frac{16}{20} = \frac{2}{3}x - \frac{15}{20} + 6$. Augmentant de $\frac{15}{20}$ les deux membres de cette équation, on aura

$$\frac{5}{7}x - \frac{1}{20} = \frac{2}{3}x + 6.$$

Augmentant encore de $\frac{1}{20}$, et diminuant de $\frac{2}{3}x$, on obtiendra

$$\frac{5}{7}x - \frac{2}{3}x = 6 + \frac{1}{20}, \text{ ou } \frac{5}{7}x - \frac{2}{3}x = \frac{121}{6}.$$

Réduisant au même dénominateur les fractions $\frac{2}{3}$ et $\frac{5}{7}$, on a

$$\frac{15}{21}x - \frac{14}{21}x = \frac{121}{6}, \text{ ou } \frac{1}{21}x = \frac{121}{6}.$$

Divisant les dénominateurs par 3, on aura $\frac{1}{7}x = \frac{121}{2}$; enfin multipliant par 2 et par 7, on trouvera $2x = 121 \times 7 = 847$ ....

et $x = \frac{847}{2} = 423,5$.

On pourroit aussi réduire d'abord tous les termes de l'équation au même plus petit dénominateur, et supprimer ensuite tous les dénominateurs, ce qui reviendroit à la multiplication de tous les termes par un même nombre. Après cela, on n'opéreroit plus que sur des nombres entiers.

En examinant attentivement la marche que l'on a suivie pour déterminer l'inconnue, on en tirera cette règle générale.

*** Pour obtenir la valeur de l'inconnue qui se trouve dans une équation, lorsque cette inconnue est seule et qu'elle n'est élevée qu'à sa première puissance, il faut 1°. réduire tous les termes de l'équation au même plus petit dénominateur, et supprimer le dénominateur commun; 2°. faire passer tous les termes qui renferment l'inconnue, dans l'un des membres de l'équation, et tous ceux qui ne la renferment pas, dans l'autre; transposition qui se fait en effaçant les termes dans le membre où ils sont, et en les écrivant dans l'autre, avec des signes contraires, c'est à dire, avec le signe —, s'ils avoient le signe +, et avec le signe +, s'ils avoient le signe —; 3° diviser tous les termes de l'équation par la somme des termes qui multiplient l'inconnue.

Supposons que l'on eût deux inconnues et deux équations, on pourroit d'abord chercher l'une des inconnues en traitant l'autre comme connue, et après avoir substitué cette valeur dans l'autre équation, on n'auroit plus qu'une équation à une inconnue, que l'on détermineroit par la règle précédente; mais nous n'irons pas plus en avant sur ce sujet, parce que nous y reviendrons dans la suite avec tous les détails qu'il mérite.

NOTE XII.   (Prob. LXXVII et LXXVIII, pag. 211 et 213.)

Du triangle arithmétique.

Si l'on écrit d'abord en ligne horisontale un certain nombre quelconque de fois 1; qu'ensuite, à partir de la seconde unité à gauche, on forme une seconde ligne de nombres dont chacun soit la somme des nombres placés à sa gauche dans la première ligne; qu'après, on forme une troisième ligne avec la seconde, comme on a formé celle-ci avec la première, et que l'on continue à former de nouvelles lignes, en suivant le même procédé, on aura une suite de nombres qui, par leur disposition, donneront lieu à une figure, connue en géométrie sous le nom de *triangle;* ce qui a fait donner à la réunion de ces diverses suites de nombres le nom de *triangle arithmétique.* Ce triangle peut avoir plus ou moins d'étendue; il nous suffira de celui tracé ci-dessous pour en expliquer les différentes propriétés.

1	1	1	1	1	1	1	1	1	1	1
	1	2	3	4	5	6	7	8	9	10
		1	3	6	10	15	21	28	36	45
			1	4	10	20	35	56	84	120
				1	5	15	35	70	126	210
					1	6	21	56	126	252
						1	7	28	84	210
							1	8	36	120
								1	9	45
									1	10
										1

Au premier coup-d'œil, on voit que chaque ligne horisontale est composée des mêmes nombres que la ligne oblique ou transversale du même rang; ensuite que chaque terme étant la somme de tous les termes placés à sa gauche dans la ligne horisontale précédente, on peut le former tout de suite en ajoutant le terme précédent de la même ligne horisontale au terme immédiatement au-dessus; c'est ainsi que pour avoir le quatrième terme de la troisième ligne, on ajoutera au terme précédent 6 le terme 4 placé au-dessus, et l'on aura 10; et cela est visible, puisque $6 = 1 + 2 + 3$, et que l'on doit avoir $10 = 1 + 2 + 3 + 4 = 6 + 4$.

On remarquera facilement encore que les nombres placés dans une même colonne verticale, forment deux séries composées de mêmes nombres; la première croissante, et la seconde décroissante. Si l'on élevoit $a + b$ au carré, ensuite au cube, à la quatrième, à la cinquième, etc. puissance, on trouveroit aussi que la troisième colonne verticale donne les multiplicateurs de a et de b dans le carré, que la quatrième donne ceux des mêmes lettres dans le cube, la cinquième ceux de ces lettres dans la quatrième puissance, ainsi de suite.

Si l'on fait la somme des colonnes verticales du triangle, on aura la progression par quotient

$$\div \quad 1 : 2 : 4 : 8 : 16 : 32 : 64, \text{ etc.}$$

Divisons maintenant chaque terme d'une ligne horisontale par celui qui occupe le même rang dans la ligne précédente, et comparons les quotiens qui en résulteront. Si nous nous arrêtons aux troisième et quatrième lignes, nous aurons

$$\frac{1}{1} \quad \frac{4}{3} \quad \frac{10}{6} \quad \frac{20}{10} \quad \frac{35}{15} \quad \frac{56}{21}, \text{ etc.}$$

ou

$$\frac{3}{3} \quad \frac{4}{3} \quad \frac{5}{3} \quad \frac{6}{3} \quad \frac{7}{3} \quad \frac{8}{3}, \text{ etc.}$$

nombres qui forment une progression dont la différence $\frac{1}{3}$ est une fraction ayant l'unité pour numérateur, et le nombre qui désigne le rang de la ligne diviseur, pour dénominateur; et comme il en seroit de même des quotiens des termes qui composent deux lignes consécutives, on en conclura que, *dans le triangle arithmétique, si l'on prend les termes qui occupent le même rang dan deux suites horisontales consécutives, et qu'on divise successivement ceux de la suite inférieure par ceux de la suite supérieure, on aura des quotiens formant une progression dont la différence sera une fraction ayant pour numérateur l'unité, et pour dénominateur le nombre qui marque le rang de la ligne supérieure.*

Après avoir divisé les termes de deux suites un à un, divisons-les deux à deux, trois à trois, etc., c'est-à-dire, faisons les sommes des deux, des trois des quatre, etc. premiers termes des deux suites, divisons-les les unes par les autes, et voyons quelle relation les quotiens auront entre eux. Prenant encore les troisième et quatrième lignes, nous aurons

$$\frac{1}{1} \quad \frac{1+4}{1+3} \quad \frac{1+4+10}{1+3+6} \quad \frac{1+4+10+20}{1+3+6+10} \quad \frac{1+4+10+20+35}{1+3+6+10+15} \quad \text{etc.}$$

ou

$$\frac{1}{1} \quad \frac{5}{4} \quad \frac{15}{10} \quad \frac{35}{20} \quad \frac{70}{35} \quad \text{etc.}$$

ou

$$\div \frac{4}{4} \cdot \frac{5}{4} \cdot \frac{6}{4} \cdot \frac{7}{4} \cdot \frac{8}{4} \quad \text{etc.}$$

suite dont les termes forment une progression ayant $\dfrac{1}{4}$ pour différence. De sorte que, conduit par l'analogie, on conclura que,

*Dans le triangle arithmétique, si l'on prend deux suites
horisontales consécutives, que l'on fasse dans chacune les
sommes des 2, des 3, des 4, etc. premiers termes, et que les
sommes de la suite inférieure on les divise chacune par sa
correspondante dans la suite supérieure, on aura des quotiens en progression dont la différence sera l'unité divisée
par le rang de la suite inférieure où l'on a pris les dividendes.*

La rigueur exigeroit que les principes que nous venons d'exposer fussent
généralisés ; mais leur démonstration nous jeteroit dans des calculs qui
tiennent essentiellement à l'algèbre ; nous nous contenterons donc des
résultats de l'analogie résultats que nous présentons comme objets de
recherches ultérieures. Nous allons cependant faire usage de ces principes, pour *trouver quelque formule propre à donner tel terme
que l'on voudra du triangle.*

Pour simplifier, représentons généralement par $n f^m$ la somme
des n premiers termes d'une suite horisontale dont le rang est m.
En faisant successivement m et $n = 1 \ldots = 2 \ldots = 3$, etc., on
aura un moyen d'indiquer la somme de tel nombre de termes que
l'on voudra, pris dans une suite de rang déterminé. Si nous appliquons le principe précédent, nous aurons

$$\div \frac{f^2}{f^1} \cdot \frac{2f^2}{2f^1} \cdot \frac{3f^2}{3f^1} \cdot \frac{4f^2}{4f^1} \cdots \frac{nf^2}{nf^1},$$

progression dont la différence est $\frac{1}{2}$; on aura donc , d'après l

propriétés des progressions par différence (prob. LXXVII)

$$\frac{n f^2}{n f^1} = \frac{f^2}{f^1} + \frac{1}{2} \times (n-1) ; \quad \text{or}, f^2 = 1 , f^1 = 1 , \text{ et } n f^1 = n;$$

par conséquent $\dfrac{n f^2}{n} = 1 + \dfrac{n-1}{2} = \dfrac{n+1}{2}$, et $n f^2 = \dfrac{n(n+1)}{2}$

Semblablement, on auroit les progressions

$$\div \quad \frac{f^3}{f^2} \cdot \frac{2 f^3}{2 f^2} \cdot \frac{3 f^3}{3 f^2} \cdots \frac{n f^3}{n f^2}$$

$$\div \quad \frac{f^4}{f^3} \cdot \frac{2 f^4}{2 f^3} \cdot \frac{3 f^4}{3 f^3} \cdots \frac{n f^4}{n f^3}$$

$$\div \quad \frac{f^5}{f^4} \cdot \frac{2 f^5}{2 f^4} \cdot \frac{3 f^5}{3 f^4} \cdots \frac{n f^5}{n f^4}$$

$$\text{etc.} \qquad \text{etc.} \qquad \text{etc.} \qquad \text{etc.}$$

dont les différences sont $\frac{1}{3}$, $\frac{1}{4}$, $\frac{1}{5}$, etc. , d'après lesquelles on

trouveroit

$$\frac{n f^3}{n f^2} = \frac{n+2}{3} , \quad \frac{n f^4}{n f^3} = \frac{n+3}{4} , \quad \frac{n f^5}{n f^4} = \frac{n+4}{5} , \text{ etc.}$$

et $\qquad n f^3 = n f^2 \times \dfrac{n+2}{3} , \quad n f^4 = n f^3 \times \dfrac{n+3}{4} ,$

$$n f^5 = n f^4 \times \frac{n+4}{5} , \text{ etc.}$$

On en déduiroit donc

$$(A) \begin{cases} n f^2 = \dfrac{n}{1} , \; n f^3 = \dfrac{n}{1} \times \dfrac{n+1}{2} , \\[2mm] n f^3 = \dfrac{n}{1} \times \dfrac{n+1}{2} \times \dfrac{n+2}{3} , \\[2mm] n f^4 = \dfrac{n}{1} \times \dfrac{n+1}{2} \times \dfrac{n+2}{3} \times \dfrac{n+3}{4} , \\[2mm] n f^5 = \dfrac{n}{1} \times \dfrac{n+1}{2} \times \dfrac{n+2}{3} \times \dfrac{n+3}{4} \times \dfrac{n+4}{5} ; \end{cases}$$

formules qui montrent que,

Pour faire la somme d'un nombre n *de termes d'une suite horisontale du triangle arithmétique, ou, pour trouver le* n^me. *terme de la suite inférieure, il faut* 1°. *prendre les deux progressions* n.n + 1.n + 2.n + 3, *etc. et* 1.2.3, *etc., jusqu'à ce qu'elles aient un nombre de termes égal au rang qu'occupe la suite;* 2°. *diviser les termes de la première progression par les termes correspondans de la deuxième;* 3°. *faire un produit de tous les quotiens résultans.*

Proposons-nous enfin d'exprimer tous les termes qui composent une colonne verticale du triangle arithmétique. Dans ce cas, la difficulté est réduite à trouver d'après le principe précédent les sommes f^1, $(n-1)f^2$, $(n-2)f^3$, $(n-3)f^4$, $(n-4)f^5$, etc.

Or, il suffira pour cela de remplacer dans les formules (A) ci-dessus n par $n-1$ dans nf^2, par $n-2$, dans nf^3, par $n-3$, dans $(n-4)f^4$, , etc.

On aura donc,

$$f^1 = 1$$

$$(n-1)f^2 = \frac{n}{1} \times \frac{n-1}{2}$$

$$(n-2)f^3 = \frac{n}{1} \times \frac{n-1}{2} \times \frac{n-2}{3}$$

$$(n-3)f^4 = \frac{n}{1} \times \frac{n-1}{2} \times \frac{n-2}{3} \times \frac{n-3}{4}$$

$$(n-4)f^5 = \frac{n}{1} \times \frac{n-1}{2} \times \frac{n-2}{3} \times \frac{n-3}{4} \times \frac{n-4}{5}$$

En finissant, nous ajouterons que les nombres qui forment les suites horisontales ont été nommés *nombres figurés*, parce que l'on peut arranger les unités qu'ils renferment de manière à former des figures géométriques.

Les nombres de la première suite se nomment *unités*, ou nombres *constans* ou nombres *points*; ceux de la deuxième suite, nombres *linéaires* ou *latéraux;* ceux de la troisième, nombres *triangulaires* ou *trigonaux;* ceux de la quatrième, nombres *pyramidaux;*

ceux de la cinquième, nombres *trianguli - pyramidaux ;* ici l'on s'arrête et l'on continue de donner le nom de *nombres pyramidaux ,* mais de divers degrés, aux nombres des autres suites.

NOTE XIII.

Des permutations et des combinaisons.

§ Ier.

L'objet des permutations ou changemens d'ordre est de trouver de combien de manières on peut arranger ou disposer deux à deux , trois à trois, quatre à quatre , etc., un certain nombre donné de choses.

Pour plus de clarté, représentons par les lettres de l'alphabet les choses qu'il s'agit d'arranger, il peut arriver que chaque permutation doive renfermer un nombre de lettres égal à la totalité des lettres données , ou bien qu'elle en renferme un nombre plus petit, ou même un nombre plus grand : parcourons ces divers cas, et voyons dans quel rapport se trouvera le nombre des lettres données relativement au nombre des permutations.

Commençant par le cas le plus simple , cherchons combien avec deux lettres a et b , on peut faire de permutations de deux lettres. Pour cela , il suffit d'écrire b d'abord à la droite et ensuite à la gauche de a , c'est-à-dire de faire occuper à b successivement le deuxième et le premier rang ; ce qui donne

$$a\,b \qquad b\,a.$$

2°. Soient trois lettres $a\,b\,c$ dont on demande les permutations trois à trois : on écrira , dans les deux permutations $a\,b$ et $b\,a$, la lettre c successivement au troisième , au deuxième et au premier rang ; de sorte que l'on aura

$$\begin{array}{ll} a\,b\,c & b\,a\,c \\ a\,c\,b & b\,c\,a \\ c\,a\,b & c\,b\,a \end{array}$$

D'où l'on voit que chaque permutation de deux lettres en donne autant de trois lettres qu'il y a de rangs à occuper, c'est-à-dire trois ; comme deux lettres donnent deux permutations de deux lettres, il s'ensuit que trois lettres donneront un nombre de permutations de trois lettres exprimé par 2×3.

3°. Soient les quatre lettres *a b c d*, qu'il s'agit d'arranger de manière que chaque permutation renferme quatre lettres. Prenons la permutation *a b c* de trois lettres ; nous pouvons écrire successivement la lettre *d* au quatrième, au troisième, au deuxième et au premier rang ; ce qui nous donnera les quatre permutations suivantes :

$$a\ b\ c\ d$$
$$a\ b\ d\ c$$
$$a\ d\ b\ c$$
$$d\ a\ b\ c$$

Or, chaque permutation de trois lettres en donnant 4 de quatre lettres, et le nombre des permutations de trois lettres étant exprimé par 2×3, il s'ensuit qu'*avec quatre lettres on peut faire un nombre de permutations de quatre lettres égal à* $2 \times 3 \times 4$.

D'où il est aisé de voir, qu'en général, pour avoir le nombre des permutations que l'on peut faire avec un nombre n *de lettres, chaque permutation en contenant un nombre* n, *il faut faire le produit de tous les nombres entiers depuis* 1 *jusqu'au nombre* n *qui marque le nombre des lettres dont chaque permutation doit être composée.*

Cas où le nombre des lettres de chaque permutation est moindre que le nombre total des lettres à permuter.

1°. Soient les trois lettres *a b c* dont il faut trouver le nombre des permutations de deux lettres. Écrivant successivement chaque lettre à la droite de chacune des lettres restantes, on aura

$$a\ b \qquad b\ a \qquad c\ a$$
$$a\ c \qquad b\ c \qquad c\ b$$

D'où l'on voit que l'on a autant de permutations de deux lettres ayant une même lettre au premier rang à gauche qu'il y a de lettres moins une dans le nombre total des lettres données ; ici on aura un nombre exprimé par $3 - 1$ ou 2 ; par conséquent, multipliant le nombre total des lettres moins une par le nombre total lui-même, on trouvera le nombre des permutations, lorsque celles-ci ne contiennent qu'une lettre de moins que le nombre total des lettres.

Ainsi, *le nombre des lettres à permuter étant* n, *et celui de chaque permutation étant* n — 1, *on aura* $(n — 1) \times n$ *pour le nombre des permutations.*

2°. Soient les quatre lettres $a\,b\,c\,d$ dont on demande le nombre des permutations de deux et ensuite de trois lettres.

Pour obtenir les permutations de deux lettres, nous ferons comme ci-dessus, et nous aurons

$$
\begin{array}{cccc}
a\,b & b\,a & c\,a & d\,a \\
a\,c & b\,c & c\,b & d\,b \\
a\,d & b\,d & c\,d & d\,c
\end{array}
$$

permutations dont le nombre est exprimé par $(4 — 1) \times 4$.

Voulant avoir maintenant le nombre des permutations de trois lettres, commençons par chercher combien l'une des permutations de deux lettres peut en donner de trois lettres : prenons donc $a\,b$ et écrivons successivement dans chaque permutation de deux lettres, les lettres restantes $c\,d$; nous aurons

$$
\begin{array}{c}
a\,b\,c \\
a\,b\,d
\end{array}
$$

En faisant de même pour chaque permutation, nous aurons pour la totalité des permutations de trois lettres, ... $(4 — 1) \times 4 \times 2 = 4 \times (4 — 1) \times (4 — 2)$.

3°. Soient les cinq lettres $a\,b\,c\,d\,e$ dont on cherche les permutations de deux, de trois, et de quatre lettres. Opérant comme ci-dessus, on trouvera d'abord

$$
\begin{array}{ccccc}
a\,b & b\,a & c\,a & d\,a & e\,a \\
a\,c & b\,c & c\,b & d\,b & e\,b \\
a\,d & b\,d & c\,d & d\,c & e\,c \\
a\,e & b\,e & c\,e & d\,e & e\,d
\end{array}
$$

c'est-à-dire, un nombre de permutations de deux lettres exprimé par $(5 — 1) \times 5 = 4 \times 5$.

Ensuite la permutation $a\,b$ de deux lettres, après que l'on aura écrit chaque lettre restante à la droite, donnera

$$a\,b\,c$$
$$a\,b\,d$$
$$a\,b\,e$$

C'est-à-dire, un nombre de permutations de trois lettres exprimé par 3 ou $5-2$; or, on a un nombre de permutations de deux lettres égal à $(5-4)\times5$; on aura donc $5\times(5-1)\times(5-2)$ pour le nombre des permutations que l'on peut faire avec cinq lettres, chaque permutation renfermant trois lettres.

Passons au nombre des permutations de quatre lettres; et pour cela, écrivons successivement à la droite de la permutation $a\,b\,c$, chaque lettre restante, savoir d et e nous aurons

$$a\,b\,c\,d$$
$$a\,b\,c\,e$$

C'est-à-dire, un nombre $(5-3)$ de permutations de quatre lettres, données par une permutation de trois lettres; mais on a un nombre $5\,(5-1)\,(5-2)$ de permutations de trois lettres; c'est pourquoi *le produit* $5\,(5-1)\,(5-2)\,(5-3)$ *exprimera le nombre des permutations de quatre lettres donné par cinq lettres.*

Sans aller plus en avant, on peut remarquer ici que la marche du raisonnement étant toujours la même, la loi que nous venons de découvrir pour trois, pour quatre et pour cinq lettres relativement au nombre des permutations composées d'un nombre de lettres inférieur à la totalité des lettres données est constante et par conséquent générale : nous conclurons donc que, *pour avoir le nombre de permutations contenant chacune un nombre de lettres inférieur au nombre total des lettres données, il faut multiplier le nombre total des lettres par les nombres inférieurs jusqu'à ce que l'on en ait un nombre égal au nombre des lettres moins une que doit renfermer chaque permutation.*

D'après cela, si n exprime le nombre total des lettres, et p le nombre des lettres de chaque permutation, on aura pour le nombre des permutations, $n\,(n-1)\,(n-2)\,(n-3)\,(n-4)\ldots(n-(p-1))$; les points indiquant un vide qui devroit être rempli par les nombres plus petits que $n-4$, et plus grands que $n-(p-1)$.

Cas où le nombre des lettres de chaque permutation surpasse le nombre total des lettres à permuter.

1°. Supposons que l'on demande le nombre des permutations de trois lettres que l'on peut faire avec deux lettres a et b. Dans ce cas on ne peut résoudre le problème sans répéter, dans une permutation, l'une des deux lettres; de sorte qu'alors la question est réduite à celle-ci : *étant données trois lettres* $a\,b\,b$ *dont deux sont égales, trouver le nombre des permutations de trois lettres.*

On pourroit procéder ici comme dans le cas où les lettres sont différentes, se contentant de rejeter les permutations égales; mais il sera plus simple de remonter aux permutations formées précédemment avec les lettres $a\,b\,c$, de supposer $c = b$, et de voir combien l'on a de permutations différentes. Or, on a trouvé que les lettres $a\,b\,c$ donnoient

$$a\,b\,c \qquad b\,a\,c \qquad c\,a\,b$$
$$a\,c\,b \qquad b\,c\,a \qquad c\,b\,a$$

permutations qui, à cause de $c = b$, $b\,c = b\,b$, $c\,b = b\,b$, se changent en celles-ci

$$a\,b\,b \qquad b\,a\,b \qquad b\,a\,b$$
$$a\,b\,b \qquad b\,b\,a \qquad b\,b\,a$$

D'après lesquelles on voit qu'au lieu de six permutations, on n'en a plus que trois ou la moitié, ce qui doit toujours avoir lieu, puisque les permutations de deux lettres que l'on peut faire avec b et c, se réduisent alors à une seule $b\,b$.

2°. *Qu'il s'agisse de trouver combien avec un nombre* n *de lettres on peut faire de permutations de quatre lettres, lorsque trois de ces lettres sont égales.* Or, si les lettres étoient toutes différentes on auroit un nombre de permutations exprimé par $n\,(n-1)\,(n-2)\,(n-3)$. Il ne faut donc plus que savoir de combien l'égalité de trois lettres diminue le nombre des permutations.

Pour le découvrir, prenons d'abord une permutation seulement de deux lettres, savoir $c\,d$: comme pour avoir les permutations de trois lettres, il faut à la gauche de chacune des permutations $c\,d$ et $d\,c$, écrire successivement chaque lettre restante, il s'ensuit que si $c = d$, on n'aura qu'une permutation $c\,c$, et par conséquent un demi des permutations de trois lettres, que l'on auroit eues, si toutes les lettres eussent été différentes ; de sorte que le nombre des permutations , lorsque deux lettres seulement, sont égales est exprimé par...........

$$\frac{n\,(n-1)\,(n-2)\,(n-3)}{2}.$$

Si maintenant on suppose $d = c = b$, alors les permutations bcd, bdc, cbd, cdb, dbc, dcb, se réduiront à une seule bbb, par conséquent, elles ne seront que le tiers du nombre de celles que l'on avoit lorsque deux lettres seulement étoient égales : on aura donc pour le nombre de permutations de quatre lettres , lorsque trois lettres sont égales , l'expression

$$\frac{n\,(n-1)\,(n-2)\,(n-3)}{2\cdot 3}.$$

3°. Que l'on ait maintenant quatre lettres égales , savoir $b = c = d = e$; et que l'on demande le nombre des permutations de cinq lettres. Dans ce cas , prenons la permutation $abcde$. Si nous n'avions d'abord que $d = c$, les permutations $abcde$, $abced$ ne donneroient que $abcdd$; si l'on avoit ensuite $c = d = e$, les permutations

$$a\,b\,c\,d\,e \qquad a\,b\,d\,c\,e \qquad a\,b\,e\,d\,c$$
$$a\,b\,c\,e\,d \qquad a\,b\,d\,e\,c \qquad a\,b\,e\,c\,d$$

se changeroient en celle-ci $abccc$, et ne seroient par conséquent qu'un sixième de celles que l'on trouve lorsque toutes les lettres sont différentes Enfin si l'on suppose $b = c = d = e$, la permutation $abcde$ donnera autant de permutations égales qu'avec les lettres $bcde$ on pourra faire de permutations de quatre lettres. Or , avec quatre lettres on fait un nombre $4\,(4-1)\,(4-2)\,(4-3)$ ou $4\times 3\times 2$ de permutations, par conséqu nt, on n'aura qu'une permutation , lorsque quatre lettres sont égales, tandis que l'on en avoit un nombre $4\times 3\times 2$, lorsque les lettres étoient différentes ; la formule cherchée sera donc $\dfrac{n\,(n-1)\,(n-2)\,(n-3)}{1\times 2\times 3\times 4}.$

Ainsi de suite , lorsque l'on a un plus grand nombre de lettres égales.

On en conclura donc , que dans le cas où un certain nombre de lettres sont égales , on trouve le nombre des permutations en divisant celles que l'on auroit si toutes les lettres étoient différentes, par le produit de tous les nombres entiers depuis 1 jusqu'au nombre inclusivement qui marque combien de lettres sont devenues égales.

§ II.

Les combinaisons sont des arrangemens dans lesquels on n'a égard qu'aux choses qui les composent, sans faire attention aux rangs que ces choses ont relativement les unes aux autres : de sorte que les combinaisons dépendent seulement des différens objets combinés et du nombre de ces objets, tandis que dans les permutations on tient compte tout-à-la-fois du nombre des objets, de leur espèce, et du rang qu'ils occupent entre eux ; mais, dans toutes ces recherches, on ne fait les permutations et les combinaisons que pour en déterminer le nombre.

D'après la différence qu'il y a entre les permutations et les combinaisons, il est aisé de voir que les premières peuvent conduire aux secondes, en examinant de combien le nombre des permutations doit être réduit, quand on n'a égard qu'au nombre et à l'espèce des objets permutés.

Pour éclaircir ceci, écrivons la permutation $abcd$. Cette permutation donnera autant de permutations ayant en tête la lettre a, qu'avec les trois lettres bcd. On peut faire des permutations de trois lettres, c'est-à-dire un nombre $3(3-1)(3-2)$ ou $3 \times 2 \times 1$; elle en donnera le même nombre ayant la lettre b la première, autant avec la lettre c, et un égal nombre avec la lettre d à sa gauche ; on en aura donc un nombre exprimé par $4 \times 3 \times 2 \times 1$; ainsi les quatre lettres $abcd$ donnent un nombre $4 \times 3 \times 2 \times 1$ de permutations et ne donnent qu'une combinaison ; le rapport du nombre des permutations à celui des combinaisons sera dans ce cas $\therefore 4 \times 3 \times 2 \times 1 : 1$; et comme n de lettres donnent un nombre de permutations de quatre lettres exprimé par $n(n-1)(n-2)(n-3)$; on aura pour le nombre des combinaisons de quatre lettres donné par n de lettres, la

formule $\dfrac{n(n-1)(n-2)(n-3)}{1 \times 2 \times 3 \times 4}$.

D'où l'on conclura que, *pour avoir le nombre des combinaisons de p de lettres donné par le nombre n de lettres, il faut diminuer successivement de 1 le nombre n, jusqu'à ce*

que l'on ait retranché un nombre p — 1 *d'unités ; faire en-*
suite un produit de tous ces restes et du nombre n, *et enfin*
diviser ce produit par le produit de tous les nombres retran-
chés de n, *en y comprenant* p.

D'après cela si l'on représente par *C* le nombre des combinaisons
de *p* de lettres donné par *n* de lettres, on aura la formule······

$$C = \frac{n\,(n-1)\,(n-2)\,\dots\,(n-p+1)}{1 \times 2 \times 3 \dots \times p}.$$

Application de la théorie des combinaisons au calcul de
la Loterie.

Le calcul de la loterie consiste principalement à trouver le rapport
entre le nombre des combinaisons 1 à 1, 2 à 2, 3 à 3, 4 à 4 et
5 à 5 donné par 5 numéros sortans et 90 somme totale des numéros ; c'est-à-dire, le rapport entre les *extraits*, les *ambes*, les
ternes, les *quaternes* et les *quines* que peuvent donner 5 numéros,
et ceux qui peuvent provenir de 90. On aura donc, d'après les
formules précédentes, les proportions

gag. : total. des extr. ∷   5   :   90   ∷ 1 : 18

ag. : total. des ambes ∷ $\dfrac{5 \times 4}{2}$: $\dfrac{90 \times 89}{2}$ ∷ 1 : 400,5

ag. : total. des ternes ∷ $\dfrac{5 \times 4 \times 3}{2 \times 3}$: $\dfrac{90 \times 89 \times 88}{2 \times 3}$ ∷ 1 : 11748

ag. : total. des quat. ∷ $\dfrac{5 \times 4 \times 3 \times 2}{2 \times 3 \times 4}$: $\dfrac{90 \times 89 \times 88 \times 87}{2 \times 3 \times 4}$ ∷ 1 : 511038

ag. : total. des quines ∷ $\dfrac{5 \times 4 \times 3 \times 2 \times 1}{2 \times 3 \times 4 \times 5}$: $\dfrac{90 \times 89 \times 88 \times 87 \times 86}{2 \times 3 \times 4 \times 5}$ ∷ 1 : 43949268.

Pour un extrait gagnant, on donne la mise. . . .   15 fois

Pour un ambe. • . . . . • . . • . . •   270

Pour un terne.   5500

Pour un quaterne.. . . . . •   75000

Pour le quine. . • . . . . • . 1000000

Voyez, pour de plus amples détails sur ce sujet, et pour d'autres applications intéressantes et curieuses de la théorie des combinaisons, le *Traité de l'Art conjectural*, par M. Parisot.

TABLEAUX

DES DÉFINITIONS, DES PRINCIPES,

DES PROPOSITIONS ET DES SOLUTIONS

RENFERMÉES DANS L'ARITHMÉTIQUE.

Origine et objet de l'arithmétique.

(*Prob.* 1. pag. 1.) La nécessité de distinguer les diverses collections d'objets de même espèce, a conduit à la recherche d'expressions propres à représenter toutes ces collections : de là sont nés *les nombres qui sont des expressions de quantités ou bien des pluralités déterminées.*

Les mots *grandeur*, *quantité* marquent en général les propriétés qu'ont les choses de pouvoir être augmentées ou diminuées, tandis que le nombre spécifie le degré d'augmentation auquel une chose a pu parvenir par l'addition successive de l'unité.

Un nombre est fractionnaire ou fraction, quand il renferme des parties égales de l'unité entière que l'on a supposée divisée.

Les premiers besoins de la société ont donné lieu à des questions dans lesquelles il falloit tantôt réunir plusieurs nombres ensemble, tantôt déterminer leur différence, tantôt répéter un nombre autant de fois qu'il y avoit d'unités dans un autre, tantôt enfin trouver combien de fois un nombre étoit contenu dans un autre nombre : ainsi est née *l'arithmétique qui est la science des nombres, et dont l'objet est la composition et la décomposition de ces derniers.*

TABLEAU PREMIER.

De la composition et de la décomposition des nombres entiers.

Chap. Ier. De la composition des nombres entiers.

§ 1er. *Numération.*

(*Prob.* II, pag. 5.) Les dix premiers nombres s'expriment par les mots *un, deux, trois, quatre. cinq, six, sept, huit, neuf, dix :* écrivant ensuite ces mots à partir de *un* à la droite de *dix*, on a pu avoir les expressions des nombres jusqu'à *dix-neuf* inclusivement : alors, au lieu de dire *deux dix*, on a dit *vingt*, et l'on a écrit les neuf premiers mots à la droite de vingt; on a remplacé également *trois dix, quatre dix, cinq dix, six dix, sept dix, huit dix, neuf dix* et *dix dix*, par les mots *trente, quarante, cinquante, soixante, soixante et dix, quatre-vingt, quatre-vingt-dix*, et *cent ;* à la suite de ces mots, jusqu'à *cent*, on a placé les neuf premiers mots, et à la suite de *cent*, toutes les expressions inférieures. On en a fait de même pour *deux cents, trois cents, quatre cents, cinq cents, six cents, sept cents, huit cents*, et *neuf cents ;* alors au lieu de *dix cents*, on a dit *mille*, et à la droite de mille, on a écrit toutes les expressions inférieures; on en a agi de même pour *dix mille* et *cent mille*, mais on a remplacé *dix cent mille* par le mot *million*, ensuite *dix cent millions*, par le mot *billion ; dix cent billions* par *trillion ;* et, continuant de la même manière, on s'est procuré avec des mots, des expressions pour des nombres très-grands, expressions que l'on a simplifiées en remplaçant les mots par des caractères particuliers nommés chiffres.

(*Prob.* III, pag. 10.) On a représenté les neuf premiers nombres respectivement par les chiffres 1, 2, 3, 4, 5, 6, 7, 8, 9; on est ensuite convenu que tout chiffre écrit à la gauche d'un autre exprimeroit des unités dix fois plus grandes que celles de cet autre, et enfin on a introduit un dixième chiffre 0, nommé *zéro*, destiné à occuper les places vides dans l'expression d'un nombre.

Composition des nombres entiers. Addition.

D'après cela, tout chiffre placé au premier rang à droite exprime des unités simples, au deuxième rang des dixaines, au troisième des centaines, au quatrième des mille, au cinquième des dixaines de mille, au sixième des centaines de mille, au septième des millions, etc., etc. De sorte que, pour écrire un nombre, on peut commencer par écrire successivement les chiffres qui expriment les diverses unités énoncées, ayant l'attention de placer ces chiffres, les uns à l'égard des autres, suivant le rang assigné a x unités qu'ils représentent, et de mettre des zéro aux rangs qui ne sont pas occupés par les chiffres.

(*Prob.* iv, pag. 12.) Pour écrire en chiffres un nombre énoncé, il faut d'abord distinguer dans cet énoncé les diverses tranches dont le nombre est composé, écrire la plus haute tranche comme si elle étoit seule, passer aux tranches suivantes et les écrire successivement, ayant soin de remplacer par des zéro toutes les unités intermédiaires qui manquent.

Pour énoncer un nombre écrit en chiffres, on le divise d'abord de droite à gauche en tranches de trois chiffres chacune, excepté la dernière qui peut avoir moins de trois chiffres ; on cherche ensuite le nom de chaque tranche, en se rappelant que la première est celle des unités, la deuxième celle des mille, la troisième celle des millions, etc. Parvenu à la plus haute tranche, on énonce les diverses unités qu'elle renferme, on la nomme, et on en fait de même pour chaque tranche, jusqu'à celle des unités, dont on supprime le nom.

§ 11. *Addition.*

(*Prob* v, pag. 15.) L'addition est une opération par laquelle on trouve un nombre, égal à plusieurs nombres donnés. Le nombre trouvé se nomme somme des nombres proposés.

La somme de plusieurs nombres est égale à la somme de leurs unités simples à celle de leurs dixaines, à celle de leurs centaines, et en général à la somme de leurs unités de même espèce.

Une somme est d'autant plus grande ou plus petite, qu'elle est formée de nombres plus grands ou plus petits, ou bien qu'elle en renferme un plus ou moins grand nombre.

Composition des nombres entiers. Multiplication.

Les unités de la somme sont de même espèce que celles des nombres ajoutés.

Pour avoir la somme de plusieurs nombres donnés, écrivez ces nombres les uns sous les autres, de manière que les unités de même espèce soient placées sur une même colonne; faites la somme des unités simples, celle des dixaines, celle des centaines, et en général celles des unités de chaque et même espèce; et, lorsqu'une somme donnera des unités de l'espèce supérieure, retenez-les pour les réunir à celles de la colonne immédiatement à gauche.

§ I I I. *Multiplication.*

(*Prob.* VI, pag. 19.) *La multiplication est une addition abrégée par laquelle on trouve un nombre qui en contient un autre, tel nombre de fois que l'on veut.*

Le nombre contenu ou le nombre à répéter se nomme *multiplicande;* celui qui désigne combien de fois le multiplicande est renfermé dans la somme trouvée par la multiplication, prend le nom de *multiplicateur;* tandis que la somme elle-même se nomme *produit;* le multiplicande et le multiplicateur reçoivent le nom commun de *facteurs* du produit.

Tout produit peut être considéré comme un tout dont le multiplicande exprime la grandeur des parties, et le multiplicateur le nombre.

Pour multiplier un nombre par un autre, on écrit le multiplicande, et au-dessous le multiplicateur que l'on sousligne; on multiplie de droite à gauche successivement les diverses unités du multiplicande par le chiffre des unités simples du multiplicateur, et l'on écrit ce produit partiel au-dessous. Si, en multipliant un chiffre du multiplicande, on avoit un produit de deux chiffres, on n'écriroit que le premier chiffre à droite, et l'on retiendroit celui à gauche pour l'ajouter au produit du chiffre suivant du multiplicande par le même chiffre du multiplicateur. On multiplie de même tous les chiffres du multiplicande successivement par tous les chiffres significatifs du multiplicateur, et l'on écrit à la droite de chaque produit partiel, autant de zéro que l'indique le rang qu'occupe le chiffre multiplicateur

Composition des nombres entiers. Multiplication.

à la gauche de celui des unités simples. On peut aussi se dispenser d'écrire ces zéro, pourvu que le premier chiffre à droite de chaque produit partiel soit écrit au rang des unités qu'exprime le chiffre multiplicateur. Additionnant enfin tous les produits particls, leur somme sera le produit total. S'il y avoit des zéro à la droite des facteurs, on les écriroit tous à la droite du produit.

(*Prob.* vii. pag. 25.) Un produit est d'autant plus grand ou plus petit, que son multiplicande est plus grand ou plus petit, le multiplicateur restant le même. Il est aussi d'autant plus grand ou plus petit que son multiplicateur est plus grand ou plus petit, le multiplicande ne variant point.

Un produit reste constamment le même, lorsque l'on rend l'un de ses facteurs autant de fois plus grand ou plus petit, que l'on a rendu l'autre plus petit ou plus grand.

Si un produit et l'un de ses facteurs deviennent chacun un même nombre de fois plus grands ou plus petits, l'autre facteur n'éprouvera aucun changement.

Un produit contient autant de fois de plus le multiplicande ou le multiplicateur, que l'on a ajouté d'unités au multiplicateur ou au multiplicande ; et il contient autant de fois de moins le multiplicande ou le multiplicateur, que l'on a retranché d'unités du multiplicateur ou du multiplicande.

(*Prob.* viii. pag. 27.) Un produit composé de deux facteurs ne varie point, quand on fait du multiplicande le multiplicateur, et du multiplicateur le multiplicande.

(*Prob.* ix. pag. 28.) Le nombre des chiffres d'un produit est égal au nombre des chiffres des deux facteurs, lorsque l'un de ceux-ci n'a qu'un seul chiffre qui, multiplié par le chiffre des plus hautes unités de l'autre facteur, donne un produit de deux chiffres.

Un produit de deux facteurs a le nombre des chiffres de ses facteurs, ou ce même nombre diminué de 1.

Le nombre des chiffres de l'un des facteurs est ou égal au nombre des chiffres du produit, moins le nombre des chiffres de l'autre facteur plus 1 ; ou seulement à cette différence.

(*Prob.* x, pag. 29.) Un produit reste le même, dans quelque

Composition des nombres entiers. Puissances.

ordre que l'on multiplie ses facteurs, et en quelque nombre que soient ces derniers.

§ IV. *Formation des puissances.*

Les *puissances* sont des produits dont tous les facteurs sont égaux; suivant que ces produits renferment deux ou trois ou quatre, etc. facteurs égaux, on les nomme *puissances seconde* ou *troisième*, ou *quatrième*, *etc.* On donne aussi le nom de puissance *carrée* à la puissance seconde, et celui de puissance *cubique* à la puissance troisième. Le facteur qui a produit une puissance se nomme *racine* de cette puissance; il en est la *racine seconde* ou *carrée*, *troisième* ou *cubique*, *quatrième*, *cinquième*, etc. selon qu'il entre deux, ou trois, ou quatre, ou cinq, etc. fois comme facteur dans la puissance.

(*Prob.* xi, pag. 32.) Le carré d'un nombre composé de dixaines et d'unités renferme le carré des dixaines, plus le double produit des dixaines par les unités, plus le carré des unités.

(*Prob.* xii, pag. 33.) Le cube d'un nombre composé de dixaines et d'unités renferme de ce nombre, 1°. le cube des dixaines; 2°. trois fois le carré des dixaines par les unités; 3°. trois fois le carré des unités par les dixaines; 4°. le cube des unités.

Le cube d'un nombre ne peut avoir plus du triple des chiffres de ce nombre, ni moins que ce triple diminué de deux.

(*Remarq.* 1, pag. 34.) On aura la quatrième puissance d'un nombre en formant le carré du carré de ce nombre.

La sixième puissance d'un nombre est égale au carré du cube de ce nombre.

La huitième puissance d'un nombre est le carré du carré du carré de ce nombre.

La neuvième puissance d'un nombre est exprimée par le cube du cube de ce nombre.

La douzième puissance d'un nombre égale le cube du carré du carré du nombre.

(*Remarq.* iii, pag. 36.) Les nombres *premiers* ou *simples* sont ceux qui ne sont divisibles que par eux-mêmes ou par l'unité.

Décomposition des nombres entiers. Soustraction.

Les nombres *composés* ou *multiples* sont ceux que l'on peut diviser par des nombres autres qu'eux-mêmes ou l'unité.

Un nombre est *pair* ou *impair* suivant qu'il est divisible ou non par 2. Les nombres pairs sont terminés par zéro, ou par 2, ou par 4, ou par 6, ou par 8; les impairs le sont par 1, ou par 3, ou par 5, ou par 7, ou par 9.

Chap. II. Décomposition des nombres entiers.

§ I. *Soustraction.*

(*Prob.* XIII , pag. 37.) Le but de la soustraction est de déterminer l'une des parties d'une somme, lorsque cette somme et la partie restante sont connues ; ou bien de trouver la différence entre deux nombres , c'est-à-dire l'excès de l'un sur l'autre.

Le complément d'un nombre est la différence entre ce nombre et l'unité suivie d'autant de zéro que ce même nombre renferme de chiffres.

Pour retrancher un nombre d'un autre , 1°. on écrit le premier nombre au-dessous du second , de manière que les chiffres qui expriment des unités de même espèce soient placés les uns sous les autres , dans une même colonne verticale ; 2°. on retranche successivement les unités, les dixaines, les centaines, etc. du nombre à soustraire , des unités, des dixaines , des centaines , etc. de l'autre nombre ; 3°. si le nombre dont on soustrait avoit des chiffres exprimant moins d'unités que les chiffres correspondans dans l'autre nombre, on ajouteroit 10 au chiffre trop foible, et l'on diminueroit de 1 le chiffre immédiatement à gauche; ou bien , on ajouteroit cette unité au chiffre inférieur à gauche ; et la somme de toutes ces différences partielles donneroit la différence totale , ou la partie inconnue de la somme proposée.

Pour avoir le complément d'un nombre , on retranche de 10 le premier chiffre à droite , et de 9 chaque chiffre restant.

(*Prob.* XIV , pag. 42.) 1°. La différence entre deux nombres ne varie point , quand on augmente ou que l'on diminue les deux nombres

Décomposition des nombres entiers. Division.

d'un même nombre d'unités ; 2°. elle augmente d'autant d'unités que l'on en ajoute au plus grand de ces nombres, ou que l'on en retranche du plus petit ; 3°. elle diminue d'autant d'unités que l'on en retranche du plus grand des deux nombres, ou que l'on en ajoute au plus petit.

(*Prob* xv, pag. 43.) Pour retrancher un nombre d'un autre, ajoutez à celui-ci le complément du nombre à retrancher, et diminuez la somme d'une unité immédiatement supérieure aux plus hautes unités du nombre à soustraire.

Pour retrancher la somme de plusieurs nombres, de la somme de plusieurs autres, on ajoutera les complémens des nombres à soustraire, aux autres nombres, et l'on retranchera de la somme totale, pour chaque complément employé, l'unité immédiatement supérieure aux plus hautes unités du nombre dont on a pris le complément.

(*Prob.* xvi, pag. 46.) La différence entre deux nombres doit être telle qu'étant ajoutée au nombre à soustraire, on retrouve le nombre dont on a soustrait.

La vérification de la somme de plusieurs nombres se fait en soustrayant successivement de gauche à droite la totalité de chaque colonne, des unités de son espèce qui se trouvent dans la somme, la dernière soustraction devant donner zéro.

§ II. *Division.*

(*Prob.* xvii, pag. 53.) La *division* est une opération par laquelle une somme étant donnée, on trouve soit le nombre de ses parties dont la grandeur est connue, soit la grandeur des parties, quand on connoît leur nombre. Le *dividende* est le nombre ou la somme à diviser, le *diviseur*, le nombre qui indique soit en combien de parties égales le dividende doit être divisé, soit la grandeur de l'une des parties de ce dividende ; tandis que le *quotient* désigne combien de fois le dividende contient le diviseur, ou bien exprime la grandeur des parties du dividende, lorsque le diviseur en marque le nombre.

Quant à la manière de faire la division, *voy.* les pag. 54 et 55.

La *division* peut aussi être définie, une opération par laquelle,

Décomp. des nomb. ent. Recherche des fact. d'un nombre.

étant donnés un produit et l'un de ses facteurs, on détermine l'autre facteur.

(*Prob.* xx, pag. 60.) Plus un dividende est grand ou petit, son diviseur restant le même, plus le quotient est grand ou petit.

Plus un diviseur est grand ou petit, son dividende restant le même, moins ou plus le quotient doit être grand.

Un quotient reste le même, lorsque le dividende et le diviseur deviennent le même nombre de fois plus grands ou plus petits.

Le produit du diviseur par le quotient plus le reste de la division doit être égal au dividende.

Un produit divisé par l'un quelconque de ses facteurs donne toujours l'autre facteur.

Ces deux principes servent à vérifier la division et la multiplication.

(*Prob.* xxi, pag. 63.) Quant aux conditions que doit remplir un nombre pour être divisible par 2, par 3, par 4, par 5, par 6, par 7, par 8, par 9, par 10, par 11, par 12 et par 13, *voyez* les règles données, pag. 66 et 67.

(*Prob.* xxii, pag. 69.) Tout produit divisible par un nombre premier, a l'un de ses facteurs divisible par le même nombre.

Toutes les fois qu'un nombre est divisible successivement par deux nombres premiers, il l'est par le produit de ces mêmes nombres.

Un nombre qui divise un produit et qui est premier relativement à l'un des facteurs de ce produit, doit diviser l'autre facteur.

Un nombre divisible par deux autres nombres premiers entre eux, est toujours divisible par le produit de ces nombres.

§ III. *Recherche des facteurs d'un nombre.*

(*Prob.* xxiii, pag. 72.) Pour trouver tous les facteurs premiers d'un nombre, on divise d'abord ce nombre par le plus petit diviseur premier au-dessous de ce nombre; on divise de même le quotient par le plus petit diviseur premier au-dessous de ce quotient; et continuant d'opérer de la même manière sur chaque quotient trouvé, jusqu'à ce que l'on soit parvenu à l'unité, tous les diviseurs premiers employés étant multipliés les uns par les autres donneront le nombre proposé.

Pour obtenir tous les diviseurs composés du même nombre, on

Décomp. des nomb. entiers. Extraction des racines.

multipliera les divisieurs premiers deux à deux, trois à trois, quatre à quatre, etc. jusqu'à ce que l'on arrive à un produit qui soit le nombre lui-même.

(*Prob.* xxiv, pag. 7{.) Tout nombre qui n'a aucun diviseur premier au-dessous de sa racine carrée, ne peut en avoir au-dessus, et doit être nombre premier.

§ IV. *Extraction des racines.*

(*Prob.* xxv et xxvi, pag. 76 et 79.) Pour extraire la racine carrée d'un nombre composé de trois ou de quatre chiffres, commencez par faire abstraction par la pensée des deux premiers chiffres à droite, et regardez la partie restante à gauche comme représentant le carré des dixaines de la racine; cherchez ensuite par le moyen de la table des puissances des neufs premiers nombres, quelle est la racine du plus grand carré contenu dans cette partie; et vous aurez les dixaines de la racine. Ecrivez la différence entre le plus grand carré renfermé dans la première partie du nombre proposé et cette même partie: à droite de cette différence, placez le chiffre des dixaines du nombre donné, et le nombre résultant, divisez-le par le double des dixaines; le quotient exprimera les unités de la racine, si, après l'avoir écrit à la droite du double des dixaines et avoir multiplié la somme résultante par ce quotient, on trouve un produit que l'on puisse soustraire du reste total du nombre proposé. Dans le cas où ce nombre auroit plus de quatre chiffres, on commenceroit par faire abstraction de la première tranche à droite, on opéreroit sur la partie restante à gauche, comme nous venons de le dire, et considérant les deux chiffres trouvés à la racine comme les dixaines de celle-ci, on chercheroit les unités par la méthode précédente; il en seroit de même si le nombre proposé avoit un plus grand nombre de chiffres.

Lorsque le nombre dont on demande la racine n'est pas un carré parfait, on obtient toujours par la méthode précédente, la valeur de cette racine à moins d'une unité entière.

Le reste final donné par l'extraction de la racine carrée d'un nombre, doit être plus petit que le double de la racine trouvée augmenté de 1; ce qui est fondé sur ce que la différence entre les carrés de deux

Décomp. des nomb. entiers. Extraction des racines.

nombres consécutifs est toujours exprimée par le double du plus petit de ces nombres, plus l'unité.

(*Prob.* xxvii, pag. 80.) L'extraction de la racine cubique est fondée sur les parties de la racine qui entrent dans la puissance. Pour obtenir cette racine, partagez le nombre en tranches de droite à gauche, de trois chiffres chacune, excepté la dernière à gauche qui peut en avoir moins. Cherchez ensuite le plus grand cube contenu dans la plus haute tranche ; écrivez-en la racine à côté du nombre donné et retranchez ce cube, de la plus haute tranche elle-même : à côté de cette différence, descendez les deux chiffres suivans de la tranche qui vient après : le nombre qui en résultera pourra être regardé comme le triple carré des dixaines par les unités de la racine. De sorte qu'en triplant le carré du chiffre trouvé, on aura un facteur de ce produit dont la division donnera l'autre facteur ; mais le quotient trouvé ne pourra entrer comme chiffre des unités dans la racine, à moins que son cube, augmenté du triple de son carré par les dixaines de la racine, et du triple de lui-même par le carré de ces dixaines, ne donne une somme que l'on puisse soustraire des deux plus hautes tranches du nombre proposé. Après la vérification, on écrira le chiffre vérifié à la place des unités de la racine : si cette dernière devoit avoir plus de deux chiffres, on procéderoit comme on a fait en pareil cas pour la racine carrée. Le nombre ainsi trouvé sera la racine troisième du nombre proposé, si celui-ci est un cube parfait, ou bien il en exprimera la valeur à moins d'une unité.

Le reste final donné par l'extraction de la racine troisième doit être moindre que le triple carré des dixaines de la racine, le triple de ces dixaines et l'unité ajoutés ensemble. Cela est fondé sur ce que la différence entre deux cubes consécutifs est toujours exprimée par le triple carré de la racine du plus petit de ces cubes, plus le triple de cette même racine, plus l'unité.

(*Prob.* xxviii, pag. 82.) La racine quatrième d'un nombre est égale à la racine carrée de la racine carrée de ce nombre.

La racine sixième d'un nombre est exprimée par la racine carrée de la racine cubique de ce nombre, ou par la racine cubique de la racine carrée de ce même nombre.

Décomp. des nomb. entiers. Extraction des racines.

La racine huitième d'un nombre est égale à la racine carrée de la racine carrée de la racine carrée de ce nombre.

La racine neuvième d'un nombre est égale à la racine cubique de la racine cubique de ce nombre.

La racine douzième d'un nombre égale la racine cubique de la racine carrée de la racine carrée de ce nombre.

Ainsi de suite pour les racines dont le degré seroit une puissance de 2 ou de 3, ou bien le produit d'une puissance de 2 par une puissance de 3.

On pourroit obtenir la racine cinquième d'un nombre, en cherchant les deux premières parties de la racine, qui entrent dans la puissance, et en procédant comme nous l'avons fait pour les racines deuxième et troisième ; alors on trouveroit aisément les racines dixième, quinzième, vingtième, vingt-cinquième, etc.

(*Prob.* xxix, pag. 83.) Si l'on divise le nombre des chiffres de la puissance par le nombre des chiffres de la racine, on aura le plus petit exposant de la puissance à laquelle puisse appartenir le nombre proposé ; et, si après avoir diminué de 1 le nombre des chiffres de la puissance, on divise cette différence par le nombre des chiffres moins 1 de la racine, on aura le plus haut degré de la puissance à laquelle la racine ait pu être élevée.

Après cela, on élevera la racine à la moindre de ces puissances, et, si l'on n'y retrouve pas le nombre donné, on continuera jusqu'à ce que l'on soit arrivé à la plus haute puissance, ou que l'on ait trouvé un nombre au-dessus du nombre proposé.

§ V. *Vérification des calculs.*

(*Prob.* xxx, pag. 86.) Le produit des restes donnés par des facteurs étant divisé par un certain nombre, doit donner le même reste que la division du produit total par le même nombre.

Les puissances carrée, cubique, quatrième, etc. du reste que l'on trouve en divisant une racine par un certain diviseur, étant encore divisées par ce même diviseur, doivent donner le même reste, que les puissances carrée, ou cubique, ou quatrième, etc. divisées par le même diviseur.

Décomp. des nomb. entiers. Vérification des calculs.

Le reste que donneroit la division du dividende par un certain nombre, doit être égal à celui que l'on trouveroit en divisant par le même nombre le produit du diviseur par le quotient, plus le reste de l'opération.

Si l'on divise par un certain diviseur le nombre considéré comme puissance d'un degré connu, on doit trouver le même reste qu'en divisant par le même nombre, la racine approchée élevée à sa puissance et augmentée du dernier reste de l'opération.

Les diviseurs 3, 11 et 7 peuvent être employés pour la vérification des opérations. Parmi ces diviseurs, on doit préférer 9 à 3, 11 à 9 et 7 à 11.

TABLEAU DEUXIÈME.

Composition et décomposition des fractions.

Chap. 1. Composition des fractions.

§ 1. *Numération.*

(*Prob.* xxxii, pag. 94.) Les fractions expriment des parties de l'unité. Le nombre qui désigne combien de parties égales on conçoit dans l'unité, et qui, par là, fait connoître la grandeur des parties qui entrent dans la fraction, on le nomme *dénominateur*, parce qu'il *dénomme* ou désigne l'unité fractionnaire.

Le nombre destiné à faire connoître combien de parties égales de l'unité on a fait entrer dans la fraction, on le nomme *numérateur*, par la raison que c'est lui qui compte les parties de la fraction.

Ainsi, le dénominateur indique l'espèce des unités de la fraction, tandis que le numérateur en indique le nombre.

Une fraction est d'autant plus grande ou plus petite, que son dénominateur est plus petit ou plus grand, son dénominateur restant le même ; ou bien , que son numérateur est plus grand ou plus petit, son dénominateur ne variant point.

Une fraction exprime toujours la même quantité , si l'on multiplie, ou si l'on divise ses deux termes par un même nombre.

§ 11. *Addition.*

(*Prob.* xxxiii , pag. 98.) 1°. Pour transformer des entiers en une fraction dont le dénominateur est donné, il faut multiplier ces entiers par ce dénominateur, et écrire le produit pour numérateur de la fraction qui aura pour dénominateur le dénominateur proposé :

2°. L'on réduit plusieurs fractions au même dénominateur , en multipliant les deux termes de chacune par le produit des dénominateurs de toutes les autres ;

3°. Pour ajouter des entiers à des fractions, ou des fractions à

Composition des fractions. Numération.

d'autres fractions, on réduit au même dénominateur les entiers et les fractions, on fait la somme des numérateurs, et l'on donne à cette somme le dénominateur commun.

4°. Une fraction renferme l'unité entière, dès que son numérateur contient son dénominateur. Pour extraire les entiers qu'une fraction peut contenir, on divise le numérateur par le dénominateur, ce qui donne au quotient les entiers renfermés dans la fraction, et un reste qui devient le nouveau numérateur de la fraction.

(*Prob.* xxxiv, pag. 101.) Pour réduire plusieurs fractions au plus petit dénominateur commun, il faut 1°. chercher tous les facteurs premiers des dénominateurs de ces fractions; 2°. prendre d'abord tous les facteurs premiers de l'un des dénominateurs, et tirer ensuite successivement des autres dénominateurs, les facteurs premiers qui ne sont pas communs aux dénominateurs précédens; 3°. multiplier le numérateur de chaque fraction par le dénominateur commun divisé par le dénominateur primitif de cette fraction.

Pour avoir le plus petit nombre divisible par des nombres donnés, il faut 1°. chercher tous les diviseurs premiers de ce nombre; 2°. déterminer le plus grand nombre de fois que chaque diviseur entre comme facteur dans l'un des nombres; 3°. former, pour chaque diviseur premier, la plus haute puissance à laquelle ce diviseur est élevé dans les nombres donnés; 4°. faire un produit de toutes les puissances des diviseurs, et ce produit sera le nombre demandé.

§ III. *Multiplication.*

(*Prob.* xxxv, pag. 103.) Toutes les fois que le multiplicateur est une fraction, le produit contient du multiplicande une partie désignée par le dénominateur du multiplicateur, et la contient le nombre de fois exprimé par le numérateur du même multiplicateur.

Pour multiplier une fraction par un nombre entier, il faut multiplier le numérateur de la fraction par ce nombre entier, et conserver au produit le même dénominateur.

Pour multiplier un nombre entier par une fraction, il faut multiplier ce nombre par le numérateur, et donner au produit le dénominateur de la fraction.

Comp. des fractions. Formation des puissances.

Pour multiplier une fraction par une fraction , il faut multiplier ces fractions terme à terme , c'est-à-dire , numérateur par numérateur et dénominateur par dénominateur.

(*Prob.* xxxvi , pag. 105.) Le produit de deux facteurs dont l'un au moins est une fraction , est toujours plus petit que le multiplicande , et il l'est d'autant plus , que le dénominateur de la fraction multiplicateur est plus grand que le numérateur.

(*Prob.* xxxvii , pag. 106.) Pour avoir un produit dont les facteurs sont des fractions , il faut , en quelque nombre que soient ces facteurs , multiplier les numérateurs entre eux, comme on multiplie des nombres entiers , et faire de même pour les dénominateurs.

Le produit ne varie point dans quelqu'ordre que l'on fasse les multiplications ; il est d'autant plus inférieur au multiplicande , que l'on a plus de fractions pour facteurs , et que les dénominateurs de ces fractions sont plus grands par rapport à leurs numérateurs.

§ IV. *Formation des puissances.*

(*Prob.* xxxvii , pag. 107.) 1°. Pour élevér une fraction à une certaine puissance , il faut élever successivement ses deux termes à cette puissance ; 2°. une puissance d'une fraction est toujours moindre ,que la fraction elle - même , et elle l'est d'autant plus que le degré de la puissance est plus élevé , et que le numérateur de la fraction racine est plus petit relativement au dénominateur.

Chap. II. De la décomposition des fractions.

§ I. *Soustraction.*

(*Prob.* xxxix , page 108.) Pour soustraire une fraction d'un nombre entier , ou une fraction d'une fraction , il faut tout réduire à un même dénominateur , prendre la différence des numérateurs , et donner à cette différence le dénominateur commun.

Division. Recherche des facteurs. Extraction des racines.

§ II. *Division.*

(*Prob.* XL , pag. 109.) 1°. Pour diviser une fraction par un nombre entier, on multiplie le dénominateur de la fraction dividende, par le nombre entier, ou bien, on divise le numérateur par ce même nombre, si toutefois ce dernier peut diviser le numérateur.

2° Pour diviser un nombre entier ou une fraction par une fraction, il faut renverser la fraction diviseur, c'est-à-dire, mettre le numérateur pour dénominateur, et celui-ci pour numérateur, et ensuite opérer comme dans la multiplication.

§ III. *Recherche de tous les facteurs.*

(*Prob.* XLI , pag. 113.) Pour connoître les fractions simples dont une fraction est le produit, il faut, 1°. chercher tous les facteurs premiers du numérateur et du dénominateur de la fraction donnée ; 2°. former, avec les facteurs premiers du numérateur et ceux du dénominateur, autant de fractions qu'il y a de ces facteurs dans celui des termes qui en a le plus ; 3°. remplacer par l'unité tous les facteurs qui manqueroient, dans le cas où les deux termes n'auroient pas le même nombre de facteurs.

Une fraction est simple toutes les fois que son numérateur et son dénominateur n'ont aucun diviseur premier au-dessous de leur racine carrée respective.

§ IV. *Extraction des racines.*

Lorsqu'il s'agit d'extraire d'une fraction une certaine racine, on multiplie d'abord le numérateur de la fraction donnée par le dénominateur élevé à une puissance d'un degré moindre d'une unité que celui de la racine ; on extrait ensuite de ce produit par approximation la racine du degré demandé, d'après la méthode des nombres entiers ; et enfin, à cette racine, on donne pour dénominateur le dénominateur primitif.

La fraction ainsi trouvée sera la racine de la fraction proposée, à moins d'une unité fractionnaire exprimée par le dénominateur de cette dernière fraction.

Simplification des fractions.

La racine d'une fraction surpasse d'autant plus sa puissance, qu'elle est d'un degré plus élevé, et que son numérateur est plus petit par rapport à son dénominateur.

(*Prob.* XLIII, pag. 116.) Pour **trouver** le plus grand diviseur commun à deux nombres, il faut diviser le plus grand de ces nombres par le plus petit, celui-ci par le premier reste, ensuite le premier reste par le second, le second par le troisième, et continuer de même jusqu'à ce que la division ne donne plus de reste ; alors le dernier diviseur sera le plus grand diviseur commun aux deux nombres proposés.

(*Prob.* XLIV, pag. 118.) 1°. Une fraction dont les termes sont premiers entre eux n'est plus susceptible de réduction ou de simplification.

2°. Si deux fractions sont égales, et que l'une d'elles soit formée de termes premiers entre eux, les termes de l'autre seront respectivement les produits de ceux de la première par un diviseur commun.

(*Prob.* XLV, pag. 119.) 1°. Pour avoir le plus grand diviseur commun à plusieurs nombres, il faut d'abord déterminer le plus grand diviseur commun à tous les nombres, excepté au dernier ; chercher ensuite le plus grand diviseur commun au diviseur trouvé et au dernier des nombres proposés. Ce plus grand diviseur commun sera celui que l'on demande ;

2°. Tous les diviseurs communs à plusieurs nombres, sont les diviseurs du plus grand diviseur commun à tous ces nombres.

(*Prob.* XLVI, pag. 121.) 1°. Un nombre entier ajouté à une fraction irréductible, donne toujours une somme fractionnaire irréductible : mais un nombre entier ajouté à une fraction qui n'est pas réduite à l'expression la plus simple donne une somme fractionnaire susceptible de réduction.

2° La somme d'un nombre quelconque de fractions est irréductible, lorsque les fractions à ajouter sont elles-mêmes irréductibles ; et que chaque dénominateur est premier par rapport à chacun des autres dénominateurs.

Simplification des fractions.

Mais la somme de deux ou de plusieurs fractions est susceptible de réduction, dès que l'une des fractions n'est plus irréductible, ou que les dénominateurs ne sont pas tous premiers les uns à l'égard des autres.

3°. Un nombre entier multiplié par une fraction donne un produit irréductible, lorsque le dénominateur de la fraction est premier par rapport à ce nombre entier et par rapport au numérateur ; mais la réduction a lieu, si ces deux conditions ne sont point remplies.

Ensuite le produit de deux ou de plusieurs fractions est irréductible, lorsque chaque dénominateur est premier par rapport à chaque numérateur ; et il est susceptible de réduction dans le cas contraire.

4°. Une fraction irréductible élevée à une puissance quelconque, donne toujours une fraction irréductible.

5°. La différence d'une fraction à un nombre entier n'est irréductible que dans le cas où le dénominateur de la fraction est premier tout-à-la-fois par rapport au nombre entier, et par rapport au numérateur de la fraction.

La différence entre deux fractions est irréductible, lorsque les dénominateurs sont premiers entre eux, et que les fractions sont irréductibles.

6°. Le quotient d'une fraction par un nombre entier, n'est irréductible que dans le cas où le numérateur du dividende est premier par rapport à son dénominateur et au diviseur de la fraction ; et l'on ne peut simplifier le quotient d'une fraction par une autre, lorsque, les fractions étant irréductibles, les dénominateurs sont premiers entre eux, ainsi que les numérateurs.

7°. Une fraction irréductible ne peut avoir pour facteurs que des fractions dont les dénominateurs soient tous premiers par rapport à leurs numérateurs.

8°. Une puissance exprimée par une fraction irréductible, ne peut avoir pour racine qu'une fraction irréductible.

(*Prob.* XLVII, pag. 126.) Les fractions *continues* peuvent être définies des fractions qui ont pour dénominateurs un nombre entier

Simplification des fractions.

accompagné d'une fraction dont le dénominateur est encore un nombre entier suivi d'une fraction qui a aussi pour dénominateur un nombre entier, et une fraction dont le dénominateur continue à se former comme celui des fractions précédentes.

1°. Pour développer une fraction irréductible en fraction continue, il faut opérer d'abord comme dans la recherche du plus grand commun diviseur; prendre ensuite l'unité pour numérateur, et, pour dénominateur, le premier quotient suivi d'une fraction ayant encore l'unité pour numérateur, et pour dénominateur le second quotient accompagné aussi d'une fraction dont le numérateur soit 1, et le dénominateur le troisième quotient suivi d'une nouvelle fraction formée de la même manière; continuant ainsi jusqu'à ce que l'on ait employé tous les quotiens trouvés par l'opération de la recherche du plus grand commun diviseur.

2°. Pour avoir les diverses limites de la proposée, il faut extraire de la fraction continue totale plusieurs fractions partielles, en s'arrêtant d'abord au premier dénominateur, ensuite au second, au troisième, au quatrième, enfin à l'avant-dernier, et en réduisant sous la forme de fractions ordinaires ces fractions continues partielles; ce que l'on fait en effectuant les opérations indiquées, de droite à gauche, et de bas en haut.

3°. Les fractions partielles limites de la proposée étant écrites de gauche à droite à mesure qu'on les forme, seront telles que les fractions de rang impair seront toutes plus grandes que la proposée, et d'autant plus voisines de celles-ci qu'elles seront plus avancées vers la droite, ou qu'elles seront moins simples; tandis que les fractions de rang pair sont toutes plus petites que la fraction principale et d'autant plus rapprochées de cette dernière, qu'elles sont moins simples ou plus reculées vers la droite.

4°. Les fractions limites déduites du développement d'une fraction irréductible en fraction continue, sont exprimées par les plus petits termes possibles.

Voyez l'exposé des principes et des opérations à faire sur les fractions continues, pag. 131.

Approx. des rac. Fract. de fract. Numérat. des décimales.

§ VI. *Approximation des racines.*

(*Prob.* XLVII *bis*, pag. 132.) On ne peut trouver de fraction qui puisse completter la racine d'un nombre qui n'est pas puissance parfaite; c'est pourquoi on a nommé ces sortes de racines, racines *incommensurab'es.*

Pour avoir une racine à moins d'une unité fractionnaire proposée, on multipliera le nombre donné par la puissance du dénominateur de l'unité fractionnaire, et, après avoir extrait du produit la racine demandée, on donnera à cette racine le dénominateur de l'unité fractionnaire.

On peut obtenir une racine fort approchée, une racine carrée par exemple, en divisant d'abord le reste final par le double de la racine trouvée, en diminuant successivement d'une unité le quotient fractionnaire, jusqu'à ce que le double de la première partie de la racine par ce quotient, plus le carré de ce même quotient puissent être soustraits du reste final.

Au lieu de diminuer successivement d'une unité le quotient fractionnaire trouvé, on peut développer ce quotient en fraction continue et ne vérifier, pour completter la racine, que les fractions partielles au-dessous de ce même quotient.

§ VII. *Réduction des fractions de fractions.*

(*Prob.* XLVIII, pag. 135.) Pour réduire en fraction de l'unité les fractions de fractions de fractions, etc. de fraction, on multiplie numérateurs par numérateurs et dénominateurs par dénominateurs.

Chap. III. Composition et décomposition des décimales.

§ I. *Numération des décimales.*

Les fractions décimales ou simplement les décimales, sont des fractions qui n'expriment que des parties sousdécuples de l'unité principale, ou des fractions qui n'ont jamais pour dénominateur que l'unité suivie d'un nombre quelconque de zéro.

Addition et multiplication des décimales.

(*Prob*. XLIX, pag. 137.) Pour écrire une fraction décimale sous la forme d'un nombre entier, il faut écrire le numérateur de cette fraction, et avancer la virgule vers la gauche, d'autant de rangs que le dénominateur de la fraction décimale renferme de zéro.

(*Prob*. L, pag. 139.) Pour écrire sous la forme de fraction ordinaire, une fraction décimale donnée, il faut écrire le nombre sans avoir égard à la virgule, et donner à ce nombre, pour dénominateur, l'unité suivie d'autant de zéro qu'il y a de rangs occupés à la droite de la virgule.

Pour énoncer une fraction décimale, il faut énoncer comme un nombre entier, sans égard pour la virgule, le nombre qui représente cette fraction ; et ensuite faire connoître l'espèce des unités décimales, en énonçant le dénominateur qui est toujours l'unité suivie d'autant de zéro qu'il y a de chiffres à la droite de la virgule.

§ II. *Addition des décimales.*

(*Prob*. LI, pag. 141.) On additionne les décimales comme les nombres ordinaires, ayant soin seulement de placer la virgule dans le résultat entre le chiffre des unités et celui des dixièmes.

§ III. *Multiplication des décimales.*

(*Prob*. LII, pag. 142.) Pour multiplier une fraction décimale par un nombre entier, ou une fraction décimale par une autre, on doit multiplier les deux facteurs, sans faire attention à la virgule, et, dans le produit, avancer la virgule vers la gauche d'autant de rangs qu'il y en a d'occupés à la droite de la virgule dans les deux facteurs.

Si l'on avoit à former un produit de plusieurs fractions décimales, il faudroit multiplier celles-ci comme on multiplie des facteurs entiers, et avancer dans le produit la virgule vers la gauche, d'autant de rangs qu'il y en a d'occupés à la droite de la virgule, dans tous les facteurs.

(*Prob*. LIII, pag. 144.) Dans la multiplication des décimales, lorsque celles-ci sont en grand nombre, et que l'on ne veut avoir qu'un

Formation des puissances des décimales.

produit approximatif, il faut, en multipliant par chaque chiffre du multiplicateur, commencer par celui du multiplicande, placé à un rang qui, ajouté au rang du chiffre multiplicateur, donne un nombre de décimales supérieur de deux rangs à celui des unités de l'espèce à laquelle on veut s'arrêter dans le résultat, et négliger tous les chiffes du multiplicande qui sont à droite.

D'après cette règle, on placera sous le multiplicande le chiffre des unités du multiplicateur, deux rangs à droite de celui du chiffre à l'espèce duquel on veut s'arrêter; on écrira de droite à gauche les autres chiffres du multiplicateur, en les prenant de gauche à droite, et, à chaque multiplication, on négligera dans le multiplicande les chiffres placés à la droite du chiffre multiplicateur.

L'opération faite, on supprimera, dans le produit, les deux derniers chiffres à droite, ayant l'attention cependant, pour diminuer l'erreur, d'augmenter de 1 le dernier chiffre conservé, si les deux chiffres supprimés surpassent la moitié de l'unité la plus petite qui reste au produit.

Toutes les fois que l'on n'aura pas plus de dix et même de douze chiffres au multiplicateur, on ne pourra point avoir par cette méthode une unité d'erreur sur le chiffre plus avancé de deux rangs vers la gauche par rapport à celui auquel on s'est arrêté dans le multiplicande.

§ IV. *Formation des puissances des décimales.*

Prob. LIV, pag. 146.) Pour élever à une puissance d'un degré donné, une fraction décimale écrite sous la forme de nombre entier, il faut opérer d'abord comme si la virgule n'y étoit pas, et avancer ensuite cette virgule vers la gauche d'un nombre de rangs indiqué par le nombre des décimales de la racine multiplié par le degré de la puissance.

Soustract. Division. Extract. des rac. des décimales.

Chap. IV. Décomposition des décimales.

§ I. *Soustraction des décimales.*

(*Prob.* LV, pag. 147.) On suit, pour la soustraction des décimales, la même règle que pour les nombres entiers, ayant l'attention seulement de placer la virgule entre le chiffre des unités et celui des dixièmes.

§ II. *Division des décimales.*

(*Prob* LVI, pag. 148.) Pour diviser une fraction décimale par un nombre entier, ou un nombre entier par une fraction décimale, ou une fraction décimale par une autre, on complettera par des zéro celui des deux nombres qui a le moins de décimales, et l'on fera la division comme si la virgule n'y étoit pas; ayant soin cependant, pour simplifier, de supprimer les zéro communs qui se trouveroient à la droite du dividende et à celle du diviseur.

(*Prob.* LVII, pag. 150.) Dans la division des décimales, on peut abréger l'opération, en supprimant un certain nombre de chiffres décimaux à la droite du dividende et du diviseur, dans le cas surtout où les chiffres retranchés du dividende sont fort grands, relativement aux chiffres du diviseur.

§ III. *Extraction des racines des décimales.*

Prob. LVIII, pag. 152.) Une fraction décimale ne peut avoir pour dénominateur un carré, ou un cube, ou une quatrième, ou, en général, une puissance quelconque, si le nombre de ses décimales n'est multiple de 2, ou de 3, ou de 4, ou, en général, du degré de la puissance.

Pour extraire une certaine racine d'une fraction décimale, on écrira à la droite de cette fraction assez de zéro pour que le nombre des rangs occupés à la droite de la virgule soit un multiple du degré de la racine; on extraira ensuite cette racine, en faisant abstraction de la virgule, et enfin, dans cette racine, on placera la vir-

Transformation des fractions en décimales.

gule à un rang vers la gauche, indiqué par le nombre des décimales de la puissance divisé par le degré de la racine.

Pour avoir un quotient à moins de $\frac{1}{10}$, ou de $\frac{1}{100}$, ou de $\frac{1}{1000}$, etc., on multipliera le dividende par 10, ou par 100, ou par 1000, etc., et, au quotient, on avancera la virgule vers la gauche de 1, ou de 2, ou de 3, ou etc. rangs.

§ IV. *Transformation des fractions ordinaires en décimales.*

(*Prob.* LIX, pag. 154.) Pour transformer une fraction en décimales, écrivez à la droite du numérateur autant de zéro qu'on veut avoir de décimales, effectuez la division par le dénominateur, et dans le quotient avancez la virgule vers la gauche d'un nombre de rangs égal au nombre de zéro écrits au numérateur.

(*Prob.* LX, pag. 156.) Une fraction ordinaire ne peut être exprimée exactement en décimales, que dans les cas où son dénominateur est une puissance de 2 ou de 5, ou bien le produit d'une puissance de 2 par une puissance de 5.

Lorsque, dans la réduction d'une fraction ordinaire en décimales, l'un des restes déja obtenus reparoit, tous les restes successifs reparoissent dans le même ordre; et l'on a au quotient une suite de chiffres, les mêmes que les précédens, et disposés entre eux de la même manière : de sorte qu'alors les quotiens sont des fractions décimales que nous nommerons *périodiques.*

(*Prob.* LXI, pag. 157.) Pour réduire en décimales une fraction dont le dénominateur est nombre premier, autre que 2 et 5, il faut ne pousser la division que jusqu'au chiffre inférieur d'une unité au diviseur, et completter le quotient, en y mettant des chiffres qui soient chacun successivement les complémens à 9 des chiffres déja trouvés, à commencer par le chiffre des dixièmes inclusivement.

Toute fraction décimale périodique est divisible par 9.

Quand on réduit en décimales une fraction dont le dénominateur a parmi ses facteurs des puissances de 2 ou de 5, il y a à la droite de la virgule autant de décimales n'appartenant point à la période, qu'il y a d'unités dans le degré de la plus haute puissance de 2 ou de 5.

Approximation des racines.

(*Prob.* LXII. pag. 161.) Pour trouver la fraction ordinaire qui a pu donner une fraction décimale toute périodique, il faut prendre la période pour numérateur, et lui donner pour dénominateur autant de 9 écrits les uns à la suite des autres, qu'il y a de chiffres dans la période. Dans le cas où la fraction auroit un diviseur commun à ses deux termes, on la simplifieroit.

§. v. *Approximation des racines.*

(*Prob.* LXIII, pag. 163.) Pour extraire d'un nombre entier une certaine racine qui ne diffère pas de la racine exacte, d'un 10me., ou d'un 100me., ou d'un 1000me., etc., on écrira d'abord à la droite du nombre entier donné, un nombre de zéro égal au rang de la décimale demandée, multiplié par le degré de la racine; ensuite on extraiera la racine comme celle d'un nombre entier, et dans cette racine on avancera la virgule vers la gauche d'un nombre de rangs indiqué par le quotient du nombre des zéro écrits à la droite de la puissance divisé par le degré de la racine : de sorte que la racine ainsi trouvée, sera une limite en moins, ne différant pas de la vraie racine d'une unité décimale de sa plus petite espèce; et, si l'on augmente d'une unité le dernier chiffre à droite, on aura une limite en plus, dont la différence à la racine exacte sera plus petite que l'unité de la moindre espèce trouvée.

(*Prob.* LXIV, pag. 164.) Une racine carrée trouvée peut être augmentée de 1 ou de $\frac{1}{2}$, ou de $\frac{1}{4}$, ou de $\frac{1}{8}$, lorsque le dernier reste égale ou surpasse le double de cette racine plus 1, ou cette racine plus $\frac{1}{4}$, ou la moitié de cette racine plus $\frac{1}{16}$, ou le quart de la racine trouvée plus $\frac{1}{64}$; et, en général, qu'une racine carrée trouvée peut être augmentée d'un certain nombre, toutes les fois que le dernier reste égale ou surpasse le double de la racine multipliée par le nombre ajouté plus le carré de ce même nombre.

Une racine cubique trouvée peut être augmentée d'un certain nombre, toutes les fois que le reste de l'opération égale ou surpasse le triple carré de la racine trouvée, multipliée par le nombre ajouté, plus le triple carré de ce nombre multiplié par la racine trouvée, plus le cube du même nombre.

Approximation des racines.

(*Prob.* LXV, pag. 167.) Lorsque l'on a trouvé une racine à moins d'une unité décimale connue, et que l'on veut avoir des limites de cette racine, il faut d'abord augmenter la valeur décimale trouvée d'une unité de la moindre espèce ; développer ensuite ces deux fractions décimales en fractions continues ; prendre enfin du développement de la première fraction ; toute la partie qui renferme les dénominateurs communs au développement de la seconde fraction, plus encore un nombre de fractions suivantes, tel que le nombre total des dénominateurs soit impair : alors , toutes les fractions partielles tirées de cette partie du développement dans lesquelles on n'aura fait entrer qu'un nombre impair de dénominateurs, seront autant de limites de la racine , intermédiaires aux deux limites décimales données, pourvu que l'on conserve les dénominateurs communs aux deux développemens. Au reste, au défaut de la règle, on aura recours au raisonnement.

Pour reconnoître finalement les deux limites entre lesquelles tombe la racine, on examinera pour chaque nouvelle limite trouvée, si l'accroissement de cette limite est trop grand ou trop petit, d'après la relation entre le dernier reste de l'extraction de la racine et la racine elle-même.

TABLEAU III.

Composition et décomposition des nombres complexes.

Chap. Ier. Composition des nombres complexes.

§ I. *Numération des nombres complexes.*

La numération des nombres complexes consiste dans la connoissance des rapports qu'ont entre elles les diverses unités ou mesures en usage dans la société, et de la manière d'exprimer ces rapports. (*Voyez*, pour cela, le tableau, page 172.)

§ II. *Addition des nombres complexes.*

(*Prob.* LXVI, pag. 175.) On suit ici la même règle que pour les nombres entiers, ayant soin seulement de retenir une unité de l'ordre supérieur, dès que l'addition d'une colonne donne assez d'unités pour en avoir une immédiatement supérieure.

§ III. *Multiplication des nombres complexes.*

(*Voyez*, pour la manière de faire la multiplication des nombres complexes, le prob. LXVII, pag. 177.)

Chap. II. Décomposition des nombres complexes.

§. I. *Soustraction des nombres complexes.*

(*Prob.* LXVIII, pag. 179.) Pour soustraire un nombre complexe d'un autre, on suit la même règle que pour les nombres entiers avec la modification seulement qu'y apportent les diverses divisions et sous-divisions de l'unité principale.

Division et transformation des nombres complexes.

§ II. *Division des nombres complexes.*

(*Prob.* LXIX, pag. 180.) Pour diviser un nombre complexe par un nombre incomplexe, on divise d'abord les unités de la plus haute espèce, et l'on a au quotient des unités de cette espèce; on transforme ensuite le reste en unités immédiatement inférieures, on ajoute au résultat les unités de même espèce renfermées dans le dividende, et l'on divise la somme par le diviseur; le quotient donne des unités de même espèce que celle du second dividende; enfin on opère sur le second reste comme sur le premier, et l'on continue de même.

(*Prob.* LXX, pag. 181.) Pour diviser l'un par l'autre deux nombres complexes de même espèce, il faut les réduire à la même plus petite espèce, et faire la division comme sur deux nombres entiers abstraits

(*Prob.* LXXI, pag. 182.) Pour diviser un nombre complexe par un autre qui n'est pas de même espèce, on réduit le diviseur en fraction de l'unité principale, et l'opération est ramenée à multiplier le dividende par la fraction diviseur renversée.

Pour réduire un nombre complexe en fraction de l'unité principale, il faut réduire le tout en unités de la moindre espèce, et donner à ce résultat pour dénominateur l'unité principale réduite à la même plus petite espèce.

§ III. *Transformation des nombres complexes en fractions, et des fractions en nombres complexes.*

(*Prob.* LXXII, pag. 184.) Pour transformer un nombre complexe en décimales, on commence par réduire les unités inférieures à l'unité principale, en unités de la plus petite espèce, et l'on a le numérateur d'une fraction dont le dénominateur sera l'unité principale réduite à la même plus petite espèce; on a alors une fraction ordinaire de l'unité principale; fraction qu'il ne faudra plus que réduire en décimales, en mettant des zéro au numérateur, et en divisant par le dénominateur.

(*Prob.* LXXIII, pag. 185.) Pour transformer une fraction concrète en unités inférieures à son unité, on multiplie son numérateur par le nombre de ces unités inférieures que l'unité principale renferme, et

Réduction des nombres complexes.

l'on divise le produit par le dénominateur; si l'on a un reste, ce reste devient le numérateur d'une fraction de l'unité inférieure du second ordre, fraction que l'on réduit en unités immédiatement inférieures par un semblable moyen.

La transformation des nombres complexes en décimales a dû donner l'idée d'assujettir à la loi de la numération décimale les divisions et sousdivisions des diverses unités ou mesures nécessaires à la société.

TABLEAU IV.

Équations numériques ou proportions.

Chap. I*ᵉʳ*. Formation et propriétés des équations numériques ou proportions.

§ I. *Formation des proportions.*

(*Prob.* LXXIᵉ, pag. 194.) Les équations en général sont les expressions de quantités égales, expressions renfermant des quantités connues et des quantités inconnues. Celle des deux expressions que l'on écrit à gauche, forme le *premier membre* de l'équation, et l'autre le *second membre.*

Toutes les formes d'équations peuvent être ramenées à deux *différences égales* ou à *deux quotiens égaux ;* de là les *équidifférences* et les *équiquotiens*, que l'on nomme aussi *proportions par différence* et *proportions par quotient.*

Le quotient d'un nombre divisé par un autre, nous le nommerons encore *rapport* ou *raison.*

§. II. *Propriétés des proportions par différence.*

(*Prob.* LXXV, pag. 197.) Dans la proportion par différence, la somme des extrêmes est égale à la somme des moyens.

Si de la somme des moyens d'une proportion par différence, on soustrait l'un des extrêmes, on aura pour différence l'autre extrême ; et, si de la somme des extrêmes, on retranche l'un des moyens, on aura l'autre moyen.

Toutes les fois que quatre nombres sont tels que les deux extrêmes donnent la même somme que les deux moyens, ces nombres ainsi disposés, forment une proportion par différence.

Tous les changemens que l'on fera subir à une proportion par différence, et qui ne détruiront pas l'égalité entre la somme des

Propriétés des proportions par quotient.

extrêmes et celle des moyens, laisseront subsister la proportion, c'est-à-dire l'égalité des différences.

On peut, dans une proportion par différence, 1°. faire changer de place aux moyens et aux extrêmes; 2°. mettre les extrêmes à la place des moyens; 3°. augmenter ou diminuer d'une même quantité les antécédens ou les conséquens; 4°. multiplier ou diviser tous les termes de la proportion par un même nombre; 5°. ajouter terme à terme, c'est-à-dire, antécédent à antécédent, et conséquent à conséquent, deux ou plusieurs proportions par différence; on peut même 6°. retrancher terme à terme plusieurs proportions de plusieurs autres, sans que les quatre nombres résultans cessent de former une proportion.

La proportion continue est celle dont tous les termes moyens sont égaux. Dans toute proportion continue, la somme des extrêmes est le double du terme moyen, et celui-ci est la moitié de la somme des extrêmes.

§ III. *Propriétés des proportions par quotient.*

(*Prob.* LXXVI, pag. 220.) Dans la proportion par quotient, le produit des extrêmes est égal à celui des moyens.

Si le produit des moyens d'une proportion par quotient, on le divise par l'un des extrêmes, on trouvera l'autre extrême; et si l'on divise le produit des extrêmes par l'un des moyens, on aura l'autre moyen.

Quatre nombres dont les extrêmes multipliés l'un par l'autre, donnent le même produit que les moyens, forment une proportion par quotient.

Tous les changemens que l'on fera subir aux termes d'une proportion par quotient, ne détruisent point la proportion, s'ils laissent subsister l'égalité entre le produit des extrêmes et celui des moyens.

On peut donc, sans détruire la proportion par quotient, 1°. faire changer de place aux termes moyens, ou aux extrêmes, ou bien mettre les extrêmes à la place des moyens, ou les moyens à la place des extrêmes.

On peut 2°. multiplier ou diviser par un même nombre les deux

Propriétés des proportions et des progressions.

antécédens, ou les deux conséquens, ou les deux termes de l'un des rapports.

Dans toute proportion par quotient, les antécédens sont entre eux comme leurs conséquens ; la somme des deux premiers termes est à leur différence, comme la somme des deux derniers est à la différence de ceux-ci ; la somme ou la différence des deux premiers termes est à la somme ou à la différence des deux derniers, comme le second est au quatrième ; la somme ou la différence des antécédens, est à la somme ou à la différence des conséquens, comme un antécédent est à son conséquent.

Des proportions par quotient étant multipliées ou divisées terme à terme, les unes par les autres, donnent des nombres en proportion.

Si l'on élève à une même puissance tous les termes d'une proportion par quotient, ou si l'on en extrait une même racine, les puissances ou les racines sont aussi en proportion.

Dans la proportion continue, le produit des extrêmes est égal au carré du terme moyen, et celui-ci est égal à la racine carrée du produit des extrèmes.

Dans une suite de rapports égaux, la somme de tous les antécédens est à la somme de tous les conséquens, comme un antécédent est à son conséquent ; et, en général, la somme d'un certa n nombre d'antécédens est à la somme de leurs conséquens, comme une autre somme d'antécédens est à la somme de leurs conséquens.

(*Remarque*, pag. 210.) La progression par différence est une suite de nombres dont chacun surpasse celui qui le précède, ou en est surpassé d'un même nombre d'unités suivant que la progression est croissante ou décroissante.

La progression par quotient est une suite de nombres dont chacun contient celui qui le précède, ou est contenu en lui le même nombre de fois, selon que la suite est croissante ou décroissante.

§ IV. *Propriétés des progressions.*

(*Prob.* LXXVII, p g. 211.) Dans une progression croissante par différence, 1°. chaque terme est égal à un autre placé avant lui,

Propriétés des progressions.

plus la différence multipliée par le nombre des termes intermédiaires plus 1.

2°. Un terme quelconque est égal à un autre placé après lui, moins la différence multipliée par le nombre des termes intermédiaires plus 1.

Dans une progression quelconque par différence, quatre termes, tels que les deux premiers soient autant éloignés l'un de l'autre que les deux derniers, forment une proportion par différence.

Deux termes également éloignés des extrêmes, donnent la même somme que les extrêmes ; enfin, la somme de tous les termes est égale à celle des extrêmes multipliée par la moitié du nombre des termes.

(*Prob.* LXXVIII, pag. 213.) Dans une progression croissante par quotient, 1°. un terme est égal à un autre placé avant lui, multiplié par la puissance de la raison d'un degré marqué par le nombre de termes intermédiaires plus 1.

D'où il suit que le dernier terme est le produit du premier par la raison élevée à une puissance d'un degré égal au nombre des moyens plus un, ou au nombre des termes de la progression moins 1.

2°. Un terme quelconque, excepté le dernier, est le quotient d'un terme placé après lui, divisé par la raison élevée à la puissance du degré marqué par le nombre de termes intermédiaires plus 1.

Par conséquent, le premier terme égale le dernier divisé par la raison élevée à la puissance du degré marqué par le nombre de moyens plus 1, ou par le nombre des termes de la progression moins 1.

Deux termes moyens d'une progression par quotient également éloignés de deux termes extrêmes par rapport à eux, donnent un produit égal au produit de ces extrêmes, et forment par conséquent, avec eux, une proportion par quotient.

Dans une progression croissante par quotient, la somme des termes est exprimée par le terme qui suivroit le dernier de la progression diminué du premier et divisé ensuite par la raison moins 1.

Chap. II. Détermination des inconnues dans les proportions et dans les progressions.

§ I. *Détermination des inconnues dans les proportions.*

Pour la détermination des inconnues dans les proportions par différence et dans les proportions par quotient, *voyez* les problêmes LXXIX et LXXX, pag. 217 et 222.

§ II. *Détermination des inconnues dans les progressions.*

(*Prob.* LXXXI, pag. 228.) Le dernier terme d'une progression croissante par différence, est la somme du premier et du produit de la différence par le nombre des termes moins 1.

La différence des deux extrêmes d'une progression par différence, est le produit du nombre des termes moins 1 de la progression, par la différence de cette même progression.

(*Voyez*, en outre, le prob. LXXXII, pag. 230.)

(*Prob.* LXXXIII et LXXXIV, pag. 233 et 234.) Dans une progression croissante par quotient, 1°. le dernier terme est le produit du premier par la puissance de la raison d'un degré marqué par le nombre des termes moins 1.

2°. Un terme quelconque est le produit d'un terme placé avant lui par la puissance de la raison d'un degré égal au nombre des termes intermédiaires plus 1.

3°. Un terme est égal à un autre placé après lui, divisé par la raison élevée à une puissance d'un degré déterminé par le nombre des termes intermédiaires plus 1.

4°. On trouve la raison en divisant le dernier terme par le premier, et en extrayant de ce quotient une racine d'un degré égal au nombre des termes moins 1 de la progression.

5°. Pour connoître le nombre des termes, il faut chercher le degré d'une puissance exprimée par le quotient du dernier terme divisé par le premier, la racine étant la raison de la progression.

(*Prob.* LXXXV, pag. 237.) Une fraction qui auroit un numérateur fini et un dénominateur infini, seroit représentée par zéro.

Comparaison des progressions par différence et des progressions par quotient, ou logarithmes.

Ainsi, le dernier terme d'une progression par quotient décroissante à l'infini est zéro.

Dans une progression par quotient décroissante à l'infini, la somme de tous les termes est égale au premier multiplié par la raison divisée par elle-même diminuée de 1 ; la raison étant le quotient du premier terme de la progression décroissante divisé par le second.

Chap. III. Comparaison des progressions par différence et des progressions par quotient, ou logarithmes.

Les logarithmes sont des nombres en progression par différence, correspondans terme à terme à d'autres nombres en progression par quotient.

§ I. *Construction des tables de logarithmes.*

(*Prob.* LXXXVI, pag. 240.) Pour construire les tables de logarithmes, prenez d'abord les deux progressions

$$\div \; 1 : 10 : 100 : 1000 : 10000 : \text{etc.}$$
$$\div \; 0 . \; 1 . \; 2 . \; 3 . \; 4 . \; \text{etc.,}$$

insérez entre 1 et 10, 10 et 100, 100 et 1000, etc , un très-grand nombre de moyens proportionnels par quotient : insérez le même nombre de moyens par différence entre 0 et 1 , 1 et 2 , 2 et 3 , etc., ensuite, parmi les moyens par quotient, examinez quels sont ceux qui peuvent exprimer sans beaucoup d'erreurs les nombres entiers 2 , 3 , 4 , 5 , 6 , etc., , 11 , 12 , 13 , etc. , 101 , 102 , 103 , etc., etc. , et prenez dans la progression par différence les moyens correspondans aux premiers ; vous aurez approximativement les logarithmes des nombres entiers compris entre les termes de la progression fondamentale par quotient, tandis que la progression fondamentale par différence donnera ceux de 1 , 10 , 100 , 1000 , 10000 , etc.

Comparaison des progressions par différence et des progressions par quotient, ou logarithmes.

Le logarithme d'un nombre en ier a toujours autant d'unités entières que ce nombre a de chiffres moins un; et un nombre a autant de chiffres que son logarithme a d'unités entières plus une.

Les unités entières d'un logarithme forment la *caractéristique* de celui-ci.

L'accroissement que reçoit le logarithme d'un nomb e, lorsque ce nombre augmente d une unité, est d'autant plus petit que le nombre lui-même est plus grand.

Lorsque les nombres sont grands, et qu'ils augmentent successivement de ¹⁄₀. les accroissemens des logarithmes peuvent être regardés comme proportionnels aux accroissemens des nombres.

Pour les applications de l'arithmétique à des questions numériques, *voyez* les règles prescrites, pag. 2;9, 28₃ et 281.

§ 11. *Extension des tables de logarithmes.*

(*Prob.* LXXXVII, pag. 245.) Lorsque le nombre dont on veut le logarithme est trop grand pour être dans les tables ; on avance la virgule dans ce nombre de droite à gauche, d'un nombre de rangs tel que la partie restante à la gauche de la virgule, soit un nombre renfermé dans les tables. On cherchera donc le logarithme du nombre ainsi modifié, et l'on ajoutera à la caractéristique du logarithme trouvé, autant d'unités entières que l'on avoit avancé la virgule de rangs vers la gauche.

(*Prob* LXXXVIII, pag. 246.) 1°. Pour trouver le logarithme d'un nombre entier joint à une fraction, il faut, ou réduire la fraction en décimales et prendre le logarithme comme pour un nombre entier accompagné de décimales, ou bien ajouter les entiers à la fraction, et soustraire le logarithme du dénominateur de celui du numérateur.

2°. Pour avoir le logarithme d'une fraction, il faut retrancher le logarithme du numérateur de celui du dénominateur, et faire précéder la différence du signe —, pour indiquer que cette différence doit être retranchée de la quantité dans laquelle entrera le logarithme de la fraction.

Comparaison des progressions par différence, et des progressions par quotient.

Pour trouver le nombre dont on a le logarithme, *voyez* la règle donnée (prob. LXXXIX, pag. 249 et 250.)

§ III. *Usages des tables de logarithmes.*

(*Prob.* XC, pag. 251.) Le logarithme d'un produit est égal à la somme des logarithmes des facteurs de ce produit.

Un logarithme qui augmente de 1, ou 2, ou 3, etc. unités, appartient à un nombre 10, ou 100, ou 1000, ou 10000, etc. fois plus grand.

Le logarithme d'une puissance est égal au produit du logarithme de la racine par le degré de la puissance.

Le logarithme du quotient d'un nombre divisé par un autre, est égal au logarithme du dividende, moins le logarithme du diviseur, ou bien, au logarithme du dividende plus le complément du logarithme du diviseur, cette somme devant être diminuée d'une unité immédiatement supérieure aux plus hautes unités du logarithme du diviseur.

Si l'on diminue de 1, ou 2, ou 3, etc. unités, la caractéristique d'un logarithme, ce logarithme appartient à un nombre 10, ou 100, ou 1000, ou 10000, etc. fois plus petit.

Pour avoir le logarithme d'une fraction, on peut commencer par écrire à la droite du numérateur assez de zéro pour que le nouveau numérateur soit plus grand que le dénominateur ; soustraire ensuite le logarithme du dénominateur de celui du numérateur, et diminuer enfin le résultat dans lequel entrera le logarithme de la fraction, ainsi déterminé, de 1, ou 2, ou 3, ou 4, etc., unités, suivant que l'on aura rendu la fraction 10, ou 100, ou 1000, ou 10000, etc. fois trop grande.

Le logarithme d'une racine est égal au logarithme de la puissance divisé par le degré de cette puissance.

Le degré d'une puissance est égal au logarithme de cette puissance divisé par le logarithme de la racine qui a produit cette même puissance.

ERRATA.

Pag.	Lig.	Au lieu de	Lisez
29 {	2	la somme	à la somme
	7	chiffres	{ chiffres, la précédente plus de trois.
31	25	Pour	Par
36	26	il ne doit	il doit
52	6	1249	249
55	29	la grandeur	le nombre
66	37	aut	faut
103	8	ce nombre	ces nombres
123	14	3	5
126 {	10	$\frac{1}{2}\frac{3}{3}\frac{6}{7}$	$\frac{1}{2}\frac{3}{3}\frac{5}{8}$
	13	$\frac{1}{3}\frac{1}{4}$	$\frac{1}{3}\frac{1}{4}$
	21	$\frac{5}{1}$	$\frac{6}{1}$
127 {	12	$\frac{4}{1}$	$\frac{1}{9}$
	19	$19\frac{1}{4}$	19
128	20		$\frac{1}{4}$
132	16	XLVII	XLVII *bis*
147	25	réduire	déduire
151	10	3,4567000	34567000
159	22	les unités	des unités
162	4	00101	0,0101
163	1	pour	par
169	dre.	la	un
170	1	{ fraction qui suit le dernier dénominateur commun	{ nombre de fractions suivantes, tel que le nombre total des dénominateurs soit impair.
ibid.	6	*ajoutez*	{ pourvu que l'on conserve les dénominateurs communs.
172	16	18^t	3^t
174	14	17	27
186	13	de sorte de	de sorte que
189	11	82718	82715
192 {	10	1975,309	19753090
	11	3418,87	341,887
	dre.	68	702
214	26	par différence	par quotient
345	26	{ plus encore la fraction qui suit le dernier dénominateur commun.	{ plus encore un nombre de fractions suivantes, tel que le nombre total des dénominateurs soit impair.
ibid.	31	{ après *décimales données*, ajoutez	{ pourvu que l'on conserve les dénominateurs communs.
384	4	. . . .	*effacez* $5q \pm 1$
ibid.	6	. . . .	*effacez* par 5
ibid.	12	. . . .	*effacez* $5q \pm 1$
388	15	$25q$	$25q^2$
406	16	nf^2	nf^2

TABLEAU GÉNÉRAL ET SYNOPTIQUE D'ARITHMÉTIQUE.